数字信号处理
（LabVIEW 2020 版）

郭业才　胡国乐　编著

合肥工业大学出版社

内容提要

本书系统地讲述数字信号处理的基本概念、基本原理及基本分析方法。全书共 8 章,分别为绪论,离散时间信号与系统,Z 变换,傅里叶变换,快速傅里叶变换,数字滤波器,IIR 数字滤波器及 FIR 数字滤波器。本书强调知识体系与学科基础,注重理论和实际结合,利用 LabVIEW 2020 程序开发环境,采用 LabVIEW 2020 阐述问题并进行计算,各章均有基于 LabVIEW 2020 的实例解析,给出了详细解析步骤、图形化展现及释疑,既便于学生理解又可以引导学生掌握图解的科学方法与手段,也有利于引导学生学习掌握 LabVIEW 2020 软件工具。

本书适用于普通高校电子、电气、通信等相关专业的本科生,也可以作为工程技术人员的参考书。

图书在版编目(CIP)数据

数字信号处理:LabVIEW 2020 版/郭业才,胡国乐编著.--合肥:合肥工业大学出版社,2024.12.--ISBN 978-7-5650-5561-4

Ⅰ.TN911.72

中国国家版本馆 CIP 数据核字第 2024BV6947 号

数字信号处理(LabVIEW 2020 版)

SHUZI XINHAO CHULI(LabVIEW 2020 BAN)

郭业才 胡国乐 编著	责任编辑 刘 露

出 版	合肥工业大学出版社	版 次	2024 年 12 月第 1 版
地 址	合肥市屯溪路 193 号	印 次	2024 年 12 月第 1 次印刷
邮 编	230009	开 本	787 毫米×1092 毫米 1/16
电 话	党政办公室:0551-62903005	印 张	24
	营销与储运管理中心:0551-62903198	字 数	498 千字
网 址	press.hfut.edu.cn	印 刷	安徽联众印刷有限公司
E-mail	hfutpress@163.com	发 行	全国新华书店

ISBN 978-7-5650-5561-4 定价:50.00 元

如果有影响阅读的印装质量问题,请与出版社营销与储运管理中心联系调换。

前　　言

数字信号处理(digital signal processing,DSP)是当前科学和工程领域最为热门的技术之一,广泛应用于通信、雷达、声纳、医学成像和音视频压缩等领域,给人们的生产和生活带来了许多革命性的变化和影响。因此,几乎在任何一所工科院校的课程设置中,数字信号处理都是必修课程。虽然,其基本理论已非常成熟,但是随着电子技术的不断发展,如今大部分信号的分析与综合均采用数字信号处理。数字信号处理是一门实践性很强的学科,很多现实问题从信号处理视角看其实很简单。对于工科本科生而言,他们虽然掌握一定的信号处理理论并对现实问题有所了解,但是很难将理论应用于现实问题的解决中。

针对这些情况,笔者编写了《数字信号处理(LabVIEW 2020 版)》这本书。书中充分利用时域与频域互换、向量图、LabVIEW 等直观、概念化的手段,赋予数字信号处理尽量清晰的物理意义,并将理论应用于工程实践,帮助学生真正达到对数字信号处理基本理论、基本原理和基本分析方法有深入浅出的理解和掌握。

数字信号处理以快速傅里叶变换(FFT)算法的提出为标志,经过几十年的发展,体系庞杂,内容非常丰富。本书只介绍数字信号处理的基础部分,即常称的"经典"部分。全书内容安排如下:

第 0 章为绪论。主要包括数字信号处理中的基本概念、数字信号处理的发展历史、数字信号处理系统的基本组成及工作原理、数字信号处理器的应用领域及数字信号处理与 LabVIEW 的关系。

第 1 章为离散时间信号与系统,主要包括信号及系统的定义、分类与特征及时域描述,模拟信号的离散化及常系数线性差分方程,LabVIEW 2020 实例解析等内容。

第 2 章为 Z 变换,主要包括 Z 变换的定义及收敛域、Z 变换性质与定理,逆 Z 变换的计算方法,离散时间傅里叶变换(DTFT)与性质,离散时间系统的 Z 域描述及 LabVIEW 2020 实例解析等内容。

第 3 章为傅里叶变换,主要包括信号及其对应的傅里叶变换,即离散傅里叶变换(DFT)和离散傅里叶级数(DFS),DFT 与其他常用变换之间的关系,DFT 的应用及常见问题以及 LabVIEW 2020 实例解析等内容。

第 4 章为快速傅里叶变换,主要包括基-2、基-4 及 chirp-Z 变换的基本原理与算法特点、FFT 计算卷积和确定性信号的频谱分析以及 LabVIEW 实例解析等内容。

第 5 章为数字滤波器。主要包括滤波器及其技术指标,数字滤波器结构与运算电路,数字滤波器的信号流图,全通滤波器、最小相位系统和梳状滤波器及 LabVIEW 2020 实例解析等内容。

第 6 章为 IIR 数字滤波器,主要包括模拟低通滤波器、巴特沃斯滤波器、切比雪夫滤波器及椭圆滤波器等的设计方法,低通低通、低通高通、低通带通及低通带阻等变换,冲激响应不变法和双线性变换法等间接方法设计 IIR、零极点累试法直接方法设计 IIR 及 LabVIEW 2020 实例解析等内容。

第 7 章为 FIR 数字滤波器,主要包括 FIR 数字滤波器的线性相位特性、FIR 数字滤波器的系数计算方法、零点特性、窗函数设计方法、常用窗函数及其特性、线性相位 FIR 低通、高通、带通和带阻滤波器设计实例及 LabVIEW 2020 实例解析等内容。

本书在编写的过程中,将经典的信号处理理论寓于工程实践,通过 LabVIEW 2020 软件平台努力架起信号处理理论与现实世界应用之间的桥梁,培养学生用数字信号处理的观点来观察和思考现实世界的思维方式。

本书每一章的 LabVIEW 2020 实例解析由南京信息工程大学研究生胡国乐完成,其余部分由郭业才教授完成。同时,在编写过程中,参阅了大量文献。书后所列参考文献为本教材编写提供了极好素材,我们引用了其中的部分内容并对其进行了吸收与消化,在此谨向这些作者表示由衷的谢意! 国家一流专业、江苏省一流专业、江苏省教改课题、南京信息工程大学教材建设基金等建设项目及合肥工业大学出版社给予了大力支持,在此一并表示衷心的感谢!

由于编者水平有限,加之时间仓促,所编教材中一定有不足之处。在此,诚请各位读者给予批评指正!

郭业才　胡国乐

2024 年 8 月

目　　　录

第0章　绪　论

数字信号处理(digital signal processing,DSP)是在连续时间信号处理基础上发展起来的,以微积分、差分方程、线性表示等为数学基础,以信号与系统、模拟电子技术、数字逻辑电路和计算机等为学科基础,用离散序列的方式表征信号,采用数字系统处理信号(如滤波、变换、压缩、增强、估计、识别等),以提取信号中携带的有用信息的学科。尤其是近年来,随着集成电路、计算机等数字技术的飞速发展,数字信号处理在现代通信技术、现代控制理论、模式识别与系统辨识、优化理论、神经网络、振动测试、图像处理等诸多领域得到了越来越广泛的应用。

本章主要内容包括数字信号处理中的基本概念和发展历史,数字信号处理系统的基本组成与工作原理,数字信号处理器的应用范畴及数字信号处理与 LabVIEW 的关系。

0.1　数字信号处理的基本概念

数字信号处理(DSP)是一门涉及信号变换、滤波、检测、估值、调制解调以及快速算法等技术的学科。其核心概念包括:

1. 信息

信息是我们生活中无处不在的一个重要概念。通过信息的传递和共享,人类能够获取知识、实现交流、做出决策。然而,要理解信息的真正含义,需要从不同的角度来审视它。

(1)定义。信息可以被定义为一种代表事实、观点或概念的数据或知识的形式。它可以通过语言、符号、数字等媒介进行传递和表达。当一个人或机器接收并理解了这些数据,且能够从中提取有用的内容或意义时,我们就可以说信息已经被成功传递。

信息的本质是它的内容所提供的有用性和对现实世界的反映。信息可以是文字、图像、声音等形式,它们通过媒介传递给接收者,帮助接收者形成对事物的认识和理解。例如,一封电子邮件、一段视频或一本图书都可以被视为信息的载体。

(2)作用。信息在人类社会中起着至关重要的作用。

首先,信息是知识的核心。通过获取和传播信息,人们可以学习新理论、新技术、新事实和新技能等。信息还提供了对过去经验和现在经验的记录和保存,使人们能够从历史中吸取教训,并使现代社会得以迅速发展。

其次,信息是沟通的桥梁。无论是面对面的交流、书信、电话,还是微信、QQ 等互联网平台,信息传递是人们进行交流和合作的基础。通过信息的传递,人们可以分享意见、表达情感、解决问题,并建立起深入的人际关系。

最后,信息在决策中起着重要的作用。无论是在个人生活中还是在组织管理中,决策都需要基于充分的信息和数据。具备准确、及时的信息可以帮助人们做出明智的决策,从而提高效率、降低风险,并达到个人或组织的目标。

2. 信号

信号是信息的物理表现形式,是随时间、空间或其他独立变量改变的物理量或信息,可以是连续的(模拟信号)或离散的(数字信号)。常见的信号类型可以是电信号、磁信号、声信号、光信号等。根据变量的数量,信号可以是一维、二维或多维信号。信号可以是周期性的或非周期性的,确定性的或随机性的,能量的或功率的。

3. 系统

系统是指对信号进行处理、传输、转换或控制的一组组件或元件的集合。系统可以是物理系统(如电路、滤波器),也可以是抽象的数学模型或逻辑模型。系统可以是线性的或非线性的,时变的或时不变的。系统的特性由它的输入-输出关系来描述。

4. 信号处理

信号处理是指对信号进行获取、变换、分析、合成和显示等操作的技术和方法。它可以包括模拟信号处理和数字信号处理两个方面。信号处理的目标可以是提取有用的信息、滤除噪声、改变信号特性或实现特定的功能。

综上,数字信号处理是将时域、空域或频域中的信号用数字或符号表示成序列,通过计算机或更专业的信号处理器以数字运算方法执行各种各样的信号处理操作,从而实现信号变换、滤波、检测、估值、调制解调以及快速算法等处理的一门学科。

0.2 数字信号处理的发展历史

数字信号处理经历了基本理论的建立、独立学科的形成和快速发展的过程,是一门涉及许多学科而又应用广泛的新兴学科。一般认为,16世纪发展起来的经典数值分析方法和18世纪拉普拉斯变换是数字信号处理的数学理论基础。而17世纪发展起来的计算数学是数字信号处理的雏形;20世纪40~50年代发展起来的滤波器和采样理论,使数字信号处理理论得到了充实和完善;到20世纪60年代,数字信号处理已成为一门独立学科,其间有三个标志事件。

1. 快速傅里叶变换理论的出现

1965年,Cooley和Tukey发表的快速傅里叶变换(fast fourier transform,FFT)使数字信号处理从概念到实现迈出了重要一步,是数字信号处理的重大进展之一。快速傅里叶变换使计算时间缩短了两个数量级,运算时间大大降低,还有效地减少了计算所需的存储器容量,使数字信号处理技术得以成功应用。20世纪60年代末至70年代中后期,先后发展了用数论变换进行卷积运算的方法、Winograd 傅里叶变换（WFTA，winograd fourier transform algorithm）算法、沃尔什变换（WHF）及其快速算法（FWHT），这些算法比 FFT 运算时间更短、运算速度更快、运算效率更高，进一步拓展了数字信号处理技术的应用领域。

2. FIR 和 IIR 数字滤波器地位的相对变化

有限冲激响应（FIR）和无限冲激响应（IIR）数字滤波器地位的相对变化是数字信号处理发展过程中的里程碑事件。最初，IIR 数字滤波器被认为比 FIR 数字滤波器优越。从性能上，IIR 数字滤波器传输函数的极点可以位于单位圆内的任何地方，因而可用较低的阶数获得高的选择性，而且所用的存储单元少、经济性好、效率高。然而，选择性越好，其相位非线性越严重。FIR 数字滤波器虽然可以得到严格的线性相位，但是由于 FIR 数字滤波器传输函数的极点固定在原点，所以只能用较高的阶数获得高的选择性。在数字滤波器设计指标相同时，FIR 数字滤波器所要求的阶数可以比 IIR 数字滤波器高 5～10 倍，但是成本较高、信号延时也较大；在选择性和线性要求相同时，IIR 数字滤波器就必须加全通网络进行相位较正，同样要增加滤波器的阶数和复杂性。从结构上，IIR 数字滤波器必须采用递归结构，极点位置必须在单位圆内，否则系统将不稳定；而且，由于 IIR 数字滤波器运算过程中的有限字长效应有时会引入寄生振荡，而 FIR 数字滤波器主要采用非递归结构，不论在理论上还是在实际的有限精度运算中都不存在稳定性问题，运算误差也较小。而且，FIR 数字滤波器可以采用快速傅里叶变换算法，在相同阶数的条件下，运算速度可以快得多。特别是快速傅里叶变换进行卷积运算的方法被提出后，就不再一概而论地认为 IIR 数字滤波器比 FIR 数字滤波器更优越，而是视应用场合加以选择，这加速了对 FIR 数字滤波器的进一步研究。20 世纪 70 年代以来，对数字信号处理中的有限字长效应的分析与研究，解释了数字信号处理中出现的许多现象，使数字信号处理的基本理论进入了基本成熟的阶段。1975 年，Oppenheim 与 Schaler 所著的《数字信号处理》一书是数字信号处理理论的代表作。

3. 大规模集成电路技术的提高

数字信号处理是一种软硬结合的技术。大规模集成电路技术的提高是推动数字信号处理技术飞速发展的重要因素。大规模集成电路技术使数字信号处理器运算速度不断加快、结构更加灵活、软硬件开发工具更加完善，从而使数字信号处理得到快速发展。

0.3　数字信号处理系统的基本组成及其工作原理

数字信号处理系统的基本组成框图，如图 0.1 所示。

$x(t) \rightarrow$ 低通滤波器 $\xrightarrow{x_a(t)}$ ADC转换器 $\xrightarrow{x(n)}$ 数字信号处理 DSP $\xrightarrow{y(n)}$ DAC转换器 $\xrightarrow{y_s(t)}$ 模拟滤波器 $\rightarrow$

图 0.1　数字信号处理系统的基本组成

低通滤波器，也可以称为前置滤波器或抗混叠滤波器，它用于滤掉截止频率以上的信号，以免在采样过程中引起混叠。

ADC 转换器是一个模拟/数字转换器，用来从模拟信号产生一串二进制数值流。

DSP 是核心部分，可以代表一台通用计算机，或一种专用处理器，或数字信号处理硬件等。

DAC 转换器称为数字/模拟转换器，是 ADC 的逆操作。它从一串二进制数的序列中产生一种阶梯形波形，这是产生一个模拟信号的第一步。模拟滤波器是一个后置滤波器，用于将阶梯波形平滑为所期望的模拟信号。

数字信号处理系统工作过程是先将模拟信号 $x(t)$ 经过低通滤波器滤除高于某一频率的分量后形成准备处理的模拟信号 $x_a(t)$，然后在 ADC 转换器中每隔 T_s 秒取出一次 $x_a(t)$ 的幅度（称为采样），采样后的信号称为离散时间信号；随后，在 ADC 转换器的抽样保持电路中转换为数字信号 $x(n)$，这一过程称为量化；在通过数字信号处理系统的核心部分 DSP 时，按照指令的要求进行数值处理，得到输出数字信号 $y(n)$。之后，经过 DAC 转换器将 $y(n)$ 变换成模拟信号 $y_s(t)$，其特点是在时间点 $0, T_s, 2T_s, \cdots, nT_s$ 上的幅度与 $y(n)$ 的数值是吻合的。最后，经过模拟滤波器形成平滑的模拟输出信号 $y(t)$。

数字信号处理的步骤总结如下。

步骤 1：信号采样。选择适当的采样频率对输入信号进行采样，通常需要满足奈奎斯特采样定理，即采样频率大于信号最高频率的两倍。

步骤 2：信号量化。通过 D/A 转换器将连续信号的幅度值转换为离散数值，产生量化误差。

步骤 3：数字信号编码。将量化后的数值用二进制编码表示，选择合适的编码方式，如 PCM 编码。

步骤 4：数字信号处理。对编码后的数字信号进行数字计算、滤波等处理，提取所需信息，进行数据压缩、去噪等操作。

步骤 5：数字信号解码。将数字信号解码，恢复成模拟信号的数值。

步骤 6：输出与显示。将解码后的信号输出到指定设备中，如音频输出到扬声器，图像输出到显示器。

0.4　数字信号处理器的应用领域

数字信号处理的应用已经涵盖了工业、通信、娱乐、个人医疗、教育、环境控制、安全等领域。下面，仅从技术角度进行简要描述。

1. 滤波与变换

滤波是数字信号处理中重要的一部分，其作用是通过改变信号的频域特性来实现信号的增强、降噪、去除杂散等目的。常见的滤波器有低通滤波器、高通滤波器、带通滤波器和带阻滤波器等,它们可以分别滤除不同频率的信号成分。

变换是数字信号处理的另一个重要部分,它可以将信号从时域转换到变换域,或者反过来从变换域转换到时域。常见的变换有傅里叶变换、快速傅里叶变换(FFT)、小波变换、拉普拉斯变换、希尔伯特变换等。

2. 通信与传输

在现代通信技术领域内,信源编码、信道编码、调制、多路复用、数据压缩、回波对消以及自适应信道均衡、扩频通信、纠错编码、TDMA 等通信模式都广泛地采用数字滤波器,特别是在数字通信、网络通信、图像通信、多媒体通信等应用中,离开了数字滤波器,实现通信与传输几乎不可能。

3. 语音与语言

语音处理是最早应用数字滤波器的领域之一,也是最早推动数字信号处理理论发展的领域之一。该领域主要包括语音信号分析、语音合成、语音识别、语音增强、语音编码等方面。近年来,市场上已出现了一些相关的软件和硬件产品。例如,盲人阅读机、哑人语音合成器、口授打印机、语音应答机,各种会说话的仪器和玩具,以及使用音频压缩编码技术的通信和视听产品等。

4. 图像与图形

数字滤波技术已成功应用于静止图像和活动图像的恢复和增强、数据压缩、去噪音和干扰、图像识别以及层析 X 射线摄影、雷达、声呐、超声波和红外信号的可见图像成像。例如,二维和三维图形处理、电子地图、动画等。

5. 仪器仪表

使用 DSP 开发测量仪表和测试仪器可将产品提升到一个崭新的水平。应用 DSP 可实现仪器仪表的 SoC 设计,新款 DSP 均集成了十分丰富的片内外设,而且性能优越。用 DSP 可提高仪器仪表测试和测量的精度和速度。仪器仪表的测量精度和速度是一项重要的指标。使用 DSP 芯片开发产品可使这两项指标大大提高。

6. 自动控制

DSP 已广泛地应用于各种控制器中,例如,电机控制、高级驾驶辅助系统。其中,基于 DSP 的高级驾驶辅助系统可以解决很多问题。

(1)自动驾驶。基于 DSP 的高级驾驶辅助系统可以通过对车辆周围环境进行识别和分析,提前发现障碍物、交通标志等信息,并自动调整车辆的行驶路线和速度。这种自动驾驶技术不仅可以提高行驶安全性,还可以减轻驾驶者的驾驶负担。

(2)盲区检测。车辆在行驶时会有一些盲区,例如车的侧后方。盲区会给驾驶者带来安全隐患。基于 DSP 的高级驾驶辅助系统可以通过车辆周围的雷达和摄像头来检测盲区,在驾驶者无法看到的区域发现障碍物并发送警报,从而保证行驶安全。

(3)紧急制动。在一些情况下,驾驶者会出现疲劳、分神或突然紧急情况,这时需要车辆及时出现紧急制动。基于 DSP 的高级驾驶辅助系统可以通过多个传感器的数据来监测车辆的速度、距离等信息，自动发出紧急制动信号，确保车辆尽快停下来，避免事故发生。

7. 医疗器械

医疗设备，如心电监护仪、血压监测仪等都是基于 DSP 技术设计和实现的。DSP 技术可以用来对传感器采集的数据进行处理和分析，实现对患者生理参数的监测和诊断。通过 DSP 技术，可以实现医疗设备的自动化、智能化，提高设备的性能和准确性，为医生提供更有效的医疗辅助工具。例如，CT 扫描、核磁共振、辅助视听、超声设备、诊断工具、病人监护等。

8. 军事国防

DSP 技术也在军事国防领域得到广泛应用。例如，加密与解密、雷达处理、声呐处理、导航、侦察卫星、航空航天测试、阵列天线信号处理等。

0.5 数字信号处理与 LabVIEW 的关系

数字信号处理技术的应用是建立在各种数字信号分析的基础上，而数字信号最基本的分析方法主要包含了信号的时域分析和频域分析等。某些在时域表现得很复杂的信号转换到频域会表现得很简单，而傅里叶变换是将数字信号由时域转换到频域进行分析的常见手段。

LabVIEW 是美国国家仪器有限公司（National Instruments，NI）推出的一种用图标代替文本进行创建应用程序的图形化编程语言。LabVIEW 开发环境采用流程图式的编程，具有丰富的函数、数值分析、信号处理和设备驱动功能；在程序运行时不需预先编译，只需要拖放已经开发好的图形控件就可以轻松快捷地开发应用程序。这一切使程序的开发变得更为轻松、效率更高。LabVIEW 包含丰富的数字信号处理函数库，具有强大的数字信号处理功能。离散傅里叶变换是分析数字信号频谱的工具，使用 LabVIEW 语言可以很便捷地实现对离散信号的频谱分析。LabVIEW 的图形化特性以及模块化的编程特点，使数字信号处理中的时域分析以及频域分析变得简单而且直观。

第 1 章 离散时间信号与系统

下面通过阐述离散时间信号与系统的概念,研究数字信号处理。本章将集中解决有关信号表示、信号运算、信号性质、系统分类和系统性质的问题。首先,在 1.1 节给出离散时间信号的定义,然后给出几种重要的离散时间序列,并讨论了序列的周期性。其次在 1.2 节讨论离散时间系统,重点给出离散系统的无记性、线性、移不变性、因果稳定性等具有特殊意义的概念。在 1.3 节讨论线性移不变系统的常系数线性差分方程,并对其进行求解,将会证明输入与输出是卷积和的关系。在 1.4 节介绍了连续时间信号的采样,讨论了其频域上的变化情况,即抽样定理和信号的重建过程。在 1.5 节给予 LabVIEW 2020 概述与实例解释。

1.1 离散时间信号

1.1.1 信号描述与分类

信号的分类方法很多,我们可以从不同角度进行分类。在时域根据信号的幅度与时间的函数关系,可将信号分为连续信号和离散信号、周期性信号和非周期性信号以及确定性信号和非确定性信号等。

1. 连续信号与离散信号

1)连续信号与模拟信号

(1)连续信号。连续时间信号,简称为连续信号,如图 1.1(a)所示。连续是指函数的定义域,即自变量(一般是时间 t)连续,而函数的值域(信号增幅)可以连续或不连续。

(2)模拟信号。如果连续信号在任意时刻的取值都是连续的,即信号的幅值和时间 t 均连续,则称为模拟信号,如图 1.1(b)所示。

2)离散信号与数字信号

(1)离散信号。信号只是在离散时间上有函数值,即信号只在一系列离散的时间点 $k(k=0,\pm1,\pm2,\cdots)$ 上才有确定值,而在其他的时间点上无意义,因此它是时间上不连续的序列,通常以 $x(k)$ 表示,如图 1.1(c)所示。

(2)数字信号。时间上和幅度上都取离散值的信号称为数字信号,通常以 $x(n)$ 表示,如图 1.1(d)所示。

离散信号与数字信号有什么关系呢? 离散信号量化后,就是数字信号。

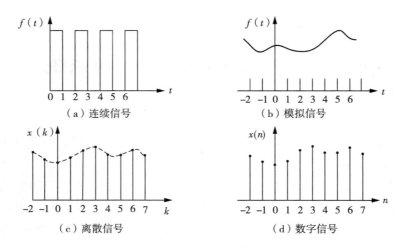

图 1.1 连续信号与离散信号

2. 周期性信号和非周期性信号

连续信号和离散信号都可以分为周期性信号和非周期性信号。

1）周期性信号

若一个离散信号 $x(n)$ 在 $n \in (-\infty, +\infty)$ 区间内,以 N 为周期周而复始地出现,就称之为离散周期性信号,其满足

$$x(n) = x(n+N) = x(n+2N) = \cdots = x(n+mN) \tag{1.1.1}$$

式中,$m = 0, \pm 1, \pm 2, \pm 3, \cdots$;$N$ 为该信号的周期,是满足式(1.1.1)关系的最小整数。

2）非周期性信号

若一个离散信号 $x(n)$ 在 $n \in (-\infty \sim +\infty)$ 区间内不是周而复始地出现,即不满足式(1.1.1),则称之为离散非周期性信号。

3. 确定性信号和非确定性信号

信号也可以分为确定性信号和非确定性信号(又称随机信号)。

1）确定性信号

确定性信号就是其每个时间点上的值可以用某个数学表达式或图表唯一确定的信号。

2）随机信号

随机信号就是不能用一个明确的数学表达式精确描述的信号,因此也不能准确预测任意时刻的信号精确值,即信号在任意时刻的取值都是不确定的,只可能知道它的统计特性,如在某时刻取某一数值的概率,这样的信号就称为不确定性信号或随机信号。电子系统中的起伏热噪声、雷电干扰信号就是两种典型的随机信号。

4. 其他信号分类

信号除了有上述分类外,还可以分为能量信号和功率信号、时域信号和频域信号、时

限信号和频限信号、实信号和复信号、一维信号和多维信号、因果信号和非因果信号、左边信号和右边信号等,这里不再赘述。

1.1.2　离散时间序列

离散时间序列,其时间间隔 T 是均匀的。用 $x(nT)$ 表示此离散信号在 nT 点上的值,n 为整数。为了方便起见,将 $x(nT)$ 简记为 $x(n)$,表示序列。注意,$x(n)$ 只在 n 为整数时才有意义。

离散时间信号如图 1.2 所示。横轴为连续直线,但只在 n 为整数时才有意义。纵轴线段的长短代表各序列值的大小。

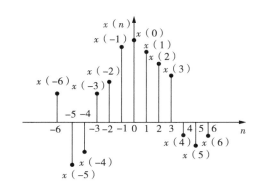

图 1.2　离散时间信号

1. 常用序列

1) 单位抽样序列

$$\delta(n)=\begin{cases}1, n=0\\0, n\neq 0\end{cases} \tag{1.1.2}$$

$\delta(n)$ 又称为 Kronecker 函数。该序列在离散信号和离散系统的分析与综合中有着重要的作用,其地位犹如单位冲激信号 $\delta(t)$。单位抽样序列如图 1.3 所示。在连续时间系统中,$\delta(t)$ 的脉宽为零,幅度为 ∞,是一种数学极限,并非现实的信号;而在离散时间系统中,$\delta(n)$ 是一个现实的序列,其脉冲幅度为 1(有限值)。

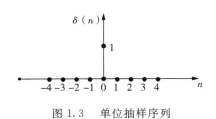

图 1.3　单位抽样序列

2) 单位阶跃序列

$$u(n)=\begin{cases}1, n\geqslant 0\\0, n<0\end{cases} \tag{1.1.3}$$

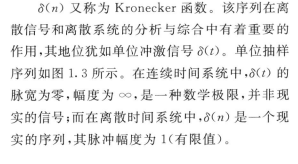

图 1.4　单位阶跃序列

若序列 $y(n)=x(n)u(n)$,那么 $y(n)$ 的自变量 n 的取值就限定在 $n\geqslant 0$。单位阶跃序列如图 1.4 所示。

3) 矩形序列

$$R_N(n)=\begin{cases}1, 0\leqslant n\leqslant N-1\\0, 其他\end{cases} \tag{1.1.4a}$$

此序列从 $n=0$ 开始，含有 N 个幅度为 1 的数值，其余为零。

以上单位抽样序列、单位阶跃序列和矩形序列（图 1.5）之间的关系如下：

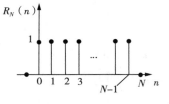

图 1.5　矩形序列

$$\begin{cases} \varepsilon(n)=\sum_{k=0}^{\infty}\delta(n-k),\varepsilon(n)=\sum_{k=-\infty}^{\infty}\delta(k) \\ \delta(n)=\varepsilon(n)-\varepsilon(n-1) \\ R_N(n)=\varepsilon(n)-\varepsilon(n-N) \end{cases} \tag{1.1.4b}$$

4）指数序列

$$x(n)=a^{|n|} \tag{1.1.5}$$

式中，a 为常数，且 $|a|<1$，如图 1.6 所示。如果 a 为复数，则可将 a 写成 $a=re^{j\omega_0}$，其中，$r>0;\omega_0\neq0,\pi$。这样 $x(n)$ 就变成复指数序列，即 $x(n)=r^{|n|}e^{j\omega_0|n|}$。若 $r<1$，则 $x(n)$ 为衰减的复正弦，其实部和虚部分别为衰减的实余弦和衰减的实正弦。复指数序列 $e^{j\omega_0|n|}$ 作为序列分解的基本单元，在序列的傅里叶变换中起着重要作用。

5）正弦序列

$$x(n)=A\sin(n\omega+\phi) \tag{1.1.6}$$

式中，A 为幅度，ω 为数字频率，ϕ 为起始相位。正弦序列如图 1.7 所示。

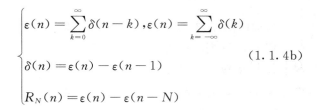

图 1.6　指数序列

6）斜变序列

斜变序列与连续函数中的斜坡函数类似，但是却没有连续时间信号中斜坡函数同阶函数间的微分关系，其图形如图 1.8 所示。其数学表达式为

$$x(n)=nu(n) \tag{1.1.7}$$

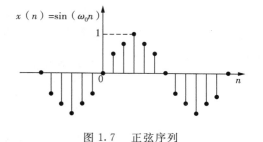

图 1.7　正弦序列

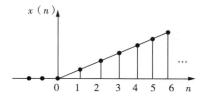

图 1.8　斜变序列

2. 序列的运算与变换

在信号处理中,信号的基本运算有移位、翻褶、相加与相乘、累加、时间尺度变换、卷积和等。

1)移位

设某一序列为 $x(n)$,当 m 为正值时,$x(n-m)$ 是指序列 $x(n)$ 逐项依次延时(右移)m 位而得到的一个新序列,而 $x(n+m)$ 则是依次超前(左移)m 位而得到的序列;当 m 为负值时,则相反。在数字信号处理的硬件设备中,延时(移位)是由一系列的移位寄存器来实现的。

【例 1.1】 $x(n)=\begin{cases}\dfrac{1}{4}\left(\dfrac{1}{2}\right)^n,n\geqslant-1\\0,n<-1\end{cases}$,序列 $x(n)$ 及超前序列 $x(n+1)$ 如图 1.9 所示。

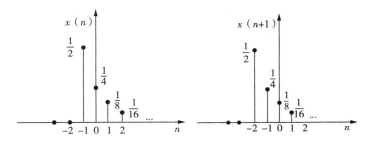

图 1.9　序列 $x(n)$ 及超前序列 $x(n+1)$

2)翻褶

若序列为 $x(n)$,则 $x(-n)$ 是以 $n=0$ 的纵轴为对称轴,将序列 $x(n)$ 加以翻褶而得到的新序列。

【例 1.2】 $x(n)=\begin{cases}\dfrac{1}{4}\left(\dfrac{1}{2}\right)^n,n\geqslant-1\\0,n<-1\end{cases}$,序列 $x(n)$ 及翻褶后的序列 $x(-n)$ 如图 1.10 所示。

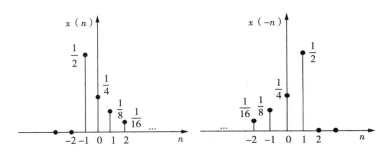

图 1.10　序列 $x(n)$ 及翻褶后的序列 $x(-n)$

3）相加与相乘

两个序列 $x_1(n)$ 和 $x_2(n)$ 分别相加与相乘可以得到新的序列，即

$$x(n) = x_1(n) + x_2(n) \tag{1.1.8}$$

$$y(n) = x_1(n)x_2(n) \tag{1.1.9}$$

注意，上述的相加、相乘表示将 $x_1(n)$、$x_2(n)$ 在相同时刻 n 的值对应相加或相乘。序列的标量乘 $y(n) = cx(n)$ 表示将 $x(n)$ 在所有 n 时刻的值都乘以常数 c。

4）累加

设某一序列为 $x(n)$，则 $x(n)$ 的累加序列定义为

$$y(n) = \sum_{k=-\infty}^{n} x(k) \tag{1.1.10}$$

它表示累加序列 $y(n)$ 在某时刻 n 上的值等于该时刻 n 上的 $x(n)$ 值以及 n 以前的所有时刻 $n-1, n-2, \cdots$ 的 $x(n)$ 值之和。

【例 1.3】 设 $x(n) = \begin{cases} \dfrac{1}{4}\left(\dfrac{1}{2}\right)^n, & n \geqslant -1 \\ 0, & n < -1 \end{cases}$，则 $\begin{cases} y(n) = \sum\limits_{k=-\infty}^{n} \dfrac{1}{4}\left(\dfrac{1}{2}\right)^n, & n \geqslant -1 \\ y(n) = 0, & n < -1 \end{cases}$。序列 $x(n)$ 及其累加序列 $y(n)$ 如图 1.11 所示。

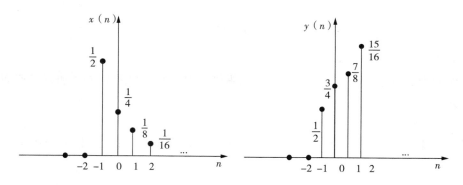

图 1.11　序列 $x(n)$ 及其累加序列 $y(n)$

5）时间尺度变换

对于某序列 $x(n)$，其时间尺度变换序列为 $x(mn)$ 或 $x(n/m)$，其中 m 为正整数。

例如，当 $m=2$ 时，$x(mn)$ 即为 $x(2n)$。注意，$x(2n)$ 不是 $x(n)$ 序列简单地在时间轴上按比例增一倍，而是以低一半的抽样频率从 $x(n)$ 中每隔 2 点取 1 点。

如果 $x(n)$ 是连续时间信号 $x(t)$ 的取样，则这相当于 $x(n)$ 的抽样间隔从 T 增加到 $2T$，即

$$x(n) = x(t)\,|_{t=nT}$$

则

$$x(2n) = x(t)\,|_{t=n2T}$$

称这种运算为抽取,即 $x(2n)$ 是 $x(n)$ 的抽取序列。序列 $x(n)$ 及其抽取 $x(2n)$ 如图1.12所示。

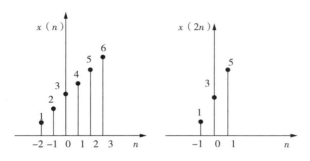

图 1.12　序列 $x(n)$ 及其抽取序列 $x(2n)$

又例如,当 $m=2$ 时,$x(n/m)$ 即为 $x(n/2)$,也可写为 $x(n/2) = x(t)\,|_{t=nT/2}$,其表示抽样间隔由 T 变成 $T/2$,将 $x(n/2)$ 称为 $x(n)$ 的抽值序列。

6) 卷积和

卷积和是求离散线性时不变系统输出响应(零状态响应)的主要方法,这里仅一般性地讨论卷积和的定义及运算方法。

设有两序列为 $x(n)$ 和 $h(n)$,则它们的卷积和定义为

$$y(n) = \sum_{m=-\infty}^{\infty} x(m)h(n-m) = x(n) \otimes h(n) \qquad (1.1.11)$$

式中,$\otimes$ 表示卷积运算。

求卷积的方法有:直接计算法,适用于被卷积序列可以用简单的闭合数学式表示的情况;列表法,适合于有限长序列的卷积;图解法,其卷积和的运算过程在图形的表示上可分为 5 个步骤(变量替换、翻褶、移位、相乘、相加)。

步骤 1:变量替换。将 $x(n)$ 和 $h(n)$ 中的自变量由 n 变成 m。

步骤 2:翻褶。将 $h(m)$ 以 $m=0$ 的垂直轴为对称轴翻褶成 $h(-m)$。

步骤 3:移位。将 $h(-m)$ 移位 n,即得到 $h(n-m)$。当 n 为正整数时,右移 n 位;当 n 为负整数时,左移 n 位。

步骤 4:相乘。将 $h(n-m)$ 和 $x(m)$ 的相同 m 值的对应点值相乘。

步骤 5:相加。把以上所有对应点的乘积叠加起来,即得到 $y(n)$ 值。

【例 1.4】　已知输入序列为 $x(n) = \begin{cases} 1, & 0 \leq n \leq 4 \\ 0, & 其他 \end{cases}$,系统的单位脉冲响应为 $h(n) = \begin{cases} 0.5, & 0 \leq n \leq 5 \\ 0, & 其他 \end{cases}$,求两者的卷积。

【解】 根据题意得 $x=[1,1,1,1,1],h=[0.5,0.5,0.5,0.5,0.5,0.5]$，其图形形式如图 1.13 所示。线性卷积的方法和步骤如下。

步骤 1：变量替换。将时间变量换成 m，并对 $x(m)$ 围绕纵轴折叠，得 $h(-m)$，如图 1.14 所示。

步骤 2：翻褶。在图 1.14 中，将对应项 $x(m)$ 和 $h(-m)$ 相乘，得

$$y(0)=\sum_{m=-\infty}^{\infty}x(m)h(-m)=x(0)h(0)=1\times0.5=0.5$$

依次类推，求出其他子项如下：

$$y(4)=\sum_{m=-\infty}^{\infty}x(m)h(4-m)=2.5$$

$$y(5)=\sum_{m=-\infty}^{\infty}x(m)h(5-m)=2.5$$

$$y(6)=\sum_{m=-\infty}^{\infty}x(m)h(6-m)=2$$

$$\cdots\cdots$$

$$y(9)=\sum_{m=-\infty}^{\infty}x(m)h(9-m)=0.5$$

最终，得

$$y(n)=[0.5,1,1.5,2,2.5,2.5,2,1.5,1,0.5]$$

其长度为 length $(y)=$ length $(x)+$ length $(h)-1=10$。

步骤 3：移位、相乘与相加。对其移位得 $h(n-m)$，当 $n>0$ 时，依次对 $h(-m)$ 右移 n 位，将对应项 $x(m)$ 和 $h(n-m)$ 相乘，然后将各子项相加得到 $y(n)$。如图 1.15 所示，对 $h(-m)$ 右移 1 位，将对应项 $x(m)$ 和 $h(1-m)$ 相乘，然后将各子项相加得到 $y(1)$。

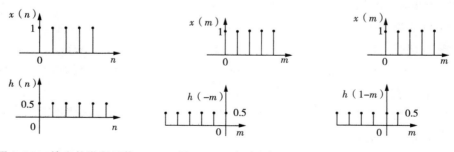

图 1.13　输入的卷积函数　　图 1.14　序列翻褶　　图 1.15　对 $h(-m)$ 右移 1 位

$$y(1)=\sum_{m=-\infty}^{\infty}x(m)h(1-m)=x(0)h(1)+x(1)h(0)=1\times0.5+1\times0.5=1,$$

$$y(2) = \sum_{m=-\infty}^{\infty} x(m)h(2-m) = 1.5,$$

$$y(3) = \sum_{m=-\infty}^{\infty} x(m)h(3-m) = 2, \text{如图 1.16 所示。}$$

其卷积结果序列,如图 1.17 所示。

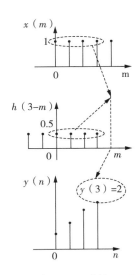

图 1.16　当 $n = 3$ 时的 $y(n)$ 图形

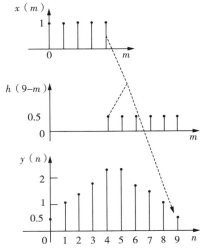

图 1.17　卷积结果序列

1.1.3　序列的周期性

任何离散信号总可以分为周期性的和非周期性的。如果对于所有 n 存在一个最小正整数 N,满足

$$x(n) = x(n+N) \tag{1.1.12}$$

就称序列 $x(n)$ 是周期为 N 的序列,即周期性序列。

如果周期性序列 $x_1(n)$ 的周期为 N_1,$x_2(n)$ 的周期为 N_2,则 $x(n) = x_1(n) + x_2(n)$ 或 $x(n) = x_1(n)x_2(n)$ 都恒是周期的,且基本周期为

$$N = \frac{N_1 N_2}{\gcd(N_1, N_2)} \tag{1.1.13}$$

式中,$\gcd(N_1, N_2)$ 表示 N_1 与 N_2 的最大公约数。

现讨论正弦序列的周期性。

由于

$$x(n) = A\sin(n\omega_0 + \phi)$$

则

$$x(n+N) = A\sin[(n+N)\omega_0 + \phi] = A\sin[n\omega_0 + N\omega_0 + \phi]$$

注意，正弦序列不一定是周期序列。这是因为若 $x(n) = A\sin(n\omega_0 + \phi)$，则 $x(n+N) = A\sin[(n+N)\omega_0 + \phi]$。如果 $x(n) = x(n+N)$，则要求 $N = k\dfrac{2\pi}{\omega_0}$，$N$、$k$ 均取整数，k 的取值要保证 N 是最小的整数。满足这些条件，正弦序列 $x(n)$ 才是以 N 为周期的周期序列。

若 $N\omega_0 = 2\pi k$ 且 k 为整数，则

$$x(n) = x(n+N)$$

即

$$A\sin(n\omega_0 + \phi) = A\sin[(n+N)\omega_0 + \phi]$$

这时的正弦序列就是周期性序列，其周期满足 $N = 2\pi k/\omega_0$（N、k 必须为整数）。下面分情况来讨论。

（1）当 $2\pi/\omega_0$ 为整数时，只要 $k=1$，$N = 2\pi/\omega_0$ 就为最小正整数，即周期为 $2\pi/\omega_0$，如图 1.18 所示。

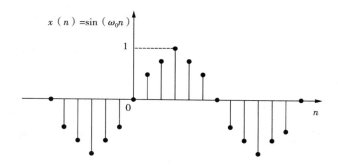

图 1.18　当 $\phi = 0$，$\omega_0 = 2\pi/12$，$A = 1$ 时的正弦序列（周期性序列，周期 $N = 12$）

（2）当 $2\pi/\omega_0$ 不是整数而是一个有理数时（有理数可以表示为分数），则

$$\frac{2\pi}{\omega_0} = \frac{N}{k}$$

式中，k、N 为互素的整数，则 $N = (2\pi/\omega_0)k = (N/k)k$ 为最小正整数，它就是此正弦序列的周期。

（3）当 $2\pi/\omega_0$ 是无理数时，任何 k 都不能使 N 为正整数，此时正弦序列不是周期性的。

判断方法如下：

① 当 $\dfrac{2\pi}{\omega_0} = $ 整数时，$x(n)$ 的周期为 $\dfrac{2\pi}{\omega_0}$。

② 当 $\dfrac{2\pi}{\omega_0} = \dfrac{P}{Q}$ 时，P、Q 是互为素数的整数，取 $k = Q$，$x(n)$ 的周期为 $N = P$。

③ 当 $\dfrac{2\pi}{\omega_0}$ 为无理数，k 的取值要保证 N 是最小的整数时，$x(n)$ 不是周期序列。

对于复指数序列 $\mathrm{e}^{\mathrm{j}\omega_0 n}$ 的周期性，分析结果相同，读者可自行分析。

【例 1.5】　判断下列序列是否为周期信号。

$(1)x_1(n)=\sin\left(\dfrac{3n\pi}{4}\right)+\cos(n\pi)$

$(2)x_2(n)=\sin(4n)$

【解】　(1) $\sin\left(\dfrac{3n\pi}{4}\right)$ 和 $\cos(n\pi)$ 的数字角频率分别为 $\omega_1=\dfrac{3\pi}{4}$ 和 $\omega_2=\pi$。

由于 $T_1=\dfrac{2\pi}{\omega_1}=\dfrac{8}{3}$，$T_2=\dfrac{2\pi}{\omega_2}=2$，均为有理数，故它们的周期分别为 $N_1=8$，$N_2=2$，故

$x_1(n)=\sin\left(\dfrac{3n\pi}{4}\right)+\cos(n\pi)$ 为周期序列。

其周期为 N_1 和 N_2 的最小公倍数 8，由 $\dfrac{T_1}{T_2}=\dfrac{4}{3}$，得 $N=3T_1=4T_2=8$。

$(2)\sin(4n)$ 的数字角频率为 $\omega=4$；由于 $T=\dfrac{2\pi}{\omega}=\dfrac{\pi}{2}$ 为无理数，故 $x_2(n)=\sin(4n)$ 为非周期序列。

由例 1.5，得出的结论如下：
(1) 连续正弦信号一定是周期信号，但正弦序列不一定是周期序列。
(2) 两个连续周期信号之和不一定是周期信号，而两个周期序列之和一定是周期序列。

1.2　离散时间系统

1.2.1　离散时间系统的定义

在数学上，一个离散时间系统可以抽象为一种变换，或一种规则，或一种映射，即把输入序列 $x(n)$ 变换为输出序列 $y(n)$，即

$$y(n)=T[x(n)] \qquad (1.2.1)$$

式中，$T[\cdot]$ 表示某种变换，如图 1.19 所示。式(1.2.1)代表了由输入序列值计算输出序列值的某种规则或者公式。

一个离散时间系统可以理解为一个黑匣子，系统分析可从系统的端部出发，研究在不同信号的激励下，经过系统的处理、运算，分析其输出特性，而不考虑黑匣子内部的变量关系。$T[\cdot]$ 表示这种处理或运算关系。

图 1.19 所示的示意图确定了一个系统，

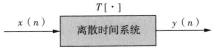

图 1.19　离散时间系统

定义了包括所有可能相关的输入-输出信号对的集合。

1.2.2　离散时间系统性质

离散系统最常用的性质包括无记忆性、线性、移不变性、因果稳定性等。

1. 无记忆性

如果对一个系统在任意时刻 n 上的输出 $y(n)$ 只决定于同一时刻 n 的输入 $x(n)$，则称该系统是无记忆系统。

例如，系统 $y(n)=ax^2(n)+bx(n)+c(a,b,c$ 是任意常数) 是无记忆的，因为 $y(n)$ 只取决于在 n 时刻的 $x(n)$ 的值，而系统 $y(n)=ax(n)+bx(n-1)+cx(n-2)(a,b,c$ 是任意常数) 是有记忆的，因为 $y(n)$ 取决于 n 时刻、$n-1$ 时刻和 $n-2$ 时刻的 $x(n)$ 的值。

2. 线性

如果 $y_1(n)$ 和 $y_2(n)$ 分别是输入为 $x_1(n)$ 和 $x_2(n)$ 的某一系统的响应，那么当且仅当

$$T[x_1(n)+x_2(n)]=T[x_1(n)]+T[x_2(n)]=y_1(n)+y_2(n) \tag{1.2.2}$$

$$T[ax(n)]=aT[x(n)]=ay(n) \tag{1.2.3}$$

时，该系统是线性的。式中，a 为任意常数。式(1.2.2) 称为可加性，式(1.2.3) 为齐次性或比例性，这两个性质结合在一起就称为叠加原理，即

$$T[ax_1(n)+bx_2(n)]=aT[x_1(n)]+bT[x_2(n)]=ay_1(n)+by_2(n) \tag{1.2.4}$$

式中，a 和 b 为任意常数。将式(1.2.4) 推广到多个输入的叠加，则一般表达式为

$$T\Big[\sum_{i=1}^{N}a_ix_i(n)\Big]=\sum_{i=1}^{N}a_iy_i(n) \tag{1.2.5}$$

线性系统的图解说明，如图 1.20 所示。

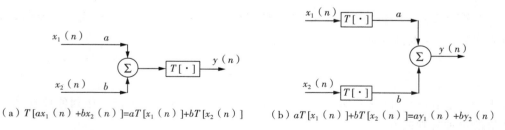

（a）$T[ax_1(n)+bx_2(n)]=aT[x_1(n)]+bT[x_2(n)]$　　（b）$aT[x_1(n)]+bT[x_2(n)]=ay_1(n)+by_2(n)$

图 1.20　线性系统的图解说明

3. 移不变性

若系统的响应与激励信号与该系统的时刻无关，则该系统为时不变系统。时不变系统的参数不随时间而变化，即不管输入信号作用的时间先后，对应输出响应信号的形状均相同，仅是出现的时间不同。由于在离散系统中时间的变化主要靠移位来实现，故一

般也称为移不变系统。

若 $T[x(n)]=y(n)$，则

$$T[x(n-m)]=y(n-m) \tag{1.2.6}$$

就称 $T[\cdot]$ 为移不变系统。系统 T 对于给定的输入 $x(n)$，其输出 $y(n)$ 和输入 $x(n)$ 施加的时间无关，即不论何时加上输入，只要输入信号一样，输出信号的形态就保持不变，也说明 $x(n)$ 先移位后再进行变换与它先进行变换再移位是等效的。

【例 1.6】 给定系统

$$y(n)=nx(n)$$

试判断该系统是否为线性系统、移不变性系统。

【解】 给定输入 $x_1(n)$ 和 $x_2(n)$，由定义得

$$y_1(n)=nx_1(n), y_2(n)=nx_2(n)$$

令

$$x(n)=ax_1(n)+bx_2(n)$$

那么，系统对 $x(n)$ 的响应为

$$y(n)=nx(n)=n[ax_1(n)+bx_2(n)]$$
$$=anx_1(n)+bnx_2(n)$$
$$=ay_1(n)+by_2(n)$$

该式的右边正是 $y_1(n)$ 和 $y_2(n)$ 的叠加，故系统是线性的。

由于

$$y(n)=nx(n)$$

那么系统对于 $x(n-m)$ 的响应 $y_m(n)$ 为

$$y_m(n)=nx(n-m)$$

由式 (1.2.6)，有

$$y(n-m)=(n-m)x(n-m)$$

显然

$$y_m(n)\neq y(n-m)$$

所以，系统不具备移不变性。

4. 因果稳定性

(1) 因果系统。系统的输出 $y(n)$ 只取决于 n 时刻的输入 $x(n)$ 及以前的输入 $x(n-1),x(n-2),\cdots$，而与 n 时刻以后(即"未来"的)的输入 $x(n+1),x(n+2),\cdots$ 没关系。换句话说，系统无输入信号的激励就无响应输出，输出不能超前于输入，这样的系统称为因

果系统。因果系统是物理可实现系统,就是说实际应用的系统都是因果系统。

相反,不满足上述关系的是非因果系统,即系统的输出 $y(n)$ 不只取决于 n 时刻及以前的输入 $x(n),x(n-1),x(n-2),\cdots$,还取决于 n 时刻以后的(即"未来"的)输入 $x(n+1),x(n+2),\cdots$。即系统的输出还取决于未来的输入,这样在时间上就违背了因果关系,因而是非因果系统。非因果系统是物理不可实现系统。

【例 1.7】 判断前向差分系统 $y(n)=ax(n+1)-bx(n)$ 和后向差分系统 $y(n)=ax(n)-bx(n-1)$ 的因果性,a,b 为常数,且不为零。

解:(1) 对于前向差分系统

$$y(n)=ax(n+1)-bx(n)$$

因为其输出的当前值与输入的一个将来值有关,所以这个系统不是因果的。

后向差分系统

$$y(n)=ax(n)-bx(n-1)$$

因为其输出仅决定于输入的现在值和过去值,对于某一个特定时刻的输出 $y(n_0)$ 来说,不可能将 $n>n_0$ 的输入值吸收进来,所以该系统是因果的。

(2) 稳定性。当一个系统受到某种干扰时,在干扰消失后其所引起的系统响应最终也随之消失,即系统能够回到干扰作用前的状态则该系统就是稳定的,否则就是不稳定的。换句话说,当且仅当每一个有界的输入序列都产生一个有界的输出序列时,该系统在有界输入有界输出(BIBO)意义下是稳定的。

$$|x(n)|\leqslant M<\infty \tag{1.2.7a}$$

$$|y(n)|\leqslant P<\infty \tag{1.2.7b}$$

(3) 因果稳定系统。因果稳定系统同时满足因果性、稳定性。对于离散系统,因果稳定系统 $H(z)$ 的收敛域为 $r<|z|\leqslant\infty$ $(r<1)$。对于因果稳定的系统函数,其全部极点必须在单位圆内。稳定的因果系统通常称为物理可实现系统,非因果系统通常称为物理不可实现系统。与模拟系统不同的是,离散系统可以实现非实时的非因果系统。

任何时间系统都是因果性的系统,这是因为在实时处理信号时,输入信号的抽样值是串行输入的,因此,系统的输出不会出现在输入信号之前,否则该系统就不是物理可实现系统。对于非实时情况,由于输入数据全部是已知的,因此这种情况下非因果系统是可以实现的。

1.2.3 线性移不变系统

1. 概念

同时具有线性和移不变性的离散时间系统,称为线性移不变(linear shift invariant,LSI)离散时间系统,简称 LSI 系统。除特别说明,本书的研究对象都是 LSI 系统。

如果 $h(n)$ 是一个 LSI 系统对单位冲激序列 $\delta(n)$ 的响应,则序列 $h(n)$ 称为单位脉冲响应,它包含了一个 LSI 系统的全部特征,即一旦已知 $h(n)$,这个系统对于任何输入 $x(n)$ 的响应都可以求得,即

$$y(n) = x(n) \otimes h(n) \tag{1.2.8}$$

式(1.2.8)是线性移不变系统卷积和的表达式,式中 $\otimes$ 表示卷积。

2. 性质

因为所有的线性移不变系统都是由式(1.2.8)的卷积和来描述的,所以这类系统的一般性质可以由离散时间序列卷积的性质得到。

1) 交换律

由于卷积和与两个卷积序列的次序无关,故

$$y(n) = x(n) \otimes h(n) = h(n) \otimes x(n) \tag{1.2.9}$$

也就是说,把输入和单位冲激响应互换,系统的输出不变,如图 1.21 所示。

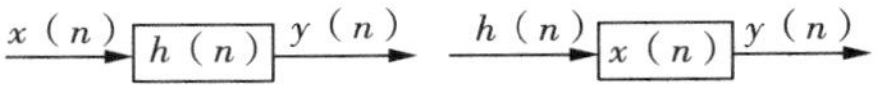

图 1.21　卷积和服从交换律

2) 结合律

$$
\begin{aligned}
x(n) \otimes h_1(n) \otimes h_2(n) &= [x(n) \otimes h_1(n)] \otimes h_2(n) \\
&= [x(n) \otimes h_2(n)] \otimes h_1(n) \\
&= x(n) \otimes [h_1(n) \otimes h_2(n)]
\end{aligned} \tag{1.2.10}
$$

两个线性移不变系统级联后仍构成一个线性移不变系统,其单位冲激响应为两系统单位冲激响应的卷积和,且系统的单位冲激响应与它们的级联次序无关,如图 1.22 所示。

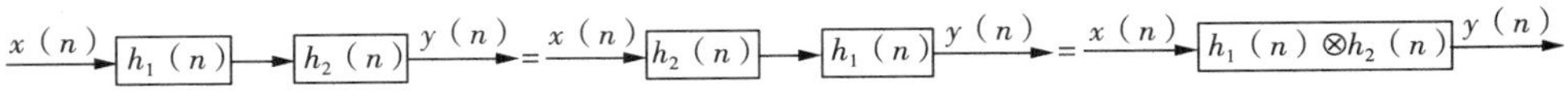

图 1.22　卷积和服从结合律

3) 分配律

$$x(n) \otimes [h_1(n) + h_2(n)] = x(n) \otimes h_1(n) + x(n) \otimes h_2(n) \tag{1.2.11}$$

两个线性移不变系统并联等效于一个单一的系统,该系统的单位冲激响应是各系统单位冲激响应之和,如图 1.23 所示。

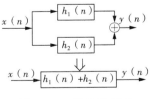

图 1.23　线性移不变系统的并联组合

4) 因果性

满足条件

$$h(n) = 0, \quad n < 0 \tag{1.2.12}$$

的线性移不变系统为因果系统。

5）稳定性

当且仅当单位冲激响应是绝对可加时，线性移不变系统才是稳定的，即

$$\sum_{n=-\infty}^{\infty} \mid h(n) \mid < \infty \qquad (1.2.13)$$

1.3　常系数线性差分方程

1.3.1　常系数线性差分方程模型

将离散线性移不变系统的输入输出满足的 N 阶线性常系数差分方程表示为

$$\sum_{k=0}^{N} a_k y(n-k) = \sum_{m=0}^{M} b_m x(n-m) \qquad (1.3.1)$$

式中，$a_k (a_0 = 1)$ 和 b_m 是定义系统的常数。差分方程提供了一种对于任意输入 $x(n)$ 计算系统响应 $y(n)$ 的方法。但是，在求解这些方程之前，需确定一组初始条件。

1.3.2　差分方程获取方法

1. 由实际问题直接得到差分方程

例如，$y(n)$ 表示某国在第 n 年的人口数，a、b 是常数，分别代表出生率和死亡率。设 $x(n)$ 是国外移民的净增数，则该国在第 $n+1$ 年的人口总数为

$$y(n+1) = y(n) + ay(n) - by(n) + x(n) = (a-b+1)y(n) + x(n) \qquad (1.3.2)$$

2. 由微分方程导出差分方程

RC 低通滤波网络如图 1.24 所示，满足的微分方程为

$$C \frac{\mathrm{d}y(t)}{\mathrm{d}t} = \frac{x(t) - y(t)}{R} \qquad (1.3.3)$$

即

$$\frac{\mathrm{d}y(t)}{\mathrm{d}t} = -\frac{1}{RC} y(t) + \frac{1}{RC} x(t) \qquad (1.3.4)$$

式中，$y(t)$ 为输出，$x(t)$ 为输入，时间为 t。

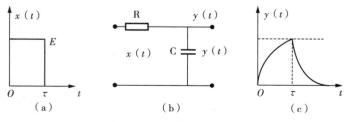

（a）　　　　　　　（b）　　　　　　　（c）

图 1.24　RC 低通滤波网络

对于式 (1.3.3) 所示的一阶常系数线性微分方程,若用等间隔 T 对 $y(t)$ 采样,在 $t=nT$ 各点的采样值为 $y(nT)$。根据微分的定义,当 T 足够小时,有

$$\frac{\mathrm{d}y(t)}{\mathrm{d}t}=\frac{y[(n+1)T]-y(nT)}{T} \tag{1.3.5}$$

若用等间隔 T 对 $x(t)$ 采样,在 $t=nT$ 各点的采样值为 $x(nT)$,微分方程可写为

$$\frac{y[(n+1)T]-y(nT)}{T}=-\frac{1}{RC}y(nT)+\frac{1}{RC}x(nT) \tag{1.3.6}$$

为计算简单起见,若令 $T=1$,则式 (1.3.5) 可写为

$$y(n+1)-y(n)=-\frac{1}{RC}y(n)+\frac{1}{RC}x(n) \tag{1.3.7}$$

即

$$y(n+1)-by(n)=ax(n) \tag{1.3.8}$$

式中,$y(n)$ 为当前输出,$b=1-\dfrac{1}{RC}$,$a=\dfrac{1}{RC}$。

当采样间隔 T 足够小时,上述一阶常系数线性微分方程可近似用一阶常系数线性差分方程代表,计算机正是利用这一原理来求解微分方程。

3. 由系统框图写差分方程

根据系统框图中所表示的移位器、乘法器和加法器的关系,写出差分方程。

【例 1.8】　由系统框图写出差分方程。

一个简单的离散系统,如图 1.25 所示。

该图表明,系统的硬件结构由一个移位器、一个数乘器(标量数乘器)和一个加法器组成。根据该图写出的差分方程为

$$y(n)=ax(n)+x(n-1)$$

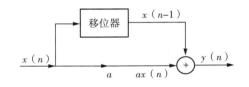

图 1.25　一个简单的离散系统

该式是该系统的软件算法,由移位、数乘和加法运算组成。

由以上可知差分方程的重要特点如下:

(1) 系统具有记忆功能。系统当前的输出(即在 n 时刻的输出)$y(n)$ 不仅与激励有关,而且与系统过去的输出 $y(n-1),y(n-2),\cdots,y(n-m)$ 有关。

(2) 差分方程的阶数。差分方程中变量的最高序号和最低序号的差数为阶数。

(3) 微分方程可以用差分方程来逼近。微分方程的解是精确解,差分方程的解是近解,两者有许多类似之处。

(4) 差分方程描述离散时间系统。输入序列与输出序列间的运算关系与系统框图有一一对应关系。

1.3.3　差分方程的初值问题

与连续时间系统有起始条件和初始条件一样,离散时间系统中也存在着起始样值与初始样值。起始样值即在激励信号加入之前系统已具有的一组样值,以符号 $y_-(n)$ 表示;而初始样值是在激励信号加入之后系统所具有的一组样值,以符号 $y_+(n)$ 表示。利用起始样值 $y_-(n)$ 和初始样值 $y_+(n)$,可以分别确定系统的零输入响应和完全响应。

对于因果系统,如果激励信号在 $n=0$ 时刻接入,那么在 $n<0$ 的区间,系统在同一样点上的起始样值与初始样值相等,即 $y_-(n)=y_+(n)$;但是在 $n\geqslant 0$ 的区间,同一样点上的起始样值与初始样值一般不相等。

因此,如果要求出系统的完全响应,而给定的初值又是 $n\geqslant 0$ 的起始样值 $y_-(n)$,那么,就要用迭代法由 $y_-(n)$ 求出初始样值 $y_+(n)$,然后求系统的完全响应。

对于 N 阶因果系统,常给定 $y(-1),y(-2),\cdots,y(-N)$ 为边界条件。

若激励信号在 $n=0$ 时接入系统,所谓零状态,是指系统的起始样值 $y_-(n)=0$,即 $y_-(-1),y_-(-2),\cdots,y_-(-N)$ 为 0,而不是指 $y(-1),y(-2),\cdots,y(-N)$ 为 0。

如果已知 $y(-1),y(-2),\cdots,y(-N)$,欲求 $y(1),y(2),\cdots,y(N)$,则根据因果系统在 $n<0,y_-(n)=y_+(n)$,可利用迭代法求得。

推论:一般情况下,若 $n=n_0$ 时,激励信号接入系统,零状态是指 $y_-(n_0-1),y_-(n_0-2),\cdots,y_-(n_0-N)$ 等于 0。

讨论有关初值问题,引入起始样值 $y_-(n)$ 和初始样值 $y_+(n)$ 的定义。这对于一些基本概念的理解是有益的。例如,零输入响应是由起始样值 $y_-(n)$ 决定,而对于 $n=0$ 时刻接入的激励信号,系统的完全响应由 $n\geqslant 0$ 的初始样值 $y_+(n)$ 决定。

如果系统起始样值 $y_-(n)\neq 0$,则系统差分方程的完全解将不满足线性时不变的特性。

今后我们规定,所有初值如无下标,则一律按初始样值处理。

1.3.4　常系数线性差分方程的求解方法

离散系统差分方程的全解是齐次解和特解之和,即

$$y(n)=y_h(n)+y_p(n)=\underbrace{\sum_{i=1}^{N}C_i\lambda_i^n}_{\text{自由响应}}+\underbrace{y_p(n)}_{\text{强迫响应}} \tag{1.3.9}$$

（起始样值决定）　（起始样值为0时的初始样值决定）

常系数线性差分方程的求解方法有时域经典法、递推法或称迭代法、卷积法等。

1. 时域经典法

与微分方程的时域经典法类似,常系数线性差分方程的时域经典法先分别求差分方

程的齐次解与特解,然后代入边界条件求待定系数。这种方法便于从物理概念说明各响应分量之间的关系,但求解过程比较麻烦。

1) 求齐次解 $y_h(n)$

齐次方程为

$$\sum_{m=0}^{N} a_m y(n-m) = 0 \qquad (1.3.10)$$

其特征方程为 $1 + a_{m-1}\lambda^{-1} + \cdots + a_0\lambda^{-m} = 0$,即

$$\lambda^m + a_{m-1}\lambda^{m-1} + \cdots + a_0 = 0 \qquad (1.3.11)$$

其根 $\lambda_i(i=1,2,\cdots,m)$ 称为差分方程的特征根。齐次解的形式取决于特征根。

(1) 当特征根 λ 为单根时,齐次解 $y_h(n)$ 的形式为

$$y_h(n) = C\lambda^n \qquad (1.3.12)$$

(2) 当特征根 λ 为 r 重根时,齐次解 $y_h(n)$ 的形式为

$$y_h(n) = (C_{r-1}n^{-1} + C_{r-2}n^{-2} + \cdots + C_1 n + C_0)\lambda^n \qquad (1.3.13)$$

(3) 当特征根为共轭复数时,齐次解的形式可以是等幅、增幅或衰减等形式的正弦(或余弦)序列。

求差分方程齐次解步骤:差分方程 → 特征方程 → 特征根 → $y(n)$ 的解析式 → 由起始状态定常数。

2) 求特解 $y_p(n)$

为求特解,首先将激励信号 $x(n)$ 代入方程式(1.3.1)右端,观察自由项的函数形式来选择含有待定系数的特解函数式,将此特解函数代入方程后再求待定系数。现在,给出几种典型信号特解的一般形式,见表 1.1 所列。

表 1.1　几种典型信号特解的一般形式

激励 $x(n)$	响应 $y(n)$ 的特解 $y_p(n)$
$x(n) = n^m(m \geqslant 0)$	$p_m n^m + \cdots + p_1 n + p_0$
$x(n) = \sin(\beta n)$	$p\cos(\beta n) + q\sin(\beta n)$
$x(n) = \cos(\beta n)$	$p\cos(\beta n) + q\sin(\beta n)$
常数 A	p
$x(n) = a^n$	pa^n(a 不是差分方程的特征根)
	$a^n(p_1 n + p_0)$(a 是差分方程的单重特征根)
	$a^n(p_r n^r + p_{r-1}n^{r-1} + \cdots + p_1 n + p_0)$ (a 是差分方程的 r 重特征根)
$x(n) = e^{an}$	pe^{an}
$x(n) = e^{jan}$	pe^{jan}

特解的函数形式完全由激励信号决定，与激励的函数形式相同（$r \geqslant 1$）。

（1）激励 $x(n) = n^m (m \geqslant 0)$。

当所有特征根均不等于 1 时，有

$$y_p(n) = p_m n^m + \cdots + p_1 n + p_0 \tag{1.3.14}$$

有 r 重等于 1 的特征根时，有

$$y_p(n) = n^r (p_m n^m + \cdots + p_1 n + p_0) \tag{1.3.15}$$

（2）激励 $x(n) = a^n$。

当 a 不等于特征根时，有

$$y_p(n) = p a^n \tag{1.3.16}$$

当 a 是 r 重特征根时，有

$$y_p(n) = a^n (p_r n^r + p_{r-1} n^{r-1} + \cdots + p_1 n + p_0) \tag{1.3.17}$$

（3）激励 $x(n) = \cos(\beta n)$ 或 $x(n) = \sin(\beta n)$，且所有特征根均不等于 $e^{\pm j\beta}$。

$$y_p(n) = p\cos(\beta n) + q\sin(\beta n) \tag{1.3.18}$$

【例 1.9】 若某系统的差分方程为

$$y(n) + 4y(n-1) + 4y(n-2) = x(n)$$

已知初始条件 $y(0) = 0, y(1) = -1$；激励 $x(n) = a^n, a = 2, n \geqslant 0$。求方程的全解。

解：（1）由特征方程 $\lambda^2 + 4\lambda + 4 = 0$，解得特征根为 $\lambda_1 = \lambda_2 = -2$，特征根 λ 为 2 重根，根据式（1.3.13），齐次解 $y_h(n)$ 的形式为

$$y_h(n) = (-2)^n (C_1 + C_2)$$

（2）由于 $a = 2$，不等于特征根 -2，根据式（1.3.16），特解为

$$y_p(n) = p 2^n, n \geqslant 0$$

代入差分方程，得

$$p 2^n + 4p 2^{n-1} + 4p 2^{n-2} = 2^n$$

解得 $p = \dfrac{1}{4}$，所以特解为

$$y_p(n) = \frac{2^n}{4} = 2^{n-2}, n \geqslant 0$$

（3）全解为

$$y(n) = y_h(n) + y_p(n) = (C_1 n + C_2)(-2)^n + 2^{n-2}, n \geqslant 0$$

代入初始条件，得

$$0 = C_2 + 2^{-2}, \quad -1 = -2(C_1 + C_2) + 2^{-1}$$

进一步，得

$$C_1 = 1, C_2 = -1/4$$

即

$$y(n) = \left(n - \frac{1}{4}\right)(-2)^n + 2^{n-2}, n \geqslant 0$$

【例 1. 10】　已知 $y(n) + 2y(n-1) = 5u(n)$，且 $y(-1) = 1$，求完全解。

【解】　特征方程为

$$\lambda + 2 = 0, \lambda = -2$$

齐次解为

$$y_h(n) = C_1(-2)^n$$

求特解。因为 $x(n) = 5u(n)$，$n \geqslant 0$ 时，$x(n) = 5$（常数），所以 $y_p(n) = p$。代入原方程，得

$$p + 2p = 5p^2$$

得特解

$$p = \frac{3}{5}$$

完全解为

$$y(n) = y_h(n) + y_p(n) = C_1(-2)^n + \frac{5}{3}, (n > 0)$$

由边界条件定系数，由 $y(-1) = 1$ 迭代，得

$$n = 0, y(0) = 5 - 2y(-1) = 3$$

代入

$$y(n) = C_1(-2)^n + \frac{5}{3}, (n > 0)$$

得

$$y(0) = 3 = C_1 + \frac{5}{3}$$

$$C_1 = \frac{4}{3}$$

$$y(n) = \frac{4}{3}(-2)^n + \frac{5}{3}$$

2. 递推法或称迭代法

迭代法是解差分方程的基础方法,包括手算逐次代入求解或利用计算机求解。这种方法概念清楚,也比较简便;但只能得到其数值解,不易得到输出序列 $y(n)$ 的解析式(或封闭解),若要求通解,需用数学归纳法得出,并证明。

差分方程的迭代解法如下:

由式(1.3.1),得

$$y(n) = -\frac{1}{a_0}\sum_{k=1}^{N}a_k y(n-k) + \frac{1}{a_0}\sum_{m=0}^{M}b_m x(n-m)$$

这里,令 $a_0 = 1$。代入 $n = 1, 2, \cdots$,有

$$y(0) = -a_1 y(-1) - a_2 y(-2) - \cdots - a_N y(-N)$$
$$+ b_0 x(0) + b_1 x(-1) + \cdots + b_M x(-M)$$
$$y(1) = -a_1 y(0) - a_2 y(-1) - \cdots - a_N y(-N+1)$$
$$+ b_0 x(1) + b_1 x(0) + \cdots + b_M x(-M+1)$$

$$\cdots\cdots$$

$$y(n) = -\sum_{k=0}^{N}a_k y(n-k) + \sum_{m=0}^{M}b_m x(n-m)$$

以此类推,通过反复迭代就可以求出任意时刻的响应值。

【例 1.11】 已知常系数差分方程

$$y(n) - 3y(n-1) = x(n)$$

试求其单位冲激响应(初始状态 $y(-1) = 0$)。

【解】 设 $x(n) = \delta(n)$,且 $y(-1) = h(-1) = 0$,必有

$$y(n) = h(n) = 0 \quad n < 0$$

同时

$$h(0) = 3h(-1) + 1 = 0 + 1 = 1$$

依次迭代求得

$$h(1) = 3h(0) + 0 = 3 + 0 = 3$$
$$h(2) = 3h(1) + 0 = 3^2 + 0 = 3^2$$
$$h(3) = 3h(2) + 0 = 3^3 + 0 = 3^3$$
$$\vdots$$
$$h(n) = 3h(n-1) + 0 = 3^n + 0 = 3^n$$

故系统的单位冲激响应为

$$h(n) = \begin{cases} 3^n, & n \geqslant 0 \\ 0, & n < 0 \end{cases}$$

$$h(n) = 3^n u(n)$$

该系统为因果系统,如果 $|a| < 1$,系统是稳定的。

本书讨论的数字滤波器系统是松弛系统,即起始状态为零,系统是无初始储能的系统,松弛系统具有线性移不变性和因果性。

【例 1.12】　已知 $y(n) - 3y(n-1) = u(n)$,且 $y(-1) = 0$,求迭代结果。

【解】　$n = 0, y(0) = 3y(0-1) + u(0) = 3y(-1) + 1 = 1$

$n = 1, y(1) = 3y(1-1) + u(1) = 3y(0) + 1 = 4$

$n = 2, y(2) = 3y(1) + 1 = 13$

$n = 3, y(3) = 3y(2) + 1 = 40$

$n = 4, y(4) = 3y(3) + 1 = 121 \cdots\cdots$

$y(n) = \delta(n) + 4\delta(n-1) + 13\delta(n-2) + 40\delta(n-3) + 121\delta(n-4) + \cdots$

【例 1.13】　已知差分方程 $y(n) - 3y(n-1) = u(n)$,且 $y(0) = 1$,求解方程。

【解】　这里为了说明起始样值和初始样值,将 $y(0)$ 看作 $y_-(0) = 1$、$y_+(0) = 1$ 分别讨论。

(1) 若把初值 $y(0) = 1$,看作激励加入前系统的起始样值 $y_-(0)$,则 $y_-(0) = 1$ 应满足方程 $y(n) - 3y(n-1) = 0$。

当 $n < 0$ 时,用迭代法容易求得:

假设系统是因果系统,由于激励 $u(n)$ 在 $n = 0$ 接入,那么,此解就是 $n < 0$ 时系统的零输入响应。

$$y_-(-1) = \frac{1}{3} y_-(0) = \frac{1}{3}$$

$$y_-(-2) = \frac{1}{3} y_-(-1) = \left(\frac{1}{3}\right)^2$$

$$\vdots$$

$$y_-(n) = \frac{1}{3} y_-(n+1) = \left(\frac{1}{3}\right)^{-n} = 3^n$$

当 $n > 0$ 时,系统差分方程为

$$y(n) - 3y(n-1) = u(n)$$

由于系统的因果性,而有

$$y_+(-1) = y_-(-1) = \frac{1}{3}$$

这样，由 $y_+(-1)$ 及 $y(n)-3y(n-1)=u(n)$ 求得 $y_+(0)$、$y_+(1)$……

$$y_+(0)=u(0)+3y_+(-1)=1+1=2$$

$$y_+(1)=u(1)+3y_+(0)=1+3\times 2=7$$

$$y_+(2)=u(2)+3y_+(1)=1+3(1+3\times 2)=22$$

$$y_+(3)=u(3)+3y_+(2)=1+3(1+3+2\times 3^2)=67$$

$$\vdots$$

$$y_+(n)=u(n)+3y_+(n-1)=1+3+3^2+\cdots+3^{n-1}+2\times 3^n=\frac{1}{2}(5\cdot 3^n-1)$$

所以，该差分方程的完全解为

$$y(n)=3^n u(-n-1)+\frac{1}{2}(5\cdot 3^n-1)u(n)$$

（2）若把初值 $y(0)=1$，看作激励加入后系统的初始样值 $y_+(0)$，则 $y_+(0)=1$ 应满足方程 $y(n)-3y(n-1)=u(n)$。

当 $n<0$ 时，由迭代法得

$$y_+(n)=0$$

当 $n\geqslant 0$ 时，有

$$y_+(0)=1$$

$$y_+(1)=u(1)+3y_+(0)=1+3\times 1=4$$

$$y_+(2)=u(2)+3y_+(1)=1+3+3^2=13$$

$$\cdots\cdots$$

$$y_+(n)=u(n)+3y_+(n-1)=1+3+3^2+\cdots+3^n=\frac{1}{2}(3^{n+1}-1)$$

则方程的解为

$$y(n)=\frac{1}{2}(3^{n+1}-1)u(n)$$

由于 $n<0$ 时，$y(n)=0$，所以该解是系统的零状态响应。

可见，对初值 $y(0)$ 的理解不同，所得差分方程的解也不同。

3. 卷积法

卷积法利用离散卷积求系统的零状态响应。

1）方程的解＝零输入响应＋零状态响应

（1）零输入响应：输入为零，差分方程为齐次方程

求解方法：与求齐次解相同，解为齐次解形式，待定系数 C_i 由起始样值决定（相当于

0_- 的条件）

（2）零状态响应：起始样值为 0，即 $y_-(n) = 0, n < 0$

$$求解方法 \begin{cases} 经典法：齐次解 + 特解 \\ 卷积法：y(n) = x(n) \otimes h(n) \end{cases}$$

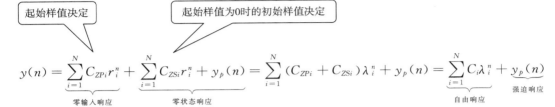

$$y(n) = \underbrace{\sum_{i=1}^{N} C_{ZPi} r_i^n}_{零输入响应} + \underbrace{\sum_{i=1}^{N} C_{ZSi} r_i^n + y_p(n)}_{零状态响应} = \sum_{i=1}^{N}(C_{ZPi} + C_{ZSi})\lambda_i^n + y_p(n) = \underbrace{\sum_{i=1}^{N} C_i \lambda_i^n}_{自由响应} + \underbrace{y_p(n)}_{强迫响应}$$

【例 1.14】　LTIS 的差分方程 $y(n) + 3y(n-1) + 2y(n-2) = x(n) - x(n-1)$，已知 $x(n) = (-2)^n u(n), y(0) = y(1) = 0$，求系统的零输入响应。

【解】　零输入响应 $y_{zi}(n)$，即当 $x(n) = 0$ 时的解。

$$y(n) + 3y(n-1) + 2y(n-2) = 0$$

$$r^2 + 3\lambda + 2 = 0 \quad \lambda_1 = -2, \lambda_2 = -1$$

$$y_{zi}(n) = C_1(-2)^n + C_2(-1)^n$$

求起始状态（0_- 状态）。

题中 $y(0) = y(1) = 0$，是激励加上以后的，不能说明状态为 0，需迭代求出 $y(-1)$ 和 $y(-2)$。

当 $n = 1$ 时，有

$$y(1) + 3y(0) + 2y(-1) = (-2)u(1) + (-2)^0 u(0)$$

$$0 + 0 + 2y(-1) = (-2) + 1 = 1$$

所以

$$y(-1) = -\frac{1}{2}$$

当 $n = 0$ 时，有

$$y(0) + 3y(-1) + 2y(-2) = (-2)^0 u(0) + (-2)^{-1} u(-1)$$

$$0 + 3y(-1) + 2y(-2) = 1$$

所以

$$y(-2) = \frac{5}{4}$$

由起始状态（0_- 状态），确定 C_1, C_2。

将 $y(-1), y(-2)$ 代入方程，得

$$\begin{cases} y_{zi}(-1) = C_1(-2)^{-1} + C_2(-1)^{-1} = -\dfrac{1}{2} \\ y_{zi}(-2) = C_1(-2)^{-2} + C_2(-1)^{-2} = \dfrac{5}{4} \end{cases}$$

解得

$$\begin{cases} C_1 = -3 \\ C_2 = 2 \end{cases}$$

所以，$y_{zi}(n) = -3(-2)^n + 2(-1)^n$ 零输入响应与输入无关。

注意，在求零输入响应时，要排除输入的影响，找出输入加上以前的起始状态。由起始状态再以 $x(n) = 0$ 代入方程，可以求出初始值 $y(0) \neq 0$，$y(1) \neq 0$。

【例 1.15】 已知系统的差分方程表达式为 $y(n) - 0.9y(n-1) = 0.05u(n)$

（1）若边界条件 $y(-1) = 0$，求系统的完全响应；

（2）若边界条件 $y(-1) = 1$，求系统的完全响应。

【解】 （1）由于激励在 $n = 0$ 接入，且给定 $y(-1) = 0$，因此，起始时系统处于零状态。由迭代法可求得

$$y(0) = 0.9y(-1) + 0.05u(0) = 0.05$$

由方程可以看出，齐次解为 $C(0.9)^n$，特解为 $y_p(n) = p$。

完全解的形式为

$$y(n) = C(0.9)^n + p$$

将 p 代替 $y(n)$ 代入差分方程，得

$$p - 0.9p = 0.05$$

所以，$p = 0.5$，则完全解为

$$y(n) = C(0.9)^n + 0.5$$

再将 $y(0) = 0.05$ 代入 $y(n) = C(0.9)^n + 0.5$，得

$$0.05 = C + 0.5$$

所以

$$C = -0.45$$

所以，系统的完全响应为

$$y(n) = [\underbrace{-0.45(0.9)^n}_{\substack{\text{自由响应} \\ \text{暂态响应}}} + \underbrace{0.5}_{\substack{\text{强迫响应} \\ \text{稳态响应}}}]u(n)$$

2）分别求零状态、零输入响应，然后选加。

先求零状态响应，令 $y(-1)=0$，此即第（1）问之结果；则零状态响应为

$$y_{zsi}(n)=-0.45\,(0.9)^n+0.5$$

再求零输入响应，令激励等于 0，差分方程表示式为

$$y(n)-0.9y(n-1)=0$$

则零输入响应为

$$y_{Zi}(n)=C_{Zi}\,0.9^n$$

代入边界条件 $y(-1)=1$，得 $C_{Zi}=0.9$。于是，有

$$y_{Zi}(n)=0.9(0.9^n)u(n)$$

系统的完全响应为

$$y(n)=[\underbrace{0.5-0.45\,(0.9)^n}_{\text{零状态响应}}+\underbrace{0.9\,(0.9)^n}_{\text{零输入响应}}]u(n)$$

$$=[\underbrace{0.45\,(0.9)^n}_{\substack{\text{自由响应}\\ \text{暂态响应}}}+\underbrace{0.5}_{\substack{\text{强迫响应}\\ \text{稳态响应}}}]u(n)$$

1.3.5　求二阶非齐次线性差分方程的特解和通解

二阶非齐次线性差分方程为

$$y(n+2)+ay(n+1)+by(n)=f(n)$$

利用待定系数法可求出 $f(n)$ 的几种常见形式的非齐次差分方程的特解，见表 1.2 所列。

表 1.2　$f(n)$ 的几种常见形式的非齐次差分方程的特解

$f(n)$ 的形式	确定待定特解的条件	待定特解的形式	
$r^n P_m(n)\ (r>0)$ $P_m(n)$ 是 m 次多项式	r 不是特征根	$r^n P_m(n)$	$Q_m(n)$ 是 m 次多项式
	r 是单特征根	$r^n n P_m(n)$	
	r 是二重特征根	$r^n n^k P_m(n)$	
$r^n(a\cos(\theta n)$ $+b\sin(\theta n))$ $(r>0)$	令 $\delta=r(\cos(\theta n)+j\sin(\theta n))$	δ 不是特征根	$r^n(A\cos(\theta n)+B\sin(\theta n))$
		δ 是单特征根	$r^n(A\cos(\theta n)+B\sin(\theta n))$
		δ 是二重特征根	$r^n n^k(A\cos(\theta n)+B\sin(\theta n))$

【例 1.16】 求差分方程 $y(n+2)-y(n+1)-6y(n)=3^n(2n+1)$ 的通解。

【解】 特征根为 $\lambda_1=-2, \lambda_2=3$。

$f(n)=3^n(2n+1)=r^n P_1(n)$，其中 $n=1, r=3$。因 $r=3$ 是单根，故特解为

$$y_p(n)=3^n n(B_0+B_1 n)$$

将其代入差分方程，得

$$3^{n+2}(n+2)[B_0+B_1(n+2)]-3^{n+1}(n+1)[B_0+B_1(n+1)]$$

$$-6 \cdot 3^n n(B_0+B_1 n)=3^n(2n+1)$$

即

$$(30B_1 n+15B_0+33B_1)3^n=3^n(2n+1)$$

解得

$$B_0=-\frac{2}{25}, B_1=\frac{1}{15}$$

因此特解为

$$y_p(n)=3^n n\left(\frac{1}{15}n-\frac{2}{25}\right)$$

所求通解为

$$y(n)=y_h(n)+y_p(n)=C_1(-2)^n+C_2 3^n+3^n n\left(\frac{1}{15}n-\frac{2}{25}\right)(C_1, C_2 \text{ 为任意常数})$$

【例 1.17】 求差分方程 $y(n+2)-6y(n+1)-9y(n)=3^n$ 的通解。

【解】 特征根为 $\lambda_1=\lambda_2=3$。

$f(n)=3^n=r^n P_0(n)$，其中 $n=0, r=3$。因 $r=3$ 为二重根，特解应为

$$y_p(n)=Bn^2 3^n$$

将其代入差分方程得 $B(n+2)^2 3^{n+2}-6B(n+1)^2 3^{n+1}+9Bn^2 3^n=3^n$，解得 $B=\frac{1}{18}$，特

解为 $y_p(n)=\frac{1}{18}n^2 3^n$。

通解为

$$y(n)=y_h(n)+y_p(n)=(C_1+C_2 n)3^n+\frac{1}{15}n^2 3^n(C_1, C_2 \text{ 为任意常数})$$

1.4 连续时间信号的采样

在很多情况下存在着离散时间信号(简称离散信号),但是大多数离散时间信号来源于对连续时间信号(简称连续信号,也称模拟信号)的采样。在一些合理条件的限制下,一个连续信号能由它在离散时间点上的样本完全准确地表示。在数字信号处理中,模拟信号数字化是必需环节,这一环节由模/数(A/D)转换装置实现。模拟信号的数字化,一般需要完成采样、量化和编码三个步骤。信号采样是第一环节,将采样后形成的离散信号经过量化、编码后成为数字信号。

1.4.1 采样

1. 普通采样

采样,也称抽样或取样,就是利用采样脉冲序列 $p(t)$ 从连续信号 $x_a(t)$ 中抽取一系列离散样本值的过程。这样得到的离散信号,称为采样信号或抽样信号或取样信号。

将连续信号变换成一串脉冲序列的部件,称为采样器或抽样器。它可以看成一个电子开关,该电子开关就是周期性采样脉冲序列 $p(t)$,其脉冲宽度为 τ,开关每隔 T_s(称为采样间隔)闭合一次使输入信号得以抽样,得到连续信号的输出抽样信号 $x_a(nT_s)$。

通过采样器对 $x_a(t)$ 采样得到的采样信号为

$$x_s(t) = x_a(t)p(t) \tag{1.4.1}$$

式中,$p(t)$ 为周期性的采样脉冲序列,且

$$p(t) = \sum_{n=-\infty}^{\infty} P_n e^{jn\Omega t} \tag{1.4.2}$$

式中,Ω 为模拟频率。根据傅里叶变换,其傅里叶系数为

$$P_n = \frac{1}{T_s} \int_{-\tau/2}^{\tau/2} p(t)e^{-jn\Omega t}\,dt = \frac{\tau}{T_s} \mathrm{Sa}\left(\frac{n\Omega\tau}{2}\right) \tag{1.4.3}$$

$$p(t) = \sum_{n=-\infty}^{\infty} P_n e^{jn\Omega t} = \frac{\tau}{T_s} \sum_{n=-\infty}^{\infty} \mathrm{Sa}\left(\frac{n\Omega\tau}{2}\right) e^{jn\Omega t} \tag{1.4.4}$$

信号的采样方式有实际采样和理想采样两种,如图 1.26 和图 1.27 所示。对于实际采样,闭合时间(即脉冲宽度)$\tau < T_s$;当 $\tau \ll T_s$ 时,就可近似看成理想采样。$\Omega_s = 2\pi/T_s$ 为采样频率。

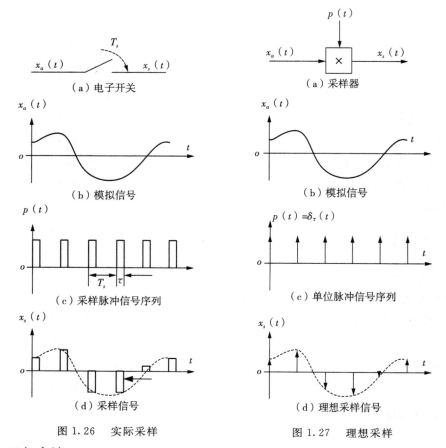

图 1.26　实际采样　　　　　　　　　图 1.27　理想采样

2. 理想采样

1) 概念

理想采样就是闭合时间应无穷短，即脉冲宽度 $\tau \to 0$ 的极限情况下，采样脉冲序列 $p(t)$ 变成冲激函数序列 $\delta_\tau(t)$。各冲激函数准确地出现在采样瞬间上，面积为 1，采样后输出理想采样信号的面积（即积分幅度）则准确地等于输入信号 $x_a(t)$ 在采样瞬间的幅度。在图 1.26(a) 中，采样开关的周期性动作相当于产生一串如图 1.27(c) 所示的等强度的单位脉冲信号序列，$p(t)=\delta_\tau(t)$，其效果是相当于 $\delta_\tau(t)$ 与 $x_a(t)$ 进行调制，因此采样过程实际上就是连续信号 $x_a(t)$ 与 $\delta_\tau(t)$ 信号的调制过程，如图 1.27(d) 所示。

若 $p(t)$ 是周期为 T_s 的单位冲激函数序列 $\delta_\tau(t)$，采样频率 $\Omega_s = 2\pi/T_s$，则称为 $p(t)$ 脉冲采样，即

$$p(t) = \delta_\tau(t) = \sum_{n=-\infty}^{\infty} \delta(t - nT_s) \tag{1.4.5}$$

调制过程在数学上为两信号相乘，即调制后的理想采样信号为

$$x_s(t) = \sum_{n=-\infty}^{\infty} x_a(t)\delta(t - nT_s) \tag{1.4.6}$$

式中,只有当 $t=nT_s$ 时才可能有非零值,因此理想采样信号为

$$x_\tau(t)=x_a(t)\delta_\tau(t)=\sum_{n=-\infty}^{\infty}x_a(t)\delta(t-nT_s)=\sum_{n=-\infty}^{\infty}x_a(nT_s)\delta(t-nT_s) \quad (1.4.7)$$

由于 $x_\tau(t)$ 是以 T_s 为周期的序列,习惯上用 $x_a(nT_s)$ 表示,只要已知各采样值 $x_a(nT_s)$,就能唯一地确定出原信号 $x_a(t)$ 的理想采样信号。

2) 理想采样信号的频谱

带限信号 $x_a(t)$ 及其频谱如图 1.28(a) 所示,$x_a(t)$ 的频谱只在区间 $(-\Omega_c,\Omega_c)$ 内为有限值,Ω_c 为信号的最高频率,而其余区间为 0。

单位脉冲信号序列 $\delta_\tau(t)$ 及其频谱,如图 1.28(b) 所示,脉冲信号序列的周期为 T_s,其傅里叶级数为

$$p(t)=\delta_\tau(t)=\sum_{n=-\infty}^{\infty}\delta(t-nT_s)=\frac{1}{T_s}\sum_{n=-\infty}^{\infty}e^{jn\frac{2\pi}{T_s}t} \quad (1.4.8)$$

可见,$\delta_\tau(t)$ 是频域脉冲串,其脉冲序列的各次谐波的幅值等于 $1/T_s$。由式(1.4.7),得

$$x_s(t)=\frac{1}{T_s}\sum_{n=-\infty}^{\infty}x(nT_s)e^{jn\Omega_s\cdot t}$$

$$(1.4.9)$$

设 $x_s(t)$ 的傅里叶变换为 $X_s(j\Omega_s)$、$x_a(t)$ 的傅里叶变换为 $X_a(j\Omega_s)$,根据傅里叶变换的频移定理,其理想抽样信号的频谱为

$$X_s(j\Omega)=\frac{1}{T_s}\sum_{n=-\infty}^{\infty}X_a[j(\Omega-n\Omega_s)]$$

$$(1.4.10)$$

采样信号及其频谱,如图 1.28(c) 所示。图 1.28(a) 和图 1.28(c) 表明,若在 $|\Omega|\geqslant\Omega_s/2$ 时,即 $X_a(j\Omega)$ 是有限带宽的,则在周期延拓后,$X_s(j\Omega)$ 的每一个周期都等于 $X_a(j\Omega)$(相差倍数 $1/T_s$);反之,如果 T_s 过大,或者 $X_a(j\Omega)$ 本身就不是有限带宽的,那么在周期延拓后将会发生频率的

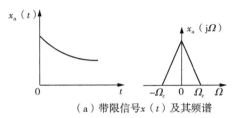

(a) 带限信号 $x(t)$ 及其频谱

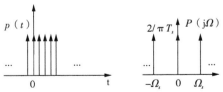

(b) 单位脉冲信号序列 $\delta_\tau(t)$ 及其频谱

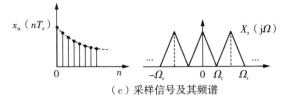

(c) 采样信号及其频谱

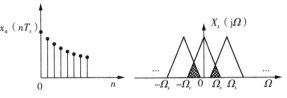

混叠区

(d) 采样信号及混叠频谱

图 1.28　带限信号 $x_a(t)$ 及其频谱

混叠现象，如图 1.28(d) 所示，以致一个周期中的 $X_s(\mathrm{j}\Omega)$ 不等于 $X_a(\mathrm{j}\Omega)$。在这种情况下，无法从 $x_a(nT_s)$ 中恢复出 $x_a(t)$。为此，需讨论引出信号的抽样定理。

1.4.2　采样定理

采样定理又称奈奎斯特（Nyquist）采样定律或香农采样定律，由奈奎斯特（Nyquist）于 1928 年提出的，是信息论，特别是通信与信号处理学科中的一个重要基本结论。

1. 含义

若连续信号 $x_a(t)$ 是有限带宽的，其频谱的最高频率为 f_c，要想抽样后能不失真地恢复出原信号，则必须保证抽样频率大于两倍信号谱的最高频率，即

$$f_s \geqslant 2f_c\,(\text{或 } \Omega_s \geqslant 2\Omega_c, \text{或 } T_s \leqslant \pi/\Omega_c) \tag{1.4.11}$$

该定理给出了对信号抽样时所必须遵守的基本原则。在对 $x_a(t)$ 做抽样时，首先要了解 $x_a(t)$ 的最高截止频率 f_c，以确定应选取的抽样频率 f_s。若 $x_a(t)$ 不是有限带宽的，则在抽样前应对 $x_a(t)$ 做模拟滤波，去掉 $f > f_c$ 的高频成分。这种可以防混叠的模拟滤波器又称为抗混叠滤波器。使频谱不发生混叠的最小抽样频率，即 $f_s = 2f_c$，称为奈奎斯特频率，$f_s/2$ 称为折叠频率。

2. 重要概念

采样定理中包含的重要物理概念如下：

（1）奈奎斯特频率。通常把最低允许的采样频率 $f_s = 2f_c$，称为奈奎斯特频率。

（2）奈奎斯特间隔。把最大允许的采样间隔 $T_s = 1/2f_c$，称为奈奎斯特间隔。

（3）折叠频率。奈奎斯特频率的一半，称为折叠频率，即 $\Omega_s/2 = \pi/T_s$。

3. 重要意义

采样定理说明了采样频率与信号频谱之间的关系，是连续信号离散化的基本依据。采样定理论述了在一定条件下一个连续信号完全可以用包含了该连续信号的全部信息的离散样本值表示。利用这些样本值，可以恢复原来的连续信号。

4. 实际采样信号与理想采样信号的区别

实际采样的采样信号不是冲激函数，而是具有一定宽度的矩形周期脉冲。实际抽样信号频谱的特点如下：

与理想抽样一样，抽样信号的频谱是连续信号频谱的周期延拓，周期为 Ω_s。

若满足奈奎斯特抽样定理，则不产生频谱混叠失真。

与理想抽样的不同点是，频谱分量的幅度有变化，抽样后频谱幅度包络随着频率的增加而下降。

5. 频谱混叠

在图 1.28(a) 所示的带限信号频谱中，如果设定 $\Omega \geqslant 2\Omega_c$，如图 1.28(c) 所示，那么其采样信号的频谱不发生混叠，可以用一个理想低通滤波器从 $X_s(\mathrm{j}\Omega)$ 中取出 $X(\mathrm{j}\Omega)$，即从 $x_s(t)$ 中恢复原信号 $x_a(t)$；否则，若采样频率小于奈奎斯特频率，则频谱将发生混叠，如

图 1.29 所示。这样的频谱无法将完整的恢复原信号,即恢复后的信号将产生严重失真。在实际应用中,为了防止发生频谱混叠,一般在信号输入的前级加装一个防混叠滤波器,以限制输入信号的最高频率,使输入信号成为带限信号。

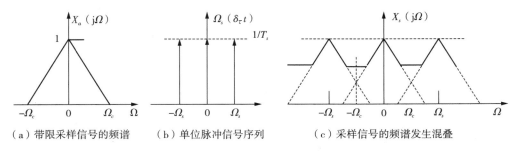

（a）带限采样信号的频谱　　（b）单位脉冲信号序列　　（c）采样信号的频谱发生混叠

图 1.29　频谱混叠

1.4.3　信号的重建

如果满足奈奎斯特抽样定理,即信号谱的最高频率 f_c 小于折叠频率 Ω_s,那么抽样后不会产生频谱混叠。由式(1.4.10),知

$$X_s(\mathrm{j}\Omega) = \frac{1}{T_s}X_a(\mathrm{j}\Omega), \ |\Omega| \leqslant \frac{\Omega_s}{2}$$

设有一个理想低通滤波器,其频率响应为

$$H(\mathrm{j}\Omega) = \begin{cases} T_s, & |\Omega| < \dfrac{\Omega_s}{2} \\ 0, & |\Omega| \geqslant \dfrac{\Omega_s}{2} \end{cases} \tag{1.4.12}$$

将 $X_s(\mathrm{j}\Omega)$ 通过式(1.4.12)所示的理想低通滤波器,得到原信号频谱(图 1.30)为

$$X_s(\mathrm{j}\Omega)H(\mathrm{j}\Omega) = Y(\mathrm{j}\Omega) \tag{1.4.13}$$

图 1.30 表明,$H(\mathrm{j}\Omega)$ 与 $X_s(\mathrm{j}\Omega)$ 的乘积为截取了 $X_a(\mathrm{j}\Omega)$ 的一个周期,即

$$Y(\mathrm{j}\Omega) = T_s X_s(\mathrm{j}\Omega) = X_a(\mathrm{j}\Omega)$$

与 $H(\mathrm{j}\Omega)$ 对应的单位冲激响应为

$$h(t) = \frac{1}{2\pi}\int_{-\Omega_s/2}^{\Omega_s/2} T_s \mathrm{e}^{\mathrm{j}\Omega t}\mathrm{d}\Omega = \frac{\sin(\Omega_s t/2)}{\Omega_s t/2} \tag{1.4.14}$$

因而

$$y(t) = x_a(nT_s)\otimes h(t)$$

$$= \sum_{n=-\infty}^{\infty} x_a(nT_s)\frac{\sin[\Omega_s(t-nT_s)/2]}{\Omega_s(t-nT_s)/2}$$

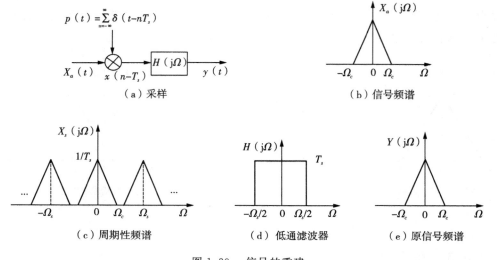

图 1.30　信号的重建

因为 $Y(j\Omega)=X_a(j\Omega)$，所以 $y(t)$ 也应等于 $x_a(t)$，由 $\Omega_s=2\pi/T_s$，得

$$x_a(t)=\sum_{n=-\infty}^{\infty}x_a(nT_s)\frac{\sin[\pi(t-nT_s)/T_s]}{\pi(t-nT_s)/T_s} \tag{1.4.15}$$

式（1.4.15）即为抽样后的离散信号重建原信号的公式。不难发现，这是一个插值公式，插值函数为 sinc 函数或表示为 Sa(•)，插值间距为 T_s，权重为 $x_a(nT_s)$。插值函数为 sinc 函数也可表示为

$$h(t-nT_s)=\frac{\sin[\Omega_s(t-nT_s)/2]}{\Omega_s(t-nT_s)/2}=\mathrm{Sa}(\Omega_s(t-nT_s)/2) \tag{1.4.16}$$

其波形，如图 1.31 所示。

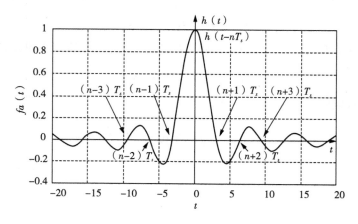

图 1.31　插值函数波形

信号的恢复重建是对样本进行插值的过程,可以视为将抽样函数进行不同时刻移位后加权求和的结果,其加权的权值为采样信号在相应时刻的定义值。在每一个采样点上,内插函数等于 1,$y(t)$ 等于各 $x(nT_s)$ 乘以对应的内插函数之总和。

理想低通滤波器的冲激响应为

$$h(t) = \frac{1}{2\pi} \int_{-\infty}^{\infty} H(\mathrm{j}\Omega) \mathrm{e}^{\mathrm{j}\Omega t} \,\mathrm{d}\Omega = \frac{T_s}{2\pi} \int_{-\Omega_s/2}^{\Omega_s/2} \mathrm{e}^{\mathrm{j}\Omega t} \,\mathrm{d}\Omega = \frac{\sin\left(\dfrac{\Omega_s}{2} t\right)}{\left(\dfrac{\Omega_s}{2} t\right)} \tag{1.4.17}$$

只要满足抽样定理,根据无穷多加权 sinc 函数移位后的和即可重建原信号。在工程实际中,将离散信号变成模拟信号可以通过 D/A 转换器来实现。

1.4.4　采样信号的量化与编码

模拟信号抽样后变成时间上离散的信号,但在幅度上仍然是模拟信号,这个信号必须经过量化后才能成为在幅度、时间上都离散的信号,编码后成为数字信号。

1. 量化原理

模拟信号抽样后虽然得到时间上离散的信号,但是幅度上仍然连续变化(即幅度取值是无限的),接收时无法准确判定样值。解决办法是用有限的电平来表示抽样值,即量化。

量化原理就是按预先规定的有限个电平表示模拟抽样值的过程,其作用是将取值连续的信号变成取值离散的信号。离散信号量化后,量化输出电平与信号抽样的实际电平值之间会存在差值,这个差值就是量化误差。量化误差对于信号而言是一种噪声,也称为量化噪声。

2. 量化分类

量化分为均匀量化和非均匀量化。

(1) 均匀量化:所有量化间隔相等,量化器输出电平是量化间隔的中点。

当输入信号较小时,若采用均匀量化,则量化误差较大、量噪比较低。为了改善小信号时的信号量噪比,在实际应用中常采用非均匀量化。

(2) 非均匀量化:量化间隔不相等。

非均匀量化时,量化间隔是随信号抽样值的不同而变化的,其基本思路是对幅度比较小的信号,采用较小的量化间隔;对幅度较大的信号,采用较大的量化间隔。目的是增加小信号时的信号量化噪声比,同时尽可能减少量化器的分层数。基本方法是先对信号作非线性变换,然后进行均匀量化。

3. 采样信号脉冲的量化方法

采样信号脉冲的量化方法有舍去法和四舍五入法。

(1) 舍去法:将超过量化电平部分舍弃,只取整数。舍弃部分就是量化误差。

(2) 四舍五入法:按照四舍五入规则进行取舍。舍弃、进位部分就是量化误差。

对于如图 1.32(a) 所示的信号，舍去法的结果如图 1.32(b) 所示，即 $x_a(t) = \{2,2,2,3,3,2\}$；四舍五入法的结果如图 1.32(c) 所示，斜线阴影为舍去部分，虚线上部为进位部分，即 $x_a(t) = \{2,2,3,4,3,3\}$。

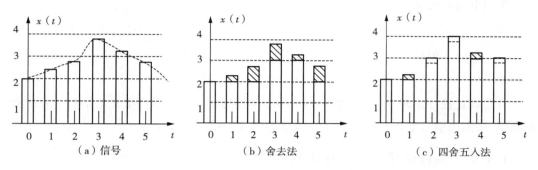

图 1.32　量化的舍去法和四舍五入法

1.5　LabVIEW 2020 概述与实例解析

1.5.1　LabVIEW 概述

1. 概念

LabVIEW 是美国 NI 公司的一个功能比较完整的软件开发环境，也是目前应用最广泛、发展最快、功能最强的图形化编程软件开发环境。LabVIEW 的特点在于它使用图形化编程语言在程序框图中创建源程序，即用程序框图代替了传统的程序代码，运行方便，编程简单易懂。LabVIEW 是专为测试、测量和控制应用而设计的系统工程软件，可快速访问硬件以及提供数据信息。LabVIEW 简化了工程应用的硬件集成，使用户能够采用一致的方法快速采集和可视化几乎任何 I/O 设备的数据集（无论是 NI 还是第三方）。除了采用图形编程语法来缩短可视化、创建和编程工程系统的时间，LabVIEW 还拥有一个超过 30 万开发人员的社区，提供了一个无与伦比的工具。

LabVIEW 是带有可以产生最佳编码编译器的图形化开发环境，运行速度等同于编好的 C 或 C＋＋程序，图形化编程方法可帮助用户可视化应用程序的各个方面，包括硬件配置、测量数据和调试。这种可视化帮助用户轻松集成来自任何供应商的测量硬件，在程序框图上表现复杂的逻辑，开发数据分析算法，并设计自定义工程用户界面。LabVIEW 具有模块化特性，有利于程序的可重用性。LabVIEW 将软件的界面设计与功能设计独立开来，修改人机界面无须对整个程序进行调整，LabVIEW 利用数据流框图接收指令，使程序简单明了，充分发挥了 G 语言的优点，大大缩短了虚拟仪器的开发周期，消除了虚拟仪器编程的复杂过程。而通用的编程软件需利用组件技术实现软面板的设计，这使得程序设计非常麻烦。

LabVIEW 工具网络提供可经过认证的第三方附加工具,旨在帮助用户提高工作效率。LabVIEW 包含在 NI 的众多软件套件中,用户可以使用这些套件为目标应用领域构建完整的软件系统。

2. 程序组成

LabVIEW 的核心是 VI。该环境包含三个部分:程序前面板(Front Panel)、类似于源代码功能的程序概图(Diagram)和图标/连接端口。程序前面板用于设置输入数值和观察输出量,用于模拟真实仪表的前面板,在程序前面板上,输入量被称为控件(Controls),模拟了仪器的输入装置并把数据提供给 VI 的方框图,输出量被称为指示器(Indicators),模拟了仪器的输出装置并显示由程序框图获得或产生的数据。控件和显示是以各种图标形式出现在前面板上,如旋钮、开关、按钮、图表、图形等,这使得前面板直观易懂。

LabVIEW 有两种类型的数据端口:控制端口和指示端口、节点端口。控制端口和指示端口用于前面板对象。当 VI 程序运行时,从控制输入的数据过道控制端传递到框图程序,供其中的程序使用,产生的输出数据在通过指示端口传输到前面板对应的指示器中显示。每个节点端口都有一个或者数个数据端口用于输入或输出。

用 LabVIEW 编制出的图形化 VI 是分层次和模块化的,可以将它用于顶层(Top Level)程序,也可用作其他程序或子程序。一个虚拟仪器的图标被放置在另一个虚拟仪器的流程图中时,它就是一个子仪器(SubVI)。SubVI 在调用它的程序时同样是以一个图标的形式出现的。LabVIEW 依附并发展了模块化程序设计的概念,用户可以把一个应用题目分解为一系列的子任务,每个子任务还可以进一步分解成许多更低一级的子任务,直到把一个复杂的题目分解为许多子任务的组合。首先设计 SubVI 完成每个子任务,然后将之逐步组合成能够解决最终问题的 VI。

3. LabVIEW 2020 启动

从"开始"菜单中运行 National Instruments LabVIEW 2020 或者直接在桌面上双击快捷方式图标,即可运行程序。随后计算机上就会显示如图 1.33 所示的启动界面,几秒钟后跳转为图 1.34 所示的启动方式选择对话框。

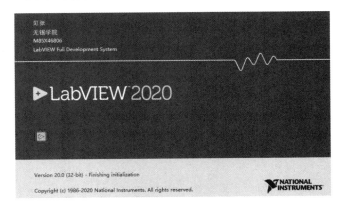

图 1.33　启动界面

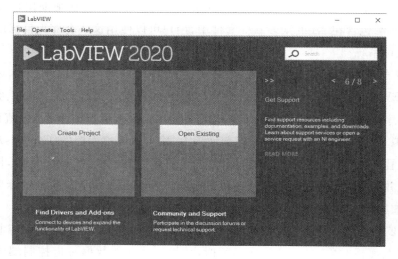

图 1.34　启动方式选择对话框

　　图 1.34 所示的启动方式选择对话框中包括"Create Project（创建项目）"和"Open Existing（打开现有文件）"两种启动方式。单击"Create Project"项后可以得到如图 1.35 所示的"Create Project"对话框，从这个对话框里可以选择需要创建项目的类别，如左侧栏所示，"Create Project"包括"Templates（模块）"和"Sample Projects（范例项目）"两大类，通过单击左侧栏中的"All（全部）""Templates"或"Sample Projects"来选择需要建立的项目版块，然后单击右侧栏中相应的选项即可。单击"Open Existing"项后会弹出一个选择本地文件的对话框，如图 1.36 所示，这里只需要浏览本地文件进行选择即可。

图 1.35　创建项目选择对话框

图 1.36 单击"Open Existing"选择对话框

1.5.2 LabVIEW 2020 实例解析

【**实例 1.1**】 用 LabVIEW 2020 分别产生单位脉冲序列、矩形序列和正弦序列。

【**解**】 步骤 1：新建 VI。打开 LabVIEW 2020，启动窗口如图 1.37 所示。

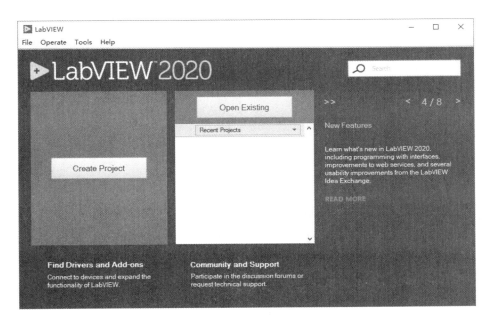

图 1.37 LabVIEW 2020 启动窗口

如图 1.38 所示，选择"File"→"New VI"或者使用快捷键"Ctrl＋N"创建一个新的 VI 程序。

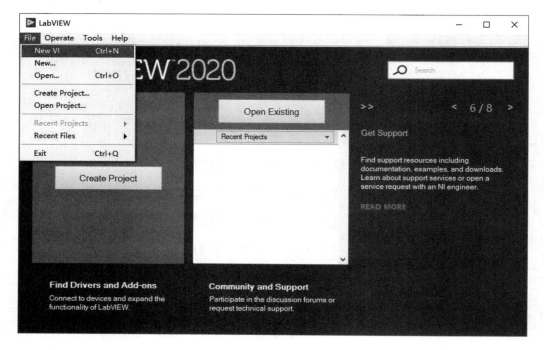

图 1.38　新建 VI

步骤 2：前面板布局。打开新建 VI 的前面板（Front Panel），如图 1.39 所示在"View"→"Controls Palette"中打开控件选板，控件选板如图 1.40 所示。

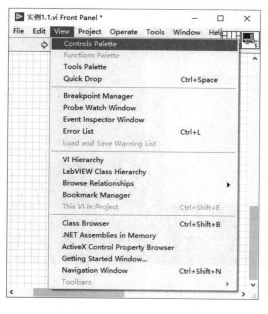

图 1.39　打开控件选板

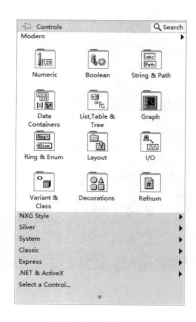

图 1.40　控件选板

如图 1.41 所示,在控件选板→ "Modern"→ "Graph"中选择"Waveform Graph"(波形图)控件并分别命名为"脉冲序列""矩形序列""正弦序列"和"方波序列"。

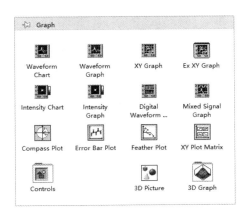

图 1.41　Graph 子控件选板

在控件选板→"Modern"→ "Numeric"中选择"数值输入控件"(Numeric Control)并分别命名为"采样"和"延迟"。前面板的布局,如图 1.42 所示。

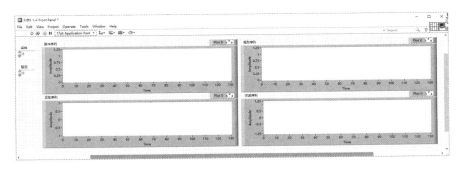

图 1.42　实例 1.1 前面板的布局

步骤 3:程序框图设计。打开新建 VI 的程序框图(Block Diagram)窗口进行程序框图创建,单位脉冲序列有三个输入端:采样、幅值和延迟;矩形序列有四个输入端:采样、幅值、延迟和宽度;正弦序列有三个输入端:采样、幅值和频率。本例中设置采样点为 128,延迟为 50,幅值为 1,另外正弦序列与方波序列的频率为 0.02,是采样点的倒数。首先如图 1.43 所示在"View"→"Function Palette"中打开函数选板。

函数选板如图 1.44 所示,在函数选板→ "Signal Processing"→ "Signal Generation",找到如

图 1.43　打开函数选板

图 1.45 所示的"Signal Processing（波形生成）"子函数选板。

图 1.44　函数选板

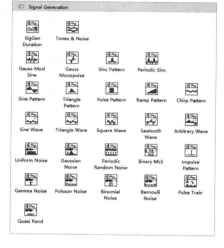

图 1.45　信号生成函数

将各控件和函数拖放到合适的位置进行连线编程，完成后将该 VI 保存为"实例 1.1.vi"，程序框图如图 1.46 所示。

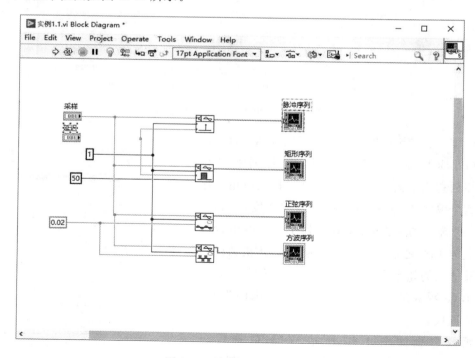

图 1.46　实例 1.1 程序框图

步骤 4：运行和调试。选择采样点为 128，延迟为 50，运行该 VI，该程序的运行结果如图 1.47 所示。

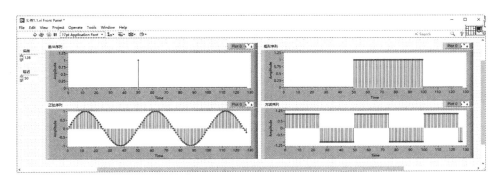

图 1.47　实例 1.1 程序运行结果

【实例 1.2】　画出在给定区间的序列波形图。

（1）$x(n) = 2\delta(n-1) + \delta(n-3) - \delta(n-4)$　（$0 \leqslant n \leqslant 5$）

（2）$x(n) = n[u(n) - u(n-10)] + 8e^{-0.3(n-12)}[u(n-12) - u(n-19)]$　（$0 \leqslant n \leqslant 20$）

（3）$x(n) = \sin(0.07\pi n) + 0.2w(n)$　（$0 \leqslant n \leqslant 30$），其中 $w(n)$ 为具有零均值的单位方差的高斯随机信号；

（4）第（2）问中函数 $x(n)$ 的能量 $E(n)$。

【解】　步骤 1：新建 VI。打开 LabVIEW 2020，如图 1.38 所示选择"File"→"New VI"或者使用快捷键"Ctrl＋N"创建一个新的 VI 程序。

步骤 2：前面板布局。打开新建 VI 的前面板（Front Panel），如图 1.39 所示在"View"→"Controls Palette"中打开控件选板，在控件选板→"Modern"→"Graph"中选择"Waveform Graph"（波形图）控件并分别命名为"第（1）题序列""第（2）题序列""第（3）题序列"和"第（4）题序列"。其前面板布局，如图 1.48 所示。

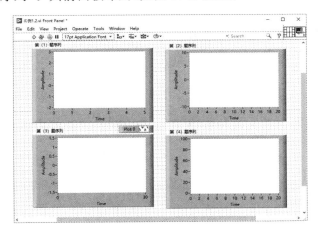

图 1.48　实例 1.2 前面板布局

步骤3：程序框图设计。打开新建 VI 的程序框图（Block Diagram）窗口进行程序框图创建。打开函数选板，在函数选板→"Programming"→"Structures"找到如图 1.49 所示的"结构"函数子选板；在函数选板→"Programming"→"Comparison"找到如图 1.50所示"比较"函数子选板。

图 1.49 "结构"函数子选板

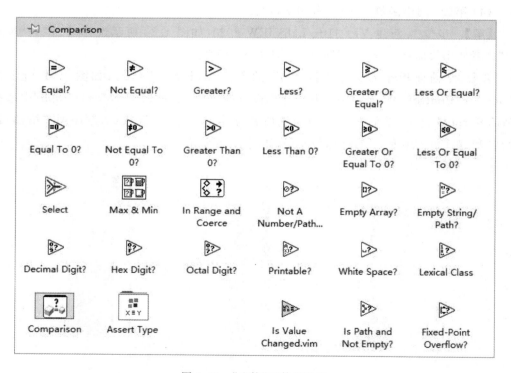

图 1.50 "比较"函数子选板

将所需控件和函数拖放到合适的位置进行连线编程,完成后将该 VI 保存为"实例1.2.vi",程序框图如图 1.51 所示。

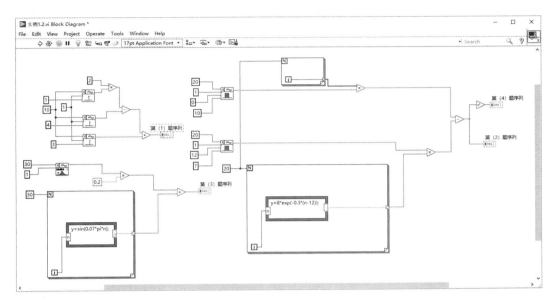

图 1.51 实例 1.2 程序框图

步骤 4:运行和调试。运行该 VI,该程序的运行结果如图 1.52 所示。

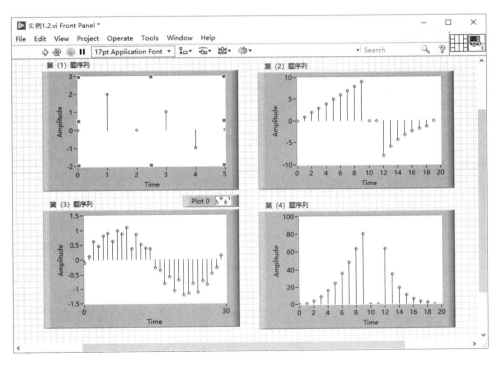

图 1.52 实例 1.2 程序运行结果

【实例1.3】 给出两个序列 x_1，x_2。$x_1 = [0,1,2,3,4,3,2,1,0]$，起始位置 $ns_1 = -2$；$x_2 = [2,2,0,0,0,-2,-2]$，起始位置 $ns_2 = 2$，求它们的和以及乘积。

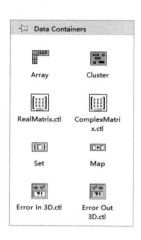

图 1.53 "数组"控件

【解】 步骤1：新建VI。打开 LabVIEW 2020，如图 1.38 所示选择"File"→"New VI"或者使用快捷键"Ctrl＋N"创建一个新 VI 程序。

步骤2：前面板布局。打开新建 VI 的前面板（Front Panel），如图 1.39 所示在"View"→"Controls Palette"中打开控件选板，在控件选板 → "Modern"→"Graph"中选择"Waveform Graph"（波形图）控件并分别命名为"x1""x2""x1＋x2"和"x1 ＊ x2"。在控件选板 → "Modern"→"Numeric"中选择"数值输入控件"（Numeric Control）并分别命名为"ns1"和"ns2"。如图 1.53 所示，在控件选板→"Modern"→"Data Containers"中找到"数组"（Array）控件。

在前面板创建数组控件外框，再将数值显示（输入）控件拖放到该数组外框内，如图 1.54 所示。

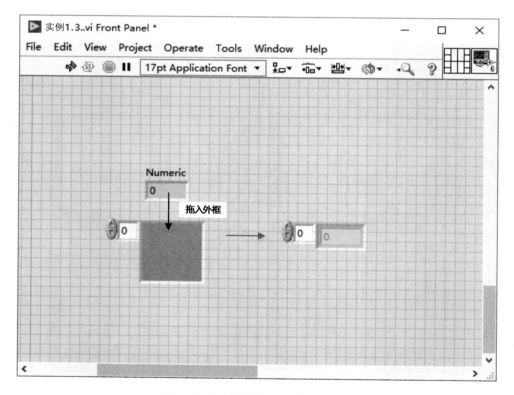

图 1.54 前面板上数值型数组的创建

其前面板布局，如图 1.55 所示。

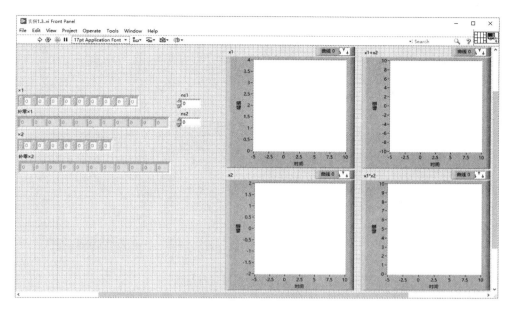

图 1.55　实例 1.3 前面板布局

步骤 3：程序框图设计。由于两个序列起始位置不同，长度不同，若要进行运算，必须将其统一成初始位置相同、长度相同的序列。打开新建 VI 的程序框图（Block Diagram）窗口进行程序框图创建，将所需控件和函数拖放到合适的位置进行连线编程，完成后将该 VI 保存为"实例 1.3.vi"，程序框图如图 1.56 所示。

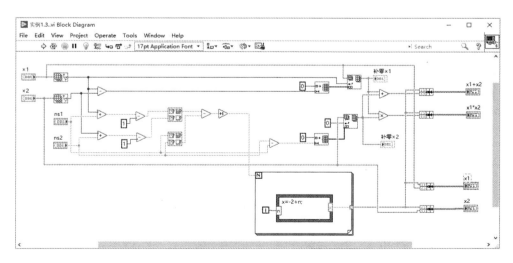

图 1.56　实例 1.3 程序框图

步骤 4：运行和调试。将前面板的"数组"控件以及"数值输入"控件参数按题目要求输入，运行该 VI。该程序的运行结果，如图 1.57 所示。

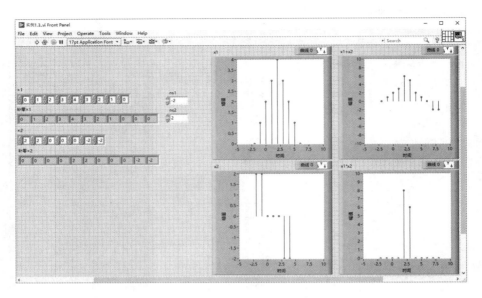

图 1.57　实例 1.3 程序运行结果

【实例 1.4】　设 $x(n)=R_4(n)$，$h(n)=R_5(n)$，求两者的卷积，互相关及 $x(n)$ 自相关。

【解】　步骤 1：新建 VI。打开 LabVIEW 2020，如图 1.39 所示选择"File"→"New VI"或者使用快捷键"Ctrl＋N"创建一个新 VI 程序。

步骤 2：前面板布局。打开新建 VI 的前面板（Front Panel），如图 1.39 所示在"View"→"Controls Palette"中打开控件选板，在控件选板→"Modern"→"Graph"中选择"Waveform Graph"（波形图）控件并分别命名为"自相关""卷积""互相关""x(n)"和"h(n)"。其前面板布局如图 1.58 所示。

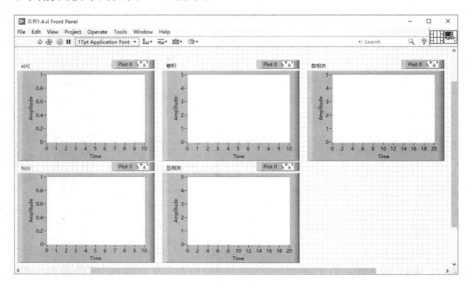

图 1.58　实例 1.4 前面板布局

步骤 3：程序框图设计。打开新建 VI 的程序框图（Block Diagram）窗口进行程序框图创建。在函数选板→"Signal Processing"→"Signal Operation"找到如图 1.59 所示"信号运算"函数子选板。

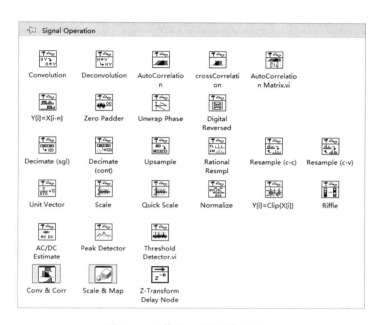

图 1.59　"信号运算"函数子选板

将所需控件和函数拖放到合适的位置进行连线编程，完成后将该 VI 保存为"实例1.4.vi"。其程序框图，如图 1.60 所示。

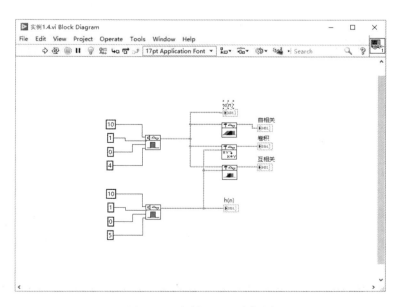

图 1.60　实例 1.4 程序框图

步骤 4：运行和调试。运行该 VI，该程序的运行结果，如图 1.61 所示。

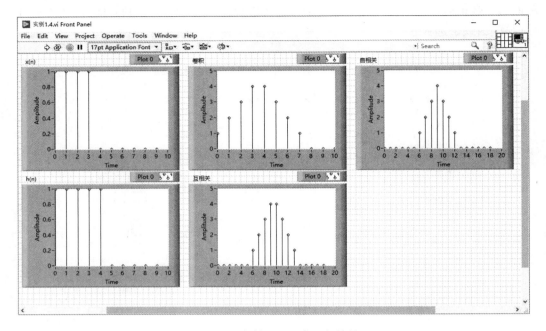

图 1.61　实例 1.4 程序运行结果

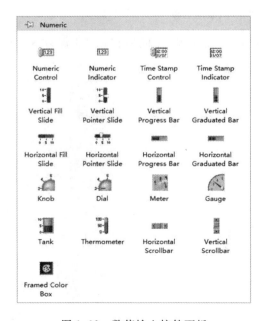

图 1.62　数值输入控件面板

【实例 1.5】　编程模拟实现信号采样及恢复过程。

【解】　步骤 1：新建 VI。打开 LabVIEW 2020，如图 1.38 所示选择 "File"→"New VI" 或者使用快捷键 "Ctrl＋N"创建一个新 VI 程序。

步骤 2：参考程序前面板布局。如图 1.39 所示在控件选板→"Modern"→"Graph"中选择 "波形图"（Waveform Graph）控件并分别命名为"正弦包络线及采样信号""内插 sinc 函数""恢复信号"和"过采样信号"。如图 1.62 所示，在控件选板→ "Modern"→ "Numeric"中选择"滑动杆"并分别命名为"sinc 函数宽度"和"过采样率"。

其前面板的布局，如图 1.63 所示。

步骤 3：程序框图设计。参考程序框图如图 1.64 所示，打开新建 VI 的程序框图（Block Diagram）窗口进行程序框图创建，将所需控件和函数拖放到合适的位置进行连线编程,完成后将该 VI 保存为"实例 1.5. vi"。

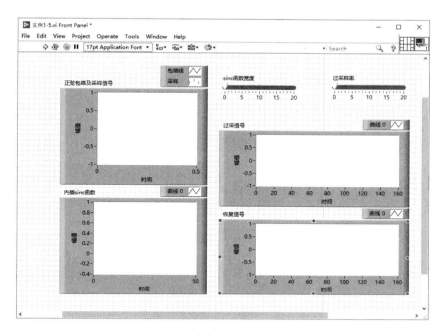

图 1.63　实例 1.5 前面板布局

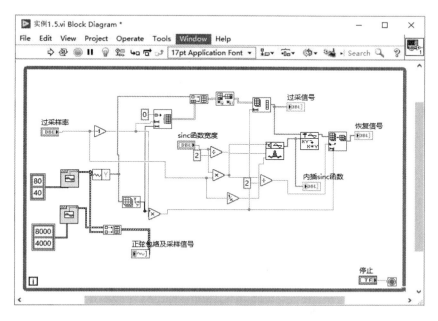

图 1.64　实例 1.5 参考程序框图

步骤 4：运行和调试。调节 sinc 函数宽度以及过采样率参数,运行该 VI。该程序的运行结果,如图 1.65 所示。

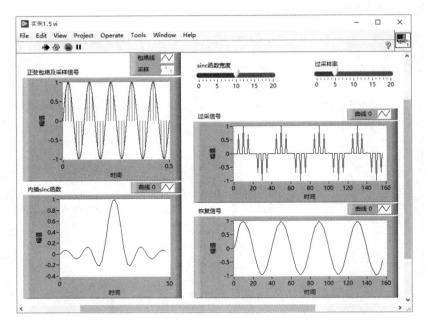

图 1.65　实例 1.5 程序运行结果

习　题

1.1　请用单位脉冲序列 $\delta(n)$ 及其加权和表示下图所示序列。

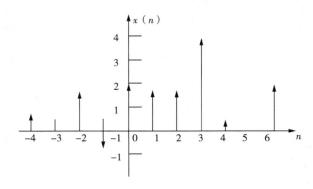

图 1.66　题 1.1 图

1.2　给定信号

$$x(n)=\begin{cases}3n+4,-4\leqslant n\leqslant-1\\3,0\leqslant n\leqslant4\\0,其他\end{cases}$$

（1）画出 $x(n)$ 序列的波形，并标上各序列的值；

（2）试用延迟单位脉冲序列及其加权和表示 $x(n)$ 序列；

（3）令 $x_1(n)=2x(n-2)$，试画出 $x_1(n)$ 的波形；

（4）令 $x_2(n)=2x(n+2)$，试画出 $x_2(n)$ 的波形；

（5）令 $x_3(n)=2x(2-n)$，试画出 $x_3(n)$ 的波形。

1.3   直接计算卷积和，求序列

$$h(n)=\begin{cases} \alpha^n, & 0\leqslant n<N \\ 0, & \text{其他} \end{cases}$$

$$x(n)=\begin{cases} \beta^{n-n_0}, & n_0\leqslant n \\ 0, & n<n_0 \end{cases}$$

的卷积 $y(n)=h(n)\otimes x(n)$，并用公式表示。

1.4   对于图 1.67 中的每一组序列，试用离散卷积法求线性时不变系统（单位冲激响应为 $h(n)$）对输入 $x(n)$ 的响应。

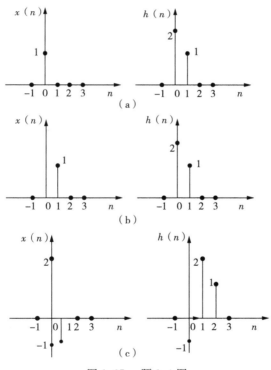

图 1.67   题 1.4 图

1.5   判断下列序列是否是周期的，若是周期的，确定其周期。

（1） $x(n)=\mathrm{e}^{\mathrm{j}(3\pi n/5)}$

（2） $x(n)=A\sin\left(\dfrac{13}{3}\pi n\right)$

（3）$x(n)=[\sin(\pi n/5)]/\pi n$

（4）$x(n)=n\mathrm{e}^{\mathrm{j}\pi n}$

（5）$x(n)=A\cos\left(\dfrac{3}{7}\pi n-\dfrac{\pi}{8}\right)$，$A$ 是常数

（6）$x(n)=\mathrm{e}^{\mathrm{j}(\frac{3}{2}n-\pi)}$

（7）$x(n)=\mathrm{e}^{\mathrm{j}(\frac{n}{6}-\pi)}$

1.6　对于下列每个系统判别它是否为：① 稳定系统；② 因果系统；③ 线性系统。

（1）$T[x(n)]=g(n)x(n)$

（2）$T[x(n)]=g(n)\displaystyle\sum_{k=n_0}^{n}x(k)$

（3）$T[x(n)]=x(n-n_0)$

（4）$T[x(n)]=\mathrm{e}^{x(n)}$

1.7　以下序列是系统的单位抽样响应 $h(n)$，试说明系统是否为：① 因果系统；② 稳定系统。

（1）$4^n u(n)$

（2）$\left(\dfrac{1}{2}\right)^n u(n)$

（3）$\sin(\pi n/3)u(n)$

（4）$u(n+2)-u(n-2)$

1.8　已知 $y(n)=4x(n)+6$，验证该系统是否为线性系统。

1.9　考虑以下因果 LTI 系统的差分方程：
$$y(n)+(1/a)y(n-1)=x(n-1)$$

（1）求 a 为常数时系统的单位抽样响应 $h(n)$。

（2）a 值在什么范围内系统是稳定的？

1.10　设有一系统，其输入输出关系的差分方程为
$$y(n)-\frac{1}{2}y(n-1)=x(n)+\frac{1}{2}x(n-1)$$

设系统是因果的。

（1）求该系统的单位抽样响应。

（2）由（1）的结果，利用卷积和求输入 $x(n)=\mathrm{e}^{\mathrm{j}\omega n}$ 的响应。

1.11　有一理想抽样系统，抽样频率为 $\Omega=6\pi$，抽样后经理想低通滤波器 $H_a(\mathrm{j}\Omega)$ 还

原,其中

$$H_a(j\Omega) = \begin{cases} \dfrac{1}{2}, & |\Omega| < 3\pi \\[2mm] 0, & |\Omega| \geqslant 3\pi \end{cases}$$

今有两个输入 $x_{a1}(t) = \cos(2\pi t)$,$x_{a2}(t) = \cos(5\pi t)$,问输出信号 $y_{a1}(t)$、$y_{a2}(t)$ 有无失真? 为什么?

　　1.12　过滤限带的模拟数据时,常采用数字滤波器,如图 1.68 所示,把从 $x(t)$ 到 $y(t)$ 的整个系统等效为一个模拟滤波器,图中 $T_s = 0.1\,\text{ms}$ 表示采样周期,假设该 T_s 做得足够小,足以防止混叠效应。

　　(1) 如果 $h(n)$ 截至于 $\pi/8$,求整个系统的截止频率。

　　(2) 如果 $1/T_s = 20\,\text{kHz}$,重复(1)的计算,求整个系统的截止频率。

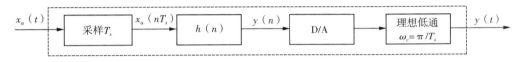

图 1.68　题 1.12 图

　　1.13　有一连续信号 $x(t) = \cos(2\pi f t + \phi)$,式中 $f = 20\,\text{Hz}$,$\phi = \dfrac{\pi}{3}$。

　　(1) 求出 $x(t)$ 的周期。

　　(2) 用采样间隔 $T_s = 0.02\,\text{s}$ 对 $x(t)$ 进行采样,试写出采样信号序列 $x(n)$ 的表达式。

　　(3) 画出时域离散信号 $x(n)$ 的波形,并求出 $x(n)$ 的周期。

　　1.14　一个理想采样系统,采样频率为 8π,采样后经理想低通滤波器还原:

$$H(j\Omega) = \begin{cases} 1/4, & |\Omega| < 4\pi \\[2mm] 0, & |\Omega| \geqslant 4\pi \end{cases}$$

今有两个输入 $x_1(t) = \cos(2\pi t)$,$x_2(t) = \cos(5\pi t)$,问输出信号 $y_1(t)$、$y_2(t)$ 有没有失真,为什么?

第 2 章　Z 变换

在信号与系统的分析方法中,除了时域分析方法外,还有变换域分析方法。对于离散时间信号与系统,变换域分析方法主要有 Z 变换法和傅里叶变换法。Z 变换能把描述离散系统的差分方程转化为简单的代数方程,使其求解过程大大简化。因此,对求解离散时间系统而言,Z 变换是一个极重要的数学工具。本章仅从应用层面进行讨论。

2.1　Z 变换的定义与收敛域

2.1.1　Z 变换的定义

一个离散时间信号(序列)$x(n)$ 的 Z 变换定义为

$$X(z) = \sum_{n=-\infty}^{\infty} x(n)z^{-n} \tag{2.1.1}$$

$$X(z) = \sum_{n=0}^{\infty} x(n)z^{-n} \tag{2.1.2}$$

式中,z 是一个复变量。式(2.1.1)为双边 Z 变换,式(2.1.2)为单边 Z 变换,若 $x(n)$ 为因果序列,则单边 Z 变换与双边 Z 变换相等,否则不等。今后在不致混淆的情况下,我们统称它们为 Z 变换。也可将 $x(n)$ 的 Z 变换表示为

$$Z[x(n)] = X(z) \tag{2.1.3}$$

2.1.2　Z 变换的收敛域

显然,只有当式(2.1.1)与式(2.1.2)的幂级数收敛时,Z 变换才有意义。对于任意给定序列 $x(n)$,使其 Z 变换收敛的所有 z 值的集合称为 $X(z)$ 的收敛域(region of convergence,ROC)。

依据级数理论,式(2.1.1)与式(2.1.2)所示的级数收敛的必要且充分条件是满足绝对可和的,即

$$\sum_{n=-\infty}^{+\infty} |x(n)z^{-n}| = M < \infty \tag{2.1.4}$$

要满足此不等式,$|z|$ 值必须在一定范围之内,这个范围就是收敛域(ROC)。不同

形式的序列,其收敛形式不同。

一般来说,ROC 是由某个极点构成的半径为 R_1 或 R_2 的圆组成的区域。ROC 常用收敛环表示,内环是以 R_1 为半径的圆,R_1 可以为 0;外环是以 R_2 为半径的圆,R_2 可以大到 ∞。R_1、R_2 通称为收敛半径。

序列的收敛域,大致有以下几种情况。

1. 有限长序列

这类序列是指在有限区间 $n_1 \leqslant n \leqslant n_2$,序列才具有非零的有限值;在此区间外,序列值皆为零,即

$$x(n) = \begin{cases} x(n), n_1 \leqslant n \leqslant n_2 \\ 0, \text{其他} \end{cases} \tag{2.1.5}$$

其 Z 变换为

$$X(z) = \sum_{n=n_1}^{n_2} x(n) z^{-n} \tag{2.1.6}$$

因此,$X(z)$ 是有限项级数之和,故只要级数的每一项有界,级数就收敛。即要求

$$| x(n) z^{-n} | < \infty, \quad n_1 \leqslant n \leqslant n_2 \tag{2.1.7}$$

由于 $x(n)$ 有界,故要求

$$| z^{-n} | < \infty, \quad n_1 \leqslant n \leqslant n_2 \tag{2.1.8}$$

显然,在 $0 < | z | < \infty$ 上,都满足此条件。也就是说,收敛域至少是除 $z=0$ 及 $z=\infty$ 外的开域 $(0,\infty)$“有限 Z 平面”,如图 2.1 所示。在 n_1、n_2 的特殊选择下,收敛域还可进一步扩大为

$$0 < | z | \leqslant \infty \quad n_1 \geqslant 0$$
$$0 \leqslant | z | < \infty \quad n_2 \leqslant 0 \tag{2.1.9}$$

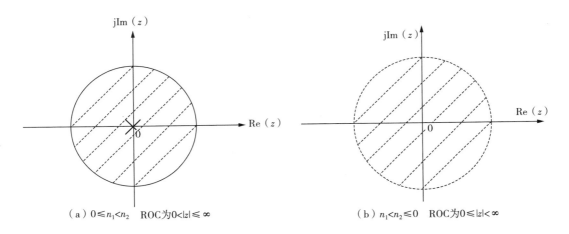

(a) $0 \leqslant n_1 < n_2$ ROC 为 $0 < |z| \leqslant \infty$ (b) $n_1 < n_2 \leqslant 0$ ROC 为 $0 \leqslant |z| < \infty$

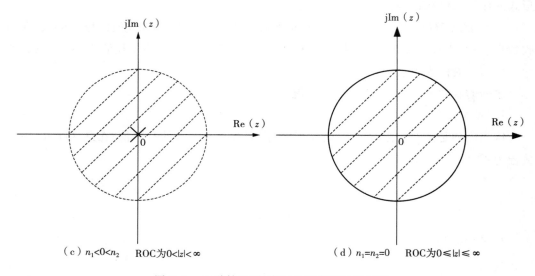

（c）$n_1<0<n_2$　　ROC为$0<|z|<\infty$　　　　（d）$n_1=n_2=0$　　ROC为$0\leqslant|z|\leqslant\infty$

图 2.1　四种情况下，有限长度序列的收敛域

2. 右边序列

这类序列是指只当 $n\geqslant n_1$ 时，$x(n)$ 有值；当 $n<n_1$ 时，$x(n)=0$，即

$$x(n)=\begin{cases}x(n),n\geqslant n_1\\0,n<n_1\end{cases}\qquad\qquad(2.1.10)$$

其 Z 变换为

$$X(z)=\sum_{n=n_1}^{\infty}x(n)z^{-n}=\sum_{n=n_1}^{-1}x(n)z^{-n}+\sum_{n=0}^{\infty}x(n)z^{-n}\qquad(2.1.11)$$

式（2.1.11）等号右端第一项为有限长序列的 Z 变换，其收敛域为有限 z 平面；而第二项是 z 的负幂级数，按照级数收敛的阿贝尔定理，存在一个收敛半径 R_{x1}，级数在以原点为中心、R_{x1} 为半径的圆外任何点都绝对收敛。因此，只有两项都收敛时级数才收敛。所以，如果 R_{x1} 是收敛域的最小的半径，那么右边序列 Z 变换的收敛域为

$$R_{x1}<|z|<\infty$$

右边序列及其收敛域，如图 2.2(a) 所示。

因果序列是 $n_1=0$ 的右边序列，即最重要的一种右边序列。也就是说，$n\geqslant0$ 时，$x(n)$ 有值；$n<0$ 时，$x(n)=0$，其 Z 变换中只有 z 的零幂和负幂项，因此级数收敛域可以包括 $|z|=\infty$，即

$$X(z)=\sum_{n=0}^{\infty}x(n)z^{-n}\quad R_{x1}<|z|\leqslant\infty\qquad(2.1.12)$$

所以，$|z|=\infty$ 处 Z 变换收敛是因果序列的特征，如图 2.2(b) 所示。

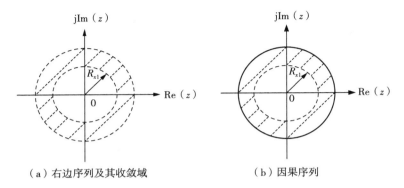

（a）右边序列及其收敛域　　　　　　　（b）因果序列

图 2.2　右边序列、因果序列及其收敛域

3. 左边序列

这类序列是指只在 $n \leqslant n_2$ 时，$x(n)$ 有值；$n > n_2$ 时，$x(n)=0$，即

$$x(n)=\begin{cases} x(n), n \leqslant n_2 \\ 0, n > n_2 \end{cases} \tag{2.1.13}$$

其 Z 变换为

$$X(z)=\sum_{n=n_1}^{n_2} x(n)z^{-n}=\sum_{n=n_1}^{0} x(n)z^{-n}+\sum_{n=1}^{n_2} x(n)z^{-n} \tag{2.1.14}$$

式（2.1.14）中等号右端第二项是有限长序列的 Z 变换，收敛域为有限 z 平面；第一项是正幂级数，按照级数收敛的阿贝尔定理，必存在收敛半径 R_{x2}，级数在以原点为中心、R_{x2} 为半径的圆内任何点都绝对收敛。如果 R_{x2} 为收敛域的最大半径，结合式（2.1.14），左边序列 Z 变换的收敛域为

$$0 < |z| < R_{x2}$$

如果 $n_2 \leqslant 0$，则式（2.1.14）等号右端不存在第二项，故收敛域应包括 $z=0$，即 $|z| < R_{x2}$，如图 2.3（a）所示。

4. 双边序列

这类序列是指 n 为任意值时 $x(n)$ 皆有值的序列，可以把它视为一个右边序列和一个左边序列之和，即

$$X(z)=\sum_{n=-\infty}^{+\infty} x(n)z^{-n}=\sum_{n=0}^{+\infty} x(n)z^{-n}+\sum_{n=-\infty}^{-1} x(n)z^{-n} \tag{2.1.15}$$

式（2.1.15）的收敛域应该是右边序列与左边序列收敛域的重叠部分，等式右边第一项为右边序列，其收敛域为 $|z| > R_{x1}$；第二项为左边序列，其收敛城为 $|z| < R_{x1}$。如果满足

$$R_{x1} < R_{x2}$$

那么存在公共收敛域，即为双边序列的环状收敛域为

$$R_{x1} < |z| < R_{x2} \tag{2.1.16}$$

这是一个环状区域，如图 2.3(b) 所示。

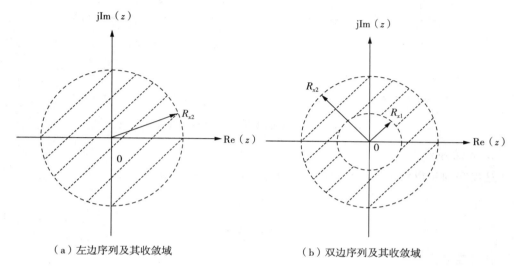

（a）左边序列及其收敛域　　　　　　　（b）双边序列及其收敛域

图 2.3　左边序列和双边序列及其收敛域

现举例说明，各种序列 Z 变换收敛域的求解方法。

【例 2.1】　$x(n) = \delta(n)$，求此序列的 Z 变换及收敛域。

【解】　这是 $n_1 = n_2 = 0$ 时有限长序列的特例，由于

$$Z[\delta(n)] = \sum_{n=-\infty}^{+\infty} \delta(n) z^{-n} = 1, 0 \leqslant |z| \leqslant \infty$$

所以收敛域应是整个 z 的闭平面（$0 \leqslant |z| \leqslant \infty$），如图 2.4 所示。

【例 2.2】　$x(n) = a^n u(n)$，求其 Z 变换及收敛域。

【解】　这是一个右边序列，且是因果序列，其 Z 变换为

$$X(z) = \sum_{n=-\infty}^{\infty} a^n u(n) z^{-n} = \sum_{n=0}^{\infty} a^n z^{-n} = \sum_{n=0}^{\infty} (az^{-1})^n = \frac{1}{1-az^{-1}}, \; |z| > |a|$$

这是一个无穷项的等比级数求和，只有在 $|az^{-1}| < 1$ 即 $|z| > |a|$ 处收敛（如图 2.5 所示），故得到以上闭合形式表达式。

由于

$$\frac{1}{1-az^{-1}} = \frac{z}{z-a}$$

故在 $z = a$ 处为极点，收敛域为极点所在圆 $|z| = |a|$ 的外部，在收敛域内 $X(z)$ 为解析函

数,不能有极点。因此,一般来说,右边序列的 Z 变换的收敛域一定在模最大的有限极点所在圆之外。又由于是因果序列,所以 $z = \infty$ 处也属收敛域,不能有极点。

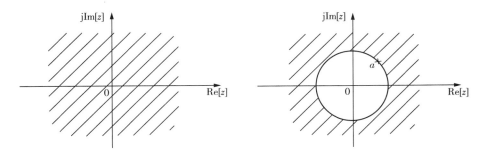

图 2.4　$\delta(n)$ 的收敛域(全部 z 平面)　　图 2.5　$x(n) = a^n u(n)$ 的收敛域

【例 2.3】　$x(n) = -b^n u(-n-1)$,求其 Z 变换及收敛域。

【解】　这是一个左边序列,其 Z 变换为

$$X(z) = \sum_{n=-\infty}^{\infty} \left[-b^{-n} u(-n-1) \right] z^{-n} = \sum_{n=-\infty}^{-1} (-b^n) z^{-n}$$

$$= \sum_{n=1}^{\infty} (-b^{-n}) z^n = \frac{-b^{-1} z}{1 - b^{-1} z}$$

$$= -\frac{z}{b-z} = \frac{z}{z-b} = \frac{1}{1 - b^{-1} z}, \quad |z| < |b|$$

此无穷项等比级数的收敛域为 $|b^{-1} z| < 1$,即 $|z| < |b|$,如图 2.6 所示。同样,收敛城内 $X(z)$ 必须解析。因此,一般来说,左边序列的 Z 变换的收敛域一定在模值最小的有限极点所在圆之内。

上面两例表明,如果 $a = b$,那么一个左边序列与一个右边序列的 Z 变换表达式是完全一样的。所以,只给出 Z 变换的闭合表达式是不够的,是不能正确得到原序列的。必须同时给出收敛域范围,才能唯一地确定一个序列。这就说明了研究收敛域的重要性。

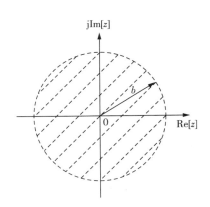

图 2.6　$x(n) = -b^n u(-n-1)$ 的收敛域

【例 2.4】　求双边序列的 Z 变换及收敛域。

$$(1) \; x(n) = \begin{cases} a^n, & n \geqslant 0 \\ b^n, & n < 0 \end{cases} ; \quad (2) \; x(n) = \begin{cases} a^n, & n \geqslant 0 \\ -b^n, & n < 0 \end{cases}$$

【解】 （1） $x(n)$ 的 Z 变换为

$$X(z) = \sum_{n=-\infty}^{\infty} x(n) z^{-n}$$

$$= \sum_{n=-\infty}^{-1} b^n z^{-n} + \sum_{n=0}^{\infty} a^n z^{-n}$$

$$= \frac{-z}{z-b} + \frac{z}{z-a}$$

其收敛域为 $|a| < |z| < |b|$，显然要求 $|a| < |b|$，否则无共同收敛域，如图 2.7 所示， $|a| = R_{x1}$， $|b| = R_{x2}$。

（2）这是一个双边序列，其 Z 变换为

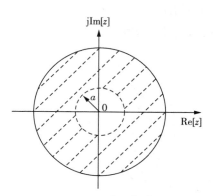

图 2.7　$x(n) = \begin{cases} a^n, & n \geqslant 0 \\ b^n, & n < 0 \end{cases}$ 的收敛域

$$X(z) = \sum_{n=-\infty}^{\infty} x(n) z^{-n} = \sum_{n=-\infty}^{-1} (-b^n) z^{-n} + \sum_{n=0}^{\infty} a^n z^{-n}$$

$$= \frac{1}{1 - az^{-1}} + \frac{1}{1 - bz^{-1}} = \frac{z}{z-a} + \frac{z}{z-b}$$

$$= \frac{z(2z - a - b)}{(z-a)(z-b)}, \quad |a| < |z| < |b|$$

若 $|a| < |b|$，则可得到上式的闭式表达式，也就是存在收敛域为 $|a| < |z| < |b|$，如图 2.8 所示。因此，一般来说，右边序列取其模值最大的极点（$|z| = |a|$），而左边序列则取其模值最小的极点（$|z| = |b|$）。 $|a| = R_{x1}$， $|b| = R_{x2}$。

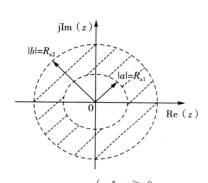

图 2.8　$x(n) = \begin{cases} a^n, & n \geqslant 0 \\ -b^n, & n < 0 \end{cases}$ 的收敛域

2.2　逆 Z 变换

从序列 $x(n)$ 的 Z 变换 $X(z)$ 中还原序列 $x(n)$ 的变换称为逆 Z 变换，定义为

$$x(n) = Z^{-1}[X(z)] \tag{2.2.1}$$

下面介绍两种求 Z 逆变换的方法 —— 围线积分法（留数法）和部分分式展开法。

2.2.1　围线积分法

这是求 Z 逆变换的一种有用的分析方法。根据复变函数理论，若函数 $X(z)$ 在环状区 $R_{x1} < |z| < R_{x2}(R_{x1} \geqslant 0, R_{x2} \leqslant \infty)$ 内解析，则在该区域内 $X(z)$ 的罗朗级数为

$$X(z) = \sum_{n=-\infty}^{\infty} C_n z^{-n}, \quad R_{x1} < |z| < R_{x2} \tag{2.2.2}$$

而

$$C_n = \frac{1}{2\pi j} \oint_c X(z) z^{n-1} dz, \quad n = 0, \pm 1, \pm 2, \cdots \tag{2.2.3}$$

式中,围线 c 是在 $X(z)$ 的环状解析域(即收敛域)内环绕原点的一条逆时针方向的闭合单围线,如图 2.9 所示。

与式(2.1.1) 的 Z 变换定义相比,式(2.2.2) 中的罗朗级数的系数 C_n 就是 $x(n)$,故式(2.2.3) 可写为

$$x(n) = \frac{1}{2\pi j} \oint_c X(z) z^{n-1} dz, c \in (R_{x1}, R_{x2})$$
$$\tag{2.2.4}$$

式(2.1.13) 就是用围线积分法求 Z 逆变换的公式。

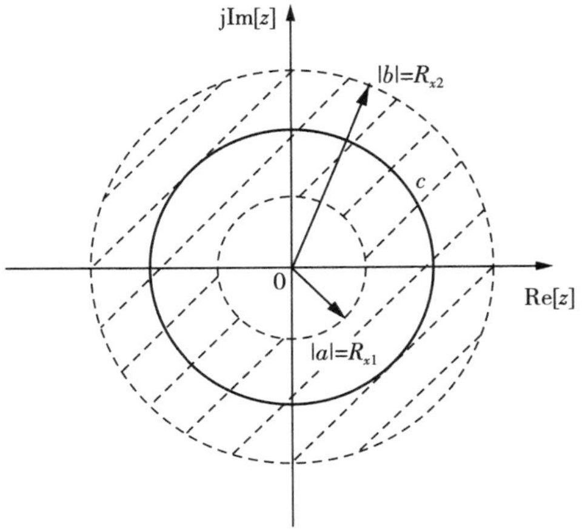

图 2.9　围线积分路径

【证明】　柯西积分定理为

$$\frac{1}{2\pi j} \oint_c z^{k-1} dz = \frac{1}{2\pi j} \oint_c R^{k-1} e^{j(k-1)\theta} d[Re^{j\theta}] = \frac{R}{2\pi} \int_{-\pi}^{\pi} e^{jk\theta} d\theta$$

$$= \begin{cases} 1, k = 0 \\ 0, k \neq 1, k \text{ 为整数} \end{cases} \tag{2.2.5}$$

式中

$$z = Re^{j\theta}, R_{x1} < R < R_{x2}$$

式(2.2.4) 等号右端可写为

$$\frac{1}{2\pi j} \oint_c X(z) z^{n-1} dz = \frac{1}{2\pi j} \oint_c \left[\sum_{m=-\infty}^{\infty} x(m) z^{-m} \right] z^{n-1} dz$$

$$= \sum_{m=-\infty}^{\infty} x(m) \frac{1}{2\pi j} \oint_c z^{(n-m)-1} dz$$

若将此式中的 $(n-m)$ 视为式(2.2.5) 中的 k,则

$$\sum_{m=-\infty}^{\infty} x(m) \frac{1}{2\pi j} \oint_c z^{(n-m)-1} dz = x(n)$$

即

$$\frac{1}{2\pi j} \oint_c X(z) z^{n-1} dz = x(n), c \in (R_{x1}, R_{x2})$$

采用围线积分法求 Z 逆变换比较麻烦,因此一般都采用留数定理来求解。按留数定

理，若函数 $F(z) = X(z)z^{n-1}$ 在围线 c 上连续，则有

$$x(n) = \frac{1}{2\pi j} \oint_c X(z) z^{n-1} dz = \frac{1}{2\pi j} \oint_c F(z) dz$$

$$= \sum_k \mathrm{Res}[X(z)z^{n-1}, z_{pk}]$$

$$= \sum_k \mathrm{Res}\left[X(z)z^{n-1}\right]_{z=z_{pk}} \tag{2.2.6}$$

式中，z_{pk} 为 c 内的第 k 个极点，k 为有限值；$\mathrm{Res}\left[X(z)z^{n-1}\right]_{z=z_{pk}}$ 表示函数 $F(z)$ 在点 $z = z_{pk}(c$ 以内极点）的留数。式(2.2.6)的应用条件是 $X(z)z^{n-1}$ 有两阶或两阶以上的零点，即分母多项式 z 的阶次要比分子多项式 z 的阶次高两阶或两阶以上。式(2.2.6)表明，函数 $F(z)$ 沿围线 c 逆时针方向的积分等于 $F(z)$ 在围线 c 内部各极点的留数之和。

由于

$$\oint_c F(z) dz = -\oint_c F(z) dz \tag{2.2.7}$$

所以由式(2.2.6)，得

$$x(n) = \frac{1}{2\pi j} \oint_c X(z) z^{n-1} dz$$

$$= \oint_c F(z) dz$$

$$= -\oint_c F(z) dz$$

$$= -\sum_k \mathrm{Res}[X(z)z^{n-1}, z_{pm}]$$

$$= -\sum_m \mathrm{Res}\left[X(z)z^{n-1}\right]_{z=z_{pm}} \tag{2.2.8}$$

式中，z_{pm} 为 c 外的 m 个极点，m 为有限值。式(2.2.8)表明，函数 $F(z)$ 沿围线 c 顺时针方向的积分等于 $F(z)$ 在围线 c 外部各极点的留数之和。式(2.2.8)的应用条件是必须满足 $X(z)z^{n-1}$ 的分母多项式 z 的阶次要比分子多项式 z 的阶次高两阶或两阶以上。

注意，究竟是选择式(2.2.6)还式(2.2.8)计算留数呢？这由实际情况确定。例如，当 n 大于某一值时，函数 $X(z)z^{n-1}$ 在 $z = \infty$ 处，也就是在围线的外部可能有多重极点，这时选 c 的外部极点计算留数就比较麻烦，而通常选 c 的内部极点计算留数比较简单。当 n 小于某值时，$X(z)z^{n-1}$ 在 $z = 0$ 处，也就是在围线的内部可能有多重极点，这时选用 c 的外部极点计算留数就方便得多。

利用留数定理求 Z 逆变换时，首先要根据 $X(z)$ 的收敛域确定 $x(n)$ 是左边、右边还是

双边序列。

围线 c 内的极点一般对应于因果序列，$n \geqslant 0$ 时，应使用式(2.2.6)；围线 c 外的极点一般对应于非因果序列，$n < 0$ 时，围线内可能有多重极点，计算留数就比较麻烦，应使用式(2.2.8)计算围线外的留数；双边序列则分别求之。

设 z_{p0} 是 $X(z)z^{n-1}$ 的单（一阶）极点，那么

$$\mathrm{Res}\left[X(z)z^{n-1}\right]_{z=z_{p0}} = \left[(z - z_{p0})X(z)z^{n-1}\right]_{z=z_{p0}} \tag{2.2.9}$$

如果 z_{pk} 是 $X(z)z^{n-1}$ 多重（l 阶）极点，则有

$$\mathrm{Res}\left[X(z)z^{n-1}\right]_{z=z_{pk}} = \frac{1}{(l-1)!}\frac{d^{l-1}}{dz^{l-1}}\left[(z - z_{pk})^l X(z)z^{n-1}\right]_{z=z_{pk}} \tag{2.2.10}$$

【例 2.5】　用留数法求 Z 逆变换。

(1) $X(z) = \dfrac{1}{1 - az^{-1}}$，$|z| > |a|$；(2) $X(z) = \dfrac{1}{1 - az^{-1}}$，$|z| < |a|$。

【解】　(1) 在 $z = a$ 处有一极点，从其函数收敛域可知，收敛域在极点之外，其函数为右边序列，当 $n < 0$ 时，$x(n) = 0$；只有当 $n \geqslant 0$ 时，$x(n)$ 有值。

围线 c 内 $X(z)z^{n-1}$ 有一极点 a，由式(2.2.9)，得

$$\mathrm{Res}\left[X(z)z^{n-1}, z_{p0}\right] = \mathrm{Res}\left[\frac{z}{z-a}z^{n-1}, a\right] = (z - a)\cdot\frac{z}{z-a}\mid_{n=a} = a^n$$

所以，$x(n) = a^n u(n)$。

(2) 从其函数收敛域知，收敛域在极点之内，围线 c 外有一极点 a，其函数为左边序列。当 $n \geqslant 0$ 时，$x(n) = 0$；只有当 $n < 0$ 时，$x(n)$ 有值。由式(2.2.8)和式(2.2.9)，得

$$x(n) = -a^n u(-n-1)$$

可见，同一个函数，由于收敛域不同，得到的序列完全不同，收敛域在求 Z 逆变换时是必须考虑的条件。

2.2.2　部分分式展开法

在实际应用中，一般 $X(z)$ 是 z 的有理分式，可表示为

$$X(z) = \frac{B(z)}{A(z)} = \frac{b_0 + b_1 z^{-1} + \cdots + b_M z^{-M}}{1 + a_1 z^{-1} + \cdots + a_N z^{-N}} = \frac{\displaystyle\sum_{k=0}^{M} b_k z^{-k}}{1 + \displaystyle\sum_{k=1}^{N} a_k z^{-k}} \tag{2.2.11}$$

因此，$X(z)$ 可以展开成以下部分分式。

(1) 当 $M < N$，且 $X(z)$ 的极点均为单极点 z_{pk} 时，有

$$X(z) = \sum_{k=1}^{N} \frac{A_k}{1 - z_{pk}z^{-1}} \tag{2.2.12}$$

式中

$$A_k = \left[(1 - z_{pk}z^{-1})X(z)\right]_{z=z_{pk}}$$

$$= \left[(z - z_{pk})\frac{X(z)}{z}\right]_{z=z_{pk}} \tag{2.2.13}$$

（2）当 $M < N$，且 $X(z)$ 的极点中存在一个 r 阶极点 z_{pi}，其他极点为 z_{pk} 时，有

$$X(z) = \sum_{k=1}^{N-r} \frac{A_k}{1 - z_{pk}z^{-1}} + \sum_{k=1}^{r} \frac{C_k}{(1 - z_{pi}z^{-1})^k} \tag{2.2.14}$$

式中

$$C_k = \frac{1}{(-z_{pi})^{r-k}} \cdot \frac{1}{(r-k)!} \left\{ \frac{d^{r-k}}{d(z^{-1})^{r-k}} \left[(1 - z_{pi}z^{-1})^r X(z) \right\}_{z=z_{pi}} \tag{2.2.15}$$

式中，$k = 1, 2, \cdots, r$；A_k 的表达式为式(2.2.13)。

（3）当 $M \geqslant N$，且 $X(z)$ 的极点均为单极点 z_{pk}，其他极点为 z_{pk} 时，有

$$X(z) = \sum_{n=0}^{N} B_n z^{-n} + \sum_{k=1}^{N-r} \frac{A_k}{1 - z_{pk}z^{-1}} + \sum_{k=1}^{r} \frac{C_k}{(1 - z_{pi}z^{-1})^k} \tag{2.2.16}$$

式中，B_n 为 $X(z)$ 的整式的系数，其余系统同上。若 $M < N$，则 $B_n = 0$

在利用部分分式法求 Z 逆变换时，必须使部分分式各项的形式能够比较容易地从表 2.1 所列的 Z 变换表中识别出来，并且必须注意收敛域。

【例 2.6】 已知信号 $x(n)$ 的 Z 变换 $X(z) = \dfrac{5z}{7z - 3z^2 - 2}\left(\dfrac{1}{3} < |z| < 2\right)$，求信号 $x(n)$。

【解】 原式可分解为 $X(z) = \dfrac{z}{z - \dfrac{1}{3}} - \dfrac{z}{z - 2}$，第 1 项为右边序列，第 2 项为左边序列。

查表 2.1，得

$$Z^{-1}\left[\frac{z}{z-a}\right] = \begin{cases} a^n u(n), & |z| > R_1 \\ -a^n u(-n-1), & |z| < R_2 \end{cases}$$

则

$$x(n) = \left(\frac{1}{3}\right)^n u(n) - \left[-2^n u(-n-1)\right] = \left(\frac{1}{3}\right)^n u(n) + 2^n u(-n-1)$$

表 2.1　几种序列的 Z 变换

序号	序列	Z 变换	收敛域
1	$\delta(n)$	1	全部 z
2	$u(n)$	$\dfrac{z}{z-1} = \dfrac{1}{1-z^{-1}}$	$\lvert z \rvert > 1$
3	$u(-n-1)$	$-\dfrac{z}{z-1} = \dfrac{-1}{1-z^{-1}}$	$\lvert z \rvert < 1$
4	$a^n u(n)$	$\dfrac{z}{z-a} = \dfrac{1}{1-az^{-1}}$	$\lvert z \rvert > a$
5	$a^n u(-n-1)$	$\dfrac{-z}{z-a} = \dfrac{-1}{1-az^{-1}}$	$\lvert z \rvert < a$
6	$R_N(n)$	$\dfrac{z^N-1}{z^{N-1}(z-1)} = \dfrac{1-z^{-N}}{1-z^{-1}}$	$\lvert z \rvert > 0$
7	$nu(n)$	$\dfrac{z}{(z-a)^2} = \dfrac{z^{-1}}{(1-az^{-1})^2}$	$\lvert z \rvert > 1$
8	$na^n u(n)$	$\dfrac{az}{(z-a)^2} = \dfrac{az^{-1}}{(1-az^{-1})^2}$	$\lvert z \rvert > \lvert a \rvert$
9	$na^n u(-n-1)$	$\dfrac{-az}{(z-a)^2} = \dfrac{-az^{-1}}{(1-az^{-1})^2}$	$\lvert z \rvert < \lvert a \rvert$
10	$e^{-j\omega_0 n} u(n)$	$\dfrac{z}{z-e^{-j\omega_0}} = \dfrac{1}{1-e^{-j\omega_0}z^{-1}}$	$\lvert z \rvert > 1$
11	$\sin(\omega_0 n)u(n)$	$\dfrac{z\sin\omega_0}{z^2-2z\cos\omega_0+1} = \dfrac{z^{-1}\sin\omega_0}{1-2z^{-1}\cos\omega_0+z^{-2}}$	$\lvert z \rvert > 1$
12	$\cos(\omega_0 n)u(n)$	$\dfrac{z^2-z\cos\omega_0}{z^2-2z\cos\omega_0+1} = \dfrac{1-z^{-1}\cos\omega_0}{1-2z^{-1}\cos\omega_0+z^{-2}}$	$\lvert z \rvert > 1$
13	$e^{-an}\sin(\omega_0 n)u(n)$	$\dfrac{z^{-1}e^{-a}\sin\omega_0}{1-2z^{-1}e^{-a}\cos\omega_0+z^{-2}e^{-2a}}$	$\lvert z \rvert > e^{-a}$
14	$e^{-an}\cos(\omega_0 n)u(n)$	$\dfrac{1-z^{-1}e^{-a}\cos\omega_0}{1-2z^{-1}e^{-a}\cos\omega_0+z^{-2}e^{-2a}}$	$\lvert z \rvert > e^{-a}$
15	$\sin(\omega_0 n+\theta)u(n)$	$\dfrac{z^2\sin\theta+z\sin(\omega_0-\theta)}{z^2-2z\cos\omega_0+1} = \dfrac{\sin\theta+z^{-1}\sin(\omega_0-\theta)}{1-2z^{-1}\cos\omega_0+z^{-2}}$	$\lvert z \rvert > 1$
16	$(n+1)a^n u(n)$	$\dfrac{z^2}{(z-a)^2} = \dfrac{1}{(1-az^{-1})^2}$	$\lvert z \rvert > \lvert a \rvert$
17	$\dfrac{(n+1)(n+2)}{2!}a^n u(n)$	$\dfrac{z^3}{(z-a)^3} = \dfrac{1}{(1-az^{-1})^3}$	$\lvert z \rvert > \lvert a \rvert$
18	$\dfrac{(n+1)(n+2)\cdots(n+m)}{m!}a^n u(n)$	$\dfrac{z^{m+1}}{(z-a)^{m+1}} = \dfrac{1}{(1-az^{-1})^{m+1}}$	$\lvert z \rvert > \lvert a \rvert$

【例 2.7】　设 $X(z) = \dfrac{1}{(1-2z^{-1})(1-0.5z^{-1})}$, $\lvert z \rvert > 2$

试利用部分分式法求 Z 逆变换。

【解】 先去掉 z 的负幂次，以便于求解，将 $X(z)$ 等式右端分子分母同乘以 z^2，得

$$X(z) = \frac{z^2}{(z-2)(z-0.5)}, \ |z| > 2$$

按式(2.2.13)求系数的方法，应将此等式两端同除以 z，得

$$\frac{X(z)}{z} = \frac{z}{(z-2)(z-0.5)}$$

将此式展开为部分分式

$$\frac{X(z)}{z} = \frac{z}{(z-2)(z-0.5)} = \frac{A_1}{z-2} + \frac{A_2}{z-0.5}$$

利用式(2.2.13)，得

$$A_1 = \left[(z-2)\frac{X(z)}{z}\right]_{z=2} = \frac{4}{3}$$

$$A_2 = \left[(z-0.5)\frac{X(z)}{z}\right]_{z=0.5} = -\frac{1}{3}$$

所以

$$\frac{X(z)}{z} = \frac{4}{3} \times \frac{1}{z-2} - \frac{1}{3} \times \frac{1}{z-0.5}$$

因而

$$X(z) = \frac{4}{3} \times \frac{z}{z-2} - \frac{1}{3} \times \frac{z}{z-0.5}$$

查表 2.1，得（注意，由所给收敛域可知该序列是因果序列）

$$x(n) = \begin{cases} \dfrac{4}{3} \times 2^n - \dfrac{1}{3}(0.5)^n, n \geqslant 0 \\ \\ 0, n < 0 \end{cases}$$

或

$$x(n) = \left[\frac{4}{3} \times 2^n - \frac{1}{3}(0.5)^n\right]u(n)$$

2.2.3 幂级数展开法

根据 Z 变换的定义式(2.1.1)，知 $X(z) = \sum\limits_{n=-\infty}^{\infty} x(n)z^{-n} = \cdots + x(-2)z^2 + x(-1)z^1 + x(0)z^0 + x(1)z^{-1} + x(2)z^{-2} + \cdots$

所以，只要在给定的收敛域内把 $X(z)$ 展开成幂级数，则级数的系数就是序列 $x(n)$。常用有两种方法。

1. 按幂级数公式展开

【例 2.8】　已知 $X(z) = \sum\limits_{n=-\infty}^{\infty} x(n)z^{-n} = z^2(1+z^1)(1-z^{-1})$，求 Z 逆变换。

【解】　直接将其展开

$$X(z) = \sum_{n=-\infty}^{\infty} x(n)z^{-n} = z^2(1+z^1)(1-z^{-1}) = z^2 - 1$$

因此 $x(-2) = 1, x(0) = -1$，其他为 0，即

$$x(n) = \begin{cases} 1, & n = -2 \\ -1, & n = 0 \\ 0, & 其他 \end{cases}$$

把 $X(z)$ 展开为幂级数的方法很多，当 $X(z)$ 是 log、sin、cos、sinh 等函数时，可以利用已知的幂级数展开式将其展开。如果 $X(z)$ 是一个有理分式，分子和分母都是 z 的多项式则可以利用长除法展开。

2. 长除法

【例 2.9】　长除法求 Z 逆变换。

(1) $X(z) = \dfrac{1}{1+az^{-1}}(|z| > |a|)$；

(2) $X(z) = \dfrac{1}{1+az^{-1}}(|z| < |a|)$。

【解】　(1) $X(z)$ 在 $z = -a$ 处有一极点，收敛域在极点所在圆外，是一种因果序列（右边序列），$X(z)$ 应展开为 z 的降幂级数，所以可按降幂顺次长除，有

$$
\begin{array}{r}
1 - az^{-1} + a^2z^{-2} + \cdots + (-a)^n z^{-n} + \cdots \\
1 + az^{-1} \overline{\smash{\big)}\, 1 } \\
1 + az^{-1} \\
\hline
-az^{-1} \\
-az^{-1} - a^2z^{-2} \\
\hline
a^2z^{-2} \\
a^2z^{-2} + a^3z^{-3} \\
\hline
-a^3z^{-3} \\
\vdots
\end{array}
$$

故

$$X(z) = \sum_{n=0}^{\infty} (-a)^n z^{-n}, \quad x(n) = (-a)^n u(n)$$

(2) $X(z)$ 在 $z = -a$ 处有一极点，但收敛域在极点所在圆内，是一种左边序列，$X(z)$

应展开为 z 的升幂级数，所以可按 z 升幂顺次长除，有

$$
az^{-1}+1 \overline{\left)\begin{array}{l} a^{-1}z-a^{-2}z^2+a^{-3}z^3+\cdots-(-a)^{-n}z^n+\cdots \\ 1 \\ 1+a^{-1}z \\ \hline -a^{-1}z \\ \quad -a^{-1}z-a^{-2}z^2 \\ \hline \quad\quad a^{-2}z^2 \\ \quad\quad a^{-2}z^2+a^{-3}z^3 \\ \hline \quad\quad\quad -a^{-3}z^3 \\ \quad\quad\quad\quad\quad \vdots \end{array}\right.}
$$

故

$$
X(z)=\sum_{n=1}^{\infty}-(-a)^{-n}z^n=\sum_{n=-\infty}^{-1}-(-a)^nz^{-n}
$$

$$
x(n)=-(-a)^nu(-n-1)
$$

现将上述方法总结如下：

（1）留数定理法

① 留数 $\mathrm{Res}\left[X(z)z^{n-1},z_{pk}\right]=\left[(z-z_{pk})X(z)z^{n-1}\right]_{z=z_{pk}}$ 中 $X(z)z^{n-1}$ 要化为 $1/(z-z_{pk})$ 的形式才能与 $z-z_{pk}$ 相抵消，而不能用 $1/(1-z^{-1}z_{pk})$ 与 $z-z_{pk}$ 相抵消。

② 用围线内极点留数时，不必取负号；而用围线外极点留数时，必须取负号。

（2）部分分式法

若 $X(z)$ 用 z 的正幂表示，则按 $X(z)/z$ 写成部分分式，然后求各极点的留数，最后利用已知变换关系求 Z 逆变换得 $x(n)$。

（3）长除法

长除法究竟是按升幂级数还是降幂级数展开取决于收敛域，因此要首先根据其收敛域确定是左边序列还是右边序列，然后决定按升幂级数或降幂级数展开。

对右边序列（包括因果序列），$H(z)$ 的分子、分母都要按 2 的降幂排列；对左边序列（包括反因果序列），$H(z)$ 的分子、分母都要按 2 的升幂排列。

2.3　Z 变换性质与定理

2.3.1　Z 变换性质

1. 线性性

Z 变换的线性性是要同时满足比例性和可加性，即若

$$Z[x(n)] = X(z), R_{x1} < |z| < R_{x2}$$

$$Z[y(n)] = Y(z), R_{y1} < |z| < R_{y2}$$

则

$$Z[ax(n) + by(n)] = aX(z) + bY(z), R_1 < |z| < R_2 \qquad (2.3.1)$$

式中，a、b 为任意常数，其收敛域至少是 $X(z)$ 和 $Y(z)$ 的收敛域的重叠部分。即

$$\max(R_{x1}, R_{y1}) < |z| < \max(R_{x2}, R_{y2})$$

注意，如果相加过程出现零极点抵消情况，那么收敛域可能变大

【例 2.10】　求双曲余弦 $x(n) = \cosh(\omega_0 n)u(n)$ 的 Z 变换。

【解】　已知

$$\cosh(\omega_0 n)u(n) = \frac{e^{\omega_0 n} + e^{-\omega_0 n}}{2}u(n)$$

因

$$Z[e^{\omega_0 n}u(n)] = \frac{z}{z - e^{\omega_0}}, \quad |z| > |e^{\omega_0}|$$

$$Z[e^{-\omega_0 n}u(n)] = \frac{z}{z - e^{-\omega_0}}, \quad |z| > |e^{-\omega_0}|$$

利用 Z 变换的线性性质，得

$$
\begin{aligned}
Z[\cosh(\omega_0 n)u(n)] &= Z\left[\left(\frac{e^{\omega_0 n} + e^{-\omega_0 n}}{2}\right)u(n)\right] \\
&= Z\left(\frac{e^{\omega_0 n}}{2}u(n)\right) + Z\left(\frac{e^{-\omega_0 n}}{2}u(n)\right) \\
&= \frac{1}{2}\left(\frac{z}{z - e^{\omega_0}} + \frac{z}{z - e^{-\omega_0}}\right) \\
&= \frac{z(z - \cosh\omega_0)}{z^2 - 2z\cosh\omega_0 + 1}
\end{aligned}
$$

其收敛域为 $|z| > \max(|e^{\omega_0}|, |e^{-\omega_0}|)$。

同理，双曲正弦序列的 Z 变换为

$$Z[\sinh(\omega_0 n)u(n)] = \frac{z\sinh\omega_0}{z^2 - 2z\cosh\omega_0 + 1}, \quad |z| > \max(|e^{\omega_0}|, |e^{-\omega_0}|)$$

2. 序列移位

现讨论序列移位后其 Z 变换与原序列 Z 变换的关系，分为左移（超前）及右移（延迟）两种情况。

若序列 $x(n)$ 的 Z 变换为

$$Z[x(n)] = X(z), R_{x1} < |z| < R_{x2}$$

则

$$Z[x(n-m)] = z^{-m}X(z), R_{x1} < |z| < R_{x2} \qquad (2.3.2)$$

式中，m 为任意整数。若 m 为正，则为延迟；若 m 为负，则为超前。

【证明】 按 Z 变换的定义

$$Z[x(n-m)] = \sum_{n=-\infty}^{\infty} x(n-m)z^{-n} = z^{-m} \sum_{n=-\infty}^{\infty} x(n)z^{-n} = z^{-m}X(z)$$

由式(2.3.2)知，序列移位后，收敛域不变，只是对于单边序列，在 $z=0$ 或 $z=\infty$ 处可能有例外。而对于双边序列，由于其收敛域是环状区域，不包括 $z=0$ 和 $z=\infty$，故序列移位后，Z 变换的收敛域没有变化。

例如，$Z[\delta(n)]=1$，在 Z 平面处收敛；但是 $Z[\delta(n-1)]=z^{-1}$，在 $z=0$ 处不收敛；而 $Z[\delta(n+1)]=z$，在 $z=\infty$ 处不收敛。

例如：

$$Z[x(n-1)u(n)] = z^{-1}X(z) + zx(-1)$$

$$Z[x(n-2)u(n)] = z^{-2}X(z) + z^{-1}x(-1) + x(-2)$$

注意：对于因果序列，当 $n<0$ 时，$x(n)=0$。这时有

$$Z[x(n-m)] = z^{-m}X(z), Z[x(n-m)u(n-m)] = z^{-m}X(z) \qquad (2.3.3)$$

$$Z[\delta(n \pm m)] = z^{\pm m} \qquad (2.3.4)$$

3. 乘以指数序列（z 域尺度变换）

若序列乘以指数序列 a^n，a 是常数，也可以是复数，即若

$$Z[x(n)] = X(z), R_{x1} < |z| < R_{x2}$$

则

$$Z[a^n x(n)] = X\left(\frac{z}{a}\right), |a|R_{x1} < |z| < |a|R_{x2} \qquad (2.3.5)$$

【证明】 由 Z 变换定义

$$Z[a^n x(n)] = \sum_{n=-\infty}^{\infty} a^n x(n)z^{-n} = \sum_{n=-\infty}^{\infty} x(n)\left(\frac{z}{a}\right)^{-n} = X\left(\frac{z}{a}\right), R_{x1} < \left|\frac{z}{a}\right| < R_{x2}$$

即

$$Z[a^n x(n)] = X\left(\frac{z}{a}\right) \qquad (2.3.6)$$

同理，得

$$Z[a^{-n}x(n)] = X\left(\frac{z}{a^{-1}}\right) = X(az), R_{x1} < |az| < R_{x2} \qquad (2.3.7)$$

若 $a = -1$，则由式(2.3.6)，得

$$Z[(-1)^n x(n)] = X(-z), R_{x1} < |z| < R_{x2}$$

如果 $X(z)$ 在 $z = z_1$ 处为极点，则 $X(a^{-1}z)$ 在 $a^{-1}z = z_1$，即 $z = az_1$ 处为极点。也就是说，如果 a 为实数，那么表示在 z 平面上的缩小或扩大，零极点在 z 平面沿径向移动；如果 a 为复数，$|a| = 1$，那么表示在 z 平面上旋转，即零极点位置沿着以原点为圆心、$|z_1|$ 为半径的圆周变化。若 a 为任意复数，则在 a 平面上，零极点既有幅度伸缩，又有角度旋转。

4. 序列的线性加权(z 域求导数)

若

$$Z[x(n)] = X(z), R_{x1} < |z| < R_{x2}$$

则

$$Z[nx(n)] = -z\frac{\mathrm{d}}{\mathrm{d}z}X(z), R_{x1} < |z| < R_{x2} \qquad (2.3.8)$$

【证明】　由于

$$X(z) = \sum_{n=-\infty}^{\infty} x(n)z^{-n}$$

将等式两边对 z 取导数，得

$$\frac{\mathrm{d}X(z)}{\mathrm{d}z} = \frac{\mathrm{d}}{\mathrm{d}z}\sum_{n=-\infty}^{\infty} x(n)z^{-n}$$

交换求和与求导的次序，得

$$\frac{\mathrm{d}X(z)}{\mathrm{d}z} = \sum_{n=-\infty}^{\infty} x(n)\frac{\mathrm{d}}{\mathrm{d}z}(z^{-n}) = -z^{-1}\sum_{n=-\infty}^{\infty} nx(n)z^{-n} = -z^{-1}Z[nx(n)]$$

所以

$$Z[nx(n)] = -z\frac{\mathrm{d}X(z)}{\mathrm{d}z}, R_{x1} < |z| < R_{x2}$$

因而序列的线性加权(乘 n)等效于其 Z 变换取导数再乘以 $-z$，同理

$$Z[n^2 x(n)] = Z[n \cdot nx(n)] = -z\frac{\mathrm{d}}{\mathrm{d}z}Z[nx(n)]$$

$$= -z\frac{\mathrm{d}}{\mathrm{d}z}Z\left[-z\frac{\mathrm{d}}{\mathrm{d}z}X(z)\right] = z^2\frac{\mathrm{d}^2}{\mathrm{d}z^2}X(z) + z\frac{\mathrm{d}}{\mathrm{d}z}X(z)$$

如此递归，得

$$Z[n^m x(n)] = \left(-z\frac{\mathrm{d}}{\mathrm{d}z}\right)^m X(z)$$

式中

$$\left(-z\frac{\mathrm{d}}{\mathrm{d}z}\right)^m = -z\frac{\mathrm{d}}{\mathrm{d}z}\left\{-z\frac{\mathrm{d}}{\mathrm{d}z}\left[-z\frac{\mathrm{d}}{\mathrm{d}z}\cdots\left(-z\frac{\mathrm{d}}{\mathrm{d}z}X(z)\right)\right]\cdots\right\}$$

为 m 阶导数。

序列的线性加权,也称为 Z 域微分定理。

5. 共轭序列

设一个复数序列 $x(n)$ 的共轭序列为 $x^*(n)$,若

$$Z[x(n)] = X(z), R_{x1} < |z| < R_{x2}$$

则

$$Z[x^*(n)] = X^*(z), R_{x1} < |z| < R_{x2} \tag{2.3.9}$$

【证明】 按定义

$$Z[x^*(n)] = \sum_{n=-\infty}^{\infty} x^*(n)z^{-n} = \sum_{n=-\infty}^{\infty} [x(n)(z^*)^{-n}]^* = \left[\sum_{n=-\infty}^{\infty} x(n)(z^*)^{-n}\right]^*$$
$$= X^*(z^*), R_{x1} < |z| < R_{x2}$$

6. 翻褶序列

若

$$Z[x(n)] = X(z), R_{x1} < |z| < R_{x2}$$

则

$$Z[x(-n)] = X\left(\frac{1}{z}\right), \frac{1}{R_{x2}} < |z| < \frac{1}{R_{x1}} \tag{2.3.10}$$

【证明】 按定义

$$Z[x(-n)] = \sum_{n=-\infty}^{\infty} x(-n)z^{-n} = \sum_{n=-\infty}^{\infty} x(n)z^n = \sum_{n=-\infty}^{\infty} x(n)(z^{-1})^{-n}$$
$$= X\left(\frac{1}{z}\right), R_{x1} < |z^{-1}| < R_{x2}$$

由于变量成倒数关系,因此极点也成倒数关系,从而也可以得到以上的收敛域关系。

2.3.2 Z 变换定理

1. 初值定理

对于因果序列 $x(n)$,即 $x(n) = 0, n < 0$,有

$$\lim_{z \to \infty} X(z) = x(0) \tag{2.3.11}$$

【证明】　由于 $x(n)$ 是因果序列，因此

$$X(z) = \sum_{n=-\infty}^{\infty} x(n)u(n)z^{-n} = \sum_{n=0}^{\infty} x(n)z^{-n}$$

$$= x(0) + x(1)z^{-1} + x(2)z^{-2} + \cdots \qquad (2.3.12)$$

当 $z \to \infty$ 时，式(2.3.12)等号右端除第一项 $x(0)$ 外，其他各项都当于零，即

$$\lim_{z \to \infty} X(z) = x(0)$$

2. 终值定理

若 $x(n)$ 是因果序列，且 $X(z) = Z[x(n)]$ 的极点处于单位圆 $|z|=1$ 以内（单位圆上最多在 $z=1$ 处可有一阶根点），则

$$\lim_{n \to \infty} x(n) = \lim_{z \to 1} [(z-1)X(z)] \qquad (2.3.13)$$

【证明】　利用序列的移位性质，得

$$Z[x(n+1) - x(n)] = (z-1)X(z) = \sum_{n=-\infty}^{\infty} [x(n+1) - x(n)]z^{-n}$$

又因为 $x(n)$ 为因果序列，得

$$(z-1)X(z) = \sum_{n=-1}^{\infty} [x(n+1) - x(n)]z^{-n} = \lim_{n \to \infty} \sum_{m=-1}^{n} [x(m+1) - x(m)]z^{-m}$$

由于假设 $x(n)$ 为因果序列，且 $X(z)$ 极点在单位圆内最多只在 $z=1$ 处可能有一阶极点，故在 $(z-1)X(z)$ 中乘因子 $(z-1)$ 将抵消在 $z=1$ 处可能的极点，故 $(z-1)X(z)$ 在 $1 \leqslant |z| \leqslant \infty$ 上都收敛，所以可取 $z \to 1$ 的极限。

$$\lim_{z \to 1} (z-1)X(z) = \lim_{n \to \infty} \sum_{m=-1}^{n} [x(m+1) - x(m)]$$

$$= \lim_{n \to \infty} \{[x(0) - 0] + [x(1) - x(0)] + [x(2) - x(1)] + \cdots$$

$$+ [x(n+1) - x(n)]\}$$

$$= \lim_{n \to \infty} [x(n+1)] = \lim_{n \to \infty} x(n)$$

由于等式最左端即为 $X(z)$ 在 $z=1$ 处的留数，即

$$\lim_{z \to 1} (z-1)X(z) = \text{Res}[X(z)]_{z=1}$$

所以式(2.3.13)也可写为

$$x(\infty) = \text{Res}[X(z)]_{z=1}$$

3. 时域求和定理（有限项累加特性）

设 $x(n)$ 为因果序列，即 $x(n) = 0, n < 0$，

$$Z[x(n)] = X(z), R_{x1} < |z|$$

则

$$Z\Big[\sum_{m=0}^{\infty}x(m)\Big]=\frac{z}{z-1}X(z)，|z|>\max[R_{x1},1] \qquad (2.3.14)$$

【证明】 令 $y(n)=\sum_{m=0}^{\infty}[x(m)]$，则

$$Z[y(n)]=Z\Big[\sum_{m=0}^{\infty}x(m)\Big]=\sum_{n=0}^{\infty}\Big[\sum_{m=0}^{n}x(m)\Big]z^{-n}$$

由于 $y(n)$ 是因果序列的累加，故有 $n\geqslant0$。由图 2.10 可知，此求和范围为阴影区，改变求和次序，得

$$Z\Big[\sum_{m=0}^{\infty}x(m)\Big]=\sum_{m=0}^{\infty}x(m)\sum_{n=m}^{\infty}z^{-n}$$

$$=\sum_{m=0}^{\infty}x(m)\frac{z^{-m}}{1-z^{-1}}$$

$$=\frac{1}{1-z^{-1}}\sum_{m=0}^{\infty}x(m)z^{-m}$$

$$=\frac{1}{1-z^{-1}}Z[x(n)]$$

$$=\frac{z}{z-1}X(z)，|z|>\max(R_{x1},1)$$

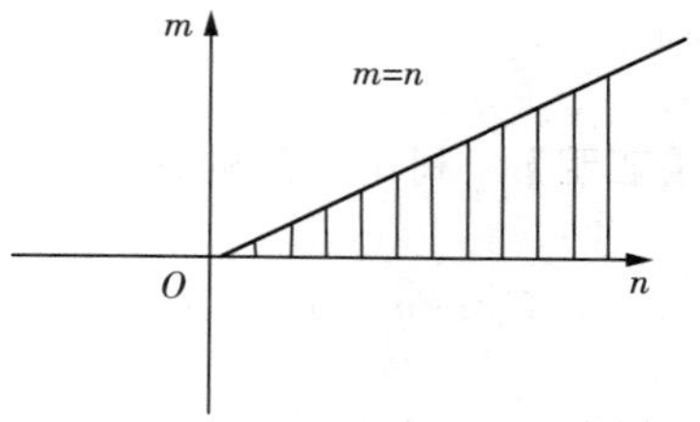

图 2.10 m、n 关系及求和范围

由于第一次求和 $\sum_{n=m}^{\infty}z^{-n}$ 的收敛域为 $|z^{-1}|<1$，即 $|z|>1$，而 $\sum_{m=0}^{\infty}x(m)z^{-m}$ 的收敛域为 $|z|>R_{x1}$，故收敛域为 $|z|>1$ 及 $|z|>R_{x1}$ 的重叠部分 $|z|>\max(R_{x1},1)$。

4. 时域卷积和定理

设 $y(n)$ 为 $x(n)$ 与 $h(n)$ 的卷积和

$$y(n)=x(n)\otimes h(n)=\sum_{m=-\infty}^{\infty}x(m)h(n-m)$$

$$Z[x(n)]=X(z)，R_{x1}<|z|<R_{x2}$$

$$Z[h(n)]=H(z)，R_{h1}<|z|<R_{h2}$$

则

$$Z[h(n)\otimes x(n)]=H(z)X(z)，\max(R_{x1},R_{h1})<|z|<\min(R_{x2},R_{h2})$$

$$(2.3.15)$$

由式（2.3.15）知，若时域为卷积和，则 Z 变换域是相乘的关系，乘积的收敛域是 $X(z)$ 收敛域和 $H(z)$ 收敛域的重叠部分。

注意，如果收敛域边界上一个 Z 变换的零点与另一个 Z 变换的极点可互相抵消，那么

收敛域还可再扩大。

【证明】

$$Z[x(n) \otimes h(n)] = \sum_{n=-\infty}^{\infty} [x(n) \otimes h(n)] z^{-n}$$

$$= \sum_{n=-\infty}^{\infty} \sum_{m=-\infty}^{\infty} x(m) h(n-m) z^{-n}$$

$$= \sum_{m=-\infty}^{\infty} x(m) z^{-m} H(z)$$

$$= H(z) X(z), \max(R_{x1}, R_{h1}) < |z| < \min(R_{x2}, R_{h2})$$

在线性移不变系统中，如果输入为 $x(n)$，系统冲激响应为 $h(n)$，则输出 $y(n)$ 是 $x(n)$ 与 $h(n)$ 的卷积和。利用卷积和定理，可以通过求 $X(z)H(z)$ 的 Z 逆变换而求出 $y(n)$。对于有限长序列，这样求解会更方便些，因而这个定理是很重要的。

【例 2.11】 已知 $x(n) = a^n u(n), h(n) = b^n u(n)$，计算 $y(n) = x(n) \otimes h(n)$。

【解】 由于

$$Z[x(n)] = Z[a^n u(n)] = \frac{z}{z-a}, |z| > |a|$$

$$Z[h(n)] = Z[b^n u(n)] = \frac{z}{z-b}, |z| > |b|$$

由时域卷积定理，有

$$Z[x(n) \otimes h(n)] = X(z) H(z)$$

$$= \frac{z}{z-a} \cdot \frac{z}{z-b}$$

$$= \frac{\frac{a}{a-b} z}{z-a} - \frac{\frac{b}{a-b} z}{z-b}, |z| > \max(|a|, |b|)$$

由于

$$Z\left[\frac{a}{a-b} a^n \varepsilon(n)\right] = \frac{\frac{a}{a-b} z}{z-a}, |z| > |a|$$

$$Z\left[\frac{b}{a-b} b^n \varepsilon(n)\right] = \frac{\frac{b}{a-b} z}{z-b}, |z| > |b|$$

所以

$$y(n) = x(n) \otimes h(n) = \frac{a}{a-b} a^n u(n) - \frac{b}{a-b} b^n u(n) = \frac{a^{n+1} - b^{n+1}}{a-b} u(n)$$

可见，利用时域卷积定理对两个序列的卷积和运算比在时域下计算其卷积和大为简化。

5. 序列相乘定理（z 域复卷积定理）

若

$$y(n) = x(n) \cdot h(n)$$

且

$$Z[x(n)] = X(z), R_{x1} < |z| < R_{x2}$$

$$Z[h(n)] = H(z), R_{h1} < |z| < R_{h2}$$

则

$$y(n) = Z[y(n)] = Z[x(n)h(n)]$$

$$= \frac{1}{2\pi j} \oint_c X\left(\frac{z}{v}\right) H(v) v^{-1} dv \qquad R_{x1}R_{h1} < |z| < R_{x2}R_{h2} \quad (2.3.16)$$

式中，c 是哑变量 v 平面上，$X\left(\frac{z}{v}\right)$ 与 $H(v)$ 的公共收敛域内环绕原点的一条逆时针旋转的单封闭围线，满足

$$\begin{cases} R_{h1} < |v| < R_{h2} \\ R_{x1} < |v| < R_{x2} \end{cases} \qquad (2.3.17)$$

即

$$\frac{|z|}{R_{x2}} < |v| < \frac{|z|}{R_{x1}} \qquad (2.3.18)$$

将式（2.3.18）的两个不等式相乘，得

$$R_{x1}R_{h1} < |z| < R_{x2}R_{h2} \qquad (2.3.19)$$

v 平面收敛域为

$$\max\left(R_{h1}, \frac{|z|}{R_{x2}}\right) < |v| < \min\left(R_{h2}, \frac{|z|}{R_{x1}}\right)$$

【证明】

$$Y(z) = Z[y(n)] = Z[x(n)h(n)] = \sum_{n=-\infty}^{\infty} x(n)h(n)z^{-n}$$

$$= \sum_{n=-\infty}^{\infty} x(n)\left[\frac{1}{2\pi j}\oint_c H(v)v^{n-1}dv\right]z^{-n}$$

$$= \frac{1}{2\pi j}\oint_c\left[H(v)\sum_{n=-\infty}^{\infty} x(n)\left(\frac{z}{v}\right)^n\right]\frac{dv}{v}$$

$$= \frac{1}{2\pi j} \oint_c H(v) \left(\frac{z}{v} \right) v^{-1} dv, \quad R_{x1} R_{h1} < |z| < R_{x2} R_{h2}$$

可见,$H(v)$ 的收敛域就是 $H(z)$ 的收敛域,$X\left(\frac{z}{v}\right)$ 的收敛域 $\left(\frac{z}{v} \text{ 的区域}\right)$ 就是 $X(z)$ 的收敛域(z 的区域),即式(2.3.18)成立,从而式(2.3.19)成立。收敛域也得到证明。

不难证明,由于乘积 $x(n)h(n)$ 的先后次序可以互换,故 X、H 的位置可以互换,得

$$Y(z) = Z[x(n)h(n)]$$

$$= \frac{1}{2\pi j} \oint_c X(v) H\left(\frac{z}{v} \right) v^{-1} dv, \quad R_{x1} R_{h1} < |z| < R_{x2} R_{h2} \tag{2.3.20}$$

而此时围线 c 所在收敛域为

$$\max\left(R_{x1}, \frac{|z|}{R_{h2}} \right) < |v| < \min\left(R_{x2}, \frac{|z|}{R_{h1}} \right) \tag{2.3.21}$$

复卷积公式可用留数定理求解,其关键在于正确决定围线所在的收敛域。

式(2.3.16)及式(2.3.20)类似于卷积积分,为了说明这一点,令围线是一个以原点为圆心的圆,即令

$$v = \rho e^{j\theta}, z = r e^{j\omega}$$

则式(2.3.19)变为

$$Y(r e^{j\omega}) = \frac{1}{2\pi j} \oint_c H(\rho e^{j\theta}) \left(\frac{r}{\rho} e^{j(\omega-\theta)} \right) \frac{d(\rho e^{j\theta})}{\rho e^{j\theta}} \tag{2.3.22}$$

由于 c 是圆,因此 θ 的积分限为 $-\pi \sim \pi$,故式(2.3.22)变为

$$Y(r e^{j\omega}) = \frac{1}{2\pi} \int_{-\pi}^{\pi} H(\rho e^{j\theta}) X\left(\frac{r}{\rho} e^{j(\omega-\theta)} \right) d\theta \tag{2.3.23}$$

这可视为卷积积分,积分是在 $-\pi \sim \pi$ 的一个周期上进行,称其为周期卷积。

【例 2.12】　已知 $x(n) = a^n u(n)$,$h(n) = b^{n-1} u(n-1)$,计算 $Y(z) = Z[x(n)h(n)]$。

【解】

$$X(z) = Z[x(n)] = Z[a^n u(n)] = \frac{z}{z-a}, \quad |z| > a$$

$$H(z) = Z[h(n)] = Z[b^{n-1} u(n-1)] = \frac{z}{z-b}, \quad |z| > |b|$$

利用复卷积公式,即式(2.3.20),得

$$Y(z) = Z[x(n)h(n)] = \frac{1}{2\pi j} \oint_c \frac{v}{v-a} \cdot \frac{1}{\frac{z}{v}-b} \cdot \frac{1}{v} dv$$

$$= \frac{1}{2\pi j} \oint_c \frac{v}{(v-a)(z-bv)} dv, \quad |z| > |ab|$$

收敛域为 $\mid v \mid > \mid a \mid$（对 $x(v)$）与 $\mid \dfrac{z}{v} \mid > \mid b \mid$ $\left(\text{对 } H\left(\dfrac{z}{v}\right)\right)$ 的重叠区，即 $\mid a \mid < \mid v \mid < \mid \dfrac{z}{b} \mid$，故围线只包围一个极点 $v = a$，如图 2.11 所示。

利用留数定理，得

$$Y(z) = \frac{1}{2\pi \mathrm{j}} \oint_c \frac{v}{(v-a)(z-bv)} \mathrm{d}v$$

$$= \mathrm{Res}\left[\frac{v}{(v-a)(z-bv)}\right]_{v=a}$$

$$= \frac{a}{z-ab}, \mid z \mid > \mid ab \mid$$

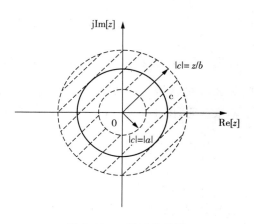

图 2.11　v 平面收敛域

式中，收敛域是按式（2.3.19）得出的。

6. 帕塞瓦定理

利用复卷积定理，可以得到重要的帕塞瓦定理。若

$$Z[x(n)] = X(z), R_{x1} < \mid z \mid < R_{x2}$$

$$Z[h(n)] = H(z), R_{h1} < \mid z \mid < R_{h2}$$

且

$$R_{x1}R_{h1} < \mid z \mid < R_{x2}R_{h2} \tag{2.3.24}$$

则

$$\sum_{n=-\infty}^{\infty} x(n)h^*(n) = \frac{1}{2\pi \mathrm{j}} \oint_c X(v) H^*\left(\frac{1}{v^*}\right) v^{-1} \mathrm{d}v \tag{2.3.25}$$

式中，"$*$"表示取复共轭，积分闭合围线 c 应在 $X(v)$ 和 $H^*\left(\dfrac{1}{v^*}\right)$ 的公共收敛域内，即

$$\max\left(R_{x1}, \frac{1}{R_{h2}}\right) < \mid v \mid < \min\left(R_{x2}, \frac{1}{R_{h1}}\right)$$

【证明】　令

$$y(n) = x(n)h^*(n)$$

由于

$$Z[h^*(n)] = H^*(z^*)$$

利用复卷积公式，得

$$Y(z) = Z[y(n)] = \sum_{n=-\infty}^{\infty} x(n)h^*(n)z^{-n}$$

$$= \frac{1}{2\pi j} \oint_c X(v) H^* \left(\frac{z^*}{v^*}\right) v^{-1} dv, R_{x1}R_{h1} < |z| < R_{x2}R_{h2}$$

由于式(2.3.24)成立,故 $|z|=1$ 在 $Y(z)$ 的收敛域内,即 $Y(z)$ 在单位圆上收敛,故有

$$Y(z)|_{z=1} = \sum_{n=-\infty}^{\infty} x(n)h^*(n)z^{-n} = \frac{1}{2\pi j} \oint_c X(v) H^* \left(\frac{1}{v^*}\right) v^{-1} dv$$

如果 $h(n)$ 是实序列,那么两边取共轭($*$)号可取消。如果 $X(z)$、$H(z)$ 在单位圆上都收敛,那么 c 可取为单位圆,即

$$v = e^{j\omega}$$

则式(2.3.25)可写为

$$\sum_{n=-\infty}^{\infty} x(n)h^*(n) = \frac{1}{2\pi j} \int_{-\pi}^{\pi} X(e^{j\omega}) H^*(e^{j\omega}) d\omega \tag{2.3.26}$$

若 $h(n) = x(n)$,则进一步得

$$\sum_{n=-\infty}^{\infty} |x(n)|^2 = \frac{1}{2\pi} \int_{-\pi}^{\pi} |X(e^{j\omega})|^2 d\omega \tag{2.3.27}$$

式(2.3.26)及式(2.3.27)是序列及其傅里叶变换的帕塞瓦公式,后者说明时域中求序列的能量与频域中用频谱 $X(e^{j\omega})$ 来计算序列的能量是一致的。

Z 变换的主要性质,见表 2.2 所列。

表 2.2　Z 变换的主要性质

序号	序列	Z 变换	收敛域
1	$x(n)$	$X(z)$	$R_{x1} < |z| < R_{x2}$
	$h(n)$	$H(z)$	$R_{h1} < |z| < R_{h2}$
2	$ax(n) + bh(n)$	$aX(z) + bH(z)$	$\max(R_{x1}, R_{h1}) < |z| < \min(R_{x2}, R_{h2})$
3	$x(n-m)$	$z^{-m}X(z)$	$R_{x1} < |z| < R_{x2}$
4	$a^n x(n)$	$X\left(\frac{z}{a}\right)$	$|a|R_{x1} < |z| < |a|R_{x2}$
5	$n^m x(n)$	$\left(-z\frac{d}{dz}\right)^m X(z)$	$R_{x1} < |z| < R_{x2}$
6	$x^*(n)$	$X^*(z^*)$	$R_{x1} < |z| < R_{x2}$
7	$x(-n)$	$X\left(\frac{1}{z}\right)$	$\frac{1}{R_{x2}} < |z| < \frac{1}{R_{x1}}$
8	$x^*(-n)$	$X^*\left(\frac{1}{z^*}\right)$	$\frac{1}{R_{x2}} < |z| < \frac{1}{R_{x1}}$

（续表）

序号	序列	Z变换	收敛域
9	$\mathrm{Re}[x(n)]$	$\dfrac{1}{2}[X(z)+X(z^*)]$	$R_{x1}<\mid z\mid<R_{x2}$
10	$\mathrm{jIm}[x(n)]$	$\dfrac{1}{2}[X(z)-X(z^*)]$	$R_{x1}<\mid z\mid<R_{x2}$
11	$\displaystyle\sum_{m=0}^{n}x(m)$	$\dfrac{z}{z-1}X(z)$	$\mid z\mid>\max(R_{x1},1),x(n)$ 为因果序列
12	$x(n)\otimes h(n)$	$X(z)H(z)$	$\max(R_{x1},R_{h1})<\mid z\mid<\min(R_{x2},R_{h2})$
13	$x(n)h(n)$	$\dfrac{1}{2\pi\mathrm{j}}\displaystyle\oint_{c}X(v)H\left(\dfrac{z}{v}\right)v^{-1}dv$	$R_{x1}R_{h1}<\mid z\mid<R_{x2}R_{h2}$
14	$x(0)=\lim\limits_{z\to\infty}X(z)$		$x(n)$ 为因果序列,$R_{x1}<\mid z\mid$
15	$x(\infty)=\lim\limits_{z\to1}(z-1)X(z)$		$x(n)$ 为因果序列,$X(z)$ 的极点落于单位圆内部,最多在 $z=1$ 处有一阶点
16	$\displaystyle\sum_{n=-\infty}^{\infty}x(n)h^*(n)=\dfrac{1}{2\pi\mathrm{j}}\oint_{c}X(v)H^*\left(\dfrac{1}{v^*}\right)v^{-1}dv$		$R_{x1}R_{h1}<\mid z\mid<R_{x2}R_{h2}$

7. z 域微积分定理

（1）z 域微分定理。在时域,序列乘 n 线性加权性,就是 z 域微分定理。前面已讨论,这里不再重复。

（2）z 域积分定理。Z 域积分定理,也叫除 $n+m$ 定理。

若 $Z[x(n)]=X(z)$,$R_1<\mid z\mid<R_2$,则

$$Z\left[\frac{x(n)}{n+m}\right]=z^m\int_z^\infty\frac{X(n)}{\eta^{n+1}}\mathrm{d}\eta,R_1<\mid z\mid<R_2 \qquad (2.3.28)$$

式中,m 为整数,且 $n+m>0$。

$$Z\left[\frac{x(n)}{n}\right]=\int_z^\infty\frac{X(n)}{\eta^n}\mathrm{d}\eta,R_1<\mid z\mid<R_2 \qquad (2.3.29)$$

2.4　离散时间序列的傅里叶变换及性质

2.4.1　离散时间序列的傅里叶变换

离散时间序列 $x(n)$ 的傅里叶变换对定义为

$$X(\mathrm{e}^{\mathrm{j}\omega})=\mathrm{DTFT}[x(n)]=\sum_{n=-\infty}^{\infty}x(n)\mathrm{e}^{-\mathrm{j}\omega n} \qquad (2.4.1)$$

$$x(n) = \text{IDTFT}[X(e^{j\omega})] = \frac{1}{2\pi} \int_{-\pi}^{\pi} X(e^{j\omega}) e^{j\omega n} \, d\omega \qquad (2.4.2)$$

式中，DTFT[·] 表示离散时间傅里叶变换；IDTFT[·] 表示离散时间傅里叶逆变换。离散时间傅里叶变换具有周期性，即

$$X(e^{j(\omega+2\pi k)n}) = \sum_{n=-\infty}^{\infty} x(n) e^{-j\omega n} e^{-j2\pi k n} = \sum_{n=-\infty}^{\infty} x(n) e^{-j\omega n} = X(e^{j\omega}) \qquad (2.4.3)$$

可见，$X(e^{j\omega})$ 以 2π 为周期，式(2.4.1) 的收敛条件为

$$\sum_{n=-\infty}^{\infty} |x(n)| < \infty \qquad (2.4.4)$$

这是离散时间傅里叶变换存在的充分必要条件。当遇到一些绝对不可和的序列，如周期序列，其傅里叶变换可用脉冲函数的形式表示出来。

【例 2.13】 序列 $x(n) = R_4(n)$，如图 2.12 所示。求其傅里叶变换。

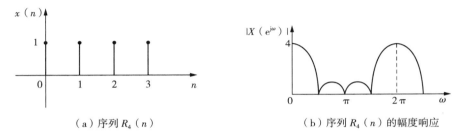

（a）序列 $R_4(n)$ （b）序列 $R_4(n)$ 的幅度响应

图 2.12   序列傅里叶变换及频谱

【解】

$$X(e^{j\omega}) = \sum_{n=-\infty}^{\infty} x(n) e^{-j\omega n}$$

$$= \sum_{n=-\infty}^{\infty} R_4(n) e^{-j\omega n}$$

$$= \frac{1 - e^{-j4\omega}}{1 - e^{-j4\omega}}$$

$$= e^{-j\frac{3}{2}\pi} \frac{\sin(2\omega)}{\sin\left(\frac{\omega}{2}\right)}$$

$$= |X(e^{j\omega})| \, e^{j\phi(\omega)}$$

2.4.2   离散时间傅里叶变换性质

1. 线性

设 $\text{DTFT}[x_1(n)] = X_1(e^{j\omega})$，$\text{DTFT}[x_2(n)] = X_2(e^{j\omega})$，则

$$\mathrm{DTFT}[ax_1(n) + bx_2(n)] = aX_1(\mathrm{e}^{\mathrm{j}\omega}) + bX_2(\mathrm{e}^{\mathrm{j}\omega}) \tag{2.4.5}$$

2. 时移

$$\mathrm{DTFT}[x(n-m)] = \sum_{n=-\infty}^{\infty} x(n-m)\mathrm{e}^{-\mathrm{j}\omega n} = \sum_{n=-\infty}^{\infty} x(n)\mathrm{e}^{-\mathrm{j}\omega(n+m)} = X(\mathrm{e}^{-\mathrm{j}\omega})\mathrm{e}^{-\mathrm{j}\omega m}$$

$$\tag{2.4.6}$$

3. 频移

$$\mathrm{DTFT}[x(n)\mathrm{e}^{\mathrm{j}\omega_0 n}] = \sum_{n=-\infty}^{\infty} x(n)\mathrm{e}^{-\mathrm{j}\omega n}\mathrm{e}^{\mathrm{j}\omega_0 n} = \sum_{n=-\infty}^{\infty} x(n)\mathrm{e}^{-\mathrm{j}(\omega-\omega_0)n} = X(\mathrm{e}^{\mathrm{j}(\omega-\omega_0)}) \tag{2.4.7}$$

4. 反转

$$\mathrm{DTFT}[x(-n)] = X(\mathrm{e}^{-\mathrm{j}\omega}) \tag{2.4.8}$$

5. 频域微分

$$\mathrm{DTFT}[nx(n)] = \mathrm{j}\frac{\mathrm{d}X(\mathrm{e}^{\mathrm{j}\omega})}{\mathrm{d}\omega} \tag{2.4.9}$$

6. 时域卷积定理

$$\mathrm{DTFT}[x(n) \otimes h(n)] = X(\mathrm{e}^{\mathrm{j}\omega})H(\mathrm{e}^{\mathrm{j}\omega}) \tag{2.4.10}$$

【证明】

$$\mathrm{DTFT}[x(n) \otimes h(n)] = \sum_{n=-\infty}^{\infty} [x(n) \otimes h(n)]^{-\mathrm{j}\omega n}$$

$$= \sum_{n=-\infty}^{\infty} \left[\sum_{m=-\infty}^{\infty} x(m)h(n-m) \right]^{-\mathrm{j}\omega n}$$

$$= \sum_{m=-\infty}^{\infty} x(m)\mathrm{e}^{-\mathrm{j}\omega n} \sum_{n=-\infty}^{\infty} h(n-m)\mathrm{e}^{-\mathrm{j}\omega(n-m)} = X(\mathrm{e}^{\mathrm{j}\omega})H(\mathrm{e}^{\mathrm{j}\omega})$$

$$X(\mathrm{e}^{\mathrm{j}\omega}) = \mathrm{DTFT}[x(n)] = \sum_{n=-\infty}^{\infty} x(n)\mathrm{e}^{-\mathrm{j}\omega n}$$

7. 频域卷积定理

$$\mathrm{DTFT}[x(n)h(n)] = \frac{1}{2\pi}X(\mathrm{e}^{\mathrm{j}\omega}) \otimes H(\mathrm{e}^{\mathrm{j}\omega}) = \frac{1}{2\pi}\int_{-\pi}^{\pi} X(\mathrm{e}^{\mathrm{j}\theta})H(\mathrm{e}^{\mathrm{j}(\omega-\theta)})\mathrm{d}\theta \tag{2.4.11}$$

【证明】 $\mathrm{DTFT}[x(n)h(n)] = \sum_{n=-\infty}^{\infty} [x(n)h(n)]\mathrm{e}^{-\mathrm{j}\omega n}$

$$= \sum_{n=-\infty}^{\infty} x(n) \times \frac{1}{2\pi}\int_{-\pi}^{\pi} [H(\mathrm{e}^{-\mathrm{j}\theta})\mathrm{e}^{\mathrm{j}\theta n}\mathrm{d}\theta]\mathrm{e}^{-\mathrm{j}\omega n}$$

$$= \frac{1}{2\pi}\int_{-\pi}^{\pi} H(\mathrm{e}^{-\mathrm{j}\theta}) \left[\sum_{n=-\infty}^{n=\infty} x(n)\mathrm{e}^{\mathrm{j}(\omega-\theta)n} \right]\mathrm{d}\theta$$

$$= \frac{1}{2\pi} \int_{-\pi}^{\pi} H(e^{-j\theta}) X(e^{j(\omega-\theta)}) d\theta$$

$$= \frac{1}{2\pi} X(e^{j\omega}) \bigotimes H(e^{j\omega})$$

8. 帕斯瓦尔定理

$$\sum_{n=-\infty}^{n=\infty} |x(n)|^2 = \frac{1}{2\pi} \int_{-\pi}^{\pi} |X(e^{j\omega})|^2 d\omega \qquad (2.4.12)$$

【证明】

$$\sum_{n=-\infty}^{n=\infty} |x(n)|^2 = \sum_{n=-\infty}^{n=\infty} x(n) x^*(n) = \sum_{n=-\infty}^{n=\infty} x^*(n) \left[\frac{1}{2\pi} \int_{-\pi}^{\pi} X(e^{j\omega}) e^{j\omega n} \right] d\omega$$

$$= \frac{1}{2\pi} \int_{-\pi}^{\pi} X(e^{j\omega}) \left[\sum_{n=-\infty}^{n=\infty} x^*(n) e^{j\omega n} \right] d\omega$$

$$= \frac{1}{2\pi} \int_{-\pi}^{\pi} X(e^{j\omega}) X^*(e^{j\omega}) d\omega$$

$$= \frac{1}{2\pi} \int_{-\pi}^{\pi} |X(e^{j\omega})|^2 d\omega$$

式(2.4.12)表明，信号在时域中的总能量等于频域中的总能量。

综上，离散时间序列的傅里叶变换性质可由 Z 变换性质得到。表 2.3 给出了一些常见的离散时间傅里叶变换的性质。

表 2.3　一些常见的离散时间傅里叶变换的性质

序号	序列	傅里叶变换
1	$x(n)$	$X(e^{j\omega})$
2	$h(n)$	$H(e^{j\omega})$
3	$ax(n) + by(n)$	$aX(e^{j\omega}) + bY(e^{j\omega})$
4	$x(n-m)$	$X(e^{j\omega}) e^{-j\omega_0 n}$
5	$x(n) e^{j\omega_0 n}$	$X(e^{j(\omega-\omega_0)n})$
6	$a^n x(n)$	$X(e^{j(\omega/a)})$
7	$nx(n)$	$j \dfrac{dX(e^{j\omega})}{d\omega}$
8	$x(n) \bigotimes h(n)$	$X(e^{j\omega}) H(e^{j\omega})$
9	$x(n) h(n)$	$\dfrac{1}{2\pi} X(e^{j\omega}) \bigotimes H(e^{j\omega})$
10	$x(-n)$	$X(e^{-j\omega})$
11	$x^*(n)$	$X^*(e^{-j\omega})$

（续表）

序号	序列	傅里叶变换
12	$\text{Re}[x(n)]$	$\dfrac{X(e^{j\omega}) + X^*(e^{-j\omega})}{2}$
13	$j\text{Im}[x(n)]$	$\dfrac{X(e^{j\omega}) - X^*(e^{-j\omega})}{2}$
14	$\dfrac{x(n) + x^*(-n)}{2}$	$\text{Re}[X(e^{j\omega})]$，$x(n)$ 为实序列时，$x(n) = x^*(n)$，结论也正确。
15	$\dfrac{x(n) - x^*(-n)}{2}$	$j\text{Im}[X(e^{j\omega})]$，$x(n)$ 为实序列时，$x(n) = x^*(n)$，结论也正确。
16	$\displaystyle\sum_{n=-\infty}^{n=\infty} \mid x(n) \mid^2$	$\dfrac{1}{2\pi} \displaystyle\int_{-\pi}^{\pi} \mid X(e^{j\omega}) \mid^2 d\omega$

2.4.3 离散时间傅里叶变换的对称性

1. 共轭对称序列与共轭反对称序列

1）共轭对称序列 $x_e(n)$

任意序列 $x_e(n)$，若满足

$$x_e(n) = x_e^*(-n) \tag{2.4.13}$$

则称该序列为共轭对称序列。为研究共轭对称序列的性质，将共轭对称序列分为实部 $x_{er}(n)$ 和虚部 $x_{ei}(n)$，即

$$x_e(n) = x_{eRe}(n) + jx_{eIm}(n) \tag{2.4.14}$$

则

$$x_e^*(-n) = x_{eRe}(-n) - jx_{eIm}(-n) \tag{2.4.15}$$

结合式（2.4.13）、式（2.4.14）和式（2.4.15），可以得到

$$x_{eRe}(n) = x_{eRe}(-n)$$

$$x_{eIm}(n) = -x_{eIm}(-n)$$

即共轭对称序列 $x_e(n)$ 的实部是偶函数，而虚部是奇函数。若序列是实序列，则共轭对称序列就是偶对称序列。

2）共轭反对称序列 $x_o(n)$

任意序列 $x_o(n)$，若满足

$$x_o(n) = -x_o^*(-n) \tag{2.4.16}$$

则称该序列 $x_o(n)$ 为共轭反对称序列。类似共轭对称序列，将共轭反对称序列分为实部和虚部，即

$$x_o(n) = x_{o\mathrm{Re}}(n) + j x_{o\mathrm{Im}}(n)$$

则

$$-x_o^*(-n) = -x_{o\mathrm{Re}}(-n) + j x_{o\mathrm{Im}}(-n)$$

结合定义,可以得到

$$x_{o\mathrm{Re}}(n) = -x_{o\mathrm{Re}}(-n) \ \text{和} \ x_{o\mathrm{Im}}(n) = x_{o\mathrm{Im}}(-n)$$

即共轭反对称序列 $x_o(n)$ 的实部是奇函数,而虚部是偶函数。若序列是实序列,则共轭反对称序列就是奇对称序列。

3)一般序列

对于一般序列可用共轭对称序列与共轭反对称序列之和表示,即

$$x(n) = x_e(n) + x_o(n) \tag{2.4.17}$$

那么

$$x^*(-n) = x_e^*(-n) + x_o^*(-n) = x_e(n) - x_o(n) \tag{2.4.18}$$

根据式(2.4.17)和式(2.4.18),得

$$x_e(n) = \frac{1}{2}\left[x(n) + x^*(-n)\right] \tag{2.4.19}$$

$$x_o(n) = \frac{1}{2}\left[x(n) - x^*(-n)\right] \tag{2.4.20}$$

【例 2.14】 设序列 $x(n) = R_4(n)$,试写出其共轭对称序列与共轭反对称序列。

【解】 根据式(2.4.19)和式(2.4.20),得到 $x_e(n)$ 和 $x_o(n)$ 的波形,如图 2.13 所示。

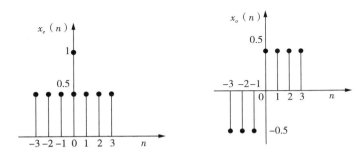

图 2.13 $x_e(n)$ 和 $x_o(n)$ 的波形

4)共轭对称和共轭反对称序列的傅里叶变换

离散时间傅里叶变换 $X(\mathrm{e}^{\mathrm{j}\omega})$ 也可分为共轭对称分量和共轭反对称分量,即

$$X(\mathrm{e}^{\mathrm{j}\omega}) = X_e(\mathrm{e}^{\mathrm{j}\omega}) + X_o(\mathrm{e}^{\mathrm{j}\omega}) \tag{2.4.21}$$

式中，$X_e(e^{j\omega})$ 为共轭对称分量的傅里叶变换，$X_o(e^{j\omega})$ 为共轭反对称分量的傅里叶变换，且

$$X_e(e^{j\omega}) = X_e^*(e^{-j\omega})$$

$$X_o(e^{j\omega}) = -X_o^*(e^{-j\omega})$$

因此，$X_e(e^{j\omega})$ 的实部是偶函数，而其虚部是奇函数；$X_o(e^{j\omega})$ 的实部是奇函数，而其虚部是偶函数。

同样，可得

$$X_e(e^{-j\omega}) = \frac{1}{2}[X(e^{j\omega}) + X^*(e^{-j\omega})] \tag{2.4.22}$$

$$X_o(e^{-j\omega}) = \frac{1}{2}[X(e^{j\omega}) - X^*(e^{-j\omega})] \tag{2.4.23}$$

2. 对称性

如果离散时间序列具有对称性，那么其傅里叶变换也会存在对称性。

【性质 1】

$$\text{DTFT}[x^*(n)] = X^*(e^{-j\omega}) \tag{2.4.24}$$

【证明】 若 $\text{DTFT}[x(n)] = X(e^{j\omega}) = \sum\limits_{n=-\infty}^{\infty} x(n)e^{j\omega n}$，则

$$\text{DTFT}[x^*(n)] = \sum_{n=-\infty}^{\infty} x^*(n)e^{-j\omega n} = \Big[\sum_{n=-\infty}^{\infty} x(n)e^{j\omega n}\Big]^* = X^*(e^{-j\omega})$$

【性质 2】

$$\text{DTFT}[x^*(-n)] = X^*(e^{j\omega}) \tag{2.4.25}$$

【证明】

$$\text{DTFT}[x^*(-n)] = \sum_{n=-\infty}^{\infty} x^*(-n)e^{-j\omega n}$$

$$= \Big[\sum_{n=-\infty}^{\infty} x(-n)e^{j\omega n}\Big]^*$$

$$= \Big[\sum_{n=-\infty}^{\infty} x(n)e^{-j\omega n}\Big]^* X^*(e^{j\omega})$$

【性质 3】

$$\text{DTFT}[\text{Re}[x(n)]] = X_e(e^{j\omega}) \tag{2.4.26}$$

【证明】　$\mathrm{DTFT}[\mathrm{Re}[x(n)]] = \displaystyle\sum_{n=-\infty}^{\infty} \frac{1}{2}[x(n) + x^*(n)]\mathrm{e}^{-\mathrm{j}\omega n}$

$$= \frac{1}{2}[X(\mathrm{e}^{\mathrm{j}\omega}) + X^*(\mathrm{e}^{\mathrm{j}\omega})] = X_e(\mathrm{e}^{\mathrm{j}\omega})$$

【性质 4】

$$\mathrm{DTFT}[\mathrm{jIm}[x(n)]] = X_o(\mathrm{e}^{\mathrm{j}\omega}) \tag{2.4.27}$$

【证明】　$\mathrm{DTFT}[\mathrm{jIm}[x(n)]] = \displaystyle\sum_{n=-\infty}^{\infty} \frac{1}{2}[x(n) - x^*(n)]\mathrm{e}^{-\mathrm{j}\omega n}$

$$= \frac{1}{2}[X(\mathrm{e}^{\mathrm{j}\omega}) - X^*(\mathrm{e}^{\mathrm{j}\omega})] = X_o(\mathrm{e}^{\mathrm{j}\omega})$$

式(2.4.27)表明,序列虚部乘 j 的傅里叶变换为共轭反对称分量 $X(\mathrm{e}^{\mathrm{j}\omega})$。

【性质 6】

$$\mathrm{DTFT}[x_o(n)] = \mathrm{jIm}[X(\mathrm{e}^{\mathrm{j}\omega})] \tag{2.4.28}$$

【证明】　$\mathrm{DTFT}[x_o(n)] = \displaystyle\sum_{n=-\infty}^{\infty} \frac{1}{2}[x(n) - x^*(-n)]\mathrm{e}^{-\mathrm{j}\omega n}$

$$= \sum_{n=-\infty}^{\infty} \frac{1}{2}[X(\mathrm{e}^{\mathrm{j}\omega}) - X^*(\mathrm{e}^{-\mathrm{j}\omega})] = \mathrm{jIm}X(\mathrm{e}^{\mathrm{j}\omega})$$

式(2.4.28)表明,序列共轭反对称分量的傅里叶变换为 $X(\mathrm{e}^{\mathrm{j}\omega})$ 的虚部乘 j。

综合【性质 3】～【性质 6】,可用式(2.4.28)来说明它们之间的关系。

$$x(n) = \quad x_e(n) + \quad x_o(n) = \quad \mathrm{Re}[x(n)] + \mathrm{jIm}[x(n)]$$

$$\Updownarrow \qquad\qquad \Updownarrow \qquad\qquad \Updownarrow \qquad\qquad \Updownarrow$$

$$X(\mathrm{e}^{\mathrm{j}\omega}) = \mathrm{Re}[X(\mathrm{e}^{\mathrm{j}\omega})] + \mathrm{jIm}[X(\mathrm{e}^{\mathrm{j}\omega})] = X_e(\mathrm{e}^{\mathrm{j}\omega}) + X_o(\mathrm{e}^{\mathrm{j}\omega}) \tag{2.4.29}$$

除了上述 6 个性质和序列本身的一些性质外,通过结合上述性质,还可以得到其他的一些结论,读者可自己证明。

若序列 $x(n)$ 是实序列,即 $x(n) = \mathrm{Re}[x(n)]$,有 $X(\mathrm{e}^{\mathrm{j}\omega}) = X_e(\mathrm{e}^{\mathrm{j}\omega})$ 或 $X(\mathrm{e}^{\mathrm{j}\omega}) = X^*(\mathrm{e}^{-\mathrm{j}\omega})$。即该序列的傅里叶变换的实部是偶对称的,而虚部是奇对称的。即实序列的傅里叶变换满足共轭对称性。

若序列 $x(n)$ 是实偶序列,即 $x(-n) = x(n)$,可得该序列的傅里叶变换的实部是偶对称的,而虚部为零。

若序列 $x(n)$ 是实奇序列,即 $x(-n) = -x(n)$,可得该序列的傅里叶变换的实部为零,而虚部是奇对称的。

若序列 $x(n)$ 是纯虚序列,可得该序列的傅里叶变换的实部为奇对称,而虚部是偶对称的。

2.5 离散时间系统的系统函数

2.5.1 系统函数

一个离散时间线性非时变系统,若其单位抽样响应为 $h(n)$,则

$$y(n) = x(n) \otimes h(n) \tag{2.5.1}$$

式中, $x(n)$、$y(n)$、$h(n)$ 分别表示输入序列、输出响应及系统的单位抽样响应。根据 Z 变换中序列的卷积定理

$$Y(z) = X(z)H(z)$$

因而

$$H(z) = \frac{Y(z)}{X(z)} \tag{2.5.2}$$

称 $H(z)$ 为离散时间线性非时变系统的系统函数,其定义为输出信号 Z 变换 $Y(z)$ 与输入信号 Z 变换 $X(z)$ 之比。由此可见,系统函数 $H(z)$ 是单位抽样响应 $h(n)$ 的 Z 变换,即

$$H(z) = Z[h(n)]$$

而

$$h(n) = Z^{-1}[H(z)]$$

如果 $H(z)$ 的收敛域包含单位圆 $|z| = 1$,那么单位圆 $(z = e^{j\omega})$ 上的系统函数,就是系统的频率响应 $H(e^{j\omega})$。

2.5.2 系统函数和差分方程的关系

现分析系统函数 $H(z)$ 和差分方程系数的关系。一个线性移不变系统,可以用常系数线性差分方程来描述。设 LST 系统的激励为 $x(n)$,响应为 $y(n)$,则 N 阶系统的后向差分方程可写为

$$\sum_{k=0}^{N} a_k y(n-k) = \sum_{m=0}^{M} b_m x(n-m) \tag{2.5.3}$$

若系统起始状态为零,直接对式(2.5.3)做 Z 变换,得(利用移位特性)

$$\sum_{k=0}^{N} a_k z^{-k} Y(z) = \sum_{m=0}^{M} b_m z^{-m} X(z)$$

于是

$$H(z) = \frac{Y(z)}{X(z)} = \frac{\displaystyle\sum_{m=0}^{M} b_m z^{-m}}{\displaystyle\sum_{k=0}^{N} a_k z^{-k}} = \frac{b_0 + b_1 z^{-1} + \cdots + b_M z^{-M}}{a_0 + a_1 z^{-1} + \cdots + a_N z^{-N}} \qquad (2.5.4)$$

该式表明,系统函数分子、分母多项式的系数分别与差分方程的系数相同。

注意:

(1) 式(2.5.4)并没有给定 $H(z)$ 的收敛域,因而可代表不同的系统。同一系统函数的收敛域不同,所代表的系统就不同,所以在给出系统函数的同时必须给定系统的收敛域才能唯一地确定一个系统。

(2) 系统函数描述了系统的特性,$H(z)$ 只与系统差分方程的系数向量(分母向量用 $\boldsymbol{A}$ 表示,分子向量用 $\boldsymbol{B}$ 表示)的结构有关。

$$\boldsymbol{A} = [a_0, a_1, \cdots, a_N], \boldsymbol{B} = [b_0, b_1, \cdots, b_M] \qquad (2.5.5)$$

(3) 系统函数按 z 的降幂排列时,系数向量应由最高次项系数开始,直到常数项,缺项补零。

例如,$H(z) = \dfrac{3z^3 - 5z^2 + 11z}{z^4 + 2z^3 - 3z^2 + 7z + 5}$,则 $\boldsymbol{A} = [1, 2, -3, 7, 5]$,$\boldsymbol{B} = [0, 3, -5, 11, 0]$。

(4) 系统函数按 z^{-1} 的升幂排列时,分子、分母多项式应保证维数相同,缺项补零。

例如,$H(z) = \dfrac{1 - 5z^{-1}}{2 - 5z^{-1} + 7z^{-2}}$,则 $\boldsymbol{A} = [2, -5, 7]$,$\boldsymbol{B} = [1, -5, 0]$。

(5) 根据差分方程可以求出系统函数,反之亦然。

(6) 根据离散时间系统系数的不同,可分为 FIR 系统和 IIR 系统,这构成了数字滤波器的两大类型。

【例 2.15】　已知离散时间系统的差分方程为 $y(n) - 2y(n-1) = x(n)$,求系统函数。

【解】　差分方程两边作 Z 变换,得

$$Y(z) = \frac{X(z)}{1 - 2z^{-1}}$$

即

$$H(z) = \frac{Y(z)}{X(z)} = \frac{1}{1 - 2z^{-1}}$$

在式(2.5.4)中,$Y(z)$ 是系统的零状态响应的 Z 变换,$X(z)$ 是输入序列的 Z 变换,则有

$$Y(z) = H(z)X(z) \qquad (2.5.6)$$

线性时不变系统输出的 Z 变换等于输入信号的 Z 变换与系统函数的乘积。

2.5.3 用系统函数的零极点分布分析系统的稳定性和因果性

对于一个实际的物理可实现系统而言，其稳定是十分重要的，因此需要讨论一个离散系统所对应的稳定性条件。

对于因果系统，有

$$h(n) = 0, n < 0 \qquad (2.5.7)$$

因此，系统函数 $H(z)$ 的收敛域一定包含 ∞，也就是说，∞ 不是 $H(z)$ 的极点，那么 $H(z)$ 的极点一定分布在某个单位圆内。这个圆的半径是 $H(z)$ 的所有极点中绝对值最大的极点，即

若 $H(z)$ 有 N 个极点：$z_{p1}, z_{p2}, \cdots, z_{pN}$，设 z_{pk} 是绝对值最大的极点，则 $H(z)$ 的收敛域为 $|z| > |z_{pk}|$。离散时间系统稳定的充分条件是单位样值响应 $h(n)$ 绝对可和，即

$$\sum_{n=-\infty}^{\infty} |h(n)| < \infty \qquad (2.5.8)$$

由 Z 变换的定义和系统函数，知

$$H(z) = \sum_{n=-\infty}^{\infty} h(n) z^{-n} \qquad (2.5.9)$$

则

$$\sum_{n=-\infty}^{\infty} |h(n) z^{-n}| = \sum_{n=-\infty}^{\infty} |h(n)| |z^{-n}| \qquad (2.5.10)$$

当 $|z| = 1$ 时，利用式(2.5.8)，式(2.5.10) 可写为

$$\sum_{n=-\infty}^{\infty} |h(n) z^{-n}| = \sum_{n=-\infty}^{\infty} |h(n)| |z^{-n}| = \sum_{n=-\infty}^{\infty} |h(n)| < \infty \qquad (2.5.11)$$

即 $H(z)$ 在 $|z| = 1$ 上绝对收敛。所以，稳定系统 $H(z)$ 的收敛域必须包含单位圆在内。

对于因果系统，$h(n) = 0, n < 0$。设 $H(z)$ 按 z 的降幂排列，即

$$H(z) = \frac{b_M z^M + b_{M-1} z^{M-1} + \cdots + b_0}{a_N z^N + a_{N-1} z^{N-1} + \cdots + a_0} \qquad (2.5.12)$$

当 $M \leqslant N$ 时，由于 $h(n)$ 是因果序列，所以 $H(z)$ 的收敛域是 $|z| > R_0$ 的圆外区域，R_0 是收敛半径。换言之，$H(z)$ 的极点都在收敛圆 $|z| = R_0$ 的内部。

由于稳定系统 $H(z)$ 的收敛域必须包含单位圆，若该稳定系统又是因果系统，则其系统函数 $H(z)$ 的收敛域应是半径小于 1 的圆内区域，即 $|z| < 1$。所以，对于既是稳定又是因果离散的系统，其系统函数 $H(z)$ 的极点都落在平面的单位圆内，反之也正确。

【例 2.16】　已知某离散系统的差分方程为

$$y(n+2)-0.7y(n+1)+0.1y(n)=7x(n+2)-2x(n+1)$$

（1）求单位样值响应 $h(n)$；

（2）分析系统的稳定性和因果性。

解:（1）由给定的差分方程可以直接写出系统函数为

$$H(z)=\frac{7z^2-2z}{z^2-0.7z+0.1}$$

因式分解为

$$\frac{H(z)}{z}=\frac{7z-2}{z^2-0.7z+0.1}=\frac{7z-2}{(z-0.5)(z-0.2)},\ |z|>0.5$$

进一步表示为

$$\frac{H(z)}{z}=\frac{A}{z-0.5}+\frac{B}{z-0.2}$$

式中

$$A=\frac{H(z)}{z}(z-0.5)\Big|_{z=0.5}=5$$

$$B=\frac{H(z)}{z}(z-0.2)\Big|_{z=0.2}=2$$

于是

$$H(z)=\frac{5z}{z-0.5}+\frac{2z}{z-0.2},\ |z|>0.5$$

对上式做 Z 逆变换,得

$$h(n)=Z^{-1}\big[H(z)\big]=(5\cdot0.5^n+2\cdot0.2^n)u(n)$$

（2）由于

$$H(z)=\frac{7z^2-2z}{(z-0.5)(z-0.2)},\ |z|>0.5$$

的分子和分母的最高阶次相同,且两极点 $p_1=0.5$ 和 $p_2=0.2$ 均在单位圆内,所以系统是稳定的因果系统。

2.5.4　系统频率响应

1. 系统频率响应的表示法

为了研究离散线性系统对输入频谱的处理作用,讨论线性系统对复指数或正弦的稳态响应,这就是系统的频域表示法。

设输入序列是频率为 ω_0 的复指数序列，即

$$x(n) = e^{j\omega_0 n}, \quad -\infty < n < \infty$$

线性移不变系统的单位抽样响应为 $h(n)$，利用卷积和的定义，得输出为

$$
\begin{aligned}
y(n) &= \sum_{m=-\infty}^{\infty} h(m) e^{j\omega_0(n-m)} \\
&= e^{j\omega_0 n} \sum_{m=-\infty}^{\infty} h(m) e^{-j\omega_0 m} \\
&= e^{j\omega_0 n} H(e^{j\omega_0})
\end{aligned}
\tag{2.5.13}
$$

式中

$$H(e^{j\omega_0}) = \sum_{n=-\infty}^{\infty} h(n) e^{-j\omega_0 n} \tag{2.5.14}$$

将式（2.5.13）与式（2.4.1）相比较知，$H(e^{j\omega_0})$ 是 $h(n)$ 的傅里叶变换，则 $H(e^{j\omega_0})$ 称为系统的频率响应，用于描述复指数序列通过线性移不变系统后，复振幅（包括幅度和相位）的变化（见式（2.5.13））。

若 $h(n)$ 绝对可和，则系统稳定，这也意味着系统频率响应 $H(e^{j\omega_0})$ 存在且连续。与连续系统一样，若系统输入为正弦序列，则输出为同频的正弦序列，其幅度受频率响应幅度 $|H(e^{j\omega_0})|$ 加权，而输出的相位则为输入相位与系统响应相位之和，这一结论证明如下：

【证明】　设输入为

$$x(n) = A\cos(\omega_0 n + \phi) = \frac{A}{2}\left[e^{j(\omega_0 n + \phi)} + e^{-j(\omega_0 n + \phi)}\right] = \frac{A}{2}e^{j\phi}e^{j\omega_0 n} + \frac{A}{2}e^{-j\phi}e^{-j\omega_0 n}$$

$\dfrac{A}{2}e^{j\phi}e^{j\omega_0 n}$ 的响应为

$$y_1(n) = H(e^{j\omega_0})\frac{A}{2}e^{j\phi}e^{j\omega_0 n}$$

根据卷积和知，$\dfrac{A}{2}e^{-j\phi}e^{-j\omega_0 n}$ 的响应为

$$y_2(n) = H(e^{-j\omega_0})\frac{A}{2}e^{-j\phi}e^{-j\omega_0 n}$$

由于是线性系统，由叠加原理知，系统对余弦 $A\cos(\omega_0 n + \phi)$ 的输出为

$$y(n) = \frac{A}{2}\left[H(e^{j\omega_0})e^{j\phi}e^{j\omega_0 n} + H(e^{-j\omega_0})e^{-j\phi}e^{-j\omega_0 n}\right]$$

由于 $h(n)$ 是实序列，故 $H(e^{j\omega_0})$ 满足共轭对称条件 $H(e^{j\omega_0 n}) = H^*(e^{-j\omega_0})$，即 $H(e^{j\omega_0})$ 的幅度为偶对称

$$\mid H(\mathrm{e}^{\mathrm{j}\omega_0}) \mid = \mid H(\mathrm{e}^{-\mathrm{j}\omega_0}) \mid$$

相位角为奇对称

$$\arg \mid H(\mathrm{e}^{\mathrm{j}\omega_0}) \mid = -\arg \mid H(\mathrm{e}^{-\mathrm{j}\omega_0}) \mid$$

所以

$$y(n) = \frac{A}{2}\left[\mid H(\mathrm{e}^{\mathrm{j}\omega_0}) \mid \mathrm{e}^{\mathrm{j}\arg[H(\mathrm{e}^{\mathrm{j}\omega_0})]}\mathrm{e}^{\mathrm{j}\phi}\mathrm{e}^{\mathrm{j}\omega_0 n} + \mid H(\mathrm{e}^{-\mathrm{j}\omega_0}) \mid \mathrm{e}^{\mathrm{j}\arg[H(\mathrm{e}^{-\mathrm{j}\omega_0})]}\mathrm{e}^{-\mathrm{j}\phi}\mathrm{e}^{-\mathrm{j}\omega_0 n}\right]$$

$$= \frac{A}{2}\mid H(\mathrm{e}^{\mathrm{j}\omega_0}) \mid \left[\mathrm{e}^{\mathrm{j}(\omega_0 n+\phi+\arg[H(\mathrm{e}^{\mathrm{j}\omega_0})])} + \mathrm{e}^{-\mathrm{j}(\omega_0 n+\phi+\arg[H(\mathrm{e}^{\mathrm{j}\omega_0})])}\right]$$

即

$$y(n) = \frac{A}{2}\mid H(\mathrm{e}^{\mathrm{j}\omega_0}) \mid \cos\{\omega_0 n + \phi + \arg[H(\mathrm{e}^{\mathrm{j}\omega_0})]\} \qquad (2.5.15)$$

由

$$H(\mathrm{e}^{\mathrm{j}\omega_0}) = \mid H(\mathrm{e}^{\mathrm{j}\omega_0}) \mid \mathrm{e}^{\mathrm{j}\arg\mid H(\mathrm{e}^{\mathrm{j}\omega_0})\mid} \qquad (2.5.16)$$

由此可知，$H(\mathrm{e}^{\mathrm{j}\omega_0})$ 是 ω_0 的周期函数，周期为 2π，这是因为 $\mathrm{e}^{\mathrm{j}\omega_0 n} = \mathrm{e}^{\mathrm{j}(\omega_0+2\pi)n}$，代入式 (2.5.16)，得 $H(\mathrm{e}^{\mathrm{j}\omega_0}) = H(\mathrm{e}^{\mathrm{j}\omega_0+2\pi})$。同时，虽然 $h(n)$ 是离散序列，但 $H(\mathrm{e}^{\mathrm{j}\omega_0})$ 是 ω_0 的连续函数。

式 (2.5.16) 表明，系统的频率响应 $H(\mathrm{e}^{\mathrm{j}\omega_0})$ 正是系统函数 $H(z)$ 在单位圆上的值，即

$$H(\mathrm{e}^{\mathrm{j}\omega_0}) = H(z)\mid_{z=\mathrm{e}^{\mathrm{j}\omega_0}} \qquad (2.5.17)$$

有了系统频率响应的概念，就可建立任意输入情况下，线性移不变系统输入与输出序列的傅里叶变换间关系。这可直接由卷积和 $y(n) = x(n) \otimes h(n)$ 的傅里叶变换

$$\mathrm{DTFT}[y(n)] = \mathrm{DTFT}[x(n) \otimes y(n)]$$

得

$$Y(\mathrm{e}^{\mathrm{j}\omega}) = X(\mathrm{e}^{\mathrm{j}\omega})H(\mathrm{e}^{\mathrm{j}\omega}) \qquad (2.5.18)$$

式中

$$H(\mathrm{e}^{\mathrm{j}\omega}) = \mathrm{DTFT}[h(n)]$$

$H(\mathrm{e}^{\mathrm{j}\omega})$ 就是式 (2.5.17) 表示的系统频率响应。由式 (2.4.6) 知，对于线性移不变系统，其输出序列的傅里叶变换等于输入序列的傅里叶变换与系统频率响应的乘积。

与逆变换公式 (2.4.2) 一样，求得输出序列为

$$y(n) = \frac{1}{2\pi}\int_{-\pi}^{\pi} H(\mathrm{e}^{\mathrm{j}\omega})X(\mathrm{e}^{\mathrm{j}\omega n})\mathrm{d}\omega \qquad (2.5.19)$$

式（2.4.2）表明，离散时间序列 $x(n)$ 可表示成复指数的叠加，即微分增量 $\dfrac{1}{2\pi}X(\mathrm{e}^{\mathrm{j}\omega})\mathrm{e}^{\mathrm{j}\omega n}\mathrm{d}\omega$ 的叠加，利用叠加特性以及系统频率响应 $H(\mathrm{e}^{\mathrm{j}\omega})$，可以解释 $x(n)$ 作用于系统的输出响应。因为每个输入复指数为 $\dfrac{1}{2\pi}X(\mathrm{e}^{\mathrm{j}\omega})\mathrm{e}^{\mathrm{j}\omega n}\mathrm{d}\omega$，它作用在系统上，其输出响应为 $\dfrac{1}{2\pi}H(\mathrm{e}^{\mathrm{j}\omega})X(\mathrm{e}^{\mathrm{j}\omega})\mathrm{e}^{\mathrm{j}\omega n}\mathrm{d}\omega$，而总输出等于系统对 $x(n)$ 每个复指数分量的响应的叠加或积分表达式，即式（2.5.19）。

2. 频率响应的几何确定法

利用 $H(z)$ 在 z 平面上零、极点的分布，通过几何方法可直观地求出系统的频率响应。$H(z)$ 的因式分解，即 $H(z)$ 用零点、极点表达为

$$H(z)=K\frac{\displaystyle\prod_{m=1}^{M}(1-c_m z^{-1})}{\displaystyle\prod_{k=1}^{N}(1-d_k z^{-1})}=Kz^{(N-M)}\frac{\displaystyle\prod_{m=1}^{M}(z-c_m)}{\displaystyle\prod_{k=1}^{N}(z-d_k)} \qquad (2.5.20)$$

式中，K 为实数。将 $z=\mathrm{e}^{\mathrm{j}\omega}$ 代入式（2.5.20），得系统频率响应为

$$H(\mathrm{e}^{\mathrm{j}\omega})=K\frac{\displaystyle\prod_{m=1}^{M}(1-c_m \mathrm{e}^{\mathrm{j}\omega})}{\displaystyle\prod_{k=1}^{N}(1-d_k \mathrm{e}^{\mathrm{j}\omega})}=K\mathrm{e}^{\mathrm{j}(N-M)\omega}\cdot\frac{\displaystyle\prod_{m=1}^{M}(\mathrm{e}^{\mathrm{j}\omega}-c_m)}{\displaystyle\prod_{k=1}^{N}(\mathrm{e}^{\mathrm{j}\omega}-d_k)}=\mid H(\mathrm{e}^{\mathrm{j}\omega})\mid \mathrm{e}^{\mathrm{j}\arg[H(\mathrm{e}^{\mathrm{j}\omega})]}$$

$$(2.5.21)$$

其模为

$$\mid H(\mathrm{e}^{\mathrm{j}\omega})\mid=\mid K\mid\frac{\displaystyle\prod_{m=1}^{M}\mid(\mathrm{e}^{\mathrm{j}\omega}-c_m)\mid}{\displaystyle\prod_{k=1}^{N}\mid(\mathrm{e}^{\mathrm{j}\omega}-d_k)\mid} \qquad (2.5.22)$$

其相位角为

$$\arg[H(\mathrm{e}^{\mathrm{j}\omega})]=\arg[K]+\sum_{m=1}^{M}\arg[\mathrm{e}^{\mathrm{j}\omega}-c_m]-\sum_{k=1}^{N}\arg[\mathrm{e}^{\mathrm{j}\omega}-d_k]+(N-M)\omega$$

$$(2.5.23)$$

如图 2.14(a) 所示，在 z 平面上，$z=c_m(m=1,2,\cdots,M)$ 表示 $H(z)$ 的零点（图中以 ○ 表示），而 $z=d_k(k=1,2,\cdots,N)$ 表示 $H(z)$ 的极点（图中以 × 表示），则复变量 c_m（或 d_k）是由原点指向 c_m 点（或 d_k 点）的向量 c_m 点（或 d_k 点）表示，因而 $\mathrm{e}^{\mathrm{j}\omega}-c_m$ 可用由零点 c_m 指向单位圆上 $\mathrm{e}^{\mathrm{j}\omega}$ 点的向量 $\boldsymbol{C}_m$ 表示，即

$$\boldsymbol{I}\mathrm{e}^{\mathrm{j}\omega}-\boldsymbol{c}_m=\boldsymbol{C}_m$$

$\mathrm{e}^{\mathrm{j}\omega} - d_k$ 则用极点 d_k 指向 $\mathrm{e}^{\mathrm{j}\omega}$ 点的向量 D_k 来表示，即

$$\boldsymbol{I}\mathrm{e}^{\mathrm{j}\omega} - \boldsymbol{d}_m = \boldsymbol{D}_m$$

设 $C_m = \rho_m \mathrm{e}^{\mathrm{j}\theta_m}$，其模为 ρ_m，相角为 θ_m，$D_k = l_k \mathrm{e}^{\mathrm{j}\phi_k}$，其模为 l_k，相位角为 ϕ_k，其频率响应的模即式(2.5.10)变为

$$| H(\mathrm{e}^{\mathrm{j}\omega}) | = | K | \frac{\prod\limits_{m=1}^{M} \rho_m}{\prod\limits_{k=1}^{N} l_k} \tag{2.5.24}$$

也就是说，频率响应的幅度等于各零点至 $\mathrm{e}^{\mathrm{j}\omega}$ 点向量长度之积除以各极点至 $\mathrm{e}^{\mathrm{j}\omega}$ 点向量长度之积，再乘以常数 $| K |$。

频率响应的相位角，即式(2.5.23)变为

$$\arg[H(\mathrm{e}^{\mathrm{j}\omega})] = \arg[K] + \sum_{m=1}^{M} \theta_m - \sum_{k=1}^{N} \phi_k + (N-M)\omega \tag{2.5.25}$$

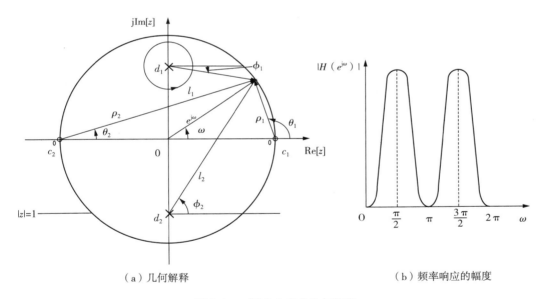

（a）几何解释　　　　　　　　　　　　　（b）频率响应的幅度

图 2.14　频率响应的几何解释

也就是说，频率响应的相位角等于各零点至 $\mathrm{e}^{\mathrm{j}\omega}$ 点向量的相位角之和减去各极点至 $\mathrm{e}^{\mathrm{j}\omega}$ 点向量相角之和，加上常数 K 的相角 $\arg[K]$ 和线性相移分量 $(N-M)\omega$。

注意，$(N-M)\omega$ 项只是引入了 $N-M$ 位的移位。也就是说，在原点($z=0$)处的极点或零点至单位圆的距离大小不变，其值为 1，故对幅度响应不起作用。

根据式(2.5.22)和式(2.5.25)，可求得系统频率响应。由于单位圆附近的零点位置将对幅度响应凹谷的位置和深度有明显的影响，零点在单位圆上，则谷点为零，即为传输零点，零点可在单位圆外。而在单位圆内且靠近单位圆附近的极点对幅度响应的凸峰的

位置和深度有明显的影响，极点在单位圆外，则不稳定。利用这种直观的几何方法，适当地控制极点、零点的分布，就能改变数字滤波器的频率响应特性，以达到预期的要求。图 2.15(b) 表示了两个极点、两个零点的频率响应的几何解释和频率响应的幅度。

2.6　LabVIEW 2020 实例解析

【实例 2.1】　设系统的差分方程为

$$y(n) + 0.3y(n-1) = 2x(n) + 4x(n-2) - 2x(n-4)$$

求此系统的系统函数，分别求它的负幂形式、正幂形式和零级增益形式。

【解】　步骤 1：新建 VI。打开 LabVIEW 2020，如图 1.37 所示选择"File" → "New VI"或者使用快捷键"Ctrl＋N"创建一个新 VI 程序。

步骤 2：前面板布局。打开新建 VI 的前面板（Front Panel），在"View" → "Controls Palette"中打开控件选板。在控件选板 → "Modern" → "Graph" → "Controls"中选择"2D picture"并分别命名为"Equation""Equation 2"。在控件选板其前面板的布局，如图 2.15 所示。

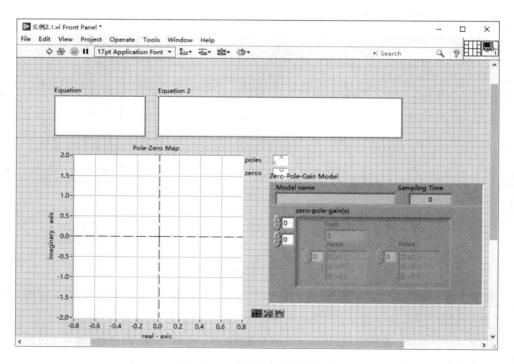

图 2.15　实例 2.1 前面板布局

步骤 3：程序框图设计。对差分方程两边进行 Z 变换可得

$$Y(z) + 0.3z^{-1}Y(z) = 2X(z) + 4z^{-2}X(z) - 2z^{-4}X(z)$$

所以其系统的负幂形式为

$$H(z) = \frac{Y(z)}{X(z)} = \frac{2 + 4z^{-2} - 2z^{-4}}{1 + 0.3z^{-1}}$$

其系数向量为 $\boldsymbol{a} = [1, 0.3]$，$\boldsymbol{b} = [2, 0, 4, 0, -2]$。若化成系统函数的正幂形式，分子分母同乘以 z^4，得

$$H(z) = \frac{2z^4 + 4z^2 - 2}{z^4 + 0.3z^3}$$

因此，它的系数向量为 $\boldsymbol{A} = [1, 0.3, 0, 0, 0]$，$\boldsymbol{B} = [2, 0, 4, 0, -2]$。打开新建 VI 的程序框图（Block Diagram）窗口进行程序框图创建，在"View"→"Function Palette"中打开函数选板。在函数选板 → "Control&Simulation" → "Control Design"中找到"模型构建"（Model Construction）函数子选板，如图 2.16 所示，在选板中选择所需函数。

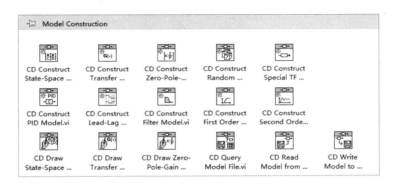

图 2.16 "模型构建"子函数选板

将各控件和函数拖放到合适的位置进行连线编程，完成后将该 VI 保存为"实例 $2.1.vi$"。程序框图，如图 2.17 所示。

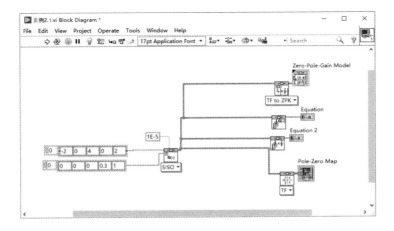

图 2.17 实例 2.1 程序框图

步骤 4：运行和调试。运行该 VI，该程序的运行结果，如图 2.18 所示。

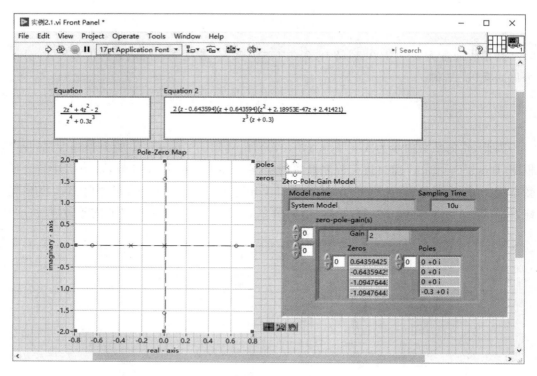

图 2.18　实例 2.1 零极点分布以及零级增益形式结果图

【实例 2.2】　判断系统的稳定性。

【解】　步骤 1：新建 VI。打开 LabVIEW 2020，如图 1.37 所示选择"File"→"New VI"或者使用快捷键"Ctrl＋N"创建一个新 VI 程序。

步骤 2：前面板布局。打开新建 VI 的前面板（Front Panel），如图 1.38 所示在"View"→"Controls Palette"中打开控件选板，在控件选板 →"Modern"→"Graph"中选择"XY Graph"控件并命名为"零极点分布"。 在控件选板 →"Modern"→"Data Containers"中找到"数组"（Array）控件并创建数值型数组。在控件选板 →"Modern"→"Graph"→"Controls"中选择"2D picture"命名为"Equation"，在控件选板 →"Modern"→"Boolean"中选择"圆形指示灯"（Round LED）。其前面板布局如图 2.19 所示。

步骤 3：程序框图设计。设离散系统的传递函数为 $H(z)＝b(z)/a(z)$。其中 $a(z)＝a_0＋a_1z^{-1}＋a_2z^{-1}＋\cdots$，$b(z)＝b_0＋b_1z^{-1}＋b_2z^{-1}＋\cdots$，打开新建 VI 的程序框图（Block Diagram）窗口进行程序框图创建，在"View"→"Function Palette"中打开函数选板。在选板中选择所需函数。其程序框图，如图 2.20 所示。

将各控件和函数拖放到合适的位置进行连线编程，完成后将该 VI 保存为"实例 2.2.vi"。

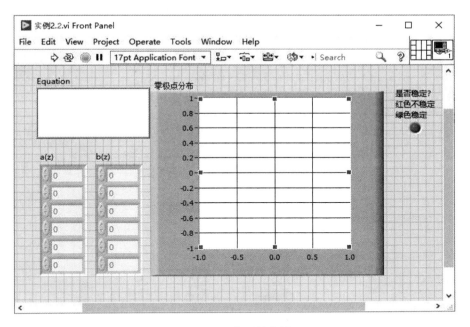

图 2.19　前面板布局

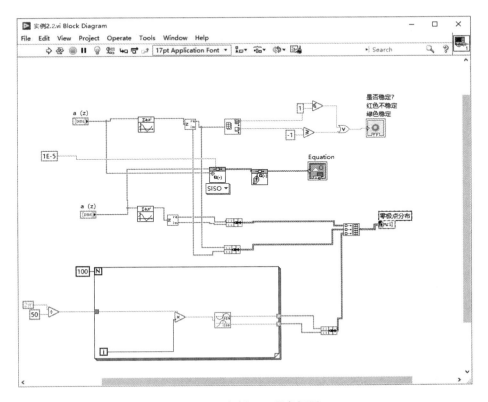

图 2.20　实例 2.2 程序框图

步骤4：运行和调试。运行该 VI，该程序的运行结果，如图 2.21 所示。

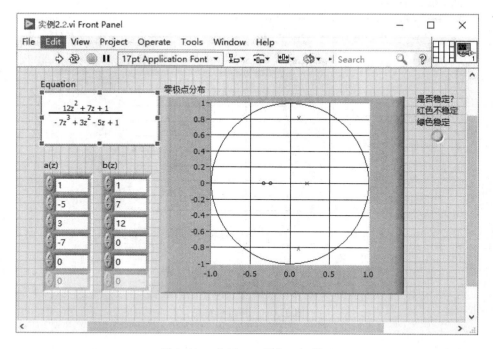

图 2.21   实例 2.2 程序运行结果

习　题

2.1　求下列序列的 Z 变换并画出零、极点图和收敛域。

(1) $x(n)=a^{|n|}$

(2) $x(n)=\left(\dfrac{1}{2}\right)^n u(n)$

(3) $x(n)=-\left(\dfrac{1}{2}\right)^n u(-n-1)$

(4) $x(n)=\dfrac{1}{n}, n \geqslant 1$

(5) $x(n)=n\sin(\omega_0 n), n \geqslant 0 (\omega_0$ 为常数)

(6) $x(n)=Ar^n\cos(\omega_0 n+\phi)u(n), 0<r<1$

2.2　根据定义，求下列离散信号的 Z 变换，$0<a<1$，注明收敛域。

(1) $a^n u(n)$

(2) $a^{-n} u(n)$

(3) $a^{-n} u(-n)$

(4) $na^n u(n)$

2.3　求下列 Z 变换。

(1) $\delta(n-3)$

(2) $\left(\dfrac{1}{2^n}+\dfrac{1}{4^n}\right)u(n)$

(3) $\dfrac{1}{2^{n-1}}u(n-1)$　　　　　　　　　(4) $2^{-n}\big[u(n)-u(n-10)\big]$

2.4　试用 Z 变换的性质求以下序列的 Z 变换。

(1) $f(n)=(n-3)u(n-3)$

(2) $f(n)=u(n)-u(n-N)$

2.5　求下列 $F(z)$ 的反变换 $f(n)$。

(1) $F(z)=\dfrac{1-\dfrac{1}{2}z^{-1}}{1+\dfrac{3}{4}z^{-1}+\dfrac{1}{8}z^{-2}}$

(2) $F(z)=\dfrac{1-2z^{-1}}{z^{-1}+2}$

(3) $F(z)=\dfrac{2z}{(z-1)(z-2)}$

(4) $F(z)=\dfrac{3z^2+z}{(z-0.2)(z+0.4)}$

(5) $F(z)=\dfrac{z}{(z-2)(z-1)^2}$

2.6　分别用长除法、留数定理、部分分式法求下列 $X(z)$ 的 Z 逆变换。

(1) $X(z)=\dfrac{1-\dfrac{1}{2}z^{-1}}{1-\dfrac{1}{4}z^{-2}},\ |z|>\dfrac{1}{2}$

(2) $X(z)=\dfrac{1-\dfrac{1}{2}z^{-1}}{1-\dfrac{1}{4}z^{-1}},\ |z|<\dfrac{1}{2}$

(3) $X(z)=\dfrac{z-a}{1-az},\ |z|>\left|\dfrac{1}{a}\right|$

2.7　试用卷积和定理证明：

(1) $f(n)\otimes\delta(n-m)=f(n-m)$

(2) $u(n)\otimes u(n)=(n+1)u(n)$

2.8　信号 $y(n)$ 与另两个信号 $x_1(n)$ 和 $x_2(n)$ 的关系为

$$y(n)=x_1(n+3)\otimes x_2(-n-1)$$

式中，$x_1(n)=\left(\dfrac{1}{2}\right)^n u(n)$，$x_2(n)=\left(\dfrac{1}{3}\right)^n u(n)$，已知 $z[a^n u(n)]=\dfrac{1}{1-az^{-1}}$，$|z|>|a|$，利

用 Z 变换性质求 $y(n)$ 的 Z 变换 $Y(z)$。

2.9 已知 $u(n) \otimes u(n) = (n+1)u(n)$，试求 $nu(n)$ 的 Z 变换。

2.10 已知因果序列的 Z 变换为 $F(z)$，试分别求下列原序列的初值 $f(0)$。

(1) $F(z) = \dfrac{1}{(1-0.5z^{-1})(1+0.5z^{-1})}$

(2) $F(z) = \dfrac{z^{-1}}{1-1.5z^{-1}+0.5z^{-2}}$

2.11 已知

$$X(z) = \frac{3}{1-\dfrac{1}{2}z^{-1}} + \frac{2}{1-2z^{-1}}$$

求出对应 $X(z)$ 的各种可能的序列的表达式。

2.12 已知 $X(z) = \dfrac{-3z^{-1}}{2-5z^{-1}+2z^{-2}}$，分别求：

(1) 收敛域 $0.5 < |z| < 2$ 对应的原序列 $x(n)$；

(2) 收敛域 $|x| > 2$ 对应的原序列 $x(n)$。

2.13 已知一个网络的输入和单位脉冲响应分别为 $x(n) = a^n u(n)$，$h(n) = b^n u(n)$，$0 < a < 1$，$0 < b < 1$，分别用卷积法和 Z 变换法求网络输出 $y(n)$。

2.14 已知用下列差分方程描述的一个线性移不变因果系统

$$y(n) = y(n-1) + y(n-2) + x(n-1)$$

(1) 求这个系统的系统函数，画出其零极点图并指出其收敛区域；

(2) 求此系统的单位抽样响应；

(3) 此系统是一个不稳定系统，请找一个满足上述差分方程的稳定的（非因果）系统的单位抽样响应。

2.15 研究一个输入为 $x(n)$ 和输出为 $y(n)$ 的离散时间线性移不变系统，满足 $y(n-1) - \dfrac{10}{3}y(n) + y(n+1) = x(n)$，并已知系统是稳定的，试求其单位抽样响应。

2.16 有一个用以下差分方程表示的线性移不变因果系统：

$$y(n) - 2ry(n-1)\cos\theta + r^2 y(n-2) = x(n)$$

当激励 $x(n) = a^n u(n)$ 时，请用 Z 变换来求解系统的响应。

2.17 设信号 $y(n)$ 与另两个信号 $x_1(n)$ 和 $x_2(n)$ 的关系 $y(n) = x_1(n+3) \otimes x_2(-n+1)$。其中 $x_1(n) = \left(\dfrac{1}{2}\right)^n u(n)$，$x_2(n) = \left(\dfrac{1}{3}\right)^n u(n)$。已知 $Z[a^n u(n)] = \dfrac{1}{1-az^{-1}}$，$|z| > |a|$，利用 Z 变换的性质求 $Y(z)$。

第3章　傅里叶变换

现代信号分析与处理方法,包括时域分析方法和变换域分析方法。在连续时间信号系统中,一般用连续时间变量 t 的函数表示信号,用微分方程描述系统。在频域进行分析时,需将信号时间变换成频域信号,变换的方法就是拉普拉斯变换与傅里叶变换。在时域离散信号系统中,信号用序列表示,自变量仅取整数,非整数时无定义,用差分方程描述系统;在频域分析时,需将时域离散信号变换成频域信号,变换的方法是 Z 变换或离散傅里叶变换。在上一章,已经讨论了 Z 变换。本章主要讨论信号及其傅里叶变换与应用等内容。

3.1　信号及其傅里叶变换

在分析各种傅里叶变换的关系之前,先讨论傅里叶变换的几种形式。傅里叶变换就是建立以时间 t 为自变量的信号与以频率 f 为自变量的频率函数(频谱)之间的某种变参关系。所以根据时间或频率是取连续值还是离散值,就形成了各种不同形式的傅里叶变换对,主要有连续时间、连续频率的傅里叶变换(FT);连续时间、离散频率的傅里叶变换 —— 连续时间周期函数的傅里叶级数(DFS);离散时间、连续频率的傅里叶变换 —— 离散时间傅里叶变换(DTFT);离散时间、离散频率的傅里叶变换 —— 离散傅里叶变换(DFT)。

3.1.1　连续信号与傅里叶变换

连续信号分为连续周期信号和连续非周期信号,分别采用连续傅里叶级数和连续傅里叶变换对其做频谱分析。

1. 连续非周期信号与连续傅里叶变换

对持续时间有限的连续非周期信号 $x(t)$,连续傅里叶变换(continuous‐time fourier transform,CTFT 或简称 FT)对为

$$X(\mathrm{j}\Omega) = \int_{-\infty}^{\infty} x(t)\mathrm{e}^{-\mathrm{j}\Omega t}\,\mathrm{d}t \tag{3.1.1a}$$

$$x(t) = \frac{1}{2\pi}\int_{-\infty}^{\infty} X(\mathrm{j}\Omega)\mathrm{e}^{\mathrm{j}\Omega t}\,\mathrm{d}\Omega \tag{3.1.1b}$$

式(3.1.1)给出了连续时间非周期信号 $x(t)$ 的傅里叶变换关系,所得到的变换对是连续的非周期的频谱密度函数 $X(\mathrm{j}\Omega)$,这一变换对示意图,如图 3.1 所示。图 3.1 表明,时域信号如果是连续非周期函数,则其频域信号是非周期的连续频谱密度函数。

（a）连续非周期信号   （b）连续非周期的连续频谱密度函数

图 3.1   连续非周期信号及其非周期的频谱密度函数

由于信号是非周期的，它必包含了各种频率的信号，所以具有时域"连续、非周期"对应频域"非周期、连续"的特点，即时域连续的函数造成频域非周期的谱；时域的非周期性造成频域连续的谱。

2. 连续周期信号与傅里叶级数

$x(t)$ 代表一个周期为 T 的连续周期性函数，其展开为傅里叶级数时，傅里叶级数的系数为 $X(jn\Omega)$，$X(jn\Omega)$ 是离散频率的非周期函数，$x(t)$ 和 $X(jn\Omega)$ 组成变换对，即

$$X(jn\Omega) = \frac{1}{T} \int_{-T/2}^{T/2} x(t) e^{-jn\Omega t} dt \qquad (3.1.2a)$$

$$x(t) = \sum_{n=-\infty}^{\infty} X(jn\Omega) e^{jn\Omega t} \qquad (3.1.2b)$$

式（3.1.2）就是傅里叶级数的变换形式。式（3.1.2a）与式（3.1.2b）是连续周期信号的傅里叶变换对，其特点是在时域是"连续、周期"的信号；在频域为"非周期、离散"的信号，即时域连续的函数造成频域非周期的谱，时域的周期性造成频域离散的谱。时域连续周期对应频域离散非周期的特点，这就是连续周期信号的傅里叶级数展开（ continuous – time fourier series，CFS ）。

式（3.1.2a）所表示的积分是在 $x(t)$ 的一个周期内进行的。两相邻谱线分量之间的角频率增量与周期 T 之间的关系为

$$\Omega = 2\pi F = \frac{2\pi}{T}$$

式（3.1.2）所示的两函数特性，如图 3.2 所示。图 3.2 表明，时域连续周期性函数对

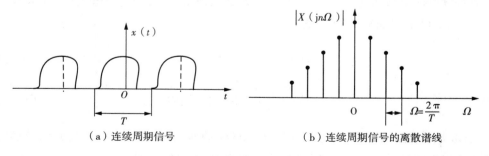

（a）连续周期信号   （b）连续周期信号的离散谱线

图 3.2   时域连续周期信号及其离散谱

应于频域非周期谱函数,频域函数的离散(取样)造成了时域函数的周期延拓。因此,连续周期性函数对应于非周期性离散频率变换函数。

3.1.2　离散信号与傅里叶变换

1. 离散时间非周期信号与傅里叶变换

离散时间非周期信号,就是序列。$x(n)$ 表示一个序列,其傅里叶变换对为

$$X(\mathrm{e}^{\mathrm{j}\omega}) = \mathrm{DTFT}[x(n)] = \sum_{n=-\infty}^{\infty} x(n)\mathrm{e}^{-\mathrm{j}\omega n} \tag{3.1.3a}$$

$$x(n) = \mathrm{IDTFT}[X(\mathrm{e}^{\mathrm{j}\omega})] = \frac{1}{2\pi} \int_{-\pi}^{\pi} X(\mathrm{e}^{\mathrm{j}\omega})\mathrm{e}^{\mathrm{j}\omega n}\,\mathrm{d}\omega \tag{3.1.3b}$$

式中,用数字域频率 ω 表示变换对,$\omega = \Omega T$,并且式(3.1.3b)是在 $X(\mathrm{e}^{\mathrm{j}\omega})$ 的一个周期内求积分的。

如果将序列 $x(n)$ 看成是模拟信号的抽样,抽样时间间隔为 T_s,抽样频率与抽样时间间隔成倒数关系,即 $\dfrac{1}{T_s} = f_s$,又 $\Omega_s = 2\pi/T_s$,代入式(3.1.3a)和式(3.1.3b),则序列傅里叶变换对为

$$X(\mathrm{e}^{\mathrm{j}\Omega T_s}) = \sum_{n=-\infty}^{\infty} x(nT_s)\mathrm{e}^{-\mathrm{j}n\Omega T_s} \tag{3.1.4a}$$

$$x(nT_s) = \frac{1}{\Omega_s} \int_{-\Omega_s/2}^{\Omega_s/2} X(\mathrm{e}^{\mathrm{j}\Omega T_s})^{\mathrm{j}n\Omega T_s}\,\mathrm{d}\Omega \tag{3.1.4b}$$

离散非周期信号及其周期性的频谱密度函数如图 3.3 所示。图 3.3 表明,时域的取样对应于频域函数的周期延拓(其周期在数字域频率恰为 2π),而时域函数的非周期对应于连续频谱函数。

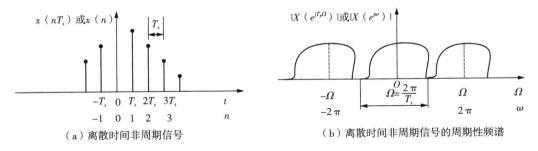

（a）离散时间非周期信号　　　　　　　（b）离散时间非周期信号的周期性频谱

图 3.3　离散非周期信号及其周期性的频谱密度函数

2. 离散时间周期信号与离散傅里叶变换

前面三种傅里叶变换形式,其相同点是时频域中至少在一个域是连续的,所以都不适合计算机计算。在实际应用中,只有时域和频域都是离散的情况,才适合计算机处理。这就需要讨论离散傅里叶变换与离散傅里叶级数。

1）周期序列

若一个序列可表示为

$$\tilde{x}(n) = x(n + mN), m \text{ 为整数} \tag{3.1.5}$$

则称 $\tilde{x}(n)$ 是周期为 N 的周期序列或离散时间周期信号。周期序列不是绝对可和的，所以不能用 Z 变换表示，但可以用离散傅里叶级数表示。

2）周期序列的离散傅里叶级数

周期序列对应的是离散傅里叶级数，有限长序列对应的是离散傅里叶变换。因此，这一变换对周期序列和有限长序列才存在。对离散傅里叶变换将在 3.2 节讨论，这里仅给出一些结论。将序列的连续傅里叶变换式（3.1.4a）进行离散化（采样），经变换从式（3.1.4）得到的离散傅里叶变换为

$$X(e^{jkF_0}) = X(e^{jk\Omega_0 T_s}) = \sum_{n=-\infty}^{\infty} x(nT_s)e^{-jnk\Omega_0 T_s} \tag{3.1.6a}$$

逆变换为

$$x(nT_s) = \frac{\Omega_0}{\Omega_s}\sum_{k=0}^{N-1} X(e^{jk\Omega_0 T_s})e^{jnk\Omega_0 T_s} = \frac{1}{N}\sum_{k=0}^{N-1} X(e^{jk\Omega_0 T_s})e^{jnk\Omega_0 T_s} \tag{3.1.6b}$$

式中，$\frac{f_s}{F_0} = \frac{\Omega_s}{\Omega_0} = N$ 表示有限长序列（时域及频域）的采样点数，或周期序列一个周期的采样点数。时域采样间隔 T_s，采样频率 $f_s = \frac{\Omega_s}{2\pi} = \frac{1}{T_s}$；频率域采样间隔为 F_0，故时间函数的周期 $T_p = \frac{1}{F_0} = \frac{2\pi}{\Omega_0}$，又有 $\Omega_0 T_s = \frac{2\pi\Omega_0}{\Omega_s}\frac{2\pi}{N}$。由此，可将式（3.1.6）变换，得到较常用的离散傅里叶级数对

$$X(k) = \text{DFS}[x(n)] = \sum_{n=0}^{N-1} x(n)e^{-jn\frac{2\pi}{N}k} \tag{3.1.7a}$$

$$x(n) = \text{IDFS}[X(k)] = \frac{1}{N}\sum_{k=0}^{N-1} X(k)e^{j\frac{2\pi}{N}nk} \tag{3.1.7b}$$

式中，$0 \leqslant k \leqslant N-1$，$0 \leqslant n \leqslant N-1$；$x(n) = x(nT_s)$，$X(k) = X(e^{j\frac{2\pi}{N}k})$。离散时间周期信号及其周期离散的频谱函数如图 3.4 所示。图 3.4 表明，一个域的离散造成另一个域的周期延拓，因此离散傅里叶变换的时域和频域都是离散的和周期的。

根据四种傅里叶变换的分析可以看出：时域离散造成频域周期延拓，频域离散造成时域周期延拓。因此，如果时域和频域都离散，则时域和频域又必然都是周期的函数。

结论：若一个函数在一个域内是周期性的，则变换函数在相应的另一个域中必然是离散的；反之，如果在一个域中的函数是离散的，则在另一个域中的函数必然是周期的。

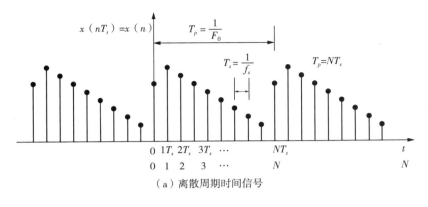

（a）离散周期时间信号

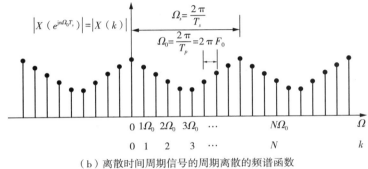

（b）离散时间周期信号的周期离散的频谱函数

图 3.4　离散时间周期信号及其周期离散的频谱函数

3.1.3　各种傅里叶变换的关系

1. 序列傅里叶变换与连续时间信号的傅里叶变换的关系

连续时间信号即模拟信号 $x_a(t)$ 的傅里叶变换对为

$$X_a(\mathrm{j}\Omega) = \int_{-\infty}^{\infty} x_a(t)\mathrm{e}^{-\mathrm{j}\Omega t}\,\mathrm{d}t \tag{3.1.8a}$$

$$x_a(t) = \frac{1}{2\pi} \int_{-\infty}^{\infty} X_a(\mathrm{j}\Omega)\mathrm{e}^{\mathrm{j}\Omega t}\,\mathrm{d}\Omega \tag{3.1.8b}$$

式中，t 与 Ω 的定义域均在 $-\infty \sim +\infty$。

连续信号 $x_a(t)$ 和抽样信号 $\hat{x}_a(t)$ 之间的关系为

$$\hat{x}_a(t) = \sum_{m=-\infty}^{\infty} x_a(kT_s)\delta(t-mT_s) \tag{3.1.9}$$

若满足抽样定理，则两者的傅里叶变换之间的关系为

$$\hat{X}_a(\mathrm{j}\Omega) = \frac{1}{T_s}\sum_{n=-\infty}^{\infty} X_a(\mathrm{j}\Omega - \mathrm{j}n\Omega_s) \tag{3.1.10}$$

离散时间序列 $x(n)$ 的傅里叶变换对为

$$X(\mathrm{e}^{\mathrm{j}\omega}) = \sum_{n=-\infty}^{\infty} x(n)\mathrm{e}^{-\mathrm{j}\omega n} \tag{3.1.11a}$$

$$x(n) = \frac{1}{2\pi}\int_{-\pi}^{\pi} X(\mathrm{e}^{\mathrm{j}\omega})\mathrm{e}^{\mathrm{j}\omega n}\,\mathrm{d}\omega \tag{3.1.11b}$$

现分析 $X(\mathrm{e}^{\mathrm{j}\omega})$ 与 $X_a(\mathrm{j}\Omega)$ 之间的关系，以及数字频率 ω 与模拟频率 Ω 之间的关系。

如果离散序列 $x(n)$ 是对连续时间信号 $x_a(t)$ 抽样产生的，那么

$$x(n) \approx x_a(nT_s) \tag{3.1.12}$$

成立。

将 $t = nT_s$ 代入式(3.1.6b)中，得

$$x_a(nT_s) = \frac{1}{2\pi}\int_{-\infty}^{\infty} X_a(\mathrm{j}\Omega)\mathrm{e}^{\mathrm{j}\Omega nT_s}\,\mathrm{d}\Omega \tag{3.1.13}$$

比较式(3.1.11b)与式(3.1.13)，$x(n)$ 与 $x_a(nT_s)$ 在数值上相等，但由于等式右端的积分区间不同，无法直接得到 $X(\mathrm{e}^{\mathrm{j}\omega})$ 与 $X_a(\mathrm{j}\Omega)$ 之间有关系。将式(3.1.13) 表示为无限多个积分和，每个积分区间为 $2\pi/T_s$，有

$$x_a(nT_s) = \frac{1}{2\pi}\sum_{r=-\infty}^{\infty}\int_{-\pi/T_s}^{\pi/T_s} X_a\left(\mathrm{j}\Omega - \mathrm{j}\frac{2\pi}{T_s}r\right)\mathrm{e}^{\mathrm{j}\Omega nT_s}\mathrm{e}^{-\mathrm{j}2\pi n}\,\mathrm{d}\Omega \tag{3.1.14}$$

令 $\Omega' = \Omega - \dfrac{2\pi}{T_s}r$ 代入式(3.1.12)后，再将 Ω' 用 Ω 代替，得

$$x_a(nT_s) = \frac{1}{2\pi}\sum_{r=-\infty}^{\infty}\int_{(2r-1)\pi/T_s}^{(2r+1)\pi/T_s} X_a(\mathrm{j}\Omega)\mathrm{e}^{\mathrm{j}\Omega nT_s}\,\mathrm{d}\Omega \tag{3.1.15}$$

式中，r 和 k 均取整数，$\mathrm{e}^{-\mathrm{j}2\pi k}=1$ 交换求和号和积分号，得

$$X_a(nT_s) = \frac{1}{2\pi}\int_{-\pi/T_s}^{\pi/T_s}\sum_{r=-\infty}^{\infty} X_a\left[\mathrm{j}\left(\Omega - \frac{2\pi}{T_s}r\right)\right]\mathrm{e}^{\mathrm{j}\Omega nT_s}\,\mathrm{d}\Omega \tag{3.1.16}$$

连续时间信号抽样产生的序列值与相应的抽样值在数值上是相等的，因此序列的数字频率 ω 与模拟信号的频率 Ω 呈线性关系，即

$$\omega = \Omega T_s$$

式中，T_s 为抽样周期，$T_s = 1/f_s$，将 $\omega = \Omega T_s$ 代入式(3.1.16)，得

$$X_a(nT_s) = \frac{1}{2\pi}\int_{-\pi}^{\pi}\sum_{r=-\infty}^{\infty}\frac{1}{T_s} X_a\left(\mathrm{j}\frac{\omega}{T_s} - \mathrm{j}\frac{2\pi}{T_s}r\right)\mathrm{e}^{\mathrm{j}\omega n}\,\mathrm{d}\omega \tag{3.1.17}$$

比较式(3.1.15)和式(3.1.9a)，得

$$X(\mathrm{e}^{\mathrm{j}\omega}) = \frac{1}{T_s}\sum_{r=-\infty}^{\infty} X_a\left(\mathrm{j}\frac{\omega}{T_s} - \mathrm{j}\frac{2\pi}{T_s}r\right) \tag{3.1.18}$$

式(3.1.18)就是序列的傅里叶变换 $X(\mathrm{e}^{\mathrm{j}\omega})$ 和连续时间信号 $x_a(t)$ 的傅里叶变换

$X_a(\mathrm{j}\Omega)$ 之间的关系式。

由此可知：$X(\mathrm{e}^{\mathrm{j}\omega})$ 是 $X_a(\mathrm{j}\Omega)$ 以 $\Omega_s=2\pi/T_s$ 为周期的周期延拓，且频率取值的对应关系为 $\omega=\Omega T_s$。

2. 周期序列的离散傅里叶级数与有限长序列的傅里叶变换的关系

周期序列的离散傅里叶级数对为

$$\widetilde{X}(k)=\mathrm{DFS}[\widetilde{x}(n)]=\sum_{n=0}^{N-1}\widetilde{x}(n)\mathrm{e}^{-\mathrm{j}\frac{2\pi}{N}nk}=\sum_{n=0}^{N-1}\widetilde{x}(n)W_N^{nk} \tag{3.1.19a}$$

$$\widetilde{x}(n)=\mathrm{IDFS}[\widetilde{X}(k)]=\frac{1}{N}\sum_{k=0}^{N-1}\widetilde{X}(k)\mathrm{e}^{\mathrm{j}\frac{2\pi}{N}nk}=\frac{1}{N}\sum_{k=0}^{N-1}\widetilde{X}(k)W_N^{-nk} \tag{3.1.19b}$$

式中，$\mathrm{DFS}[\cdot]$ 表示离散傅里叶级数的正变换，$\mathrm{IDFS}[\cdot]$ 表示离散傅里叶级数的逆变换。离散傅里叶级数的系数 $\widetilde{X}(k)$ 也被称为 $\widetilde{x}(n)$ 的频谱系数。这些系数说明，$\widetilde{x}(n)$ 可分解成 N 个成谐波关系的复指数信号之和。

虽然周期序列是一个无限长序列，但是式(3.1.17)表明，只要知道周期序列一个周期的离散傅里叶级数，就都知道其他的信息。因而，周期序列和有限长序列有着本质的联系，它的离散傅里叶级数表示式也适用于有限长序列，这就是有限长序列的离散傅里叶变换。若 $x(n)$ 为一个有限长序列，则其离散傅里叶变换对为

$$X(k)=\mathrm{DFT}[x(n)]=\sum_{n=0}^{N-1}x(n)W_N^{nk} \tag{3.1.20a}$$

$$x(n)=\mathrm{IDFT}[X(k)]=\frac{1}{N}\sum_{k=0}^{N-1}X(k)W_N^{-nk} \tag{3.1.20b}$$

式中，$0\leqslant k\leqslant N-1,0\leqslant n\leqslant N-1$。

设 $x(n)$ 和 $X(k)$ 为 N 点有限长序列，它们与周期序列 $\widetilde{x}(n)$) 和 $\widetilde{X}(k)$ 的关系为

$$x(n)=\widetilde{x}(n)R_N(n)$$

$$X(k)=\widetilde{X}(k)R_N(k)$$

由此可知：$\widetilde{X}(k)$ 是 $X(k)$ 以 N 为周期的周期延拓，而 $X(k)$ 是 $\widetilde{X}(k)$ 的主值区间的取值。

综上分析，各种傅里叶变换的特点总结见表 3.1 所列。

表 3.1 各种傅里叶变换的特点

形　式	时间函数	频率函数
连续傅里叶变换 CTFT	连续 $\Leftrightarrow$ 非周期 非周期 $\Leftrightarrow$ 连续	
连续傅里叶级数 CFS	连续 $\Leftrightarrow$ 非周期 周期(T_0) $\Leftrightarrow$ 离散(间隔 $\Omega_0=2\pi/T_0$)	

（续表）

形　　式	时间函数	频率函数
离散傅里叶变换 DTFT	离散（间隔 T_s）$\Longleftrightarrow$ 周期（$\Omega_s = 2\pi/T_s$） 非周期 $\Longleftrightarrow$ 连续	
离散傅里叶级数 DFS	离散（间隔 T_s）$\Longleftrightarrow$ 周期（$\Omega_s = 2\pi/T_s$） 周期（T_0）$\Longleftrightarrow$ 离散（间隔 $\Omega_0 = 2\pi/T_0$）	

根据以上分析得出结论如下：

（1）时域中取样使函数离散，映射到频域中引起频谱函数的周期重复；

（2）频域中取样使函数离散，映射到时域中引起函数的周期重复；

（3）一个域的取样间隔映射另一个域的周期（$2\pi/$ 间隔）。

离散时间函数的取样间隔为 T_s，取样频率为

$$f_s = \frac{\Omega_s}{2\pi} = \frac{1}{T_s} \tag{3.1.21}$$

离散频率函数的取样间隔为 F_0，时间周期为

$$T_p = \frac{1}{F_0} = \frac{2\pi}{\Omega_0} \tag{3.1.22}$$

$$T_p = NT_s \tag{3.1.23}$$

3.2　周期序列的离散傅里叶变换

3.2.1　周期序列的离散傅里叶级数

由于序列的离散傅里叶变换（DFT）和周期序列的离散傅里叶级数（DFS）本质上是一样的，因此为了更好地理解 DFT 的概念，现在讨论 DFS。

一个周期为 N 的周期序列，即

$$\widetilde{x}(n) = \widetilde{x}(n + mN) \tag{3.2.1}$$

式中，m 为任意整数，N 为周期。

周期序列不能进行 Z 变换，因为其在为 $m = -\infty \sim +\infty$ 的范围内周而复始永不衰减，即 Z 平面上没有收敛域，即

$$\sum_{n=-\infty}^{\infty} |\widetilde{x}(n)| \, |z^{-n}| = \infty$$

然而，与连续时间周期信号可用傅里叶级数表示一样，周期序列也可用离散傅里叶级数表示，也就是用周期为 N 的正弦序列表示。该级数相当于成谐波关系的复指数序列

（正弦型序列）之和。复指数序列的频率是周期序列 $\tilde{x}(n)$ 的基频（$2\pi/N$）的整数倍。这些周期为 N 的复指数序列的基频序列，即

$$e_1(n) = \mathrm{e}^{\mathrm{j}\left(\frac{2\pi}{N}\right)n} \tag{3.2.2}$$

其 k 次谐波序列为

$$e_k(n) = \mathrm{e}^{\mathrm{j}\left(\frac{2\pi}{N}\right)kn} = e_{k+rN}(n) = \mathrm{e}^{\mathrm{j}\frac{2\pi}{N}(k+rN)n} \tag{3.2.3}$$

式中，k,r 整数。

式（3.2.3）表明，复指数序列 $e_k(n)$ 对 k 呈现周期性，周期也为 N。也就是说，离散傅里叶级数的谐波成分只有 N 个独立分量。

注意，离散傅里叶级数的谐波成分只有 N 个独立分量，而连续傅里叶级数有无穷多个谐波成分，因此对离散傅里叶级数，只能取 $k=0 \sim N-1$ 的 N 个独立谐波分量，否则就会产生二义性。

因此 $\tilde{x}(n)$ 的离散傅里叶级数为

$$\tilde{x}(n) = \frac{1}{N}\sum_{k=0}^{N-1}\tilde{X}(k)\mathrm{e}^{\mathrm{j}\frac{2\pi}{N}kn} \tag{3.2.4}$$

式中，求和号前所乘的系数 $1/N$ 是习惯上已经采用的常数，是 k 次谐波的系数。现利用复正弦序列的正交特性，求解系数 $\tilde{X}(k)$。复正弦序列的正交特性，即

$$\frac{1}{N}\sum_{n=0}^{N-1}\mathrm{e}^{\mathrm{j}\frac{2\pi}{N}rn} = \frac{1}{N}\cdot\frac{1-\mathrm{e}^{\mathrm{j}\frac{2\pi}{N}rN}}{1-\mathrm{e}^{\mathrm{j}\frac{2\pi}{N}r}} = \begin{cases} 1, & r = mN, m \text{ 为整数} \\ 0, & \text{其他 } r \end{cases}$$

将式（3.2.4）两端同乘以 $\mathrm{e}^{\mathrm{j}\frac{2\pi}{N}rn}$，然后从 $n=0 \sim N-1$ 的一个周期内求和，得

$$\sum_{n=0}^{N-1}\tilde{x}(n)\mathrm{e}^{\mathrm{j}\frac{2\pi}{N}rn} = \frac{1}{N}\sum_{n=0}^{N-1}\sum_{k=0}^{N-1}\tilde{X}(k)\mathrm{e}^{\mathrm{j}\frac{2\pi}{N}(k-r)n} = \sum_{k=0}^{N-1}\tilde{X}(k)\left[\frac{1}{N}\sum_{n=0}^{N-1}\mathrm{e}^{\mathrm{j}\frac{2\pi}{N}(k-r)n}\right] = \tilde{X}(r)$$

把 r 换成 k，得

$$\tilde{X}(k) = \sum_{n=0}^{N-1}\tilde{x}(n)\mathrm{e}^{-\mathrm{j}\frac{2\pi}{N}rn} \tag{3.2.5}$$

式（3.2.5）就是求 $k=0 \sim N-1$ 的 N 个谐波系数 $\tilde{X}(k)$ 的公式。

3.2.2　旋转因子

1. 旋转因子

在傅里叶变换中，为了简化公式，通常定义复数符号

$$W_N = \mathrm{e}^{-\mathrm{j}\frac{2\pi}{N}} \tag{3.2.6a}$$

$$W_N^{kn} = \mathrm{e}^{-\mathrm{j}2\pi kn/N} \tag{3.2.6b}$$

$$W_N^{-kn} = \mathrm{e}^{\mathrm{j}2\pi kn/N} \tag{3.2.6c}$$

这时,式(3.2.4)与式(3.2.5)就分别表示成式(3.1.17a)与式(3.1.17b)。称式(3.2.6)为旋转因子。式(3.1.17)求和时都只取 N 点序列值。这说明,一个周期序列虽然是无限长序列,但是只要研究一个周期(有限长序列)的性质,即可知道其他周期序列,因此周期序列与有限长序列有本质的联系。

【例3.1】 已知序列是周期为4的周期序列,如图3.5所示,试求其DFS的系数。

【解】 根据定义,求解

$$\widetilde{X}(k) = \sum_{n=0}^{N-1} \widetilde{x}(n) W_N^{nk}$$

$$= \sum_{n=0}^{3} \widetilde{x}(n) W_4^{nk}$$

$$= 14 + 12 e^{-j\frac{2\pi}{4}k} + 10 e^{-j\frac{2\pi}{4}2k} + 8 e^{-j\frac{2\pi}{4}3k}$$

$$\widetilde{X}(0) = 44, \widetilde{X}(1) = 4 - j4, \widetilde{X}(2) = 4, \widetilde{X}(3) = 4 + j4$$

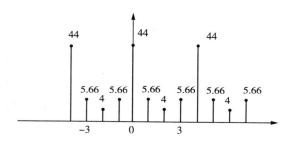

图3.5　周期为4的周期序列

2. 旋转因子的性质和特点

在DFT(FFT)中,旋转因子也就是复指数序列(即 W_N^{kn}),具有非常重要的作用。由于 $W_N = e^{-j\frac{2\pi}{N}} = \cos(2\pi/N) - j\sin(2\pi/N)$,故旋转因子 $W_N^{kn} = e^{-j\frac{2\pi}{N}nk}$ 具有周期性、对称性等特点。它的周期性、对称性和正交性是DFS、DFT、FFT算法的关键特性。

(1)周期性

若 $W_N = e^{-j2\pi/N}$,则

$$W_N^{n(k+N)} = W_N^{k(n+N)} = W_N^{nk}, W_N^{n(N-k)} = W_N^{k(N-n)} = W_N^{-nk} \qquad (3.2.7)$$

(2)对称性

$$(W_N^{nk})^* = W_N^{-nk}, W_N^{nk+\frac{N}{2}} = -W_N^{nk} \qquad (3.2.8)$$

(3)正交性

$$\sum_{k=0}^{N-1} W^{nk} = \frac{1-W^{nN}}{1-W_N^n} = \frac{1-e^{-j2\pi n}}{1-e^{-j2\pi n/N}}$$

由此可得

$$\sum_{k=0}^{N-1} W^{nk} = \begin{cases} N, n = rN, r = 0, \pm 1, \pm 2, \cdots \\ 0, \text{其他} \end{cases} \qquad (3.2.9)$$

（4）可约性

$$W_N^{nk} = W_{mN}^{nmk}, W_N^{nk} = W_{N/m}^{nk/m}, W_{N/m}^{mn} = \mathrm{e}^{-\mathrm{j}2\pi mn/mN} = W_N^n$$

此外，还有的重要性质如下：

$$W_N^{N+k} = W_N^N W_N^k = W_N^k, W_N^{(N/2)+k} = W_N^{N/2} W_N^k = -W_N^k$$

$$W_N^N = \mathrm{e}^{-\mathrm{j}2\pi} = 1, W_N^{N/2} = \mathrm{e}^{-\mathrm{j}\pi} = -1, W_N^0 = 1, W_N^{N/4} = -j$$

3.2.3   离散傅里叶级数的性质

1. 线性性

设周期序列 $\widetilde{x}_1(n)$ 和 $\widetilde{x}_2(n)$ 的周期都为 N，且

$$\mathrm{DFS}[\widetilde{x}_1(n)] = \widetilde{X}_1(k)$$

$$\mathrm{DFS}[\widetilde{x}_2(n)] = \widetilde{X}_2(k)$$

若 $\widetilde{x}_3(n) = a\widetilde{x}_1(n) + b\widetilde{x}_2(n)$，则

$$\widetilde{X}_3(k) = \mathrm{DFS}[a\widetilde{x}_1(n) + b\widetilde{x}_2(n)] = a\widetilde{X}_1(k) + b\widetilde{X}_2(k)$$

式中，a、b 为任意常数，所得到的频域序列也是周期序列，周期为 N。这一性质可由 DFS 的定义直接证明。

2. 时域移位

设 $\mathrm{DFS}[\widetilde{x}(n)] = \widetilde{X}(k)$，则

$$\mathrm{DFS}[\widetilde{x}(n-m)] = W_N^{mk} \widetilde{X}(k) = \mathrm{e}^{-\mathrm{j}\frac{2\pi}{N}mk} \widetilde{X}(k) \qquad (3.2.10)$$

如果 $m > N$，那么 $m = m_1 + Nm_2$

【证明】

$$\mathrm{DFS}[\widetilde{x}(n-m)] = \sum_{n=0}^{N-1} \widetilde{x}(n-m) W_N^{mk}$$

$$= \sum_{i=-m}^{N-1-m} \widetilde{x}(i) W_N^{ik} W_N^{mk} \quad (i = n-m)$$

式中，$\widetilde{x}(n)$ 及 W_N^{ki} 都是以 N 为周期的周期函数，所以

$$\mathrm{DFS}[\widetilde{x}(n-m)] = W_N^{mk} \sum_{i=0}^{N-1} \widetilde{x}(i) W_N^{ik} = W_N^{mk} \widetilde{X}(k) = \mathrm{e}^{-\mathrm{j}\frac{2\pi}{N}mk} \widetilde{X}(k)$$

3. 频域移位

已知 $\mathrm{DFS}[\widetilde{x}(n)] = \widetilde{X}(k)$，则 $\mathrm{DFS}[W_N^{-nl}\widetilde{x}(n)] = \widetilde{X}(k-l)$

【证明】

$$\mathrm{DFS}[W_N^{-nl}\widetilde{x}(n)] = \sum_{n=0}^{N-1} W_N^{-nl}\widetilde{x}(n)W_N^{kn} = \sum_{n=0}^{N-1} \widetilde{x}(n)W_N^{(k-1)n} = \widetilde{X}(k-l)$$

也可以表示为

$$\mathrm{IDFS}\{\widetilde{X}(k-l)\} = W_N^{-nl}\widetilde{x}(n) = \mathrm{e}^{\mathrm{j}\frac{2\pi}{N}nl}\widetilde{x}(n)$$

这一性质也称为调制特性。时内序列的调制等效于频域的圆周移位。

4. 周期卷积和

设 $\widetilde{x}_1(n)$ 和 $\widetilde{x}_2(n)$ 都是周期为 N 的周期序列，它们的 DFS 系数分别为

$$\widetilde{X}_1(k) = \sum_{m=0}^{N-1} \widetilde{x}_1(m)W_N^{mk}$$

$$\widetilde{X}_2(k) = \sum_{m=0}^{N-1} \widetilde{x}_2(m)W_N^{mk}$$

令 $\widetilde{Y}(k) = \widetilde{X}_1(k)\widetilde{X}_2(k)$，则

$$\widetilde{y}(n) = \mathrm{IDFS}[\widetilde{Y}(k)] = \mathrm{IDFS}[\widetilde{X}_1(k)\widetilde{X}_2(k)]$$

$$= \sum_{m=0}^{N-1} \widetilde{x}_1(m)\widetilde{x}_2(n-m) = \widetilde{x}_1(n) \otimes_c \widetilde{x}_2(n)$$

$$= \sum_{m=0}^{N-1} \widetilde{x}_2(m)\widetilde{x}_1(n-m) = \widetilde{x}_2(n) \otimes_c \widetilde{x}_1(n) \tag{3.2.11}$$

式(3.2.11)是两个周期序列的卷积和，称为周期卷积和，$\otimes_c$ 表示周期卷积。周期为 N 的两个序列的周期卷积的离散傅里叶级数等于它们各自离散傅里叶级数的乘积。

周期卷积和的计算过程如下：

周期卷积中的序列 $\widetilde{x}_1(m)$ 和 $\widetilde{x}_2(n-m)$ 对 m 都是周期为 N 的周期序列，它们的乘积对 m 也是以 N 为周期的，周期卷积仅在一个周期内求和。相乘和相加运算仅在 $m=0 \sim N-1$ 的区间内进行。计算出 $n=0 \sim N-1$(一个周期)的结果后，再将其进行周期延拓，就得到周期卷积 $\widetilde{y}(n)$。

周期卷积满足交换律

$$\widetilde{y}(n) = \widetilde{x}_1(n) \otimes_c \widetilde{x}_2(n) = \widetilde{x}_2(n) \otimes_c \widetilde{x}_1(n)$$

【证明】

$$\widetilde{y}(n) = \mathrm{IDFS}[\widetilde{X}_1(k)\widetilde{X}_2(k)]$$

$$= \frac{1}{N}\sum_{k=0}^{N-1} \widetilde{X}_1(k)\widetilde{X}_2(k)W_N^{-kn}$$

$$= \sum_{m=0}^{N-1} \widetilde{x}_1(m)\left[\frac{1}{N}\sum_{k=0}^{N-1} \widetilde{X}_2(k)W_N^{-(n-m)k}\right]$$

$$= \frac{1}{N} \sum_{k=0}^{N-1} \Big[\sum_{m=0}^{N-1} \widetilde{x}_1(m) W_N^{mk} \Big] \widetilde{X}_2(k) W_N^{-kn}$$

$$= \sum_{m=0}^{N-1} \widetilde{x}_1(m) \widetilde{x}_2(n-m)$$

将变量进行简单换元,即得等价的表示式为

$$\widetilde{y}(n) = \sum_{m=0}^{N-1} \widetilde{x}_2(m) \widetilde{x}_1(n-m)$$

同理,由于 DFS 和 IDFS 的对称性,可以证明:时域周期序列的乘积对应着频域周期序列的周期卷积和。即如果两个周期序列的乘积为

$$\widetilde{y}(n) = \widetilde{x}_1(n) \widetilde{x}_2(n)$$

则

$$\widetilde{Y}(k) = \mathrm{DFS}[\widetilde{x}_1(n) \widetilde{x}_2(n)] = \frac{1}{N} \Big[\sum_{l=0}^{N-1} \widetilde{X}_1(l) \widetilde{X}_2(k-l) \Big] = \frac{1}{N} \widetilde{X}_1(k) \bigotimes_c \widetilde{X}_2(k)$$

【例 3.2】　已知序列 $x_1(n) = R_4(n)$,$x_2(n) = nR_5(n)$,分别将序列以周期为 6 周期延拓成周期序列 $\widetilde{x}_1(n)$ 和 $\widetilde{x}_2(n)$,求两个周期序列的周期卷积和。

【解】　先将序列 $x_1(n)$ 和 $x_2(n)$ 以 6 为周期延拓成周期序列 $\widetilde{x}_1(n)$ 和 $\widetilde{x}_2(n)$,则

$$\widetilde{x}_1(n) = \{\cdots 1,1,1,1,0,0,1,1,1,1,0,0,1,1,1,1,0,0,\cdots\},$$

$$\uparrow n = 0$$

$$\widetilde{x}_2(n) = \{\cdots 0,1,2,3,4,0,0,1,2,3,4,0,0,1,2,3,4,0,\cdots\},$$

$$\uparrow n = 0$$

$$\widetilde{y}(n) = \sum_{m=0}^{N-1} \widetilde{x}_1(m) \widetilde{x}_2(n-m) = \sum_{m=0}^{5} \widetilde{x}_1(m) \widetilde{x}_2(n-m)$$

当 $n = 0$ 时,有

$$\widetilde{y}(0) = \sum_{m=0}^{N-1} \widetilde{x}_1(m) \widetilde{x}_2(n-m) = \sum_{m=0}^{5} \widetilde{x}_1(m) \widetilde{x}_2(0-m)$$

当 $n = 1$ 时,有

$$\widetilde{y}(1) = \sum_{m=0}^{N-1} \widetilde{x}_1(m) \widetilde{x}_2(n-m) = \sum_{m=0}^{5} \widetilde{x}_1(m) \widetilde{x}_2(1-m)$$

当 $n = 2 \sim 5$,由定义可计算 $\widetilde{y}(n)$ 的主值区间取值。因为 $\widetilde{y}(n)$ 是以 6 为周期的周期序列,所以只需要求出它的主值区间的值,其他值可通过周期延拓得到。$x_1(n)$ 和 $x_2(n)$ 两个周期序列的周期卷积过程,如图 3.6 所示。这里只画出 $n = 0,1,2,3$ 的图形,$n = 4,5$ 的图形请读者自己画出。

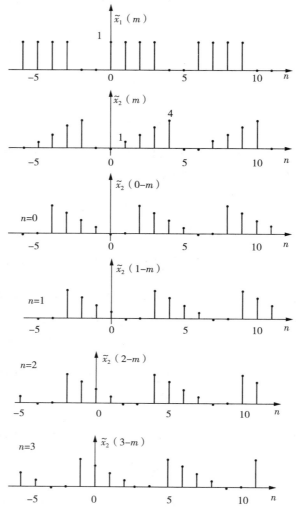

图 3.6　$x_1(n)$ 和 $x_2(n)$ 两个周期序列的周期卷积过程

3.3　有限长序列的离散傅里叶变换

3.3.1　有限长序列与周期序列的关系

　　周期序列实际上只有有限个序列值有意义,因此它的许多特性可推广到有限长序列上。它的离散傅里叶级数表示式也适用于有限长序列,这就是有限长序列的离散傅里叶变换。现根据周期序列和有限长序列之间的关系,由周期序列的离散傅里叶级数表达式推导出有限长序列的离散频域表达式,即离散傅里叶变换(DFT)。

　　设 $x(n)$ 有限长序列,长度为 N,即 $x(n)$ 只在 $n=0\sim N-1$ 有值,其他情况下,$x(n)=$

0。即

$$x(n)=\begin{cases}x(n),0\leqslant n\leqslant N-1\\0,其他\end{cases}\tag{3.3.1}$$

为了引用周期序列的概念,将式(3.3.1)视为周期是 N 的周期序列 $\tilde{x}(n)$ 的一个周期,而把 $\tilde{x}(n)$ 视为 $x(n)$ 的以 N 为周期的周期延拓,即

$$x(n)=\begin{cases}\tilde{x}(n),0\leqslant n\leqslant N-1\\0,其他\end{cases}\tag{3.3.2}$$

$\tilde{x}(n)=\sum\limits_{r=-\infty}^{\infty}x(n+rN)$ 这个关系,如图 3.7 所示。

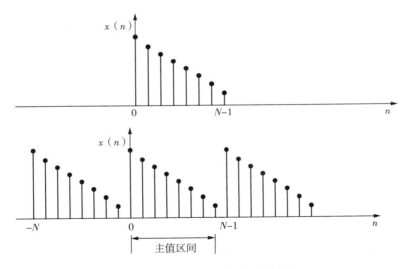

图 3.7　有限序列延拓为周期序列

通常把 $\tilde{x}(n)$ 的第一个周期 $n=0$ 到 $n=N-1$ 定义为主值区间,故 $x(n)$ 是 $\tilde{x}(n)$ 的主值序列,即主值区间上的序列。而称 $\tilde{x}(n)$ 为 $x(n)$ 的周期延拓。对于不同 m 值, $x(n+mN)$ 之间彼此并不重叠,故式(3.3.2)可写为

$$\tilde{x}(n)=x(n\bmod N)=x((n))_N\tag{3.3.3}$$

用 $((n))_N$ 表示 $(n\bmod N)$,其数学意义为"n 对 N 取余数",或称"n 对 N 取模值"。令 $n=n_1+mN,0\leqslant n_1\leqslant N-1,m$ 为整数,则 n_1 为 n 对 N 的余数。

例如, $\tilde{x}(n)$ 是周期为 $N=9$ 的序列,则有

$$\tilde{x}(7)=x((7))_9=x(7)$$

$$\tilde{x}(13)=x((13))_9=x(4)$$

$$\tilde{x}(21) = x((21)_9) = x(3)$$

$$\tilde{x}(-1) = x((-1)_9) = x(8)$$

利用矩形序列 $R_N(n)$，式(3.3.2) 可写为

$$x(n) = \tilde{x}(n) R_N(n)$$

同理，频域的周期序列 $\tilde{X}(k)$ 也可视为对有限长序列 $X(k)$ 的周期延拓，而有限长序列 $X(k)$ 可视为周期序列 $\tilde{X}(k)$ 的主值序列，即

$$\tilde{X}(k) = X((k))_N$$

$$X(k) = \tilde{X}(k) R_N(k)$$

这时，DFS 与 IDFS 的表达式仍为式(3.1.17) 所示。式(3.1.17) 的求和都只限定在 $n=0 \sim N-1$ 和 $k=0 \sim N-1$ 的主值区间，它们完全适用于主值序列 $x(n)$ 与 $X(k)$。因此，可以得到有限长序列的离散傅里叶变换的定义，即

$$X(k) = \mathrm{DFT}[x(n)] = \sum_{n=0}^{N-1} x(n) W_N^{nk}, \quad 0 \leqslant k \leqslant N-1 \tag{3.3.4}$$

$$x(n) = \mathrm{IDFT}[X(k)] = \frac{1}{N} \sum_{k=0}^{N-1} X(k) W_N^{-nk}, \quad 0 \leqslant n \leqslant N-1 \tag{3.3.5}$$

$x(n)$ 与 $X(k)$ 是一个有限长序列的离散傅里叶变换对。式(3.3.4) 为 $x(n)$ 的 N 点离散傅里叶变换(DFT)，式(3.3.5) 为 $X(k)$ 的 N 点离散傅里叶逆变换(IDFT)。已知其中的一个序列，就能唯一地确定另一个序列。这是因为 $x(n)$ 与 $X(k)$ 都是点数为 N 的序列，都有 N 个独立值（可以是复数），所以信息等量。

注意，在使用离散傅里叶变换时，所处理的有限长序列都是作为周期序列的一个周期来表示的。换句话说，离散傅里叶变换隐含着周期性。

由此可见，DFT 的时域和频域都是有限长的、离散的，故可利用计算机完成两者间的变换，这是 DFT 的最大优点之一。

3.3.2　离散傅里叶变换的基本性质

与连续时间傅里叶变换一样，离散时间傅里叶变换的各种性质也提供了对变换本质的进一步了解，在简化一个信号的正变换和逆变换的求取上往往是很有用的。以下讨论的序列都是 N 点有限长序列，且设

$$\mathrm{DFT}[x_1(n)] = X_1(k) \tag{3.3.6}$$

$$\mathrm{DFT}[x_2(n)] = X_2(k) \tag{3.3.7}$$

1. 线性性

设两个有限长序列为 $x_1(n)$ 和 $x_2(n)$，则

$$\text{DFT}[ax_1(n)+bx_2(n)]=aX_1(k)+bX_2(k) \qquad (3.3.8)$$

式中，a、b 为任意常数。该性质可由 DFT 定义直接证明，读者可自行证明。对该性质的说明如下：

（1）如果 $x_1(n)$ 和 $x_2(n)$ 皆为 N 点序列（即在 $0 \leqslant n \leqslant N-1$ 范围有值），则 $aX_1(k)+bX_2(k)$ 也是 N 点序列。

（2）若 $x_1(n)$ 和 $x_2(n)$ 的点数不等，设 $x_1(n)$ 为 N_1 点（$0 \leqslant n \leqslant N_1-1$），而 $x_2(n)$ 为 N_2 点（$0 \leqslant n \leqslant N_2-1$），则 $aX_1(k)+bX_2(k)$ 应为 $N=\max(N_1,N_2)$ 点，故 DFT 必须按 N 计算，进行补零到达 N 点。

2. 序列的圆周（循环）移位性

（1）序列的圆周移位

若一个有限长序列 $x(n)$ 的点数为 N，则 $x(n)$ 的圆周移位为

$$y(n)=x((n+m))_N R_N(n) \qquad (3.3.9)$$

该式表明，将 $x(n)$ 以 N 为周期进行周期延拓得到周期序列 $\tilde{x}(n)=x((n))_N$，再将周期序列 $\tilde{x}(n)$ 左移 m 位得到 $\tilde{x}(n+m)$，最后取 $\tilde{x}(n+m)$ 的主值序列就得到有限长序列 $x(n)$ 的圆周移位序列 $y(n)$。$x(n)$ 及其圆周移位过程，如图 3.8 所示。

（2）时域圆周移位

设 $x(n)$ 是长度为 N 的有限长序列，若 $y(n)$ 为 $x(n)$ 的圆周移位，即

$$y(n)=x((n+m))_N R_N(n) \qquad (3.3.10)$$

则

$$Y(k)=\text{DFT}[y(n)]=W_N^{-mk}X(k) \qquad (3.3.11)$$

式中，$X(k)=\text{DFT}[x(n)]$，$0 \leqslant k \leqslant N-1$。

【证明】

$$Y(k)=\text{DFT}[y(n)]=\sum_{n=0}^{N-1}x((n+m))_N R_N(N)W_N^{kn}=\sum_{n=0}^{N-1}x((n+m))_N W_N^{kn} \qquad (3.3.12)$$

令 $n+m=n'$，则有

$$Y(k)=\sum_{n'=m}^{N-1+m}x((n'))_N W_N^{k(n'-m)}=W_N^{-km}\sum_{n'=m}^{N-1+m}x((n'))_N W_N^{kn'} \qquad (3.3.13)$$

由于式（3.3.13）中求和项 $x((n'))_N W_N^{kn'}$ 以 N 为周期，所以对其在任一周期上的求和结果相同。将式（3.3.13）的求和区间改在主值区，得

$$Y(k)=W_N^{-km}\sum_{n'=0}^{N-1}x((n'))_N W_N^{kn'}=W_N^{-km}\sum_{n'=0}^{N-1}x(n')W_N^{kn'}=W_N^{-km}X(k) \qquad (3.3.14)$$

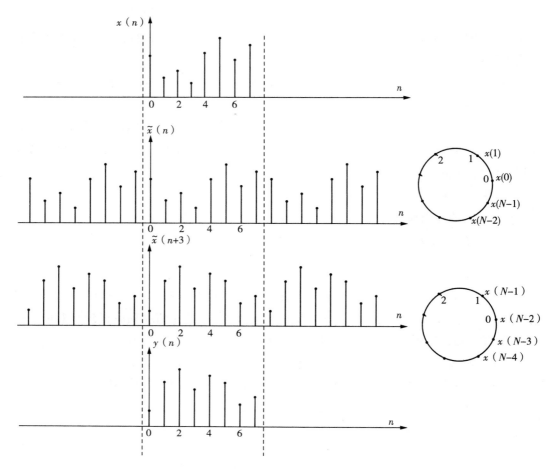

图 3.8 序列的圆周移位($N = 8$)

式(3.3.14)表明,有限长序列的圆周移位,在离散频域中只引入一个和频率成正比的线性相移 $W_N^{-km} = \mathrm{e}^{\mathrm{j}\left(\frac{2\pi}{N}k\right)m}$,对频谱的幅度是没有影响的。

(3) 频域圆周移位

如果 $X(k) = \mathrm{DFT}[x(n)]$,$Y(k) = X((k+l))_N R_N(k)$ 且 $0 \leqslant k \leqslant N - 1$,那么

$$y(n) = \mathrm{IDFT}[y(k)] = W_N^{nl} x(n) \tag{3.3.15}$$

式 (3.3.15) 的 证 明 方 法 与 时 域 圆 周 移 位 定 理 类 似, 直 接 对 $Y(k) = X((k+l))_N R_N(k)$ 进行 IDFT 即可,这就是调制特性。它说明,时域序列的调制等效于频域的圆周移位。由式(3.3.15),得

$$\mathrm{DFT}\left[x(n)\cos\left(\frac{2\pi nl}{N}\right)\right] = \frac{1}{2}[X((k-l))_N + X((k+l)_N]R_N(k)$$

$$\mathrm{DFT}\left[x(n)\sin\left(\frac{2\pi nl}{N}\right)\right] = \frac{1}{2j}[X((k-l))_N + X((k+l)_N]R_N(k)$$

【例 3.3】　已知 $\mathrm{DFT}[x(n)] = X(k)$，求时间序列 $x(n)\cos\left(\dfrac{2\pi}{N}nl\right)$ 的 DFT。

【解】　由频域移位定理

$$\mathrm{DFT}\big[x(n)\mathrm{e}^{\mathrm{j}\frac{2\pi}{N}nl}\big] = X_{-l}(k)$$

$$\mathrm{DFT}\big[x(n)\mathrm{e}^{-\mathrm{j}\frac{2\pi}{N}nl}\big] = X_{l}(k)$$

得

$$\mathrm{DFT}\left[x(n)\cos\left(\frac{2\pi}{N}nl\right)\right] = \frac{1}{2}\mathrm{DFT}\big[x(n)\mathrm{e}^{-\mathrm{j}\frac{2\pi}{N}nl} + x(n)\mathrm{e}^{\mathrm{j}\frac{2\pi}{N}nl}\big] = \frac{1}{2}\big[X_{-l}(k) + X_{l}(k)\big]$$

$$= \frac{1}{2}\big[X((k-l))_N R_N(k) + X((k+l))_N\big]R_N(k)$$

3. 圆周卷积和

(1) 圆周卷积原理

设有限长序列 $x_1(n)$ 和 $x_2(n)$，长度分别为 N_1 和 N_2，$N = \max[N_1, N_2]$，有限长序列 $(0 \leqslant n \leqslant N-1)$。$x_1(n)$ 和 $x_2(n)$ 的 N 点 DFT 分别为

$$X_1(k) = \mathrm{DFT}[x_1(n)]$$

$$X_2(k) = \mathrm{DFT}[x_2(n)]$$

如果

$$Y(k) = X_1(k)X_2(k)$$

则

$$y(n) = \mathrm{IDFT}[Y(k)] = \Big[\sum_{m=0}^{N-1} x_1(m)x_2((n-m))_N\Big]R_N(n)$$

$$= \Big[\sum_{m=0}^{N-1} x_2(m)x_1((n-m))_N\Big]R_N(n) \tag{3.3.16}$$

或

$$y(n) = \sum_{m=0}^{N-1} x_1(m)x_2((n-m))_N R_N(n) = x_1(n) \bigotimes_C x_2(n) \tag{3.3.17}$$

式中，$\bigotimes_C$ 表示圆周卷积。

【证明】　这个卷积和相当于周期序列 $\widetilde{x}_1(n)$ 和 $\widetilde{x}_2(n)$ 做周期卷积和后再取主值序列，先将 $Y(k)$ 周期延拓，即

$$\widetilde{Y}(k) = \widetilde{X}_1(k)\widetilde{X}_2(k)$$

按照 DFS 的周期卷积和公式，有

$$\widetilde{y}(n) = \sum_{m=0}^{N-1} \widetilde{x}_1(m)\widetilde{x}_2(n-m) = \sum_{m=0}^{N-1} x_1((m))_N x_2((n-m))_N$$

由于 $0 \leqslant m \leqslant N-1$ 为主值区间，故 $x_1((m))_N = x_1(m)$，因此

$$y(n) = \tilde{y}(n)R_N(n) = \left[\sum_{m=0}^{N-1} x_1(m)x_2((n-m))_N\right]R_N(n) \qquad (3.3.18)$$

将 $\tilde{y}(n)$ 经过简单换元，亦可证明

$$y(n) = \left[\sum_{m=0}^{N-1} x_2(m)x_1((n-m))_N\right]R_N(n)$$

这一运算称为圆周卷积和，它的卷积和要取结果的主值序列。式(3.3.16)中的 x_2 $((n-m))_N$ 只在 $m = 0 \sim N-1$ 范围内取值，因此它就是圆周移位。

$$x_1(n) \bigotimes_C x_2(n) = \left[\sum_{m=0}^{N-1} x_1(m)x_2((n-m))_N\right]R_N(n)$$

$$= \left[\sum_{m=0}^{N-1} x_2(m)x_1((n-m))_N\right]R_N(n) \qquad (3.3.19)$$

利用时域与频域的对称性，可以证明：

若 $x_1(n)$、$x_2(n)$ 皆为 N 点有限长序列，且 $y(n) = x_1(n)x_2(n)$，则

$$Y(k) = \mathrm{DFT}[y(n)] = \frac{1}{N}\left[\sum_{l=0}^{N-1} X_1(l)X_2((k-l))_N\right]R_N(k)$$

$$= \frac{1}{N}\left[\sum_{l=0}^{N-1} X_2(l)X_1((k-l))_N\right]R_N(k)$$

即时域序列相乘，乘积的 DFT 等于各个 DFT 的圆周卷积再乘以 $1/N$。圆周卷积并无实际的物理意义，但其满足卷积定理，且是唯一能借助计算机以提高运算速度的卷积运算。当满足一定条件时，可以用圆周卷积实现线性卷积。

【例 3.4】 已知两个非周期序列

$$x_1(n) = \delta(n) + \delta(n-1) + \delta(n-2) + \delta(n-3) + \delta(n-4)$$

$$x_2(n) = \delta(n) + 2\delta(n-1) + 3\delta(n-2) + 4\delta(n-3)$$

用图解法求其圆周卷积 $y(n) = x_1(n) \bigotimes_c x_2(n)$。

解：$x_1 = [1,1,1,1,1]$，$x_2 = [1,2,3,4]$，周期 $N = \mathrm{length}(x) + \mathrm{length}(h) - 1 = 8$。两序列，如图 3.9 所示。

圆周卷积的方法和步骤如下：

(1) 补零，使两序列长度都等于 N。

$$x_1 = [1,1,1,1,1,0,0,0], \quad x_2 = [1,2,3,4,0,0,0,0]$$

(2) 周期延拓，将非周期序列变为周期序列，如图 3.9 所示。

(3) 将时间变量换成 k，并对 $x_2(k)$ 围绕纵轴反褶，得 $x_2(-k)$。然后取主值序列，如图 3.9 所示。

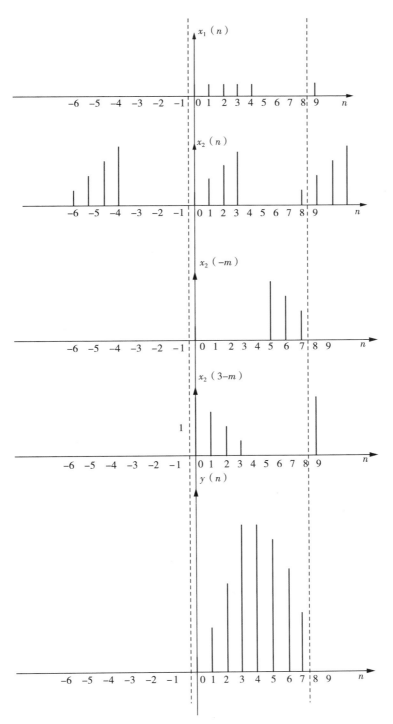

图 3.9　两个非周期序列的 8 点圆周卷积

（4）对应位相乘，然后求和，得到 $n=0$ 时的卷积结果。序列反褶取主值。

由于周期为 $N=8$，$k=0:7$，即在 $0\sim 7$ 范围内，将各子项相乘相加得到 $y(n)$，直到 $k=$

7 结束。

$$y(0) = 1 \times 1 + 1 \times 0 + 1 \times 0 + 1 \times 0 + 1 \times 5 + 0 \times 4 + 0 \times 3 + 0 \times 2 = 1$$

（5）依次对 $x_2(-m)$ 右移1位，在 $0 \sim 7$ 范围内，将对应项 $x_1(n)$ 和 $x_2(1-m)$ 相乘，然后将各子项相加得到 $y(n)$。

$$y(1) = 1 \times 2 + 1 \times 1 + 1 \times 0 + 1 \times 0 + 1 \times 0 + 0 \times 0 + 0 \times 4 + 0 \times 3 = 3$$

再对 $x_2(1-m)$ 右移1位，在 $0 \sim 7$ 范围内，将对应项 $x_1(n)$ 和 $x_2(2-m)$ 相乘，然后将各子项相加得到 $y(n)$。

$$y(2) = 1 \times 3 + 1 \times 2 + 1 \times 1 + 1 \times 0 + 1 \times 0 + 0 \times 0 + 0 \times 0 + 0 \times 4 = 6$$

（6）当 $n = 3$ 时的图形，如图 3.9 所示。

$$y(3) = 1 \times 4 + 1 \times 3 + 1 \times 2 + 1 \times 1 + 1 \times 0 + 0 \times 0 + 0 \times 0 + 0 \times 0 = 10$$

$$y(4) = 1 \times 0 + 1 \times 4 + 1 \times 3 + 1 \times 2 + 1 \times 1 + 0 \times 0 + 0 \times 0 + 0 \times 0 = 10$$

$$y(5) = 1 \times 0 + 1 \times 0 + 1 \times 4 + 1 \times 3 + 1 \times 2 + 0 \times 1 + 0 \times 0 + 0 \times 0 = 9$$

$$y(6) = 1 \times 0 + 1 \times 0 + 1 \times 0 + 1 \times 4 + 1 \times 3 + 0 \times 2 + 0 \times 1 + 0 \times 0 = 7$$

$$y(7) = 1 \times 0 + 1 \times 0 + 1 \times 0 + 1 \times 0 + 1 \times 4 + 0 \times 0 + 0 \times 0 + 0 \times 0 = 4$$

最后得到 $y(n) = [1, 3, 6, 10, 14, 12, 9, 5]$，循环卷积结果图形，如图 3.9 所示。

上述计算过程，总结如下：

步骤1：补零。先在哑变量坐标 m 上作出 $x_1(m)$ 和 $x_2(m)$，若 $x_1(n)$ 和 $x_2(n)$ 的序列长度小于 N，则补零使其长度为 N。本图例中 $N = 8$。

步骤2：周期延拓。将 $x_2(m)$ 以 N 为周期延拓成周期序列 $x_2((m))_N$。

步骤3：翻褶，取主值序列。将周期序列 $x_2((m))_N$ 以纵轴为对称轴进行翻褶，得到 $x_2((-m))_N$，然后取主值序列得到 $x_2((-m))_N R(n)_N$。

步骤4：圆周移位。将 $x_2((-m))_N R(n)_N$ 圆周移位 N 位。

步骤5：相乘相加。将相同 m 值的 $x_2((n-m))_N R(n)_N$ 与 $x_1(m)$ 相乘，然后将结果累加起来。

4. 巴塞瓦尔定理

与连续时间信号的情况相同，离散序列的傅里叶变换中也有巴塞瓦尔定理。即

$$\sum_{n=0}^{N-1} x(n) y^*(n) = \frac{1}{N} \sum_{k=0}^{N-1} X(k) Y^*(k) \tag{3.3.20}$$

【证明】

$$\sum_{n=0}^{N-1} x(n) y^*(n) = \sum_{n=0}^{N-1} x(n) \left[\frac{1}{N} \sum_{k=0}^{N-1} Y(k) W_N^{-kn} \right]^*$$

$$= \frac{1}{N} \sum_{k=0}^{N-1} Y^*(k) \sum_{n=0}^{N-1} x(n) W_N^{kn} = \frac{1}{N} \sum_{k=0}^{N-1} X(k) Y^*(k)$$

如果 $y(n) = x(n)$，则式(3.5.20)变为

$$\sum_{n=0}^{N-1} x(n) x^*(n) = \frac{1}{N} \sum_{k=0}^{N-1} X(k) X^*(k)$$

即

$$\sum_{n=0}^{N-1} |x(n)|^2 = \frac{1}{N} \sum_{k=0}^{N-1} |X(k)|^2 \tag{3.3.21}$$

式(3.3.21)表明，一个序列在时域计算的能量与在频域计算的能量是相等的。

5. 共轭对称性

在 DFT 中，序列 $x(n)$ 及其离散傅里叶变换 $X(k)$ 均为有限长序列，序列区间为 $0 \sim N-1$，所以这里的对称性是关于 $N/2$ 点的对称性。下面讨论 DFT 的共轭对称性。

任何一个序列 $x(n)$ 都可以表示为共轭对称分量和共轭反对称分量之和，且对于长度为 N 的序列，共轭对称分量 $x_e(n)$ 和共轭反对称分量 $x_o(n)$ 的长度都是 $2N-1$。讨论有限长序列的离散傅里叶变换，由于其隐含的周期性，故必须从周期序列的共轭对称分量 $\tilde{x}_e(n)$ 和共轭反对称分量 $\tilde{x}_o(n)$ 入手。因为它们都是周期性的，取出它们的主值序列就能得到所需要的离散傅里叶变换运算的相应分量：圆周共轭对称分量 $x_{ep}(n)$ 和共轭反对称分量 $x_{op}(n)$。

共轭对称序列定义为

$$x_e(n) = x_e^*(-n)$$

共轭反对称序列定义为

$$x_o(n) = -x_o^*(-n)$$

任意序列都可表示为 $x_e(n)$ 和 $x_o(n)$ 之和

$$x(n) = x_e(n) + x_o(n) \tag{3.3.22}$$

式中

$$x_e(n) = \frac{1}{2}[x(n) + x^*(-n)] \tag{3.3.23}$$

$$x_o(n) = \frac{1}{2}[x(n) - x^*(-n)] \tag{3.3.24}$$

设 $x(n)$ 长度为 N，其周期为 N 的周期延拓序列为 $\tilde{x}(n) = x((n))_N$。

周期延拓序列 $\tilde{x}(n)$ 的共轭对称分量 $\tilde{x}_e(n)$ 和共轭反对称分量 $\tilde{x}_o(n)$ 分别定义为

$$\tilde{x}_e(n) = \frac{1}{2}[\tilde{x}(n) + \tilde{x}^*(-n)] = \frac{1}{2}[\tilde{x}((n))_N + \tilde{x}^*((N-n))_N] \tag{3.3.25}$$

$$\tilde{x}_o(n) = \frac{1}{2}[\tilde{x}(n) - \tilde{x}^*(-n)] = \frac{1}{2}[\tilde{x}((n))_N - \tilde{x}^*((N-n))_N] \tag{3.3.26}$$

且

$$\widetilde{x}_e(n) = \widetilde{x}_e^*(-n)$$

$$\widetilde{x}_o(n) = -\widetilde{x}_o^*(-n)$$

有限长序列 $x(n)$ 的圆周共轭对称分量 $x_{ep}(n)$ 和共轭反对称分量 $x_{op}(n)$ 分别定义为

$$x_{ep}(n) = \widetilde{x}_e(n) R_N(n) = \frac{1}{2} \left[x((n))_N + x^*((N-n))_N \right] R_N(n) \qquad (3.3.27)$$

$$x_{op}(n) = \widetilde{x}_o(n) R_N(n) = \frac{1}{2} \left[x((n))_N - x^*((N-n))_N \right] R_N(n) \qquad (3.3.28)$$

由于

$$\widetilde{x}(n) = \widetilde{x}_e(n) + \widetilde{x}_o(n)$$

所以

$$x(n) = \widetilde{x}(n) R_N(n) = \left[\widetilde{x}_e(n) + \widetilde{x}_o(n) \right] R_N(n) \qquad (3.3.29)$$

$$x(n) = x_{ep}(n) + x_{op}(n) \qquad (3.3.30)$$

通过推导可得，N 点有限长序列可分解为相同点数的圆周共轭对称分量 $x_{ep}(n)$ 和共轭反对称分量 $x_{op}(n)$ 两分量之和。

设 $\mathrm{DFT}[x(n)] = \mathrm{DFT}\{\mathrm{Re}[x(n)] + \mathrm{j}\mathrm{Im}[x(n)]\}$，则 DFT 的对称性质总结如下：

(1) $\mathrm{DFT}[x^*(n)] = X^*((N-k))_N R_N(k)$

【证明】

$$\mathrm{DFT}[x^*(n)] = \sum_{n=0}^{N-1} x^*(n) W_N^{nk} R_N(k) = \left[\sum_{n=0}^{N-1} x(n) W_N^{-nk} \right]^* R_N(k)$$

$$= X^*((-k))_N R_N(k) = \left[\sum_{n=0}^{N-1} x(n) W_N^{(N-k)n} \right]^* R_N(k)$$

$$= X^*((N-k))_N R_N(k)$$

式中，利用了 W_N^{nk} 的周期性，即

$$W_N^{nk} = \mathrm{e}^{-\mathrm{j}\frac{2\pi}{N}nN} = \mathrm{e}^{-\mathrm{j}2\pi n} = 1$$

(2) 如果 $\mathrm{DFT}[x(n)] = X(k)$，那么 $\mathrm{DFT}[x^*((-n))_N R_N(n)] = X^*(k)$

【证明】

$$\mathrm{DFT}[x^*((c-n))_N R_N(n)] = \sum_{n=0}^{N-1} x^*((-n))_N R_N(n) W_N^{nk}$$

$$= \left[\sum_{n=0}^{N-1} x(-n) W_N^{-nk} \right]^*$$

$$= \left[\sum_{n=0}^{-(N-1)} x(-n) W_N^{nk} \right]^*$$

$$= \left[\sum_{n=0}^{N-1} x(n) W_N^{nk} \right]^* = X^*(k)$$

根据以上两种性质,得到两组离散傅里叶变换的对应关系为

$$\mathrm{DFT}[x^*(n)] = X^*((N-k))_N R_N(k)$$

$$\mathrm{DFT}[x^*((-n))_N R_N(n)] = X^*(k)$$

(3) $\mathrm{DFT}\{\mathrm{Re}[x(n)]\} = X_{ep}(k) = \dfrac{1}{2}[X((k))_N + X^*((N-k))_N]R_N(k)$ (3.3.31)

【证明】　由于

$$\mathrm{Re}[x(n)] = \frac{1}{2}[x(n) + x^*(n)]$$

所以

$$\mathrm{DFT}\{\mathrm{Re}[x(n)]\} = \frac{1}{2}\{\mathrm{DFT}[x(n)] + \mathrm{DFT}[x^*(n)]\}$$

$$= \frac{1}{2}[X(k) + X^*((N-k))_N R_N(k)]$$

$$= \frac{1}{2}[X((k))_N + X^*((N-k))_N]R_N(k)$$

$$= X_{ep}(k) \tag{3.3.32}$$

(4) $\mathrm{DFT}\{\mathrm{jIm}[x(n)]\} = X_{op}(k) = \dfrac{1}{2}[X((k))_N - X^*((N-k))_N]R_N(k)$

【证明】　由于

$$\mathrm{jIm}[x(n)] = \frac{1}{2}[x(n) - x^*(n)]$$

所以

$$\mathrm{DFT}\{\mathrm{jIm}[x(n)]\} = \frac{1}{2}\{\mathrm{DFT}[x(n)] - \mathrm{DFT}[x^*(n)]\}$$

$$= \frac{1}{2}[X(k) - X^*((N-k))_N R_N(k)]$$

$$= \frac{1}{2}[X((k))_N - X^*((N-k))_N]R_N(k)$$

$$= X_{op}(k)$$

性质(3)和(4)表明,复序列实部的 DFT 等于序列 DFT 的圆周共轭对称部分;复序列

的虚部乘以 j 的 DFT 等于序列 DFT 的圆周共轭反对称部分。由式（3.3.31）证明：圆周共轭对称序列满足

$$X_{ep}(k) = X_{ep}^*((N-k))_N R_N(k)$$

即

$$|X_{ep}(k)| = |X_{ep}^*((N-k))_N| R_N(k)$$

$$\arg|X_{ep}(k)| = -\arg[X_{ep}^*((N-k))_N R_N(k)]$$

由式（3.3.31）同样可以证明，圆周共轭反对称序列满足

$$X_{op}(k) = -X_{op}^*((N-k))_N R_N(k)$$

它的含义是

$$\mathrm{Re}[X_{op}(k)] = -\mathrm{Re}[X_{ep}((N-k))_N R_N(k)]$$

$$\mathrm{Im}[X_{op}(k)] = \mathrm{Im}[X_{op}((N-k))_N R_N(k)]$$

即 $X_{op}(k)$ 的实部奇对称，虚部偶对称。

（5）若 $x(n)$ 是实序列，则 $X(k)$ 只有圆周共轭对称分量，即

$$X(k) = X^*((N-k))_N R_N(k)$$

若 $x(n)$ 是纯虚序列，则 $X(k)$ 只有圆周共轭反对称分量，即

$$X(k) = -X^*((N-k))_N R_N(k)$$

不论性质（5）的哪种情况，只要知道一半数目的 $X(k)$ 就可以了，另一半可以由对称性求得，这个性质可以节省 DFT 的运算量，提高效率。

（6）用与上面相似的方法可证明：

$$\mathrm{Re}[X(k)] = \mathrm{DFT}[x_{ep}(n)]$$

$$j\mathrm{Im}[X(k)] = \mathrm{DFT}[x_{op}(n)]$$

【例3.5】 试利用 DFT 的对称特性，求 $x_1(n) = \cos(\omega_0 n)$ 和 $x_2(n) = \sin(\omega_0 n)$ 的 N 点 DFT。

【解】 利用 $x_1(n)$ 和 $x_2(n)$ 两个序列构成一个复序列，即

$$x(n) = x_1(n) + jx_2(n) = \cos(\omega_0 n) + j\sin(\omega_0 n) = \mathrm{e}^{j\omega_0 n}$$

$$\mathrm{DFT}[x(n)] = X(k) = \sum_{n=0}^{N-1} \mathrm{e}^{j\omega_0 n} W_N^{nk} = \frac{1 - \mathrm{e}^{j\omega_0 N} W_N^{Nk}}{1 - \mathrm{e}^{j\omega_0} W_N^k} = \frac{1 - \mathrm{e}^{j\omega_0 N}}{1 - \mathrm{e}^{j\omega_0} W_N^k}$$

因为 $\cos(\omega_0 n) = \mathrm{Re}[x(n)]$，所以

$$\mathrm{DFT}[\cos(\omega_0 n)] = \mathrm{DFT}\{\mathrm{Re}[x(n)]\} = X_{ep}(k) = \frac{X(k) + X^*(N-k)}{2}$$

$$= \frac{1}{2}\left(\frac{1-e^{j\omega_0 N}}{1-e^{j\omega_0}W_N^k} + \frac{1-e^{-j\omega_0 N}}{1-e^{-j\omega_0}W_N^k} \right)$$

$$= \frac{1-\cos(\omega_0 N) - W_N^k\cos(\omega_0) + W_N^k\cos(N-1)\omega_0}{1-2W_N^k\cos(\omega_0) + W_N^{2k}}$$

因为 $\sin(\omega_0 n) = \mathrm{Im}[x(n)]$，所以

$$\mathrm{DFT}[\sin(\omega_0 n)] = \mathrm{DFT}\{\mathrm{Im}[x(n)]\} = \frac{1}{j}X_{op}(k) = \frac{X(k) - X^*(N-k)}{2j}$$

$$= \frac{1}{2j}\left(\frac{1-e^{j\omega_0 N}}{1-e^{j\omega_0}W_N^k} + \frac{1-e^{-j\omega_0 N}}{1-e^{-j\omega_0}W_N^k} \right)$$

$$= \frac{W_N^k\sin(\omega_0) - \sin(\omega_0 N) + W_N^k\sin(N-1)\omega_0}{1-2W_N^k\cos(\omega_0) + W_N^{2k}}$$

这样用一次 DFT 运算求出 $x(n)$ 的 N 点 DFT，就求得 $\cos(w_0 n)$ 和 $\sin(\omega_0 n)$ 的 N 点 DFT。本例可以推广为 $x_1(n)$ 和 $x_2(n)$ 都是任意 N 点的实数序列的情况，计算方法类似。

6. 圆周相关定理

无论是在模拟信号处理还是数字信号处理中，线性相关是一个十分重要的概念。所谓相关是指两个确定信号或两个随机信号之间的相互关系。信号一般是不确定的，但是它们的相关函数往往是确定的。因而，在随机信号处理中，常用相关函数来描述一个平稳随机信号的统计特性。

（1）线性相关的定义

对于序列 $x(n)$ 和 $y(n)$，线性相关定义为

$$r_{xy}(m) = \sum_{n=-\infty}^{\infty} x(n)y^*(n-m) \tag{3.3.33}$$

或

$$r_{xy}(m) = \sum_{n=-\infty}^{\infty} x(n)y^*(n-m) = \sum_{n=-\infty}^{\infty} x(n+m)y^*(n) \tag{3.3.34}$$

式(3.3.34)表明，相关函数不满足交换律 $r_{xy}(m) \neq r_{yx}(m)$。而相关函数 $r_{xy}(m)$ 中的延时 m 是由信号 $x(n)$ 的 n 时刻减去信号 $y^*(n-m)$ 的时刻 $n-m$ 得到的，即 $m=n-(n-m)$。所以，通常 $x(n)$ 与 $y(n-m)$ 的相似程度和 $y(n)$ 与 $x(n-m)$ 的相似程度不同。

当信号 $x(n)$ 与自身相关时，称 $r_{xx}(m)$ 为 $x(n)$ 的自相关函数，即

$$r_{xx} = \sum_{n=-\infty}^{\infty} x(n)x^*(n-m) = \sum_{n=-\infty}^{\infty} x(n+m)x^*(n) = r_{xx}^*(-m) \tag{3.3.35}$$

式(3.3.35)表明，相关的求解与卷积和的计算是相似的，它包含了平移、相乘和相加三个步骤，只是没有翻褶这一步骤。对式(3.3.33)做 Z 变换，则相关函数的 Z 变换为

$$\begin{aligned}R_{xy}(z) &= \sum_{m=-\infty}^{\infty} r_{xy}(m)z^{-m} = \sum_{m=-\infty}^{\infty}\sum_{n=-\infty}^{\infty} x(n)y^*(n-m)z^{-m} \\ &= \sum_{n=-\infty}^{\infty} x(n)\sum_{m=-\infty}^{\infty} y^*(n-m)z^{-m} = \sum_{n=-\infty}^{\infty} x(n)\sum_{m=-\infty}^{\infty} y^*(m)z^{m-n} \\ &= \sum_{n=-\infty}^{\infty} x(n)z^{-n}\sum_{m=-\infty}^{\infty} y^*(m)z^{m} \\ &= X(z)Y\left(\frac{1}{z^*}\right)\end{aligned} \tag{3.3.36}$$

将 $z=e^{j\omega}$ 代入式(3.3.36)，得

$$R_{xy}(e^{j\omega}) = X(e^{j\omega})Y^*(e^{j\omega}) \tag{3.3.37}$$

式(3.3.37)表明，只有当 $X(e^{j\omega})$ 和 $Y(e^{j\omega})$ 都不为零时，$R_{xy}(e^{j\omega})$ 才不为零。也就是说，相关函数只包含两个信号所共有的频率成分。

若 $x(n)=y(n)$，则 $R_{xx}(e^{j\omega}) = |X(e^{j\omega})|^2$。

(2) 圆周相关定理

当两个有限长序列 $y(n)$ 与 $x(n)$ 圆周相关为

$$\begin{aligned}r_{xy}(m) &= \sum_{n=0}^{N-1} x(n)y^*((n-m))_N R_N(m) \\ &= \sum_{n=0}^{N-1} y^*(n)x((n-m))R_N(m)\end{aligned} \tag{3.3.38}$$

时，相关序列 $r_{xy}(n)$ 的 DFT 与两序列 $y(n)$ 与 $x(n)$ 的 DFT 满足

$$R_{xy}(k) = X(k)Y^*(k) \tag{3.3.39}$$

当 $y(n)$ 与 $x(n)$ 为实序列时，则

$$\begin{aligned}r_{xy}(m) &= \sum_{n=0}^{N-1} x(n)y((n-m))_N R_N(m) \\ &= \sum_{n=0}^{N-1} y(n)x((n+m))_N R_N(m)\end{aligned} \tag{3.3.40}$$

3.4 DFT 的应用及常见问题

3.4.1 用 DFT 计算线性卷积

在许多实际问题中，常需要计算线性卷积。例如，一个 FIR 数字滤波器的输出等于输入与滤波器的单位取样响应的线性卷积，如图 3.10 所示。

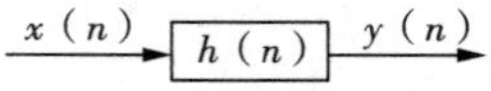

图 3.10 单输入单输出 FIR 数字滤波器系统

如果能将线性卷积转化成圆周卷积,那么根据 DFT 的圆周卷积性质,就能够用圆周卷积计算线性卷积,而圆周卷积可以用 FFT 做快速计算。因此,首先需要讨论圆周卷积与线性卷积在什么条件下相等的问题。

1. 线性卷积与圆周卷积等价条件

时域圆周卷积在频域上相当于两个序列的 DFT 相乘,因此可以采用 DFT 的快速算法——快速傅里叶变换(FFT)算法,与线性卷积相比,它可以大大加快计算速度。但是,一般实际问题(例如信号通过线性移不变系统)都是线性卷积运算。如果信号以及系统的单位冲激响应都是有限长序列,那么是否能用圆周卷积运算代替线性卷积运算呢? 现讨论这一问题。

1) 线性卷积计算

设 $x_1(n)$ 是 N_1 点的有限长序列($0 \leqslant n \leqslant N_1 - 1$),$x_2(n)$ 是 N_2 点的有限长序列($0 \leqslant n \leqslant N_2 - 1$)。它们的线性卷积

$$y_1(n) = \sum_{m=-\infty}^{\infty} x_1(m) x_2(n-m) = \sum_{m=0}^{N_1-1} x_1(m) x_2(n-m) \tag{3.4.1}$$

$x_1(m)$ 的非零区间为 $0 \leqslant m \leqslant N_1 - 1$,$x_2(n-m)$ 的非零区间为 $0 \leqslant n-m \leqslant N_2 - 1$,将两个不等式相加,得

$$0 \leqslant k \leqslant N_1 + N_2 - 2$$

在上述区间外,显然 $y_1(n) = 0$,所以 $y_1(n)$ 是 $N_1 + N_2 - 1$ 点有限长序列,等于参与卷积的两序列的点数之和减 1。 如图 3.11 所示,$x_1(n)$ 为 $N_1 = 4$ 的矩形序列(如图 3.11(a)),$x_2(n)$ 为 $N_2 = 5$ 的矩形序列(如图 3.11(b)),则它们的线性卷积 $y_1(n)$ 为 $N = N_1 + N_2 - 1 = 8$ 点的有限长序列(如图 3.11(c))。

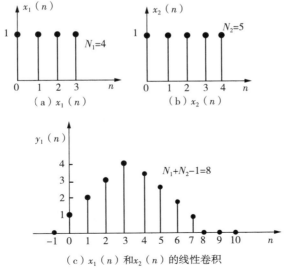

图 3.11　线性卷积

2）圆周卷积计算

$x_1(n)$ 与 $x_2(n)$ 的圆周卷积计算。设 $y(n)=x_1(n)\bigotimes_C x_2(n)$ 是两序列的 N 点圆周卷积，也就是将 $x_1(n)$ 与 $x_2(n)$ 都视为 N 点的序列，故令

$$x_1(n)=\begin{cases} x_1(n), 0\leqslant n\leqslant N_1-1 \\ 0, N_1\leqslant n\leqslant N-1 \end{cases}$$

$$x_2(n)=\begin{cases} x_2(n), 0\leqslant n\leqslant N_2-1 \\ 0, N_2\leqslant n\leqslant N-1 \end{cases}$$

$$y(n)=\Big[\sum_{m=0}^{N-1}x_1(m)x_2((n-m))_N\Big]R_N(n) \tag{3.4.2}$$

这里必须将任一个序列（这里采用的是 $x_2(n)$）变成 N 点周期延拓序列，即

$$\tilde{x}_2(n)=x_2((n))_N=\sum_{r=-\infty}^{\infty}x_2(n+rN) \tag{3.4.3}$$

把它代入到 $y(n)$ 中，并考虑到式（3.4.3）的线性卷积，得

$$y(n)=\Big[\sum_{m=0}^{N-1}x_1(m)x_2((n-m))_N\Big]R_N(n)$$

$$=\Big[\sum_{m=0}^{N-1}x_1(m)\sum_{r=-\infty}^{\infty}x_2(n+rN-m)\Big]R_N(n)$$

$$=\Big[\sum_{r=-\infty}^{\infty}\sum_{m=0}^{N-1}x_1(m)x_2(n+rN-m)\Big]R_N(n)$$

$$=\Big[\sum_{r=-\infty}^{\infty}y_1(n+rN)\Big]R_N(n) \tag{3.4.4}$$

所以，N 点圆周卷积 $y(n)$ 是线性卷积 $y_l(n)$ 以 N 为周期的周期延拓序列的主值序列。因为 $y_l(n)$ 有 N_1+N_2-1 个非零值，所以延拓的周期 N 必须满足

$$N\geqslant N_1+N_2-1 \tag{3.4.5}$$

这时各延拓周期才不会交叠，而 $y(n)$ 的前 N_1+N_2-1 个点正好是 $y(n)$ 的全部非零序列值，也正是 $y_l(n)$，而 $y(n)$ 剩下的 $N-(N_1+N_2-1)$ 个点上的序列值则是补充的零值。所以，式（3.4.5）正是圆周卷积等于线性卷积的必要条件，满足此条件就有

$$y(n)=y_l(n)$$

即

$$x_1(n)\bigotimes_C x_2(n)=x_1(n)\bigotimes x_2(n), \begin{cases} N\geqslant(N_1+N_2-1) \\ 0\leqslant n\leqslant N_1+N_2-2 \end{cases} \tag{3.4.6}$$

不同 N 下的圆周卷积如图 3.12 所示。

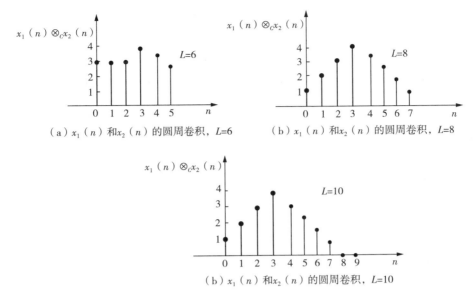

图 3.12　不同 N 下的圆周卷积

结论:若 $N \geqslant N_1 + N_2 - 1$,则 N 点圆周卷积能代表线性卷积。

图 3.12(a、b、c) 正反映了式(3.4.6)的圆周卷积与线性卷积的关系,在图 3.12(a) 中,$N=6 < N=(N_1+N_2-1)=7$,这时产生混叠现象,其圆周卷积不代表线性卷积,而在图 3.12(b) 中,$N=(N_1+N_2-1)=8$,这时圆周卷积结果与线性卷积相同,在图 3.14(c) 中,$N=10 > (N_1+N_2-1)=7$,所得 $y(n)$ 的前 7 点序列正好代表线性卷积结果。在第 8 点($n=7$) 是零值,没有影响。所以只要 $N \geqslant N_1 + N_2 - 1$,圆周卷积结果就代表线性卷积。

2. 圆周卷积代替线性卷积的计算过程

当 $N \geqslant N_1 + N_2 - 1$ 时,圆周卷积与线性卷积结果相同,因此,可用离散傅里叶变换(DFT)计算两个序列的线性卷积。设输入 $x_1(n)$ 的列长为 N_1,$x_2(n)$ 的列长为 N_2,则二者线性卷积后的输出 $y_l(n)$ 的列长 $N=N_1+N_2-1$,分别取 $x_1(n)$ 和 $x_2(n)$ 的 $N \geqslant N_1 + N_2-1$ 点的离散傅里叶变换 $X_1(k)$ 和 $X_2(k)$,将二者相乘再求其逆变换即得两序列的圆周卷积,此时圆周卷积和线性卷积相等。这种方法称为快速卷积法,快速卷积法是一种重要的信号处理工具。

用 DFT 计算线性卷积的具体步骤如下:

步骤 1:分别将列长为 N_1 的序列 $x_1(n)$ 和列长为 N_2 的序列 $x_2(n)$ 扩展为列长 $N=N_1+N_2-1$ 的新序列 $x'_1(n)$ 和 $x'_2(n)$,即

$$x'_1(n) = \begin{cases} x_1(n), n=0,1,\cdots,N_1-1 \\ 0, n=N_1,\cdots,N_1+N_2-2 \end{cases}$$

$$x_2'(n) = \begin{cases} x_2(n), n = 0, 1, \cdots, N_2 - 1 \\ 0, n = N_2, \cdots, N_1 + N_2 - 2 \end{cases}$$

步骤 2：由于 $x_1'(n)$ 和 $x_2'(n)$ 可分别视为周期序列 $\tilde{x}_1(n)$ 和 $\tilde{x}_2(n)$，周期长度为 $N = N_1 + N_2 - 1$，因此可由式(3.4.13)直接计算 $x_1'(n)$ 和 $x_2'(n)$ 的圆周卷积和

$$y(n) = x_1'(n) \bigotimes_C x_2'(n)$$

即

$$y(n) = \sum_{m=0}^{N-1} x_1(m) x_2 ((n-m))_N R_N(n) = \sum_{m=0}^{N-1} \tilde{x}_1(m) \bigotimes_C \tilde{x}_2(n-m) \quad (3.4.7)$$

则线性卷积

$$y_N(n) = x_1(n) \bigotimes x_2(n) = y(n)$$

步骤 3：若用 DFT 求 $y(n)$，则

$$y(n) = y_N(n) = \text{IDFT}[X_1'(k) X_2'(k)]$$

式中，$X_1'(k)$、$X_2'(k)$ 分别是 $x_1'(n)$、$x_2'(n)$ 的 DFT。

用圆周卷积计算线性卷积的流程图，如图 3.13 所示。

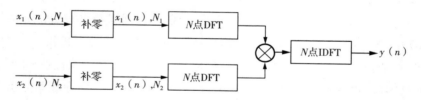

图 3.13　用圆周卷积计算线性卷积的流程图

3.4.2　用 DFT 来逼近连续时间信号的傅里叶变换

所谓谱分析就是计算信号的频谱，包括幅度谱、相位谱和功率谱。用 DFT 来逼近连续时间信号的傅里叶变换是使用计算机帮助分析连续时间信号频谱的需要，而利用 DFT 通过计算机对连续时间信号进行分析与合成是当前主要的应用方法。下面讨论逼近的方法。

1. 用 DFT 对连续时间非周期信号的傅里叶变换的逼近

对于连续时间非周期信号的傅里叶变换，数字计算机是很难处理的，所以需要采用 DFT 对其逼近。

设连续时间非周期信号 $x_a(t)$ 的傅里叶变换对为

$$X_a(\text{j}\Omega) = \int_{-\infty}^{\infty} x_a(t) \text{e}^{-\text{j}\Omega t} \text{d}t \quad (3.4.8)$$

$$x_a(t) = \frac{1}{2\pi} \int_{-\infty}^{\infty} X_a(j\Omega) e^{j\Omega t} d\Omega \qquad (3.4.9)$$

用 DFT 方法计算这一对变换的方法如下：

1）时域的抽样与截断

对 $x_a(t)$ 在 t 轴上以间隔 T_s 做等间隔采样，$x_a(t)\mid_{t=nT_s} = x_a(nT_s) = x(n)$，则频谱密度 $X_a(j\Omega) = \int_{-\infty}^{\infty} x_a(t) e^{-j\Omega t} dt$ 的近似值为

$$X_a(j\Omega) = \int_{-\infty}^{\infty} x_a(t) e^{-j\Omega t} dt \approx \sum_{n=-\infty}^{\infty} x_a(nT_s) e^{-j\Omega nT_s} T_s \qquad (3.4.10)$$

将序列 $x(n) = x_a(nT_s)$ 截断成包含有 N 个抽样点的有限长序列，则式（3.4.10）变为

$$X_a(j\Omega) \approx T_s \sum_{n=0}^{N-1} x_a(nT_s) e^{-j\Omega nT_s} \qquad (3.4.11)$$

由于时域抽样，抽样频率为 $f_s = 1/T_s$，则频域产生以 f_s 为周期的周期延拓，如果在频域是限带信号，则有可能不产生混叠，成为连续周期频谱序列，频域周期为 $f_s = 1/T_s$（即时域的抽样频率）。

2）频域的抽样与截断

频域的抽样是将一个频域周期 f_s 分成 N 段，即取 N 个样点 $f_s = NF_0$，F_0 为每个样点的间隔或抽样间隔或频率分辨率或频率分辨力。对式（3.4.9）做频域抽样，则频域积分就变成求和；而在时域就得到原已截断的离散时间序列的周期延拓序列，其时域周期为 $T_0 = 1/F_0$。参量间的关系为

$$T_0 = \frac{1}{F_0} = \frac{N}{f_s} = NT_s \qquad (3.4.12)$$

又

$$\Omega_0 = 2\pi F_0$$

$$\Omega_0 T_s = \Omega_0 \frac{1}{f_s} = \Omega_0 \frac{2\pi}{\Omega_s} = 2\pi \frac{\Omega_0}{\Omega_s} = 2\pi \frac{F_0}{f_s} = 2\pi \frac{T_s}{T_0} = \frac{2\pi}{N}$$

$$X_a(k) = X_a(jk\Omega_0) \approx T_s \sum_{n=0}^{N-1} x_a(nT_s) e^{-jk\Omega_0 nT_s}$$

$$= T_s \sum_{n=0}^{N-1} x(n) e^{-j\frac{2\pi}{N}nk}$$

$$= T_s \cdot DFT\{x(n)\}$$

$$x_a(kT_s) \approx \frac{\Omega_0}{2\pi} \sum_{n=0}^{N-1} X_a(jk\Omega_0) e^{jn\Omega_0 kT_s}$$

$$= F_0 \sum_{k=0}^{N-1} X_a(jk\Omega_0) e^{j\frac{2\pi}{N}nk}$$

$$= F_0 N \frac{1}{N} \sum_{k=0}^{N-1} X_a (jk\Omega_0) e^{j\frac{2\pi}{N}nk}$$

$$= f_s \frac{1}{N} \sum_{k=0}^{N-1} X_a (jk\Omega_0) e^{j\frac{2\pi}{N}nk}$$

$$= f_s \mathrm{IDFT} [X_a (jk\Omega_0)]$$

$$X_a (jn\Omega_0) = X_a (j\Omega) \mid_{\Omega=n\Omega_0} \approx T_s \mathrm{DFT}\{x(n)\} \tag{3.4.13}$$

$$x(n) = x(t) \mid_{t=nT_s} \approx \frac{1}{T_s} \mathrm{IDFT} [X(jk\Omega_0)] \tag{3.4.14}$$

这就是利用离散傅里叶变换法求连续非周期信号的傅里叶变换的抽样值的公式。式(3.4.13)与式(3.4.14)表明,如果由 DFT 定义去计算一个非周期信号的傅里叶变换,则频谱的正常电平幅度与用 DFT 谱幅度相差一个加权 T_s。

2. 用 DFT 对周期连续时间信号 $x_a(t)$ 的傅里叶级数的逼近

对于连续时间周期信号,其时域连续、频域离散。若用 DFT 逼近,则先要对时域抽样(抽样间隔为 T_s),然后截断取 N 点序列(类似于 DFT 逼近连续时间非周期信号傅里叶变换中的抽样与截断,下同),这将导致频域周期延拓。

连续时间周期信号 $x_a(t)$ 的傅里叶级数对为

$$x_a(t) = \sum_{k=-\infty}^{\infty} X_a (jk\Omega_0) e^{jk\Omega_0 t} \tag{3.4.15}$$

$$X_a (jk\Omega_0) = \frac{1}{T_0} \int_0^{T_0} x_a(t) e^{-jk\Omega_0 t} dt \tag{3.4.16}$$

式中,T_0 为连续时间周期信号的周期。

将频域离散序列截断为有限长序列,且截断长度正好等于一个周期(时域抽样造成的频域周期延拓的一个周期)时,则式(3.4.15)变为(既有时域抽样,又有频域截断)

$$x_a(nT_s) \approx \sum_{k=0}^{N-1} X_a (jk\Omega_0) e^{jk\Omega_0 nT_s} = \sum_{k=0}^{N-1} X_a (jk\Omega_0) e^{j\frac{2\pi}{N}nk}$$

$$= N \frac{1}{N} \sum_{k=0}^{N-1} X_a (jk\Omega_0) e^{j\frac{2\pi}{N}nk} \tag{3.4.17}$$

按照 DFT(DFS) 的定义,由式(3.4.15)及式(3.4.16),得

$$X_a (jk\Omega_0) \approx \frac{1}{N} \mathrm{DFS} [x(n)] \tag{3.4.18}$$

$$x_a(nT_s) = x_a(t) \mid_{t=nT_s} \approx N \cdot \mathrm{IDFS} [X_a (jk\Omega_0)] \tag{3.4.19}$$

这就是用 DFS(DFT) 来逼近连续时间周期信号傅里叶级数对的公式。 式(3.4.18)表明,由 DFT 定义式计算一个连续周期信号的傅里叶级数与正常级数之间相差加权 $1/N$。同理,以 IDFT 计算的傅里叶级数逆变换与正常值相差 N,所以一个时间信号从时

域到频域再到时域的整个变换过程中,电平幅度并未受到影响。

3. 利用 DFT 逼近对连续时间信号傅里叶变换对逼近的全过程

利用 DFT 对连续时间信号 $x_a(t)$ 傅里叶变换逼近的全过程,如图 3.14 所示。

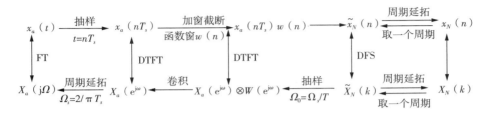

图 3.14　利用 DFT 对连续时间信号傅里叶变换对逼近的全过程

3.4.3　DFT 参数选择及常见问题

由于离散傅里叶变换是傅里叶变换的一种近似计算,所以在谱分析中会形成误差。为此必须给出谱分析时参数选择及 DFT 在谱分析时造成的三种误差现象:混叠现象、泄漏现象和栅栏现象。

1. DFT 参数选择

现对前面介绍的 DFT 参数进行归纳运,并给参数选择原则,见表 3.2 所列。

表 3.2　DFT 参数及选择原则

参数	符号	参数间关系	选择原则	适用条件
采样点数	N			
时域间隔	T_s	$T_s = \dfrac{1}{f_s}$	$f_s \geqslant 2kf_k$ $T_s \leqslant \dfrac{1}{2kF_0} = \dfrac{1}{2f_k}$	有谐波关系的信号
时域抽样频率	f_s		$f_s \geqslant 2f_h$ $T_s \leqslant \dfrac{1}{2f_h}$	周期无谐波关系的信号
时域周期或信号记录长度(基频的一个周期或基本周期)	T_p	$T_p = \dfrac{1}{F_0}$ $F_0 = \dfrac{1}{NT_s}$		
频域抽样间隔或频率分辨力	F_0	$= \dfrac{f_s}{N} = \Delta f$ $T_p = NT_s = \dfrac{N}{f_s}$	$N \geqslant n\dfrac{T_p}{T_s} = n\dfrac{f_s}{F_0}$	一般可取 $n=1$,并取 2 的整数幂为 N 值
k 次谐波信号最高频率	f_k	$f_k = \dfrac{1}{NT_s}k$	$f_s \geqslant 2f_m$ $T_s \leqslant \dfrac{1}{2f_m}$	非周期信号
没有谐波关系的信号最高频率	f_h			

（续表）

参数	符号	参数间关系	选择原则	适用条件
频域内带宽截止频率	f_m		$f_s = (2k+1)F_0$ $= \dfrac{2k+1}{T_p}$	时域采样点为0值
k 次谐波信号模拟频率	Ω_k	$\Omega_k = \dfrac{2\pi}{NT_s}k$		
k 次谐波信号数字频率	ω_k	$\omega_k = \dfrac{2\pi}{N}k$		

2. DFT 的常见问题

1）频率响应的混叠失真

根据表 3.2，对周期无谐波关系的信号，抽样频率至少为

$$f_s = 2f_h \tag{3.4.20}$$

实际应用中，一般取

$$f_s = (2.5 - 3.0)f_h \tag{3.4.21}$$

如果不满足 $f_s > 2f_c$ 的要求，就会产生频率响应的周期延拓分量互相重叠现象，也就是产生频率响应的混叠失真。

对于 DFT 而言，频率函数通过抽样变成离散序列，其时间函数的记录长度 T_p 由表 3.2 给出。由表 3.2 知，信号的最高频率 f_h 与抽样间隔 F_0 间存在矛盾，要想使 f_h 增加，则时域抽样间隔 T_s 就一定会减小，由前面 T_s 与 f_s 的关系可知，f_s 会增加，由于抽样点数满足 $N \geqslant n\dfrac{T_p}{T_s} = n\dfrac{f_s}{F_0}$，则此时 f_s，若 N 固定，必然要 F_0 增加，即分辨率下降。反之，要提高分辨力（减小 F_0），就要增加 T_p。当 N 给定时，必然导致 T_s 的增加，要想不产生混叠失真，就必须减小信号最高频率 f_c。

要想兼顾最高频率 f_c 与频率分辨力 F_0，即提高最高频率而频率分辨率不变（或提高），唯一的方法就是增加记录长度的点数 N，即满足式（3.4.21）。式（3.4.21）没有对数据采取任何特殊处理，是实现基本 DFT 算法需要满足的最低条件。如果对时域数据采用窗函数进行截断，即加窗处理，相当于时域中乘以一个窗函数，则频域为频谱与窗函数的频谱求卷积，必然加宽频谱分量，频率分辨率就可能变坏。为了保证频率分辨率不变，需增加记录长度，也就是增加数据长度 T_0。

【例 3.6】 频谱分析用 FFT 处理器，习惯采样点数 N 取 2 的整数幂。假设没有采用加窗等特殊处理，若要求：频率分辨率小于等于 10Hz，信号的最高频率小于等于 3kHz，试确定参数：

① 信号的最小记录长度；

② A/D 变换的采样周期 T_s；

③ 一个记录中的最小点数 N。

【解】　① 最小记录长度取决于分辨率的要求，所以有

$$T_p = NT_s = 1/F_0 \geqslant 1/10 = 0.1$$

② 按采样定理，从信号的最高频率确定 A/D 变换最大采样周期 T_s，所以有

$$T_s = \frac{1}{f_s} \leqslant \frac{1}{2f_h} = \frac{1}{2 \times 3 \times 10^3} = 0.167 \times 10^{-3}$$

③ 最小点数 N 满足 $N > \dfrac{2f_h}{T_s} = \dfrac{2 \times 3 \times 10^3}{10} = 600$

因此，N 取大于 600 的 2 的整数幂，$N = 2^{10} = 1024$。

2）频谱泄露

实际问题中遇到的离散时间序列可能是无限长序列，这时需要用截断方法将该无限长序列截断为若干段有限长序列。无限长序列变为有限长序列的过程是数据截短过程，相当于加窗处理。采用矩形窗函数 $R_N(n)$ 截短数据，会造成数据序列的突然截断，这个过程相当于序列与矩形窗函数相乘，即

$$y(n) = x(n)R_N(n) \tag{3.4.22}$$

时域信号乘法运算在频域中就是卷积运算过程。频域卷积计算为

$$Y(e^{j\omega}) = X(e^{j\omega}) \bigotimes R_N(e^{j\omega}) \tag{3.4.23}$$

式中，$X(e^{j\omega})$ 是序列 $x(n)$ 的频谱，$R_N(e^{j\omega})$ 是矩形窗函数 $R_N(n)$ 的频谱。信号截断时产生的频谱泄漏现象，如图 3.15 所示。图 3.15 表明，卷积后的频谱被展宽即 $X(e^{j\omega})$ 的频谱

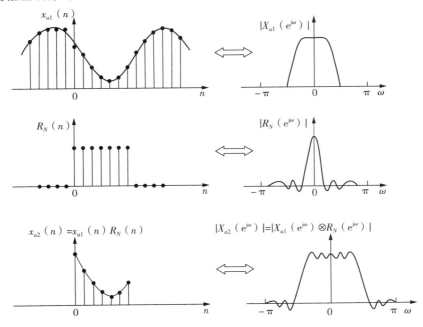

图 3.15　信号截断时产生的频谱泄漏现象

泄露到其他频率处,称之为频谱泄露。泄露和混叠是相关联的,因为泄露导致频谱扩展,从而使信号的最高频率 f_c 增大,有可能超过采样频率的一半($f_s/2$),进而造成混叠失真。

在做 DFT 时,由于取无限长数据是不可能的,所以序列时域截断是必须的,因而泄露是难以避免的。如何减少泄露呢? 具体方法如下:

首先是取更长的数据,也就是使窗函数的宽度加宽,当然数据太长,必然使运算存储量增加;其次是数据不要突然截断,应根据具体情况,缓慢截断,即不加矩形窗而加各种缓变窗(例如,三角形窗、升余弦窗等),使窗谱的旁瓣能量更小,从而减少卷积后造成的泄漏。

3) 栅栏效应

用 DFT 计算信号频谱,得到的是离散谱,即只给出了 $\omega_k = 2k\pi/N$ 和 $\Omega_k = 2k\pi/NT_s$,在 $k = 0,1,\cdots,N-1$ 处的频率分量,即频谱的取样值。从一定意义上看,用 DFT 计算信号频谱,就好像隔一个"栅栏"观看景象一样,只能在一系列离散点观看到真实的景象,而其他点处却看不到,故称这种效应为栅栏效应。分析信号频谱时,需要确认频谱的位置:若谱峰刚好位于两条离散谱线之间,一般情况下,无法检测出来。

能量泄漏与栅栏效应的关系如下:

(1) 频谱的离散取样造成了栅栏效应,谱峰越尖锐,产生误差的可能性就越大。例如,余弦信号的频谱为线谱。当信号频率与频谱离散取样点不等时,栅栏效应的误差为无穷大。

(2) 实际应用中,由于信号截短的原因,产生了能量泄漏,即使信号频率与频谱离散取样点不相等,也能得到该频率分量的一个近似值。从这个意义上说,能量泄漏误差不完全是有害的。如果没有信号截短产生的能量泄漏,频谱离散取样造成的栅栏效应误差将是不能接受的。

(3) 能量泄漏分主瓣泄漏和旁瓣泄漏,主瓣泄漏可以减小因栅栏效应带来的谱峰幅值估计误差,有好的一面,而旁瓣泄漏则是完全有害的。

不管是时域采样还是频域采样,都有相应的栅栏效应。只是当时域采样满足采样定理时,栅栏效应不会有什么影响。而频域采样的栅栏效应则影响很大,挡住或丢失的频率成分有可能是重要的或具有特征的成分,使信号处理失去意义。频谱的间隔为

$$\Delta\Omega = \Omega_0 = \frac{2\pi}{T_s N} \qquad\qquad (3.4.24)$$

可见,用提高采样间隔 T_s 也就是提高频率分辨力(减小频率间隔 $\Delta\Omega$)的方法可减小栅栏效应。

在采样周期 T_s 不变的情况下,在原序列的末端填补一些 0 值,从而增加 DFT 的点数 N,对 $X(k)$ 有插值的作用,使得谱线加密也可减小栅栏效应。同时,补零可以加宽窗函数,改善频谱泄漏问题。

间隔 $\Delta\Omega$ 越小,频率分辨力越高,被挡住或丢失的频率成分就会越少。但增加采样点

数,会使计算工作量增加。

对于正弦波这一特殊的信号,只要采样频率和做 FFT 时数据点数选得合适,那么 $X_N(k)$ 可以完全等于 $X_a(j\Omega)$ 的采样。

总之,在原序列数据的末尾补一些零位点来减小栅栏效应,本质上就是增加 DFT 运算的点数,从而提高频率分辨率。

4）高密度频谱

当信号的时间域长度不变时,在频域内对它的频谱进行提高采样频率 f_s 的采样,结果得到密度更高的谱密度,就是高密度频谱。采用在原序列尾部补零的方法可以提高 DFT 频谱密度,但它只可以更细化当前分辨率下的频谱,克服栅栏效应,不能改变 DFT 的分辨率。

5）高分辨率频谱

由表 3.2 知,在采样频率 f_s 不变时,通过改变采样点数 N 可以改变 DFT 的分辨率。增加 N 值,可以得到高分辨率频谱。

6）补零对频谱的影响

补零只是增加了数据的长度,而不是原信号的长度。

如果在截取后的序列 $x_1(n)$ 后面增补若干个零值点,如增补 $M-N$ 个零点,使 N 点 $x_1(n)$ 序列变成 M 点 $x_2(n)$ 序列。由于 $x_2(n)$ 的有效数据仍为 N 个,即

$$x_2(n)=\begin{cases} x_1(n), 0\leqslant n\leqslant N-1 \\ 0, N\leqslant n\leqslant M-1 \end{cases}$$

所以,$x_2(n)$ 的频谱为

$$X_2(e^{j\omega})=\sum_{n=0}^{M-1}x_2(n)e^{-j\omega n}=\sum_{n=0}^{M-1}x_1(n)e^{-j\omega n}=X_1(e^{j\omega})$$

即增补零值点后信号的频谱不变。$x_2(n)$ 的离散傅里叶变换为

$$X_2(k)=\text{DFT}[x_2(n)]=\sum_{n=0}^{M-1}x_2(n)e^{-j\frac{2\pi}{M}nk}=\sum_{n=0}^{N-1}x_1(n)e^{-j\frac{2\pi}{M}nk}$$

$$=\sum_{n=0}^{N-1}x_1(n)e^{-j\omega n}\Big|_{\omega=\frac{2\pi}{M}k}$$

$$=x_1(e^{j\omega})\Big|_{\omega=\frac{2\pi}{M}k}, 0\leqslant k\leqslant M-1$$

由此可见,时域增补零值的效果实际上相当于改变了频域采样点的位置,同时也增加了采样点的数量,采样点由原来的 N 个增加为 M 个,使谱线更密,谱线变密后原来看不到的谱分量就有可能清晰可见,从而削弱了栅栏效应。

注意,如果序列做 DFT 之前同时涉及补零加窗处理,窗函数宽度应按补零之前的序列长度计算,而不能按补零后的长度来选择窗函数。

能否通过增补零值点的方式提高频率分辨力呢？填补零值可以改变对 DTFT 的采

样密度,但认为补零可以提高 DFT 的频率分辨率是错误的。事实上,在 DFT 的频率分辨率 f_s/N 中,N 是指信号 $x(n)$ 的有效长度,而不是补零的长度。不同长度的 $x(n)$,其 DTFT 的结果是不同的;而相同长度的 $x(n)$,尽管补零的长度不同,其 DTFT 的结果是相同的,它们的 DFT 只是反映了对相同的 DTFT 采用了不同的采样密度。

3.5　LabVIEW 2020 实例解析

【实例 3.1】　编程验证输入信号对称性和其傅里叶变换对称性关系。

【解】　步骤 1:新建 VI。打开 LabVIEW 2020,如图 3.16 所示选择"File"→"New VI"或者使用快捷键"Ctrl＋N"创建一个新 VI 程序。

步骤 2:前面板布局。打开新建 VI 的前面板(Front Panel),在"View"→"Controls Palette 中打开控件选板,在控件选板 → "Modern"→"Graph"中选择"波形图" (Waveform Graph)控件并分别命名为"时域-信号实部""时域-信号虚部""FFT 实部"和 "FFT 虚部"。在控件选板 → "Modern"→"Numeric"中选择"滑动杆"并分别命名为"信号频率(赫兹)",如图 3.17 所示在控件选板 → "Modern"→"String ＆ path"中找到组合框控件(Combo Box)。

图 3.16　组合框控件

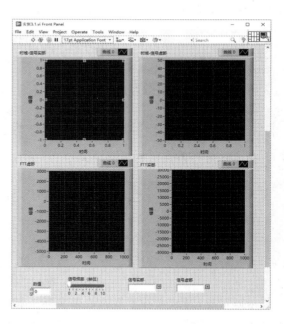

图 3.17　前面板布局

步骤 3:程序框图设计。参考程序框图,如图 3.18 所示。打开新建 VI 的程序框图 (Block Diagram)窗口进行程序框图创建,将所需控件和函数拖放到合适的位置进行连线编程,完成后将该 VI 保存为"实例 3.1.vi"。

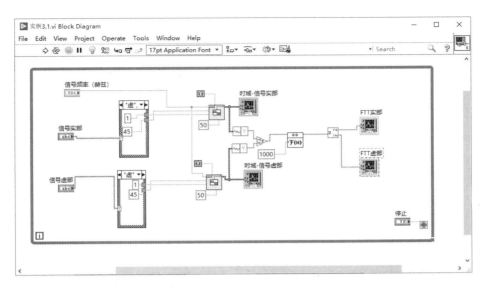

图 3.18　实例 3.1 程序框图

步骤 4：运行和调试。调节信号频率（赫兹）以及组合框控件，运行该 VI。该程序的运行结果，如图 3.19 所示。

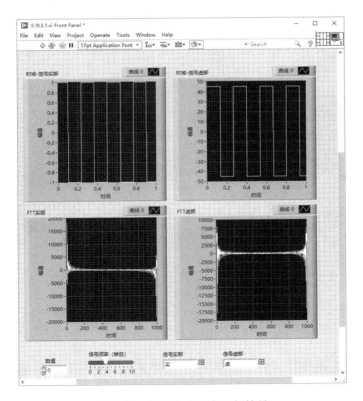

图 3.19　实例 3.1 程序运行结果

【**实例3.2**】 编程实现两信号叠加并分析其频率特性。

【**解**】 步骤1：新建VI。打开 LabVIEW 2020，如图1.38所示选择"File"→"New VI"或者使用快捷键"Ctrl＋N"创建一个新VI程序。

步骤2：前面板布局。打开新建VI的前面板（Front Panel），在"View"→"Controls Palette 中打开控件选板，在控件选板→"Modern"→"Graph"中选择"波形图"（Waveform Graph）控件并分别命名为"原始信号""信号叠加""频率谱-原始信号"和"频率谱-叠加信号"。在控件选板→"Modern"→"Numeric"中选择"滑动杆"并分别命名为"信号1频率"和"信号2频率"。实例3.2的前面板布局，如图3.20所示。

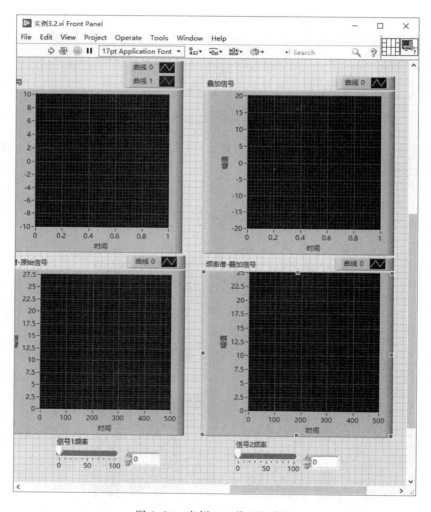

图3.20 实例3.2前面板布局

步骤3：程序框图设计。参考程序框图，如图3.21所示，打开新建VI的程序框图（Block Diagram）窗口进行程序框图创建，将所需控件和函数拖放到合适的位置进行连线编程，完成后将该VI保存为"实例3.2.vi"。

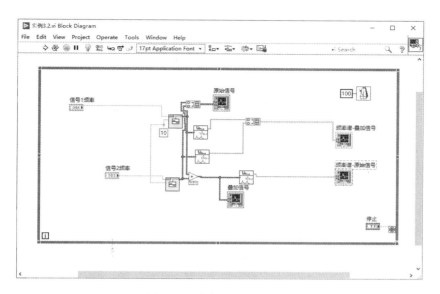

图 3.21　实例 3.2 程序框图

步骤 4：运行和调试。调节信号 1 频率、信号 2 频率，运行该 VI，该程序的运行结果，如图 3.22 所示。

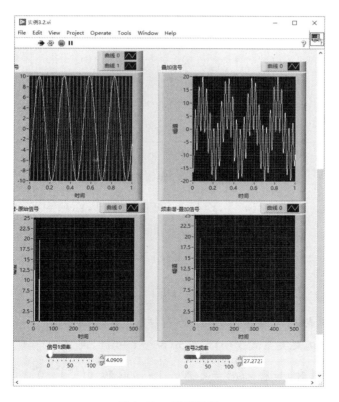

图 3.22　程序运行

习　题

3.1　对信号 $x(t)=\mathrm{e}^{-2t}(t\geqslant 0)$ 进行频谱分析。

3.2　求序列的 DFS 展开

$$\widetilde{x}(n)=A\cos\left(\frac{n\pi}{2}\right)$$

3.3　试求以下有限长序列的 N 点的 DFT（闭合形式表达式）。

(1) $x(n)=1$　　　　　　　　　　(2) $x(n)=\delta(n-n_0)\quad 0<n_0<N$

(3) $x(n)=\mathrm{e}^{\mathrm{j}\omega_0 n}$　　　　　　　　(4) $x(n)=\sin(\omega_0 n)R_N(n)$

(5) $x(n)=nR_N(n)$　　　　　　　(6) $x(n)=a^n R_N(n)$

3.4　已知长度为4的两个序列 $x(n)=(n+1)R_4(n),h(n)=(4-n)R_4(n)$ 求其线性卷积。

3.5　已知两序列 $x(n)=\begin{cases}0.9^n,0\leqslant n\leqslant 6\\0,其他\end{cases}$，$h(n)=\begin{cases}1,0\leqslant n\leqslant 8\\0,其他\end{cases}$，计算线性卷积和 N 点循环卷积，并画图显示计算步骤。

3.6　已知 $x(n)$ 为 $\{1,1,2,1\}$，如图 3.23 所示，试画出 $x((-n))_3 R_3(n)$、$x((-n))_6$、$x((-n))_5 R_5(n)$、$x((-n))_7 R_7(n)$ 等各序列。

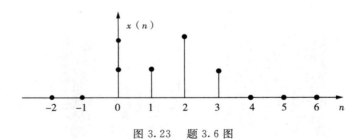

图 3.23　题 3.6 图

3.7　若 $X(k)=\mathrm{DFT}[x(n)]$，$Y(k)=\mathrm{DFT}[y(n)]$，$Y(k)=X((k+l))_N R_N(k)$，证明

$$y(n)=\mathrm{IDFT}[Y(k)]=W_N^{nl}x(n)$$

3.8　若 $x(n)=\mathrm{IDFT}[X(k)]$，求证 $\mathrm{IDFT}[x(k)]=\dfrac{1}{N}X((-n)_N)R_N(n)$。

3.9　令 $X(k)$ 表示 N 点序列 $x(n)$ 的 N 点 DFT，试证明：

(1) 如果 $x(n)$ 满足关系式 $x(n)=-x(N-1-n)$，则 $X(0)=0$。

(2) 当 N 为偶数时，如果 $x(n)=x(N-1-n)$，则 $X\left(\dfrac{N}{2}\right)=0$。

3.10　已知 $x(n)$ 是 N 点有限长序列，$X(k)=\mathrm{DFT}[x(n)]$。现将 $x(n)$ 的每两点之

间补 $r-1$ 个零值点,得到一个 rN 点的有限长序列 $y(n)$

$$y(n) = \begin{cases} x(n/r), n=ir, i=0,1,\cdots,N-1 \\ 0, 其他 \ n \end{cases}$$

试求 rN 点 DFT$[y(n)]$ 与 $X(k)$ 的关系。

3.11　为了说明循环卷积计算(用 DFT 算法),分别计算两矩形序列 $x(n)=R_N(n)$ 的卷积,如果 $x(n)=R_8(n)$,求:

(1) 两个长度为 8 点的 8 点循环卷积。

(2) 两个长度为 8 点的 16 点循环卷积。

3.12　设 $x(n)$ 是一个 $2N$ 点序列,具有如下性质:

$$x(n+N) = x(n)$$

另设,$x_1(n)=x(n)R_N(n)$,它的 N 点 DFT 为 $X_1(k)$,求 $x(n)$ 的 $2N$ 点 DFT$[X(k)]$ 和 $X_1(k)$ 的关系。

3.13　$x(n)$ 是长为 N 的有限长序列,$x_e(n)$、$x_o(n)$ 分别为 $x(n)$ 的圆周共轭偶部及奇部,即

$$x_e(n) = x_e^*(N-n) = \frac{1}{2}[x(n)+x^*(N-n)]$$

$$x_o(n) = -x_o^*(N-n) = \frac{1}{2}[x(n)-x^*(N-n)]$$

证明:DFT$[x_e(n)] = R_e[X(k)]$、DFT$[x_o(n)] = j\text{Im}[X(k)]$

3.14　设 $\tilde{x}(n)$ 是周期为 N 的周期序列,通过系统 $H(z)$ 以后,求证序列

$$\tilde{y}(n) = \frac{1}{N}\sum_{k=0}^{N-1} H(W_N^k)\tilde{X}(k)W_N^{-kn}$$

3.15　用计算机对实数序列作谱分析,要求谱分辨率 $F_0 \geqslant 50\text{Hz}$,信号最高频率为 1kHz,试确定以下各参数:

(1) 最小记录时间 T_0;

(2) 最大取样间隔 T_s;

(3) 最少采样点数 N;

(4) 在频带宽度不变的情况下,将频率分辨率提高一倍的 N 值。

3.16　用某台频谱仪做谱分析时,选用的抽样点数 N 必须是 2 的整数次幂。已知待分析的信号中,上限频率小于等于 1025kHz。要使谱分辨率小于等于 5Hz,试确定下列参数:

(1) 一个记录中的最少抽样点数;

(2) 相邻样点间的最大时间间隔;

(3) 信号的最小记录时间。

3.17 设有一谱分析用的信号处理器,抽样点数必须为 2 的整数幂,假定没有采用任何特殊数据处理措施,要求频率分辨率小于等于 6Hz,如果采用的抽样时间间隔为 0.1ms,试确定:

(1) 最小记录长度;

(2) 所允许处理的信号的最高频率;

(3) 在一个记录中的最少点数。

3.18 (1) 模拟数据以 10.24kHz 的速率取样,且计算了 1024 个取样的离散傅里叶变换,求频谱取样之间的频率间隔。

(2) 以上数字数据经处理以后又进行了离散傅里叶逆变换,求离散傅里叶逆变换后抽样点的间隔为多少? 整个 1024 点的时宽为多少?

第 4 章　　快速傅里叶变换

　　快速傅里叶变换(fast fourier transform，FFT)并不是一种新的变换，而是离散傅里叶变换(DFT)的一种快速算法。换句话说，FFT 是实现 DFT 的一种快速运算手段。为了更好地理解 FFT，本章首先分析直接计算 DFT 的问题及改进思路，然后讨论各种 FFT 算法，主要包括时间抽选法和频率抽选法。

4.1　　直接计算 DFT 的问题及其改进

4.1.1　直接计算 DFT 所带来的问题

　　设 $x(n)$ 为 N 点有限长序列，其 DFT 为

$$X(k) = \sum_{n=0}^{N-1} x(n) W_N^{nk} \tag{4.1.1}$$

　　其逆变换(IDFT)为

$$x(n) = \frac{1}{N} \sum_{k=0}^{N-1} X(k) W_N^{-nk} \tag{4.1.2}$$

式中，$k, n = 0, 1, \cdots, N-1$，$W_N = \mathrm{e}^{-\mathrm{j}\frac{2\pi}{N}} = \cos(2\pi/N) - \mathrm{j}\sin(2\pi/N)$。

　　式(4.1.1)与式(4.1.2)的差别仅在于 W_N 的指数符号不同，以及差一个常数乘因子 $1/N$，因而两式的运算量完全相同。因此，只讨论 DFT 正变换即可。

　　一般来说，$x(n)$ 和 W_N^{nk} 都是复数，$X(k)$ 也是复数。因此，每计算一个 $X(k)$ 需要 $x(n)$ 与 W_N^{nk} 做 N 次复数乘以及 $N-1$ 次复数加运算。而 $X(k)$ 一共有 N 个点(k 从 0 取到 $N-1$)，所以完成整个 DFT 正变换运算共需要 N^2 次复数乘及 $N(N-1)$ 次复数加。

　　由于复数运算实际上是由实数运算来完成的，所以式(4.1.1)可写为

$$
\begin{aligned}
X(k) &= \sum_{n=0}^{N-1} x(n) W_N^{kn} \\
&= \sum_{n=0}^{N-1} \{ (\mathrm{Re}[x(n)] \, \mathrm{Re}[W_N^{kn}] - \mathrm{Im}[x(n)] \, \mathrm{Im}[W_N^{kn}]) \\
&\quad + \mathrm{j}(\mathrm{Re}[x(n)] \, \mathrm{Im}[W_N^{kn}] + \mathrm{Im}[x(n)] \, \mathrm{Re}[W_N^{kn}]) \}
\end{aligned}
\tag{4.1.3}
$$

　　式(4.1.3)表明，一次复数乘需用 4 次实数乘和两次实数加；一次复数加则需要 2 次

实数加。因而每计算一个 $X(k)$，需 $4N$ 次实数乘及 $2N+2(N-1)=2(2N-1)$ 次实数加。所以，整个 DFT 运算共需要 $4N^2$ 次实数乘和 $N\times2(2N-1)=2N(2N-1)$ 次实数加。

注意，上述统计的计算量与实际需要的计算量有一定的差异，因为如果 W_N^{nk} 是1或 j，就没有乘法运算。例如，$W_N^{N/2}=-1$，$W_N^{N/4}=j$ 等就不需要做乘法。然而，为了比较，一般都不考虑这些特殊情况，而是将 W_N^{nk} 视为复数，当 N 很大时，这种情况的概率很小。

直接计算 DFT，乘法次数和加法次数都与 N^2 成正比，当 N 很大时，运算量是很大的。例如，当 $N=8$ 时，DFT 需要 64 次复数乘；而当 $N=1024$ 时，DFT 需要复数乘为 1048576 次，即需一百多万次复数乘运算，这对于实时性很强的信号处理来说，计算量太大。因而，改进 DFT 的计算方法以大幅度减少运算次数是非常必要的。

4.1.2 直接计算 DFT 问题的改进途径

1. 减少运算量

如何减少运算量是解决谱分析和信号实时处理的主要途径。显然，把 N 点 DFT 分解为几个较短的 DFT 可使乘法次数大大减少。

2. 减少重复运算

DFT 运算中含有大量的重复运算，做 DFT 运算时利用旋转因子 W_N 的周期性和对称性，来减少重复运算，从而减少运算量、提高运算速度。

3. 利用 DFT 计算 IDFT

根据 DFT 的对称性，利用 DFT 计算 IDFT，这样就极大地减少了运算次数、提高了运算速度。无论是时域抽取法还是频域抽取法都是基于该原理进行简化运算的。

快速傅里叶变换算法正是基于这样的基本思路而发展起来的。它的算法基本上可以分成两大类，即按时间抽选（decimation-in-time，DIT）法和按频率抽选（decimation-in-frequency，DIF）法。

4.2 按时间抽选的基-2 FFT 算法

4.2.1 算法原理

按时间抽选的基-2 FFT 算法，又称 DIT-FFT 算法，就是在时域内逐次将序列分解为奇数子序列和偶数子序列，通过求子序列的 DFT 实现整个序列的 DFT 计算，将计算 DFT 的运算量从 N^2 次复数乘减少到 $(N/2)\mathrm{lb}N$ 次复数乘（注意：lb 代表 $\log_2$）。

设序列点数 $N=2^L$，L 为整数。如果不满足这个条件，就人为地加上若干零值点，使之达到这一要求。这种 N 为 2 的整数幂的 FFT 也称基-2 FFT。

DIT-FFT 算法的思路和方法如下：

（1）将 $x(n)$ 按 n 的奇偶分为两组

令 $n=2r$ 时为偶数，$n=2r+1$ 时为奇数，于是有

$$\begin{cases} x(2r)=x_1(r), \\ x(2r+1)=x_2(r), \end{cases} \quad r=0,1,\cdots,\frac{N}{2}-1 \qquad (4.2.1)$$

$x(n)$ 的 DFT 为

$$X(k)=\mathrm{DFT}\{x(n)\}=\mathrm{DFT}\{x(2r)\}+\mathrm{DFT}\{x(2r+1)\}$$

$$=\mathrm{DFT}\{x_1(r)\}+\mathrm{DFT}\{x_2(r)\} \qquad (4.2.2)$$

代入 DFT 变换式，生成两个子序列

$$X(k)=\sum_{r=0}^{N/2-1}x(2r)W_N^{2rk}+\sum_{r=0}^{N/2-1}x(2r+1)W_N^{(2r+1)k}$$

$$=\sum_{r=0}^{N/2-1}x_1(r)\,(W_N^2)^{rk}+\sum_{r=0}^{N/2-1}x_2(r)\,(W_N^2)^{rk}W_N^k \qquad (4.2.3)$$

利用 W_N^{nk} 的可约性，即

$$W_N^2=\mathrm{e}^{-\mathrm{j}\frac{2\pi}{N}2}=\mathrm{e}^{-\mathrm{j}\frac{2\pi}{N/2}}=W_{N/2}$$

将式（4.2.3）表示为

$$X(k)=\sum_{r=0}^{N/2-1}x_1(r)W_{N/2}^{rk}+\sum_{r=0}^{N/2-1}x_2(r)W_{N/2}^{rk}W_N^k$$

$$=X_1(k)+W_N^kX_2(k) \qquad (4.2.4)$$

式中，$k=0,1,\cdots,\dfrac{N}{2}-1$。

$$X_1(k)=\sum_{r=0}^{N/2-1}x_1(r)W_{N/2}^{rk}=\sum_{r=0}^{N/2-1}x(2r)W_{N/2}^{rk}$$

$$X_2(k)=\sum_{r=0}^{N/2-1}x_2(r)W_{N/2}^{rk}=\sum_{r=0}^{N/2-1}x(2r+1)W_{N/2}^{rk}$$

式（4.2.3）表明，一个 N 点 DFT 已分解成两个 $N/2$ 点的 DFT，它们按式（4.2.4）又组合成一个 N 点 DFT。但是 $x_1(r)$、$x_2(r)$ 以及 $X_1(k)$、$X_2(k)$ 都是 $N/2$ 点的序列，即满足 $r,k=0,1,\cdots,\dfrac{N}{2}-1$。而 $X(k)$ 却有 N 点，用式（4.2.3）计算得到的只是 $X(k)$ 的前一半项数的结果，要用 $X_1(k)$ 和 $X_2(k)$ 表达全部的 $X(k)$ 值，还必须应用系数的周期性，即

$$W_{N/2}^{nk}=W_{N/2}^{r(k+N/2)}$$

由此可得

$$\begin{cases} X_1\left(\dfrac{N}{2}+k\right)=\sum_{r=0}^{N/2-1}x_1(r)W_{N/2}^{r(k+N/2)}=\sum_{r=0}^{N/2-1}x_1(r)W_{N/2}^{rk}=X_1(k) \\[4mm] X_2\left(\dfrac{N}{2}+k\right)=\sum_{r=0}^{N/2-1}x_2(r)W_{N/2}^{r(k+N/2)}=\sum_{r=0}^{N/2-1}x_2(r)W_{N/2}^{rk}=X_2(k) \end{cases} \quad (4.2.5)$$

式(4.2.5)表明,后半部分 k 值$\left(\dfrac{N}{2}\leqslant k\leqslant N-1\right)$ 所对应的 $X_1(k)$ 和 $X_2(k)$ 分别等于前半部分 k 值$\left(0\leqslant k\leqslant\dfrac{N}{2}-1\right)$ 所对应的 $X_1(k)$ 和 $X_2(k)$。

再利用 W_N^k 的性质

$$W_N^{(N/2+k)}=W_N^{N/2}W_N^k=-W_N^k \quad (4.2.6)$$

将 $X(k)$ 表达为前后两部分,即

前半部分

$$X(k)=X_1(k)+W_N^kX_2(k),0\leqslant k\leqslant N/2-1 \quad (4.2.7)$$

后半部分

$$X(k+N/2)=X_1(k)-W_N^kX_2(k),0\leqslant k\leqslant N/2-1 \quad (4.2.8)$$

只要求出区间 $0\sim\left(\dfrac{N}{2}-1\right)$ 内的各个整数 k 值所对应的 $X_1(k)$ 和 $X_2(k)$ 的值,就可以求出整个区间 $0\sim(N-1)$ 内全部 $X(k)$ 值,这就是 FFT 能大量节省计算量的关键。

式(4.3.7)和式(4.3.8)所示运算的蝶形信号流图,如图 4.1 所示。这种运算方法通常称为蝶形图法,当支路上没有标出系数时,该支路的传输系数为 1。

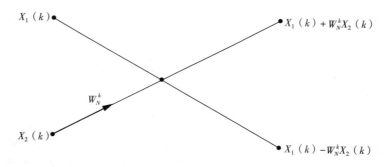

图 4.1　时间抽选法蝶形信号流图

采用蝶形图法,可将上面讨论的分解过程表示出来。

(2) 把 $N/2$ 序列分解成两个 $N/4$ 序列,一直分解到单点序列。当 $L=3,N=8$ 时,需要三级分解,如图 4.2 所示。

按 $N=8,\dfrac{N}{2}=4$,做 4 点 DFT,$X(k)$ 的前后两部分为

$$X(k) = X_1(k) + W_8^k X_2(k)$$

$$X(k+4) = X_1(k) - W_8^k X_2(k)$$

在时域上，$x(0),x(2),x(4),x(6)$ 为偶子序列；$x(1),x(3),x(5),x(7)$ 为奇子序列。

在频域上，由 $X(k)$ 给出 $X(0),X(1),X(2),X(3)$；由 $X\left(k+\dfrac{N}{2}\right)$ 给出 $X(4),X(5)$，$X(6),X(7)$。$N=8$ 的 N 点 DFT 的第一次时域分解图，如图 4.3 所示。

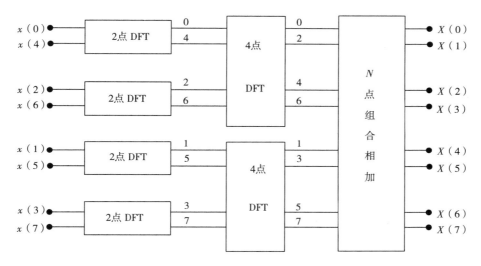

图 4.2　蝶形信号流三级分解

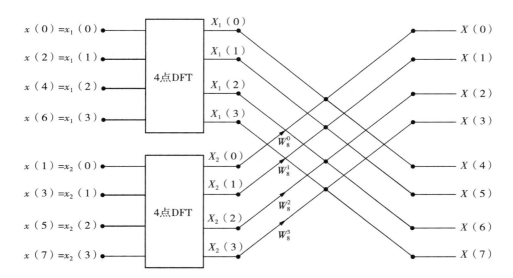

图 4.3　N 点 DFT 的一次时域抽取分解图（$N=8$）

161

因为 4 点 DFT 的计算还是比较麻烦，所以还需继续分解。若将 $N/2(4$ 点) 子序列按奇偶分解成两个 $N/4$ 点(2 点) 子序列，即将 $x_1(l)$ 和 $x_2(l)$ 分解为奇、偶两个 $N/4$ 点(2 点) 子序列。

$$x_1(l): \begin{cases} x(0),x(4) & \text{偶序列} \\ x(2),x(6) & \text{奇序列} \end{cases}$$
$$x_2(l): \begin{cases} x(1),x(5) & \text{偶序列} \\ x(3),x(7) & \text{奇序列} \end{cases}$$

将 $x_1(l)$ 再进行奇、偶分解，即

$$\begin{cases} x_1(2r)=x_3(r) & \text{偶序列} \\ x_1(2r+1)=x_4(r) & \text{奇序列} \end{cases}, \text{此处 } r=0,1,\cdots,\frac{N}{4}-1 \text{。}$$

这时，$X_1(k)$ 可分解为

$$X_1(k)=\text{DFT}\big[x_1(l)\big]$$

$$=\sum_{r=0}^{N/4-1} x_1(2r)W_{N/2}^{2rk} + \sum_{r=0}^{N/4-1} x_1(2r+1)W_{N/2}^{(2r+1)k}$$

$$=\sum_{r=0}^{N/4-1} x_3(r)W_{N/4}^{rk} + W_{N/2}^{k}\sum_{r=0}^{N/4-1} x_4(r)W_{N/4}^{rk}$$

$$=X_3(k)+W_{N/2}^{k}X_4(k)$$

式中，$X_3(k)=\text{DFT}[x_3(r)]=\sum\limits_{r=0}^{N/4-1} x_3(r)W_{N/4}^{rk}$，$X_4(k)=\text{DFT}[x_4(r)]=\sum\limits_{r=0}^{N/4-1} x_4(r)W_{N/4}^{rk}$。

根据周期性 $X_3(k)=X_3(k+N/4),X_4(k)=X_4(k+N/4)$ 和对称性 $W_{N/2}^{k+N/4}=-W_{N/2}^{k}$，得

$$\begin{cases} X_1(k)=X_3(k)+W_{N/2}^{k}X_4(k) \\ X_1(k+N/4)=X_3(k)-W_{N/2}^{k}X_4(k) \end{cases}$$

式中，$k=0,1,\cdots,\dfrac{N}{4}-1$。

同理，将 $x_2(l)$ 再进行奇、偶分解，即

$$\begin{cases} x_2(2r)=x_5(r) & \text{偶序列} \\ x_2(2r+1)=x_6(r) & \text{奇序列} \end{cases}, \text{此处 } r=0,1,\cdots,\frac{N}{4}-1 \text{。}$$

$X_2(k)$ 的分解式为

$$X_2(k) = \sum_{r=0}^{N/4-1} x_2(2r)W_{N/2}^{2rk} + \sum_{r=0}^{N/4-1} x_2(2r+1)W_{N/2}^{(2r+1)k}$$

$$= \sum_{r=0}^{N/4-1} x_5(r)W_{N/4}^{rk} + W_{N/2}^{k}\sum_{r=0}^{N/4-1} x_6(r)W_{N/4}^{rk}$$

$$= X_5(k) + W_{N/2}^{k}X_6(k)$$

因此

$$\begin{cases} X_2(k) = X_5(k) + W_{N/2}^{k}X_6(k) \\ X_2(k+N/4) = X_5(k) - W_{N/2}^{k}X_6(k) \end{cases}$$

8 点 DFT 的第二次时域抽取分解图,如图 4.4 所示。

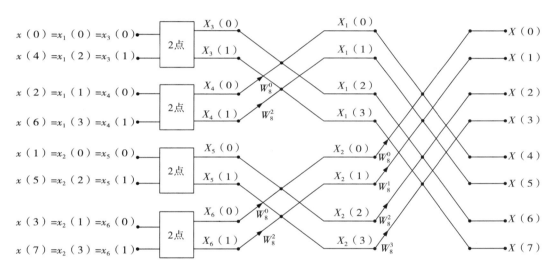

图 4.4　8 点 DFT 的第二次时域抽取分解图

图 4.4 表明,2 点 DFT 输出为 $X_3(k)$、$X_4(k)$、$X_5(k)$、$X_6(k)$,$k=0,1$。以 $X_3(k)$ 的计算为例

$$X_3(k) = \mathrm{DFT}[x_3(r)] = \sum_{r=0}^{N/4-1} x_3(r)W_{N/4}^{rk} = x_3(0) + W_2^{k}x_3(1)$$

$$X_3(0) = x_3(0) + W_2^{0}x_3(1) = x(0) + W_2^{0}x(4)$$

$$X_3(1) = x_3(0) + W_2^{1}x_3(1) = x_3(0) - W_2^{0}x_3(1) = x(0) - W_2^{0}x(4)$$

同理,可求 $X_4(k)$,$X_5(k)$,$X_6(k)$。这些两点 DFT 都可用一个蝶形结表示。由此可得,一个按时间抽选运算的完整的 8 点 DFT 流图,如图 4.5 所示。图中,输入输出数据储存在数组 $A(0) \sim A(7)$ 中。

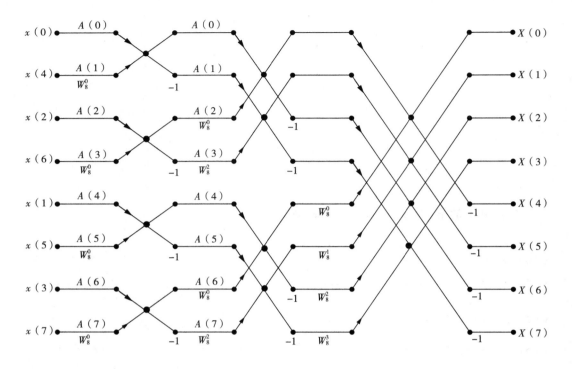

图 4.5　8 点的 DIF – FFT 运算流图($N = 8$)

4.2.2　运算量分析

按时间抽取的 FFT 运算流图,每级都由 $N/2$ 个蝶形单元构成,因此每一级运算都需要 $N/2$ 次复数乘和 N 次复数加(每个蝶形需要两次复数加)。这样($N = 2^L$)L 级运算计算量如下:

(1)复数乘次数

$$m_F = \frac{N}{2}L = \frac{N}{2}\log_2 N$$

(2)复数加次数

$$a_F = N \times L = N\log_2 L$$

由于计算机上乘法运算所需时间比加法运算所需时间多得多,所以以乘法计算次数作为运算量。FFT 算法与直接 DFT 算法运算量的比较见表 4.1 所列。直接 DFT 复数乘次数是 N^2 次,FFT 复数乘次数是 $(N/2)\log_2 N$。

表 4.1　FFT 算法与直接 DFT 算法计算量比较

N	DFT		FFT		比较
	乘法 N^2	加法 $N(N-1)$	乘法 $\frac{N}{2}\log_2 N$	加法 $N\log_2 N$	$\dfrac{N^2}{\frac{N}{2}\log_2 N}$
2	4	2	1	2	4
4	16	12	4	8	4
8	64	56	12	24	5.4
16	256	240	32	64	8
32	1024	992	80	160	12.8
64	4096	4032	192	384	21.3
128	16384	16256	448	896	36.6
256	65536	65280	1024	2048	64
512	262144	261632	2034	4068	113.8
1024	1048576	1047552	5120	10240	204.8
2048	4194304	4192256	11264	22528	372.4

4.2.3　DIT-FFT 算法特点

为了得到任何 $N=2^L$ 的按时间抽选基-2FFT 的信号流图,现分析这种按时间抽选法在运算方式上的特点。

1. 原位运算(同址运算)

图 4.5 表明,这种运算是很有规律的,其每级(每列)计算都是由 $N/2$ 个蝶形运算构成的,每一个蝶形结构完成基本迭代运算。

蝶形运算的特点:每一个蝶形运算都需要两个输入数据,计算结果也是两个数据,与其他节点的数据无关,其他蝶形运算也与这两个节点的数据无关。因此,一个蝶形运算一旦计算完毕,原输入数据就失效。这就意味着输出数据可以立即使用原输入数据节点所占用的内存,原来的输入数据也立即消失。输出、输入数据利用同一内存单元的这种蝶形计算称为原位计算,也叫同址计算。这种"同址运算"的优点是节省存储单元、降低对计算机存储量的要求或降低硬件实现的成本。下一级的运算仍采用这种同址运算或原位方式,只不过进入蝶形结的组合关系有所不同。这种原位运算结构可以节省存储单元,降低设备成本。

2. 码位倒序

图 4.5 表明,按原位计算时,FFT 的输出 $X(k)$ 是按正常顺序排列在存储单元

$A(0) \sim A(7)$ 中的,即按 $X(0) \sim X(7)$ 的顺序排列,而输入 $x(n)$ 是按 $x(0), x(4), \cdots,$ $x(7)$ 的顺序存入存储单元 $A(0) \sim A(7)$,显然是按自然顺序存储的,似乎"混乱无序",但是实际上是有规律的,称之为倒位序。产生码位倒序的原因是由于按时间抽取基-2 FFT 算法的多次奇偶抽取将原序列的自然顺序改变的结果。即序列在进入这种 FFT 算法之前,序列要重新排序,使之符合 FFT 的算法要求,新序是原序的二进制码位倒置顺序,简称码位倒序。以 $N=8$ 为例,序列顺序的下标之间的关系见表 4.2 所列。

表 4.2　$N = 8$ 时序列下标之间的关系

自然顺序		码位顺序	
十进制	二进制	二进制	十进制
0	000	000	0
1	001	100	4
2	010	010	2
3	011	110	6
4	100	001	1
5	101	101	5
6	110	011	3
7	111	111	7

DIT-FFT 形成倒序的树状图($N=2^3$),如图 4.6 所示。

如果输入按自然顺序,则输出是倒序;反之,亦然。在实际运算中,按码位倒置顺序输入数据 $x(n)$,特别当 N 较大时,是很不方便的。因此,数据总是按自然顺序输入存储,然后通过"变址"运算将自然顺序转换成码位倒置顺序存储,这一过程称为整序。

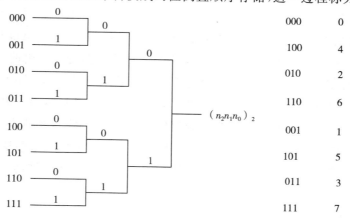

图 4.6　DIT-FFT 形成倒序的树状图($N = 2^3$)

3. 蝶形运算规律

序列 $x(n)$ 经时域倒序抽选后，存入数组 A 中。倒序规律如图 4.7 所示。

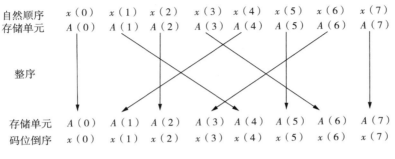

图 4.7　倒序规律

4. 旋转因子的变化规律

在 N 点 DIT-FFT 运算流图中，每级都有 $N/2$ 个蝶形，每个蝶形都要乘以旋转因子 W_N^k，k 称为旋转因子的指数。每一级旋转因子都不同，但排序很有规律见表 4.3 所列。

表 4.3　旋转因子规律

分级	旋转因子及等效表示	旋转因子数	分组
第 1 级	W_N^0	1	$N/2$
第 2 级	$W_N^0 = W_4^0 \quad W_N^{\frac{N}{4}} = W_4^1$	2	$N/4$
第 3 级	$W_N^0 = W_8^0 \quad W_N^{\frac{N}{8}} = W_4^1 \quad W_N^{\frac{2N}{8}} = W_8^1 \quad W_N^{\frac{3N}{8}} = W_8^3$	3	$N/8$
第 L 级	$W_N^0 = W_{2^L}^0 \quad W_N^{\frac{N}{2^L}} = W_{2^L}^1 \quad W_N^{\frac{2N}{2^L}} = W_{2^L}^2$ $W_N^{\frac{3N}{2^L}} = W_{2^L}^3 \quad W_N^{\frac{(2^L-1)N}{2^L}} = W_{2^L}^{2^L-1}$	$2^L - 1$	$N/2^L$
$\vdots$	$\vdots$	$\vdots$	$\vdots$
第 M 级	$W_N^0 \quad W_N^1 \quad W_N^2 \quad W_N^3 \quad W_N^{N/2-1}$	$N/2$	

4.3　时间抽取基-2 FFT 的其他算法结构

对于任何信号流程图，如果保持连接各节点的支路及其附于支路上的传输系数不变，则无论节点位置怎样变动，所得到的信号流程图都等效或计算结果都相同。将这个原则应用于图 4.8 所示的时间抽取基-2 FFT 的信号流程图,可以得到另外两个等效的信号流程图。

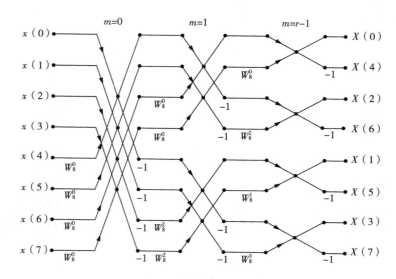

图 4.8　输入正序而输出倒序的时间抽取基-2 FFT 信号流图($N=8$)

将图 4.5 中节点 $x(4)$ 到 $X(1)$ 水平连线上的所有节点和支路及其旋转因子,与节点 $x(1)$ 与节点 $X(4)$ 水平连线上的所有节点和支路及其旋转因子位置对调。类似地,节点 $x(6)$ 到 $X(3)$ 水平连线上的所有节点和支路及其旋转因子,与节点 $x(3)$ 与节点 $X(6)$ 水平连线上的所有节点和支路及其旋转因子位置对调,就得到时间抽取法的变形图 4.8。变形流图的蝶形运算形式不变,运算量也不变。变形后流图的特点是输入顺序排列、输出倒序排列。旋转因子的顺序不同,如最后一列旋转因子顺序为 W_8^0、W_8^2、W_8^1、W_8^3,特别是前一列旋转因子正好是后一列所用旋转因子的前一半,例如,第二列旋转因子为 W_8^0、W_8^2,而后一列的前一半正好是 W_8^0、W_8^2。所以根据最后一列的 $N/2$ 个旋转因子排列就很容易推断前面各列的旋转因子,在计算大型 FFT 时,采用这种方式较为方便。因此,如果按照图 4.8 的信号流程图进行计算,那么可以直接对正序输入序列进行计算,而且也可以原位计算,但是最后需要用倒序运算程序把计算结果变成正序的。

如果保持图 4.8 所示信号流程图第 0 级的结构不变,而将第 2 级的输出序列改变成正序的,那么将得到如图 4.9 所示的信号流程图,其中第 1 级和第 2 级的 4 个蝶形发生交错。这种结构的优点是输入序列和输出序列都是正序的,因而都不需要倒序运算,缺点是不能进行原位计算,因此,需要多用 N 个存储单元。在高速乘法累加器集成电路出现之后,专用的硬件处理器中常采用这种结构。

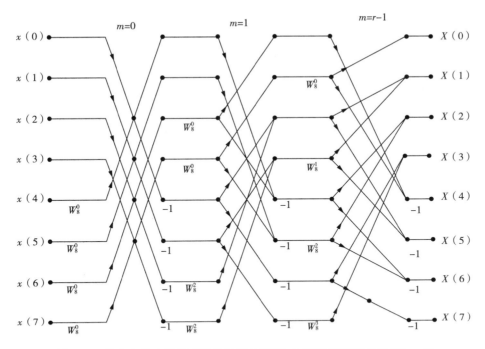

图 4.9   输入和输出都是正序的时间抽取基-2 FFT 信号流程图（$N = 8$）

4.3.1   混合基 FFT 算法

1. 算法推导

设 $N = N_1 N_2$，N_1 和 N_2 为正整数。将一维序列 $x(n)$（如图 4.10(a) 所示）映射成二维数组 $x(i,j)$（如图 4.10(b) 所示），这里 i 和 j 分别是行和列的序号，$0 \leqslant i \leqslant N_1 - 1$，$0 \leqslant j \leqslant N_2 - 1$。

$x(0)$	$x(1)$	$x(2)$	$\cdots$	$x(N-2)$	$x(N-1)$

$x(n)$

（a）   一维序列

i ╲ j	0	1	$\cdots$	$N_2 - 1$
0	$x(0,0)$	$x(0,1)$	$\cdots$	$x(0,N_2-1)$
1	$x(1,0)$	$x(1,1)$	$\cdots$	$x(1,N_2-1)$
$\vdots$	$\vdots$	$\vdots$	$\cdots$	$\vdots$
N_1-1	$x(N_1-1,0)$	$x(N_1-1,1)$	$\cdots$	$x(N_1-1,N_2-1)$

（b）二维序列

$x(0)$	$x(1)$	$\cdots$	$x(N_2 - 1)$	$x'_0(j)$
$x(N_2)$	$x(N_2 + 1)$	$\cdots$	$x(2N_2 - 1)$	$x'_1(j)$
$\vdots$	$\vdots$	$\cdots$	$\vdots$	$\vdots$
$x((N_1 - 1)N_2)$	$x((N_1 - 2)N_2 + 1)$	$\cdots$	$x(N_1 N_2 - 1)$	$x'_{N_1 - 1}(j)$

（c）N_1 个子序列

$x(0)$	$x(N_1)$	$\cdots$	$x((N_2 - 1)N_1)$	$x_0(j)$
$x(1)$	$x(N_1 + 1)$	$\cdots$	$x((N_2 - 1)N_1 + 1)$	$x_1(j)$
$\vdots$	$\vdots$	$\cdots$	$\vdots$	$\vdots$
$x(N_1 - 1)$	$x(2N_1 - 1)$	$\cdots$	$x(N_1 N_2 - 1)$	$x_{N_1 - 1}(j)$

（d） N_1 个子序列

图 4.10　将一维序列映射成二维数组

一维下标 n 到二维下标 (i,j) 的映射关系为

$$n = N_2 i + j \tag{4.3.1}$$

或

$$n = i + N_1 j \tag{4.3.2}$$

式中，$0 \leqslant n \leqslant N - 1$；$0 \leqslant i \leqslant N_1 - 1$；$0 \leqslant j \leqslant N_2 - 1$。

按式（4.3.1）将 $x(n)$ 分成 N_1 个无交叉重叠的子序列，每个子序列有 N_2 个元素，排列成 $N_1 \times N_2$ 矩阵，即二维数组。这样，二维数组 $x(i,j)$ 的每一行都是一个长为 N_2 的子序列，即

$$x'_i(j) = x(N_2 i + j), 0 \leqslant i \leqslant N_1 - 1, 0 \leqslant j \leqslant N_2 - 1 \tag{4.3.3}$$

这种子序列共有 N_1 个，如图 4.10(c) 所示。

按式（4.3.2）是将 $x(n)$ 分成 N_1 个无交叉重叠的子序列，每个子序列有 N_2 个元素，排列成 $N_1 \times N_2$ 矩阵，即二维数组。这样，二维数组 $x(i,j)$ 的每一行仍然是一个长为 N_2 的子序列，但它们与 $x'_i(j)$ 不同，即

$$x_i(j) = x(i + N_1 j), 0 \leqslant i \leqslant N_1 - 1, 0 \leqslant j \leqslant N_2 - 1 \tag{4.3.4}$$

这种子序列仍然共有 N_1 个，如图 4.10(d) 所示。

假设选取式（4.4.2）的映射方法将 $x(n)$ 转换成二维数组 $x_i(j)$。计算 $x(n)$ 的 N 点 DFT，得

$$X(k) = \sum_{n=0}^{N-1} x(n) W_N^{nk} = \sum_{j=0}^{N_2-1} \left[\sum_{i=0}^{N_1-1} x_i(j) \right] W_N^{(i+N_1 j)k}, 0 \leqslant k \leqslant N - 1 \tag{4.3.5}$$

注意：式中的 k 取值范围是 $0 \leqslant k \leqslant N - 1$，即 $X(k)$ 是 N 点 DFT。

$X(k)$ 可以分组计算,也就是说,可以将 N 点长的一维序列 $X(k)$ 映射成二维数组逐行加以计算。假设一维下标 k 映射成二维下标 (p,q),p 和 q 分别是行和列的下标,$0 \leqslant p \leqslant N_1 - 1$,$0 \leqslant q \leqslant N_2 - 1$。与 n 到 (i,j) 的映射类似,k 到 (p,q) 的映射有两种方式:

$$k = N_2 p + q \tag{4.3.6}$$

或

$$k = p + N_1 q \tag{4.3.7}$$

若按式(4.3.6)的下标映射方式计算式(4.3.5)中的 $X(k)$,则

$$X(N_2 p + q) = \sum_{j=0}^{N_2-1} \left[\sum_{i=0}^{N_1-1} x_i(j) \right] W_N^{(i+N_1 j)(N_2 p + q)} \tag{4.3.8}$$

由于 $W_N^{N_1 N_2 jp} = W_N^{Njp} = 1$,$W_N^{N_1 jq} = W_{N/N_1}^{jq} = W_{N_2}^{jq}$,$W_N^{N_2 ip} = W_{N/N_2}^{ip} = W_{N_1}^{ip}$,所以有

$$W_N^{(i+N_1 j)(N_2 p + q)} = W_N^{N_1 N_2 jp} W_N^{N_1 jq} W_N^{N_2 ip} W_N^{iq} = W_{N_2}^{jq} W_{N_1}^{ip} W_N^{iq} \tag{4.3.9}$$

将式(4.3.9)代入式(4.3.8),并交换求和次序,得

$$X(N_2 p + q) = \sum_{i=0}^{N_1-1} \left[W_N^{iq} \sum_{j=0}^{N_2-1} x_i(j) W_{N_2}^{jq} \right] W_{N_1}^{ip} \tag{4.3.10}$$

式中,令

$$Y_i(q) = \sum_{j=0}^{N_2-1} x_i(j) W_{N_2}^{jq} \tag{4.3.11}$$

$$G_i(q) = W_N^{iq} Y_i(q) \tag{4.3.12}$$

令

$$X_p(q) \equiv X(N_2 p + q) \tag{4.3.13}$$

得

$$X_p(q) = \sum_{i=0}^{N_1-1} G_i(q) W_{N_1}^{ip}, 0 \leqslant p \leqslant N_1 - 1, 0 \leqslant q \leqslant N_2 - 1 \tag{4.3.14}$$

因此,$X(k)$ 的计算步骤如下:

步骤 1:按照式(4.3.2)的下标映射规则,将输入时间序列 $x(n)$ 排列成二维数组,数组的每一行是长为 N_2 的子序列 $x_i(j)$。子序列无交叉重叠。

步骤 2:由式(4.3.11)计算每一行子序列的 N 点 DFT,得到二维数组 $Y_i(q)$。

步骤 3:由式(4.3.12)计算旋转因子 W_N^{iq} 与二维数组 $Y_i(q)$ 每个元素的乘积,得到二维数组 $G_i(q) = W_N^{iq}$。

步骤 4:按照式(4.3.13)计算二维数组 $G_i(q)$ 每一列的 N_1 点 DFT,得到 $X_p(q)$。根据式(4.3.12),按照式(4.3.6)的下标映射规则对 $X(k)$ 进行重排得到的二维数组

$X_p(q)$，并逐行读出 $X_p(q)$ 以得到 $X(k)$。

【例 3.1】 设 $x(n)$ 是长为 $N=15$ 的序列，试写出用混合基FFT算法计算DFT的步骤，并画出计算流程图。要求 n 和 k 分别使用式(4.3.2)和式(4.3.6)的下标映射规则。

【解】 $N=15=5 \times 3, N_1=5, N_2=3$。计算步骤如下：

步骤1：按式(4.3.2)，$n=i+N_1 j=i+5j, 0 \leqslant i \leqslant 4, 0 \leqslant j \leqslant 2$。将 $x(n)$ 排列成二维数组（即逐列读入）

$$\boldsymbol{x}_i(j)=\begin{bmatrix} x(0) & x(5) & x(10) \\ x(1) & x(6) & x(11) \\ x(2) & x(7) & x(12) \\ x(3) & x(8) & x(13) \\ x(4) & x(9) & x(14) \end{bmatrix}$$

步骤2：由式(4.3.10)计算每一行子序列的 $N_2=3$ 点DFT，得到二维数组 $Y_i(q)$，这里 $0 \leqslant i \leqslant 4$ 和 $0 \leqslant j \leqslant 2$ 分别是行和列的序号。

$$\boldsymbol{Y}_i(q)=\begin{bmatrix} Y_0(0) & Y_0(1) & Y_0(2) \\ Y_1(0) & Y_1(1) & Y_1(2) \\ Y_2(0) & Y_2(1) & Y_2(2) \\ Y_3(0) & Y_3(1) & Y_3(2) \\ Y_4(0) & Y_4(1) & Y_4(2) \end{bmatrix}$$

步骤3：将旋转因子 W_N^{iq} 排列成一个 5×3 的二维数组，即

$$\boldsymbol{W}_N^{iq}=\begin{bmatrix} W_{15}^0 & W_{15}^0 & W_{15}^0 \\ W_{15}^0 & W_{15}^1 & W_{15}^2 \\ W_{15}^0 & W_{15}^2 & W_{15}^4 \\ W_{15}^0 & W_{15}^3 & W_{15}^6 \\ W_{15}^0 & W_{15}^4 & W_{15}^8 \end{bmatrix}=\begin{bmatrix} 1 & 1 & 1 \\ 1 & e^{-2\pi/15} & e^{-4\pi/15} \\ 1 & e^{-4\pi/15} & e^{-8\pi/15} \\ 1 & e^{-6\pi/15} & e^{-12\pi/15} \\ 1 & e^{-8\pi/15} & e^{-\pi/15} \end{bmatrix}$$

计算旋转因子 W_N^{iq} 与步骤2得到的二维数组 $X_i(q)$ 对应元素的乘积，得到二维数组

$$\boldsymbol{G}_i(q)=\boldsymbol{W}_N^{iq}\boldsymbol{Y}_i(q)=\begin{bmatrix} Y_0(0) & Y_0(1) & Y_0(2) \\ Y_1(0) & Y_1(1)e^{-2\pi/15} & Y_1(2)e^{-4\pi/15} \\ Y_2(0) & Y_2(1)e^{-4\pi/15} & Y_2(2)e^{-8\pi/15} \\ Y_3(0) & Y_3(1)e^{-6\pi/15} & Y_3(2)e^{-12\pi/15} \\ Y_4(0) & Y_4(1)e^{-8\pi/15} & Y_4(2)e^{-\pi/15} \end{bmatrix}$$

步骤 4:用式(4.3.14)计算二维数组 $G_i(q)$ 每一列的 N_1 点 DFT,得到 $X_p(q)$。根据式(4.3.13),并按式(4.3.6)的下标映射规则计算 $X(k)$ 得到的二维数组 $X_p(q)$,再逐行读出 $X_p(q)$ 即可得到 $X(k)$。信号流程图如图 4.11 所示。

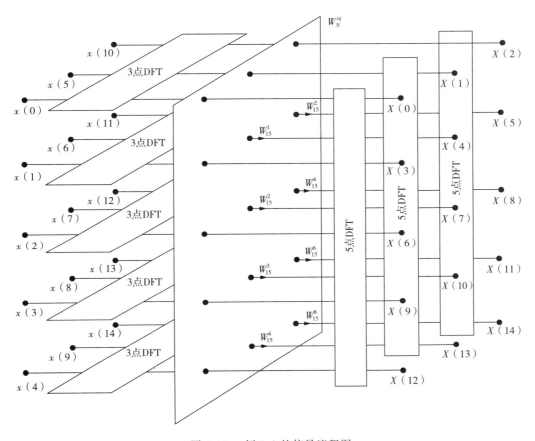

图 4.11　例 3.1 的信号流程图

2. 运算量估计

现在分析上述算法的计算量。用式(4.3.10)计算 N_1 个 N_2 点 DFT 需要 $N_1 N_2^2$ 次复数乘和 $N_1 N_2 (N_2 - 1)$ 次复数加,用式(4.3.12)计算旋转因子 W_N^{iq} 与二维数组 $G_i(q)$ 对应元素之积需要 $N_1 N_2$ 次复数乘,用式(4.3.14)计算二维数组 $G_i(q)$ 所有 N_2 列的 N_1 点 DFT 需要 $N_2 N_1^2$ 次复数乘和 $N_2 N_1 (N_1 - 1)$ 次复数加。所以,总计需要的复数乘和复数加次数分别为

$$N_M = N_1 N_2^2 + N_1 N_2 + N_2 N_1^2 = N(N_2 + 1 + N_1) \tag{4.3.15}$$

和

$$N_A = N_1 N_2 (N_2 - 1) + N_2 N_1 (N_1 - 1) = N(N_2 + N_1 - 2) \tag{4.3.16}$$

若 $N = N_1 N_2 = 71 \times 23$,则

$$N_M = N(N_2 + 1 + N_1) = 71 \times 23(23 + 71 + 1) = 155\ 135$$

$$N_A = N(N_2 + N_1 - 2) = 71 \times 23(23 + 71 - 2) = 150\ 236$$

而直接计算 71×23 点 DFT 需要的复数乘和复数加次数分别为

$$N'_M = N^2 = (71 \times 23)^2 = 2\ 666\ 689$$

$$N'_A = N(N - 1) = 71 \times 23 \times (71 \times 23 - 1) = 2\ 665\ 056$$

由二者比较知,上述算法的复数乘和复数加次数都大约减少为直接计算 DFT 的次数的 1/17。

3. 算法的进一步推广

n 和 k 也可以分别按照式(4.3.1)和式(4.3.7)的规则来映射,即输入序列逐行读入二维数组,而输出二维数组按列向量读出。算法的推导过程与上类似。计算步骤如下:

步骤 1:将输入序列 $x(n)$ 的元素按行向量存入二维数组。

步骤 2:计算每列的 N_1 点 DFT。

步骤 3:将步骤 2 计算所得到的二维数组中的元素乘以旋转因子。

步骤 4:计算步骤 3 所得到的二维数组中每行的 N_2 点 DFT。

步骤 5:按列方向逐列读取步骤 4 所得到的二维数组便得到最后结果。

如果 N_1 或 N_2 还可以进一步分解,即假设 N 是一个高度复合数,即

$$N = N_1 N_2 \cdots N_r$$

式中,所有因数都是素数,那么,上述 DFT 分解进行 $r - 1$ 次后就不能再进一步分解。这样,最后得到的整个算法由长度分别为 $N_1, N_2, \cdots, N_r$ 的 r 个短 DFT 组成,这就是"混合基算法"名称的由来,这可以获得相对最高的计算效率。

N 不一定非要是高度复合数,可以是任意正整数。因为可以用补零的办法使 N 成为需要的复合数。例如,设 $N = 37$,则可以在输入序列后面补 5 个零,将它延长为 $N + 5 = 37 + 5 = 42 = 7 \times 3 \times 2$,于是可通过计算 7 点、3 点和 2 点这 3 个 DFT 得到 37 点 DFT 的结果。

由混合基算法可以推导出基-2FFT 算法和基-4FFT 算法。很明显,如果 N 等于 2 的幂,那么按混合基算法的推导过程,最后得到的一定是基-2FFT 算法;如果 N 等于 4 的幂,则将推导出基-4FFT 算法。

4.3.2　按时间抽选的基-4FFT 算法

该算法在时域上按 n 的特征对序列 $x(n)$ 不断进行分组及位序调整,进而通过逐级的蝶形复合处理,间接完成高点数 DFT 计算,以达到降低运算量及节约存储空间的目的。基-4 时间抽取算法和基-2 时间抽取算法具有完全相同的实质,两者的差异仅仅源于基选择的不同。

令序列 $x(n)$ 的 $N = 4^L$ 点 DFT 为 $X(k)$,现按 $((n))_4$ 的结果对序列 $x(n)$ 进行分组,得

$$\begin{cases} x_0(r) = x(4r) \\ x_1(r) = x(4r+1) \\ x_2(r) = x(4r+2) \\ x_3(r) = x(4r+3) \end{cases}, 0 \leqslant r \leqslant \frac{N}{4} - 1 \qquad (4.3.17)$$

因而,有

$$X(k) = \mathrm{DFT}[x(n)] = \sum_{n=0}^{N-1} x(n) W_N^{kn}$$

$$= \sum_{r=0}^{4^{L-1}-1} x(4r) W_N^{4rk} + \sum_{r=0}^{4^{L-1}-1} x(4r+1) W_N^{(4r+1)k}$$

$$+ \sum_{r=0}^{4^{L-1}-1} x(4r+2) W_N^{(4r+2)k} + \sum_{r=0}^{4^{L-1}-1} x(4r+3) W_N^{(4r+3)k}$$

$$= \sum_{r=0}^{4^{L-1}-1} x_0(r) W_{4^{L-1}}^{rk} + W_N^{k} \sum_{i=0}^{4^{L-1}-1} x_1(r) W_{4^{L-1}}^{rk}$$

$$+ W_N^{2k} \sum_{r=0}^{4^{L-1}-1} x_2(r) W_{4^{L-1}}^{rk} + W_N^{3k} \sum_{i=0}^{4^{L-1}-1} x_3(r) W_{4^{L-1}}^{rk}$$

$$= X_0(k) + W_N^{k} X_1(k) + W_N^{2k} X_2(k) + W_N^{3k} X_3(k) \qquad (4.3.18)$$

式中,$0 \leqslant k \leqslant N-1 = 4^L - 1$。

$$X_0(k) = \mathrm{DFT}_{4^{L-1}}(x_0(r))$$

$$X_1(k) = \mathrm{DFT}_{4^{L-1}}(x_1(r))$$

$$X_2(k) = \mathrm{DFT}_{4^{L-1}}(x_2(r))$$

$$X_3(k) = \mathrm{DFT}_{4^{L-1}}(x_3(r))$$

令 $0 \leqslant k \leqslant N-1 = 4^{L-1}$,则式(4.3.18) 可写为

$$\begin{cases} Y_0(k) = X(k + 0 \times 4^{L-1}) = X_0(k) + W_N^{k} X_1(k) + W_N^{2k} X_2(k) + W_N^{3k} X_3(k) \\ Y_1(k) = X(k + 1 \times 4^{L-1}) = X_0(k) - jW_N^{k} X_1(k) - jW_N^{2k} X_2(k) + jW_N^{3k} X_3(k) \\ Y_2(k) = X(k + 2 \times 4^{L-1}) = X_0(k) - W_N^{k} X_1(k) + W_N^{2k} X_2(k) - W_N^{3k} X_3(k) \\ Y_3(k) = X(k + 3 \times 4^{L-1}) = X_0(k) + jW_N^{k} X_1(k) - W_N^{2k} X_2(k) - jW_N^{3k} X_3(k) \end{cases}$$

$$(4.3.19a)$$

由于 $N=4^L$，所以 $4^{L-1}=\dfrac{N}{4}$。将式（4.3.19a）改写为

$$
\begin{cases}
Y_0(k)=X\left(k+0\times\dfrac{N}{4}\right)=X_0(k)+W_N^k X_1(k)+W_N^{2k}X_2(k)+W_N^{3k}X_3(k)\\[3mm]
Y_1(k)=X\left(k+1\times\dfrac{N}{4}\right)=X_0(k)-jW_N^k X_1(k)-jW_N^{2k}X_2(k)+jW_N^{3k}X_3(k)\\[3mm]
Y_2(k)=X\left(k+2\times\dfrac{N}{4}\right)=X_0(k)-W_N^k X_1(k)+W_N^{2k}X_2(k)-W_N^{3k}X_3(k)\\[3mm]
Y_3(k)=X\left(k+3\times\dfrac{N}{4}\right)=X_0(k)+jW_N^k X_1(k)-W_N^{2k}X_2(k)-jW_N^{3k}X_3(k)
\end{cases}
$$

$$(4.3.19b)$$

图 4.12 给出了式（4.3.19）的信号流图，也称为蝶形运算，旋转因子为 W_N^k、W_N^{2k}、W_N^{3k}。

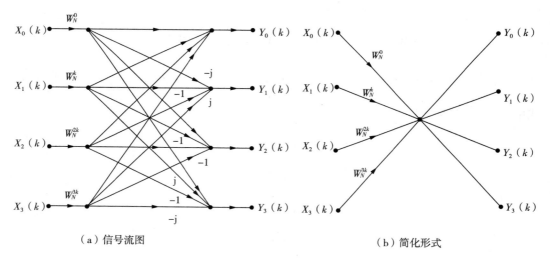

（a）信号流图 （b）简化形式

图 4.12 基-4 DIF-FFT 中的蝶形运算

由于虚数单位 j 在同任一复数相乘时，只要调换该复数实部和虚部的位置并相应改变符号即可得出结果，即

$$j(a+jb)=-b+ja$$

因此，在基-4 时间抽取算法中的蝶形运算需完成 3 次复乘数和 12 次复数加。此时，一个 N 点的 DFT 计算转化为 4 个 $N/4$ 的 DFT 计算和一级蝶形复合。其计算过程，如图 4.13 所示。

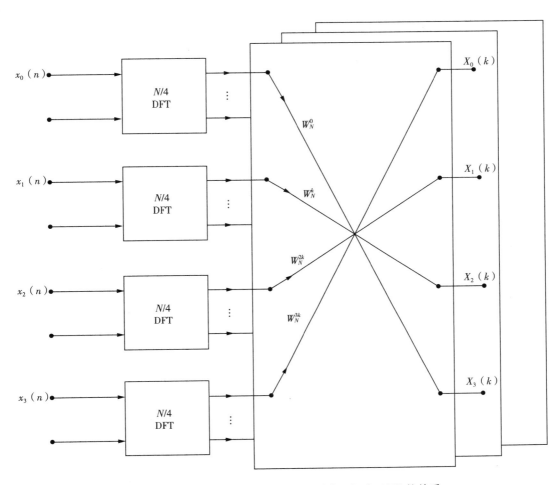

图 4.13　在基-4 FFT 中,N 点 DFT 同 $N/4$ 点 DFT 的关系

　　现分析基-4 FFT 的计算量。由前面分析知,每个基本的 4 点 FFT 都不需要乘法,只有乘旋转因子时才有复数乘,而每一个 4 点 DFT 只有 3 次乘旋转因子(有一个旋转因子 $W_N^0 = 1$,不需要乘);而每一级(基-4 FFT 的一级)有 $N/4$ 个 4 点 DFT,因而每级总共需要 $3 \times N/4$ 次复数乘。由于 $N = 4^L$,则共有 L 级,但由于这里第一级运算不乘旋转因子,因而复数乘的总次数(考虑到 $N = 4^L = 2^{2L}$) 为

$$\frac{3}{4}N(L-1) = \frac{3}{4}N\left(\frac{1}{2}\log_2 N - 1\right) \approx \frac{3}{8}N\log_2 N, L \gg 1$$

　　而已知基-2FFT 的复数乘次数为 $\frac{N}{2}N\log_2 N$,因此,基-4 FFT 比基-2 FFT 的乘法运算量更少。

　　$N = 4^2$ 情况下的时间抽取基-4 FFT 算法的信号流程图,如图 4.14 所示。

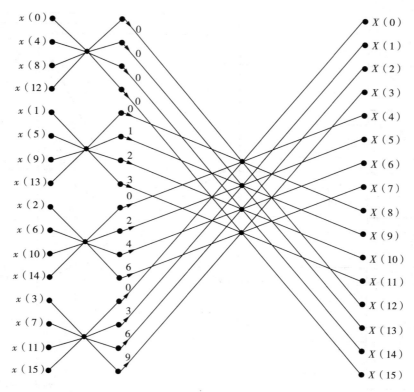

图 4.14　16点时间抽取基–4FFT算法的信号流程图

4.4　按频率抽选的基–2 FFT算法

现讨论按频率抽选（DIF）的 FFT 算法，它是把输出序列 $X(k)$（也是 N 点序列）按其顺序的奇偶分解为越来越短的序列。

4.4.1　算法原理

设序列点数为 $N=2^L$，L 为整数。在将输出 $X(k)$ 按 k 的奇偶分组之前，先将输入按 n 的顺序分为前后两部分（注意这不是频率抽选），即

$$X(k)=\mathrm{DFT}[x(n)]=\sum_{n=0}^{N-1}x(n)W_N^{nk}=\sum_{n=0}^{N/2-1}x(n)W_N^{nk}+\sum_{n=N/2}^{N-1}x(n)W_N^{nk}$$

$$=\sum_{n=0}^{N/2-1}x(n)W_N^{nk}+\sum_{n=0}^{N/2-1}x(n+N/2)W_N^{(n+N/2)k}$$

$$=\sum_{n=0}^{N/2-1}[x(n)+W_N^{Nk/2}x(n+N/2)]W_N^{nk} \tag{4.4.1}$$

式中，$k = 0, 1, \cdots, N-1$。

由于

$$W_N^{kN/2} = (-1)^k = \begin{cases} 1 & k \text{ 为偶数} \\ -1 & k \text{ 为奇数} \end{cases}$$

$x(n)$ 的 N 点离散傅里叶变换（DFT），$X(k)$ 按 k 的奇偶分组，可分为两个 $N/2$ 的 DFT。

当 $k = 2l$ 为偶数时，有

$$X(2l) = \sum_{n=0}^{N/2-1} [x(n) + x(n+N/2)] W_N^{2ln}$$

$$= \sum_{n=0}^{N/2-1} [x(n) + x(n+N/2)] W_{N/2}^{ln} \qquad (4.4.2)$$

式中，$l = 0, 1, \cdots, \dfrac{N}{2} - 1$。

当 $k = 2r + 1$ 为奇数时，有

$$X(2l+1) = \sum_{n=0}^{N/2-1} [x(n) - x(n+N/2)] W_N^{(2l+1)n}$$

$$= \sum_{n=0}^{N/2-1} [x(n) - x(n+N/2)] W_{N/2}^{ln} W_N^n \qquad (4.4.3)$$

令 $x_1(n) = x(n) + x(n+N/2)$，则有

$$x_2(n) = [x(n) - x(n+N/2)] W_N^n \qquad (4.4.4)$$

则

$$\begin{cases} X(2l) = \sum_{n=0}^{N/2-1} x_1(n) W_{N/2}^{ln} \\ X(2l+1) = \sum_{n=0}^{N/2-1} x_2(n) W_{N/2}^{ln} \end{cases} \qquad (4.4.5)$$

式中，$n, l = 0, 1, \cdots, \dfrac{N}{2} - 1$。

这一结论表明，求 $x(n)$ 的 N 点 DFT $X(k)$，再次分解为求两个 $N/2$ 点 DFT。式 (4.4.4) 所表示的蝶形运算关系如图 4.15 所示。

这样，就把一个 N 点 DFT 按 k 的奇偶分解为两个 $N/2$ 点的 DFT，如式（4.4.5）所示。$N = 8$ 时，上述分解过程，如图 4.16 所示。

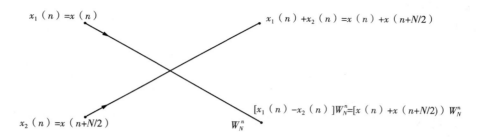

图 4.15　按频率抽选蝶形运算流图符号

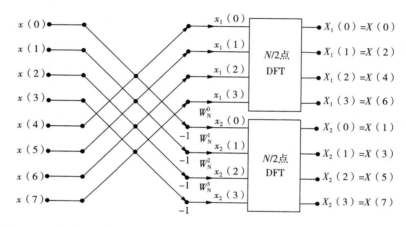

图 4.16　按频率抽选，将 N 点 DFT 分解为两个 $N/2$ 点 DFT 的组合（$N=8$）

与时间抽选法的推导过程一样，由于 $N=2^L$，$N/2$ 仍是一个偶数，因而可以将每个 $N/2$ 点 DFT 的输出再分解为偶数组与奇数组，这就将 $N/2$ 点 DFT 进一步分解为两个 $N/4$ 点 DFT。这两个 $N/4$ 点 DFT 的输入也是先将 $N/2$ 点 DFT 的输入分为上、下两部分，然后通过蝶形运算而形成的。分解过程如图 4.17 所示。

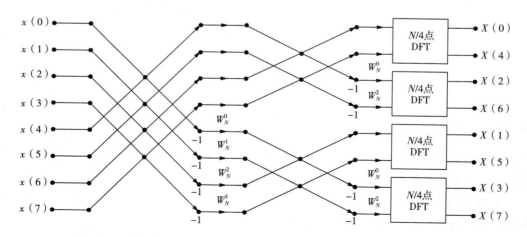

图 4.17　按频率抽选，将 $N=8$ 点 DFT 分解为 4 个 $N/4$ 点 DFT 的组合

这样的分解可以一直进行到第 L 次($N=2^L$),一个 $N=8$ 的完整的按频率抽选的 FFT 结构,如图 4.18 所示。这种方法是按 $X(k)$ 在频域进行奇偶分解的,因此称为频域抽取基-2 FFT 运算。

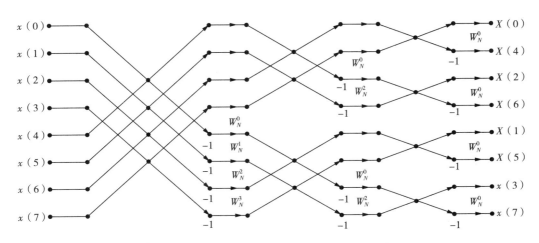

图 4.18　按频率抽选 FFT 流图($N = 8$)

4.4.2　按频率抽取的运算特点

图 4.18 表明,尽管 DIF 与 DIT 的蝶形结构不同,但是其运算量相同,即有 L 级运算,每级运算需 $N/2$ 个蝶形运算来完成,总共需要 $(N/2)\log_2 N$ 次复数乘,$N\log_2 N$ 次复数加。每个蝶形两节点距离为 $2^{L-M}(M=1,2,\cdots,L)$。 第 L 级蝶形中系数因子为 $W_N^{J\cdot 2^{M-1}}(M=1,2,\cdots,L;J=0,1,\cdots,2^{L-M}-1)$,即第 L 级蝶形运算系数因子类型数 2^{L-M} 个,这与 DIT 法正好相反,蝶形类型随迭代次数成倍减少。DIF 法也可进行原位计算,节省存储空间。

与时间抽取法不同,按频率抽取是自然序列顺序输入,倒序输出。 因此,运算完毕后,要通过变址计算将倒序转换成自然序列,然后再输出,转换方法与时间抽取法相同。

仔细对比时间抽取法与频率抽取法的流程可知,将频率抽取法的流图反转,并将输入变为输出,输出变为输入,即 $X \leftrightarrows x$,正好得到时间抽取法的流图。

通过以上规律的总结,可以得出结论:时间抽取法与频率抽取法是两种等价的 FFT 运算。

4.5　离散傅里叶逆变换的快速计算方法

上面所运用的 FFT 算法,同样适用于离散傅里叶逆变换(IDFT)运算,即快速傅里叶逆变换(IFFT)。从 IDFT 的定义出发,可以导出下列两种利用 FFT 来计算 IFFT 的方法。

4.5.1　利用 FFT 流图计算 IFFT

（1）把 FFT 的时间抽取法用于 IDFT 运算时，由于输入变量由时间序列 $x(n)$ 改为频率序列 $X(k)$，原来按 $x(n)$ 的奇偶次序分组的时间抽取法 FFT，现在就变成了按 $X(k)$ 的奇偶次抽取。

（2）同样，频率抽取的 FFT 运算用于 IDFT 运算时，也应该变为时间抽取的 IFFT，即把 DIF‑FFT 运算流图用于 IDFT 时，应改称为 DIF‑IFFT 流图，如图 4.19 所示。

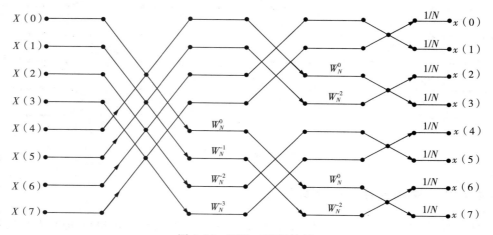

图 4.19　DIT‑IFFT 流图

实际中，有时为了防止运算过程中发生溢出，常常把 $1/N$ 分解为 $1/N = 1/2^L = (1/2)^L$，则在 L 级运算中每一级运算都分别乘以 $1/2$ 因子，这种运算的蝶形流图，如图 4.20 所示。

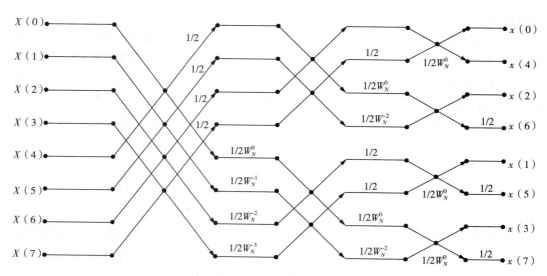

图 4.20　DIT‑IFFT 的蝶形流图

4.5.2　直接调用 FFT 子程序的方法

前面的 IFFT 算法,排列程序很方便,但要改变 FFT 的程序和参数才能实现,现介绍一种完全不必改动 FFT 程序的方法,即直接调用 FFT 子程序的方法,其具体步骤如下:

步骤 1:将 FFT 的蝶形运算中的旋转因子 W_N^k 换成 W_N^{-k},将 $X(k)$ 送入改动后的蝶形运算,得到的输出序列乘以 $1/N$,即为 IFFT 的结果 $x(n)$。

由 DFT 和 IDFT 的定义

$$X(k) = \mathrm{DFT}[x(n)] = \sum_{n=0}^{N-1} x(n) W_N^{nk} \tag{4.5.1}$$

$$x(n) = \mathrm{IDFT}[X(k)] = \frac{1}{N} \sum_{k=0}^{N-1} X(k) W_N^{-nk} \tag{4.5.2}$$

可以得出上述结论。

步骤 2:将 $X(k)$ 的共轭序列 $X^*(k)$ 送入 FFT 的蝶形运算,计算蝶形运算的输出序列的共轭,并乘以 $1/N$,即为 IFFT 的结果 $x(n)$。

【证明】　对式(4.5.2)两边求共轭,得

$$x^*(n) = \frac{1}{N} \sum_{k=0}^{N-1} X^*(k) W_N^{nk} \tag{4.5.3}$$

对式(4.5.3)两边求共轭,得

$$x(n) = \frac{1}{N} \left[\sum_{k=0}^{N-1} X^*(k) W_N^{nk} \right]^* = \frac{1}{N} \{ \mathrm{DFT}[X^*(k)] \}^* \tag{4.5.4}$$

这说明,只要先将 $X(k)$ 取共轭,就可以直接利用 FFT 子程序,最后再将运算结果取一次共轭,并乘以 $1/N$,即得 $x(n)$ 值。因此,FFT 运算和 IFFT 运算就可以共用一个子程序块,这是很方便的。

4.6　chirp - Z 变换

FFT 算法虽然可以很快计算出长度为 N 的序列 $x(n)$ 所有 N 点的 DFT 值 $X(k)$,但是主要不足有:

(1) 虽然 $X(z)$ 能在 z 平面单位圆上得到 N 个等间隔采样值 $X(z)\big|_{z=e^{j\frac{2\pi k}{N}}}$,但是无法得到非单位圆上的采样,而非单位圆上的采样有时也很必要。例如,在语音信号处理中,常常需要知道 $X(z)$ 的极点所在的频率,如果 $X(z)$ 的极点位置离单位圆较远,那么由 FFT 算法得到其单位圆上的频谱就很平滑,很难准确地得到极点所在频率。

(2) FFT 每一次计算的输出为单位圆上 N 个采样值同时输出,无法单独计算;而实际中常常只需要计算单位圆上某一频段的频谱值。例如,窄带信号只需要对信号所在的一段频带做分析,这时希望频谱的采样集中在这一频段内,以获得较高的分辨率,频带外

则不予考虑。如果用 FFT 算法处理,那么需增加频域采样点数,无疑就增加了窄带之外不需要的计算量。

（3）FFT 得到的是单位圆上为 2 的幂次方点的采样,当需计算任意点的采样（尤其 N 是大素数）时,一般采用序列补零将其扩展为 2 的幂次方,但降低了计算效率。不同采样的结果,如图 4.21 所示。

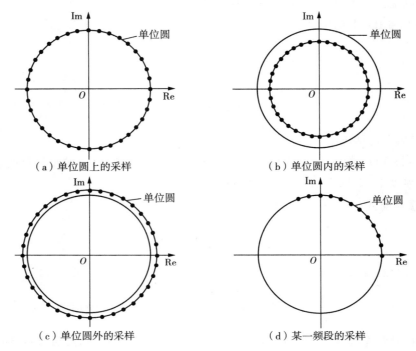

（a）单位圆上的采样 （b）单位圆内的采样

（c）单位圆外的采样 （d）某一频段的采样

图 4.21　不同采样的结果

线性调频 Z 变换（chirp-Z transform,CZT）可沿 z 平面上的一段螺旋线作等分的采样,当螺旋线的向量半径长度、伸展率以及相角等参数改变时,会产生 z 平面上不同的螺旋线轨迹,因此可方便计算 z 平面上任意点的采样。同时,利用 FFT 算法可实现 chirp-Z 变换的快速计算。螺旋采样如图 4.22 所示。

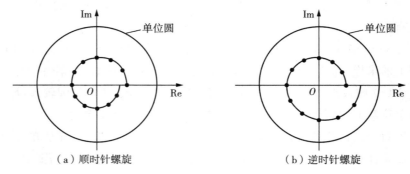

（a）顺时针螺旋 （b）逆时针螺旋

图 4.22　螺旋采样

4.6.1　chirp‑Z 变换原理

设序列为 $x(n)(n \in [0, N))$，其 Z 变换为

$$X(z) = \sum_{n=0}^{N-1} x(n) z^{-n} \tag{4.6.1}$$

z 可以沿 z 平面更一般的路径取值，沿 z 平面上的一段螺旋线做等分角的采样，采样点 z_k 可表示为

$$z_k = A_0 e^{j\phi_0} r^k e^{jk\omega_0}, \quad k = 0, 1, \cdots, N_{tot} - 1 \tag{4.6.2}$$

式中，N_{tot} 为采样点的总数，一般情况下 $N_{tot} \neq N$；$A_0 e^{j\phi_0}$ 为采样轨迹的起始点位置，由它的向量半径长度 A_0 及相角 ϕ_0 决定，通常 $A_0 \leqslant 1$，否则 z_k 将处于单位圆 $|z| = 1$ 的外部。r 表示采样螺旋线的伸展率，$r > 1$ 时，螺旋线随着 k 的增加而外伸；$r < 1$ 时螺旋线随着 k 的增加而内缩。ω_0 为两相邻采样点间的角度差，$\omega_0 > 0$ 时 z_k 的路径是逆时针旋转，$\omega_0 < 0$ 时 z_k 的路径是顺时针旋转，由于 ω_0 是任意的，减小 ω_0 可以提高分辨率，这对分析具有任意起始频率的高分辨率窄带频谱是很有用的。

当 $N_{tot} = N$、$A_0 = 1$、$r = 1$、$\omega_0 = \dfrac{2\pi}{N}$ 时，等间隔均匀分布在单位圆上，等效于求序列的 DFT。各种不同的螺旋线轨迹如图 4.23 所示。

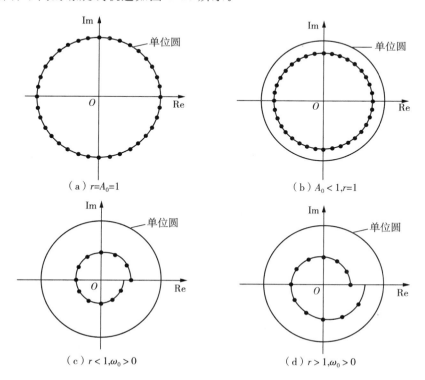

图 4.23　各种不同的螺旋线轨迹

将 Z 变换的采样值 $z_k = A_0\,\mathrm{e}^{\mathrm{j}\phi_0}\,r^k\,\mathrm{e}^{\mathrm{j}k\omega_0}$ 代入式(4.6.1)，得

$$X(z)\big|_{z=z_k} = \sum_{n=0}^{N-1} x(n) A_0^{-n} \mathrm{e}^{-\mathrm{j}n\phi_0}\,r^{-nk}\,\mathrm{e}^{-\mathrm{j}\omega_0 nk}$$

$$= \sum_{n=0}^{N-1} x(n) A_0^{-n} \mathrm{e}^{-\mathrm{j}n\phi_0}\,(r\mathrm{e}^{\mathrm{j}\omega_0})^{-nk} \tag{4.6.3}$$

按式(4.6.3)计算与直接计算 DFT 相似，计算 N_{tot} 个采样点需要 $N_{tot}N$ 次复数乘与 $(N-1)N_{tot}$ 次复数加，当 N、N_{tot} 很大时，计算量可能很大。为了减少计算量，可以将式(4.6.3)的运算转换为卷积运算，从而可以采用 FFT 大大提高运算速度。

为了将式(4.6.3)转换为卷积形式，利用布鲁斯坦(Bluestein)等式，即

$$nk = \frac{1}{2}\big[n^2 + k^2 - (k-n)^2\big] \tag{4.6.4}$$

将式(4.6.4)代入式(4.6.3)，得

$$X(z)\big|_{z=z_k} = \sum_{n=0}^{N-1} (x(n) A_0^{-n} \mathrm{e}^{-\mathrm{j}n\phi_0})\,(r\mathrm{e}^{\mathrm{j}\omega_0})^{-\frac{1}{2}[n^2+k^2-(k-n)^2]}$$

$$= (r\mathrm{e}^{\mathrm{j}\omega_0})^{-\frac{k^2}{2}} \sum_{n=0}^{N-1} \big[x(n) A_0^{-n} \mathrm{e}^{-\mathrm{j}n\phi_0}\,(r\mathrm{e}^{\mathrm{j}\omega_0})^{-\frac{n^2}{2}}\big] (r\mathrm{e}^{\mathrm{j}\omega_0})^{\frac{(k-n)^2}{2}}$$

$$\tag{4.6.5}$$

令 $g(n) = (x(n) A_0^{-n} \mathrm{e}^{-\mathrm{j}n\phi_0}\,(r\mathrm{e}^{\mathrm{j}\omega_0})^{-\frac{n^2}{2}})$，$h(n) = (r\mathrm{e}^{\mathrm{j}\omega_0})^{\frac{n^2}{2}}$，其中 $n \in [0, N)$，则

$$X(z)\big|_{z=z_k} = (r\mathrm{e}^{\mathrm{j}\omega_0})^{-\frac{k^2}{2}} \sum_{n=0}^{N-1} g(n) h(k-n) = (r\mathrm{e}^{\mathrm{j}\omega_0})^{-\frac{k^2}{2}} g(k) \otimes h(k) \tag{4.6.6}$$

式(4.6.6)表明，chirp-Z 变换 $X(z)\big|_{z=z_k}$ 是序列 $g(n)$ 与 $h(n)$ 的卷积和，其中 $g(n)$ 由信号 $x(n)$ 进行 $A_0^{-n} \mathrm{e}^{-\mathrm{j}n\phi_0}\,(r\mathrm{e}^{\mathrm{j}\omega_0})^{-\frac{n^2}{2}}$ 加权得到，$h(n)$ 可认为是某离散时间 LTI 系统的单位脉冲响应，系统的前 N_{tot} 点输出序列进行 $(r\mathrm{e}^{\mathrm{j}\omega_0})^{-\frac{k^2}{2}}$ 加权即为全部 N_{tot} 点的螺旋线采样值。chirp-Z 变换如图 4.24 所示。

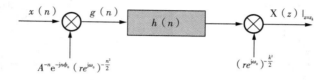

图 4.24 chirp-Z 变换

由于单位脉冲响应 $h(n) = (r\mathrm{e}^{\mathrm{j}\omega_0})^{\frac{n^2}{2}}$ 与线性调频信号 (chirp signal) 相似，因此将该算法称为 chirp-Z 变换。

4.6.2　chirp - Z 的快速实现

在式(4.6.6)中,序列 $g(n)$ 的长度为 N,单位脉冲响应 $h(n)$ 为无限长序列,而卷积输出序列 $g(k) \otimes h(k)$ 中前 N_{tot} 个值经过 $(re^{j\omega_0})^{-\frac{k^2}{2}}$ 加权即为 chirp - Z 变换结果,也就是说 $h(n)$ 对变换结果有影响的区间为 $n \in (-N, N_{tot})$,如图 4.25(a) 所示。

$g(k) \otimes h(k)$ 的点数为 $2N + N_{tot} - 2$,因此采用圆周卷积代替线性卷积且不产生混叠失真的条件是圆周卷积的点数应大于等于 $2N + N_{tot} - 2$,但由于 chirp - Z 变换只需要卷积输出序列的前 N_{tot} 个值不发生混叠失真即可,因此可将圆周卷积的点数缩减至 $N + N_{tot} - 1$。同时考虑到 FFT 运算点数要求,圆周卷积的点数应满足 $N_C \geqslant N + N_{tot} - 1$,且 $N_C = 2^m$。因此一般先将 $h(n)$ 补零,使其点数等于 N_C,然后将此序列以 N_C 为周期进行周期延拓,取其主值序列,如图 4.25(b) 所示。对于序列 $g(n)$ 而言,只需要将其补零,使序列长度为 N_C,如图 4.25(d) 所示。

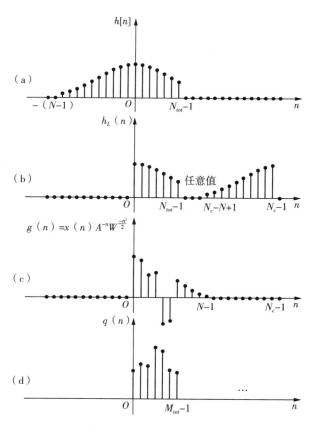

图 4.25　chirp - Z 变换过程

chirp - Z 运算的实现步骤如下:

步骤 1:选择最小的整数 N_C,使其满足 $N_C \geqslant N + N_{tot} - 1$,且 $N_C = 2^m$。

步骤 2：将 $g(n)=x(n)A_0^{-n}\mathrm{e}^{-\mathrm{j}n\phi_0}\ (re^{\mathrm{j}\omega_0})^{-\frac{n^2}{2}}$ 补上零点，使序列长度等于 N_C，得

$$g(n)=\begin{cases}x(n)A_0^{-n}\mathrm{e}^{-\mathrm{j}n\phi_0}\ (re^{\mathrm{j}\omega_0})^{-\frac{n^2}{2}},\\ 0,0\leqslant n\leqslant N-1 \\ N\leqslant n\leqslant L-1\end{cases} \tag{4.6.7}$$

步骤 3：计算 $g(n)$ 的 N_C 点 DFT，求

$$G(r)=\sum_{n=0}^{N-1}g(n)\mathrm{e}^{-\mathrm{j}\frac{2\pi}{N_C}rn},0\leqslant r\leqslant N_C-1 \tag{4.6.8}$$

步骤 4：将 $h(n)$ 补零并周期延拓，取长度为 N_C 的主值序列，得

$$h(n)=\begin{cases}(re^{\mathrm{j}\omega_0})^{\frac{n^2}{2}}, & 0\leqslant n\leqslant N_{tot}-1 \\ 0(\text{或任意值}), & N_{tot}\leqslant n\leqslant N_C-N \\ (re^{\mathrm{j}\omega_0})^{\frac{(N_C-n)^2}{2}}, & N_C-N+1\leqslant N\leqslant N_C-1\end{cases} \tag{4.6.9}$$

利用 FFT，得该序列的 N_C 点 DFT 为

$$H(r)=\sum_{n=0}^{N-1}g(n)\mathrm{e}^{-\mathrm{j}\frac{2\pi}{N_C}rn} \tag{4.6.10}$$

步骤 5：将 $H(r)$ 与 $G(r)$ 相乘，得 $Q(r)=H(r)G(r)$。

步骤 6：利用 FFT 求 $Q(r)$ 的 N_C 点 IDFT，得 $h(n)$ 与 $g(n)$ 的圆周卷积为

$$q(n)=\frac{1}{N_C}\sum_{r=0}^{n-1}H(r)G(r)\mathrm{e}^{\mathrm{j}\frac{2\pi}{N_C}rn} \tag{4.6.11}$$

式中，前 N_{tot} 个值等于 $h(n)$ 与 $g(n)$ 的线性卷积结果，而 $n\geqslant N_{tot}$ 的值没有意义，无须计算结果如图 4.25(d) 所示。

步骤 6：最后由式(4.6.6)，得

$$X(z)\big|_{z=z_k}=(re^{\mathrm{j}\omega_0})^{-\frac{k^2}{2}}g(k)\bigotimes h(k)=(re^{\mathrm{j}\omega_0})^{-\frac{k^2}{2}}q(k),0\leqslant k\leqslant N_{tot}-1 \tag{4.6.12}$$

综上，chirp‐Z 的快速实现框图，如图 4.26 所示。

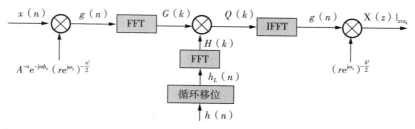

图 4.26　chirp‐Z 的快速实现框图

以上分析了 chirp‐Z 变换的快速实现方式。与标准 FFT 算法相比，chirp‐Z 变换的

特点在于:输入输出序列的长度无须相同;序列长度无须是合成数;可以采样到 z 平面非单位圆上的点;采样的起始点和采样间隔可任意设置。

【例 4.2】　设一有限长序列 $x(n)$ 仅在区间 $n=0,1,\cdots,25$ 上为非零,且要计算当 $k=0,1,\cdots,25$ 时,在频率点 $\omega_k=2\pi/27+2\pi k/1024$ 上 DTFT$X(\mathrm{e}^{\mathrm{j}\omega})$ 处的 16 个样本。利用图 4.26 所示框图选择适当参数的系统,通过与一个因果脉冲响应的卷积来计算所要求的频率样本。

设所求样本个数 $N_{tot}=16$ 及序列长度 $N=16$。初始样本的频率 ω_0 为 $2\pi/27$,相邻频率样本的间隔 $\Delta\omega$ 为 $2\pi/1024$。这样选择参数后,由

$$W=\mathrm{e}^{-\mathrm{j}\Delta\omega}$$

$$h_1(n)=\begin{cases}W^{-(n-N+1)^2/2},n=0,1,\cdots,N_{tot}+N-2\\0,\text{其他}\end{cases}$$

求得因果脉冲响应为

$$h_1(n)=\begin{cases}[\mathrm{e}^{-\mathrm{j}2\pi/1024}]^{-(n-25)^2/2},n=0,1,\cdots,40\\0,\text{其他}\end{cases} \tag{4.6.13}$$

对于这个因果脉冲,输出 $y_1(n)$ 就是在 $y_1(25)$ 处为起点的所要求的频率样本,即

$$y_1(n+25)=X(\mathrm{e}^{\mathrm{j}\omega_n})\big|_{\omega_n=2\pi/27+2\pi n/1024},n=0,1,\cdots,15 \tag{4.6.14}$$

4.7　FFT 计算卷积

在信号分析或系统分析、处理中,经常遇到两个信号或信号与系统函数的卷积运算。无论是连续信号还是离散信号,用 FFT 实现卷积运算都具有快速、方便等优势,尤其是 FFT 运算可以用计算机或 DSP 芯片实现,在实时处理或控制系统中具有广阔的应用前景。因此,用 FFT 实现卷积运算称为快速卷积算法。

4.7.1　三种卷积的比较

离散序列存在循环卷积、周期卷积与线性卷积算法(表 4.4)。从形式上看,这三种卷积的形式相似,都可以用于计算卷积,但彼此存在许多不同之处,应注意区别各种卷积的使用范围和方法。

表 4.4　三种卷积的比较

	线性卷积	循环卷积	周期卷积
应用条件不同	有限、无限长序列以及周期、非周期序列	有限长的两个非周期序列	周期相同的两个周期序列

（续表）

	线性卷积	循环卷积	周期卷积
序列长度要求	求和对参与卷积的两个序列无任何要求。线性卷积的求和范围由两个序列的长度和所在的区间决定，区间为从负无穷大到正无穷大	两个序列是长度相同的非周期序列	两个序列是长度相同的周期序列
移位方式不同	线性移位	N 点循环移位，因它与 N 有关	线性移位
		把 $x(n)$ 看作排列在 N 等分的圆周上，循环移位就相当于序列 $x(n$ 在圆周上循环移动	等同于两个周期序列在一个周期上的线性卷积计算
卷积结果比较	序列的长度（$N_1 + N_2 - 1$）由参与卷积的两个序列的长度确定，两个 N 点序列的线性卷积将导致一个更长的序列（$2N-1$）	而循环卷积与周期卷积一样，将区间限制在 $0 \leqslant n \leqslant N-1$，结果仍为 N 点序列	
	线性卷积由 FFT 实现快速卷积，需要满足一定条件	对应于 DFT，可以直接使用快速傅里叶（FFT）运算	

4.7.2 FFT 计算线性卷积

1. 用 FFT 计算线性卷积的条件和步骤

如果在时域分析离散线性非移变系统或对序列做滤波处理等运算时，都需要计算两个序列的线性卷积，那么在大多数情况下循环卷积的运算速度要远远快于线性卷积，因此一般会用循环卷积取代线性卷积。与循环卷积计算一样，为了提高运算速度，也希望用 FFT 计算线性卷积。假设 $x(n)$ 和 $h(n)$ 都是有限长序列，长度分别是 N_1 和 N_2。它们的线性卷积和循环卷积分别表示为

$$y_1(n) = h(n) \bigotimes x(n) = \sum_{m=0}^{N_2-1} h(m)x(n-m) \tag{4.7.1}$$

$$y_c(n) = h(n) \bigotimes_C x(n) = \sum_{m=0}^{N_2-1} h(m)x((n-m))_N R_N(n) \tag{4.7.2}$$

式中，$N \geqslant \max(N_1, N_2)$，$x((n))_N = \sum\limits_{i=-\infty}^{\infty} x(n-iN)$，所以

$$y_c(n) = \sum_{m=0}^{N_2-1} h(m) \sum_{i=-\infty}^{\infty} x(n-m+iN) R_N(n)$$

$$= \sum_{i=-\infty}^{\infty} \sum_{m=0}^{N_2-1} h(m) x(n+iN-m) R_N(n) \tag{4.7.3}$$

对照式(4.7.1)知，式(4.7.2)中：

$$\sum_{m=0}^{N_2-1} h(m) x(n+iN-m) = y_1(n+iN)$$

所以

$$y_c(n) = \sum_{i=-\infty}^{\infty} y_1(n+iN) R_N(n) \tag{4.7.4}$$

式(4.7.4)表明，$y_c(n)$ 等于 $y_1(n)$ 以 N 为周期的周期延拓序列的主值序列。由于 $y_1(n)$ 的长度为 N_1+N_2-1，因此只有当循环卷积长度 $N \geqslant N_1+N_2-1$ 时，$y_1(n)$ 以 N 为周期进行周期延拓才无时域混叠现象，此时取其主值序列 $y_c(n) = y_1(n)$，由此证明了 FFT 也能用来计算线性卷积。

如果要用循环卷积取代线性卷积，那么必须满足的条件为

$$N \geqslant N_1+N_2-1$$

即循环卷积的周期长度应大于或等于线性卷积的长度，否则将发生频谱混叠。

由 FFT 实现线性卷积的条件是：两个序列都要补零，使其长度为 $N=N_1+N_2-1$。

由 FFT 计算线性卷积 $x(n) \otimes h(n)$ 的步骤如下：

步骤 1：对序列 $x(n)$、$h(n)$ 补零，使长度 $N=N_1+N_2-1$，并且 $N=2^k$（k 为整数），即

$$x(n) = \begin{cases} x(n), & n=0,1,\cdots,N_1-1 \\ 0, & n=N_1, N_1+1,\cdots,N-1 \end{cases}$$

$$h(n) = \begin{cases} h(n), & n=0,1,\cdots,N_2-1 \\ 0, & n=N_2, N_2+1,\cdots,N-1 \end{cases}$$

步骤 2：用 FFT 计算 $x(n)$、$h(n)$ 的 L 点离散傅里叶变换

$$\text{FFT}[x(n)] = X(k), \text{FFT}[h(n)] = H(k)$$

步骤 3：计算 $Y(k) = X(k) H(k)$。

步骤 4：由 IFFT 计算 $Y(k)$ 的 L 点离散傅里叶变换，得

$$y(n) = x(n) \otimes h(n) = \text{IFFT}[Y(k)]$$

用 FFT 可以实现线性卷积的快速卷积算法，但在实际工作中，经常遇到两个序列长

度相差很大的情况。例如，在实际中 $h(n)$ 是系统函数，其长度是有限的；而 $x(n)$ 往往是输入信号，其长度是很长的，甚至会被认为是无限长。也就是说，当 $N \geqslant N_1$ 时，若仍然选取 $N_2 \geqslant N + N_1 - 1$，以 N_2 为卷积循环区间，势必使较短的序列 N_1 要补许多 0。运算时要求将序列全部输入后才能开始计算，这会导致存储量大、运算时间长，并且使处理的时延增大，不能实现实时处理。

显然，在这种情况下要求实时处理时，按上述方法是不行的，解决的方法是将长序列分段处理，方法有重叠相加法和重叠保留法两种。

2. 重叠相加法

重叠相加法是将待卷积的信号分割成长为 M 的若干段，每一段都与有限时宽单位取样响应作卷积，再将卷积后的各段重叠相加。

设 $x(n)$ 的长度 N_1 为无限长，$h(n)$ 的长度为 N_2。将 $x(n)$ 等长分段，每段取 M 点，且 $M \approx N_2$。第 k 段信号记为 $x_k(n)(k \in (-\infty, \infty))$，则

$$x(n) = \sum_{k=-\infty}^{\infty} x_k(n) \tag{4.7.5}$$

式中

$$x_k(n) = x(n) R_M(n - kM) \tag{4.7.6}$$

$x(n)$ 与 $h(n)$ 的线性卷积为

$$y(n) = x(n) \otimes h(n) = h(n) \otimes \sum_{k=-\infty}^{\infty} x_k(n)$$

$$= \sum_{k=-\infty}^{\infty} [x_k(n) \otimes h(n)] = \sum_{k=-\infty}^{\infty} y_k(n) \tag{4.7.7}$$

式中

$$y_k(n) = h(n) \otimes x_k(n) \tag{4.7.8}$$

式（4.7.8）表明，计算 $h(n)$ 与 $x(n)$ 的线性卷积时，可先计算分段线性卷积 $y_k(n) = h(n) \otimes x_k(n)$，然后把分段卷积结果叠加起来，如图 4.27 所示。每一分段卷积 $y_k(n)$ 的长度为 $N_2 + M - 1$，因此相邻分段卷积 $y_k(n)$ 与 $y_{k+1}(n)$ 有 $N_2 - 1$ 个点重叠，必须把重叠部分的 $y_k(n)$ 与 $y_{k+1}(n)$ 相加，才能得到正确的卷积序列 $y(n)$。

这种由分段卷积的各段相加构成总的卷积输出的方法就称重叠相加法。

重叠相加法的步骤如下：

步骤 1：将 $x(n)$ 等长分段得到 $x_k(n)$，每段取 M 点，且与 N_2 尽量接近。分别将 $x_k(n)$ 补零延长到 $N = M + N_2 - 1$，并计算长为 N 的 FFT，得 $H(k)$。

步骤 2：将 $h(n)$ 补零延长到 $N = M + N_2 - 1$，并计算长为 N 的 FFT，得 $H(k)$。

步骤 3：计算 $Y_k(k) = X_k(k) H(k)$ 并求长为 N 的逆变换，即 $y_k(n) = \text{IFFT}[Y_k(k)]$。

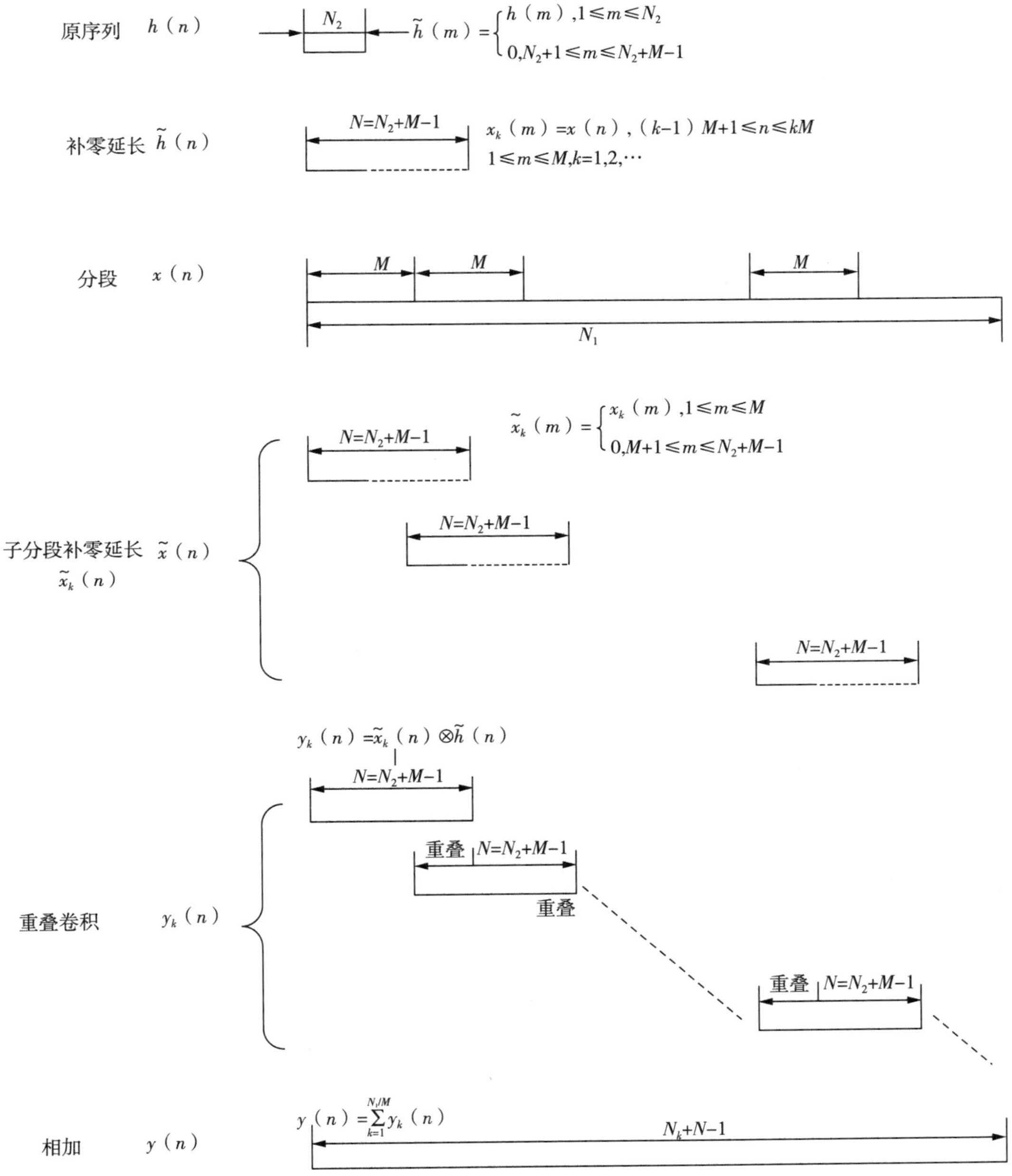

原序列　$h(n)$ $\tilde{h}(m) = \begin{cases} h(m), 1 \leq m \leq N_2 \\ 0, N_2+1 \leq m \leq N_2+M-1 \end{cases}$

补零延长　$\tilde{h}(n)$

$N=N_2+M-1$　$x_k(m) = x(n), (k-1)M+1 \leq n \leq kM$
$1 \leq m \leq M, k=1,2,\cdots$

分段　$x(n)$

M　　M　　　　M

N_1

子分段补零延长　$\tilde{x}(n)$
$\tilde{x}_k(n)$

$N=N_2+M-1$　$\tilde{x}_k(m) = \begin{cases} x_k(m), 1 \leq m \leq M \\ 0, M+1 \leq m \leq N_2+M-1 \end{cases}$

$N=N_2+M-1$

$N=N_2+M-1$

$y_k(n) = \tilde{x}_k(n) \otimes \tilde{h}(n)$

$N=N_2+M-1$

重叠卷积　$y_k(n)$

重叠 $N=N_2+M-1$

重叠

重叠 $N=N_2+M-1$

相加　$y(n)$　$y(n) = \sum\limits_{k=1}^{N_1/M} y_k(n)$　　N_k+N-1

图 4.27　重叠相加法的卷积过程

步骤 4：将 $y_k(n)$ 的重叠部分相加，得 $y(n) = \sum\limits_{k=-\infty}^{\infty} y_k(n)$。

已知 $h(n) = R_5(n)$，$x(n) = \left[\cos\left(\dfrac{\pi}{10}n\right) + \cos\left(\dfrac{2\pi}{5}n\right)\right]\varepsilon(n)$，$h(n)$ 的长度为 $N_2 = 5$，

$x(n)$ 的长度为 $N_1 = 45$，将 $x(n)$ 分成 9 段，每段长度 $M = N_2 = 5$ 时，用重叠相加法计算

$y(n) = h(n) \otimes x(n)$，并画出 $h(n)$、$x(n)$ 和 $y(n)$ 的波形，如图 4.28 所示。

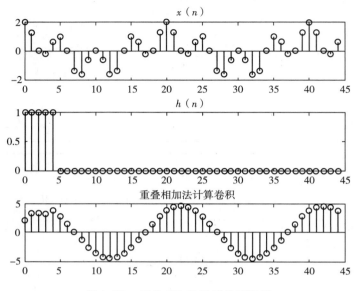

图 4.28　重叠相加法计算卷积结果

3. 重叠保留法

与重叠相加法计算卷积的方法不同，重叠保留法是在每一段的前面补上前一段保留下来的 N_2-1 个输入序列值，组成 $N=N_2+M-1$ 点的序列 $x_k(n)$，如图 4.29 所示。如果 $N=N_2+M-1$ 不是 2 的整数次幂，就可以补零使其为 2^r（r 为整数）。

注意，这时用 FFT 计算 $h(n)$ 与 $x(n)$ 的循环卷积时，循环卷积前 N_2-1 个点是错误的，必须舍去；而后面的 $N-(N_2-1)=N-N_2+1=M$ 个点是正确的，是线性卷积的一部分输出点。

每段的 $x_k(n)$ 与 $h(n)$ 卷积结果 $y_k(n)$，如图 4.29 所示。

设序列 $h(n)$ 的长度为 N_2，则对长序列 $x(n)$ 的分段方法为

（1）在序列 $x(n)$ 前补 N_2-1 个 0；

（2）对补零后的序列进行重叠分段，每段的长度为 M，与上一分段重叠 N_2-1 个点。若定义 $M=N-N_2+1$，则

$$x_0(n) = \begin{cases} 0, n=0,1,\cdots,N_2-2 \\ x(n-N_2+1), n=(N-1) \text{ 或 } N-M,\cdots M-1 \end{cases} \tag{4.7.9}$$

$$x_k(n) = \begin{cases} x(n+kN-N_2+1), 0 \leqslant n \leqslant N-1 \\ 0, \text{其他} \end{cases} \tag{4.7.10}$$

重叠保留法步骤如下：

步骤 1：将输入数据重叠分段，每段长度为 N 点，将 N_2 点 $h(n)$ 补零为 N 点；

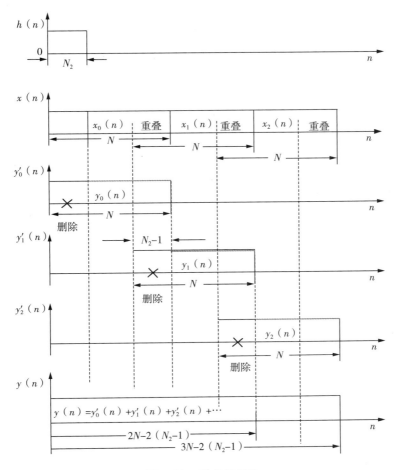

图 4.29　重叠保留法

步骤 2:对每段 $x_k(n)$,计算 N 点循环卷积 $y'_k(n) = h(n) \otimes_c x_k(n)$;

步骤 3:每段循环卷积输出掉前面 $N_2 - 1$ 点,只保留后面 N 点;

步骤 4:将每段 M 点输出拼接构成最终的线性卷积:

$$y_k(n) = y'_k(n + N_2 - 1), n = 0, 1, \cdots, N - 1 \qquad (4.7.11)$$

$$y(n) = \sum_{k=0}^{\infty} y'_k(n), n = 0, 1, \cdots, N - 1 \qquad (4.7.12)$$

【例 4.3】　设 $x(n) = 2n + 1, 0 \leqslant n \leqslant 10, \boldsymbol{h(n)} = [1, 2, 3]$,对 $x(n)$ 分段,分别采用重叠相加法(DFT 长度为 10 点)和重叠保留法(DFT 长度为 7 点)计算线性卷积 $y(n) = h(n) \otimes x(n)$。

解:(1) 重叠相加法。

因为 $N = 10, N_2 = 3$,所以,$M = N - N_2 + 1 = 8$,需要把 $x(n)$ 分成 2 段

$$x_1(n) = [1, 3, 5, 7, 9, 11, 13, 15]$$

$$x_2(n) = [17,19,21,0,0,0,0,0]$$

利用 10 点 DFT,可得每一段与 $h(n)$ 的线性卷积

$$y_1(n) = [1,5,14,26,38,50,62,74,69,45]$$

$$y_2(n) = [17,53,110,99,63,0,0,0,0,0]$$

将 $y_k(n)$ 的最后 $N_2 - 1 = 2$ 项与 $y_{k+1}(n)$ 最开始的 $N_2 - 1 = 2$ 项对应重叠部分相加,得到对应的各项,最后输出为

$$y(n) = [1,5,14,26,38,50,62,74,86,98,110,99,63]$$

(2) 重叠保留法。因为 $N = 7, N_2 = 4$,所以 $M = N - N_2 + 1 = 5$,需要把 $x(n)$ 分成 3 段:

$$x_1(n) = [0,0,1,3,5,7,9]$$

$$x_2(n) = [7,9,11,13,15,17,19]$$

$$x_3(n) = [17,19,21,0,0,0,0]$$

利用 7 点 DFT,得每一段与 $h(n)$ 的循环卷积为

$$y_1(n) = [39,27,1,5,14,26,38]$$

$$y_2(n) = [96,80,50,62,74,86,98]$$

$$y_3(n) = [17,53,110,99,63,0,0]$$

去掉每段前 $N_2 - 1 = 2$ 个样本后,把结果拼接到一起,得到输出为

$$y(n) = [1,5,14,26,38,50,62,74,86,98,110,99,63]$$

4.7.3 FFT 计算线性相关

利用 FFT 计算相关函数,也就是利用圆周相关代替线性相关,常称为快速相关。这与利用 FFT 的快速卷积类似(即利用圆周卷积代替线性卷积),也需要利用补零值点的办法来避免混叠失真。

若有限长序列 $x(n)$ 与 $h(n)$ 的长度都为 N 点,由线性相关为

$$r_{xh}(m) = \sum_{n=0}^{N-1} x(n-m)h^*(n) = \sum_{n=0}^{N-1} x(n)h^*(n+m) \tag{4.7.13}$$

$r_{xh}(m)$ 反映了 $x(n)$ 与 $h(n)$ 的相似程度,将式(4.7.13)与有限长序列 $x(n)$ 与 $h(n)$ 的卷积公式

$$f(m) = \sum_{n=0}^{N-1} x(n-m)h^*(n) = x(n) \otimes h^*(n) \tag{4.7.14}$$

得

$$r_{xh}(m) = \sum_{n=0}^{N-1} x(n-m)h^*(n)$$

$$= \sum_{n=0}^{N-1} x[-(m-n)]h^*(n)$$

$$= x(-m) \bigotimes h^*(m) \tag{4.7.15}$$

由 DFT 循环卷积性质和 $\mathrm{DFT}[x((-n))_N R_N(n)] = X^*(k)$，得

$$\sum_{n=0}^{N_2-1} y^*(n)x((n-m))_N R_N(n) = \mathrm{IDFT}[X^*(k)H(k)] \tag{4.7.16}$$

该式实际上是对 $x(n-m)$ 做循环移位，再计算相关，类似于循环卷积，这一相关是循环相关。两个序列的线性相关，需要采用与循环卷积求线性卷积类似的方法来处理，具体步骤如下：

步骤 1：将 N 点序列 $x(n)$ 和 $h(n)$ 补零，使其长度为 $L \geqslant 2N-1$。

步骤 2：求 L 点 FFT，$X(k) = \mathrm{FFT}[x(n)]$。

步骤 3：求 L 点 FFT，$H(k) = \mathrm{FFT}[h(n)]$。

步骤 4：求乘积，计算 $R_{xh}(k) = X(k)H^*(k)$。

步骤 5：求 N 点 IDFT，$r_{xh}(m) = \mathrm{IDFT}[R_{xh}(k)]$；并取后 $N-1$ 项，得 $r_{xh}(m)$，$-N+1 \leqslant m \leqslant -1$；并取前 N 项，得 $r_{xh}(m)$，$0 \leqslant m \leqslant N-1$；

同样，只利用已有的 FFT 程序计算 IFFT，求

$$r_{xh}(m) = \frac{1}{N}\left[\sum_{k=0}^{N-1} R_{xh}(k)W_N^{-mk}\right] = \frac{1}{N}\left[\sum_{k=0}^{N-1} R_{xh}^*(k)W_N^{mk}\right]^* \tag{4.7.17}$$

即 $r_{xh}(m)$ 可以利用求 $R_{xh}^*(k)$ 的 FFT 后取共轭再乘 $1/N$ 得到。

4.7.4　线性卷积与圆周卷积的运算量比较

利用 FFT 法计算线性相关的这一算法其计算量与利用 FFT 计算线性卷积时是一样的。

若有限长序列以 $x(n)$ 与 $h(n)$ 的长度分别为 N_1 点和 N_2 点，其线性卷积结果为

$$y(n) = \sum_{m=0}^{N_2-1} x(m)h(n-m), 0 \leqslant n \leqslant N_1 + N_2 - 1$$

1. 线性卷积的运算量

由于每一个 $x(n)$ 的输入值都必须和全部的 $h(n)$ 值相乘一次，因而总共需要 $N_1 N_2$ 次乘法，这就是直接计算的乘法次数，即

$$m_d = N_1 N_2 \tag{4.7.18}$$

同时，为得到序列 $y(n)$，还需完成 $m_A = (N_1-1)(N_2-1)$ 次加法运算。

2. 圆周卷积的运算量

用 FFT 法也就是用圆周卷积代替线性卷积时，为了不产生混叠，其必要条件是使 $x(n)$、$h(n)$ 都补零值点，补到至少 $N = N_1 + N_2 - 1$，即

$$x(n) = \begin{cases} x(n), 0 \leqslant n \leqslant N_1 - 1 \\ 0, N_1 \leqslant n \leqslant N - 1 \end{cases}$$

$$h(n) = \begin{cases} h(n), 0 \leqslant n \leqslant N_2 - 1 \\ 0, N_2 \leqslant n \leqslant N - 1 \end{cases} \tag{4.7.19}$$

然后，计算圆周卷积

$$y(n) = x(n) \bigotimes_c h(n) \tag{4.7.20}$$

此时的工作量如下：三次 FFT 运算共需 $\dfrac{3}{2} N \log_2 N$ 次相乘，再加上计算 $R_{xh}(k)$ 所需的 N 次相乘，因此共需相乘次数为

$$m_f = N(1 + \frac{3}{2} \log_2 N)$$

3. 线性卷积和 FFT 法计算线性卷积的乘法次数

直接计算线性卷积和 FFT 法计算线性卷积的乘法次数之比为

$$k_m = \frac{m_d}{m_f} = \frac{N_2 N_1}{2(N_2 + N_1 - 1)\left[1 + \dfrac{3}{2} \log_2(N_2 + N_1 - 1)\right]}$$

分两种情况讨论如下：

（1）当 $x(n)$ 与 $h(n)$ 点数差不多时，设 $N_2 = N_1$，则 $N = 2N_2 - 1 \approx 2N_2$，则

$$k_m = \frac{m_d}{m_f} = \frac{N_2}{10 + 6 \log_2 N_2}$$

（2）当 $x(n)$ 的点数很多时，即 $N_1 \gg N_2$，则 $N = N_1 + N_2 - 1 \approx N_1$，这时

$$k_m = \frac{m_d}{m_f} = \frac{N_2}{2 + 3 \log_2 N_1}$$

当 N_1 太大时，k_m 会下降，圆周卷积的优点就表现不出来，因此需采用分段卷积或分段过滤的办法。

4.8 确定性信号的频谱分析

4.8.1 离散谱的性质

以冲激序列 $h(n)$ 为例，称 $H(k) = H(k\omega_0)(k \in z)$ 为离散序列 $h(nT_s)(0 \leqslant n \leqslant N)$

的 DFT 离散谱,简称离散谱。

由 DFT 求出的离散谱性质如下:

(1)$H(k) = H(k\omega_0)(k \in z)$ 是离散的周期函数,简记为 $H(k)$。

根据 DFT 的定义,利用 FFT 对离散信号进行频谱分析和信号合成。经过 DFT 处理的离散频谱,在每个周期内有 N 个不同的幅值。但仅在离散频率点 $\omega = k\omega_0$ 处存在冲激,强度为 a_k,其余各点为 $0,k = 0,1,2,\cdots,N-1$。

(2)离散时间间隔(或周期)与频域周期(或离散间隔)互为倒数,如图 4.30 所示。

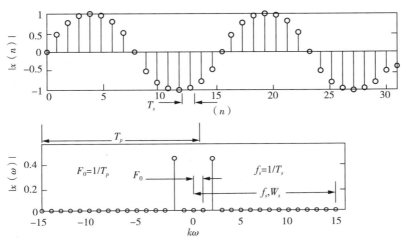

图 4.30　离散频谱

如果称离散谱经过 IDFT 所得到的序列为重建信号 $h(nT_s)(n \in z)$,简记为 $h(n)$,则重建信号是离散的周期函数。

(3)经 IDFT 重建信号的基频就是频域的离散间隔,或时域周期的倒数,即

$$F_0 = \frac{1}{T_p} = \frac{1}{NT_s}$$

(4)周期性。序列的 N 点 DFT 离散谱是周期为 N 的序列。在时域和频域 $0 \sim N$ 范围内的 N 点分别是各自的主值区间或主值周期。

(5)对称性。实序列的离散谱关于原点和 $\frac{N}{2}$(N 是偶数)是共轭对称和幅度对称的。因此,真正有用的从低频到高频的频谱信息可以从 $0 \sim \frac{N}{2}-1$ 范围获得。

① 共轭对称性。如果 $h(nT_s)(0 \leqslant n < N)$ 为实序列,则其 N 点 DFT 关于原点和 $N/2$ 均具有共轭对称性,即

$$H_{-k} = H_k^*, H_{N-k} = H_k^*, H_{\frac{N}{2}\pm k} = H_{\frac{N}{2}\mp k}^*$$

② 幅度对称性。如果 $x(nT_s)(0 \leqslant n \leqslant N)$ 为实序列,则其 N 点 DFT 关于原点和

$N/2$ 均具有幅度对称性，即 $|H_k|=|H_{-k}|$，$|H_{N-k}|=|H_k|$，$|H_{\frac{N}{2}\pm k}|=|H_{\frac{N}{2}\mp k}|$。

4.8.2 离散信号的频谱分析

离散时间周期信号与离散时间非周期信号的频谱是不同的，要区别不同的情况进行分别处理。

1. 离散时间周期信号

离散时间周期信号的频谱函数为

$$X(k\omega_0)=\frac{1}{N}\sum_{n=0}^{N-1}x(n)\mathrm{e}^{-\mathrm{j}\omega_0 nk}=\frac{1}{N}\sum_{n=0}^{N-1}x(n)\mathrm{e}^{-\mathrm{j}2\pi nk/N}=\frac{1}{N}X(k)$$

式中，$\omega_0=\dfrac{2\pi}{N}$ 为频率分辨率，即数字域相邻谱线间的距离。由于该信号在时域和频域都是离散的和周期的，因此只要在一个周期内正确选择 N 就可以准确求得周期序列的频谱 $X(k)$ 和 $X(k\omega_0)$。

离散时间周期信号频谱分析的步骤如下：

步骤 1：确定离散时间周期序列的基本周期 N。

步骤 2：对 $x(n)$ 作 N 点 FFT 变换，$\omega_0=\dfrac{2\pi}{N}$ 为基频的大小。

步骤 3：$X(k\omega_0)=X(k)/N$

已知一个周期序列 $x(n)=\cos(\omega_0 n+\phi)$，$\omega_0=\pi/4$，$\phi=\pi/3$，用 FFT 分析其频谱，如图 4.31 所示。

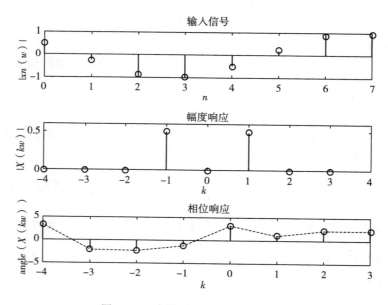

图 4.31　离散时间周期信号的频道

【例 4.4】 给出一周期方波序列：

$$x(n) = \begin{cases} 1, mN \leqslant n \leqslant mN + L - 1 \\ 0, mN + L \leqslant n \leqslant (m+1)N + L - 1 \end{cases}$$

式中，$m = 0, \pm 1, \pm 2, \cdots, N$ 是基本周期。将 $-L/N$ 称为占空比。

(1) 确定一种用 L 与 N 描述的 $|\widetilde{X}(k)|$ 的表达式。

(2) 分别画出当 $L=4, N=16; L=4, N=64; L=8, N=64$ 时的图形，并对所得结果进行分析。

【解】 (1) 该周期方波理论分析的频谱函数为

$$\widetilde{X}(k) = \sum_{n=0}^{N-1} \widetilde{x}(n) W_N^{nk} = \sum_{n=0}^{N-1} W_N^{nk} = \sum_{n=0}^{L-1} (e^{-j2\pi k/N})^n = \begin{cases} \dfrac{\sin\left(\dfrac{L}{N}\pi k\right)}{\sin\left(\dfrac{1}{N}\pi k\right)} e^{-j(L-1)\pi k/N} &, k \text{ 为其他值} \\ L, k = 0, \pm N, \pm 2N \end{cases}$$

其幅度的表达式为

$$|\widetilde{X}(k)| = \begin{cases} \dfrac{\sin\left(\dfrac{\pi k}{N}L\right)}{\sin\left(\dfrac{\pi k}{N}\right)} &, \text{其他} \\ L, k = 0, \pm N, \pm 2N \end{cases}$$

$x(n)$ 的 FFT 频谱，如图 4.32 所示。

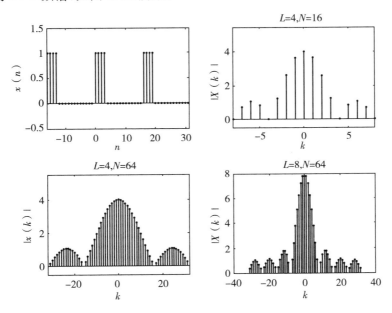

图 4.32 $x(n)$ 的 FFT 频谱

该图的特点如下：

（1）该方波的 FFT 系数的包络类似于 Sinc 函数。

（2）$k=0$ 时，频谱函数幅度等于 L，同时函数的零点位于 N/L（占空比的倒数）的整数倍处。

（3）有左右关于 0 对称的 $L/2$ 个波峰、$N/2$ 条谱线。

（4）如果 $L=4$ 不变，N 变大（$N=64$，即在序列后面填 0，但有效信息没有增加），则函数形状不变，只是谱线增加、包络更平滑，即获得了一个高密度谱。

（5）如果 N 不变，L 变大（$L=8$，即增加了原始数据长度），则变换后的形状会发生变化，主瓣变窄，可获得更高的分辨率。

2. 离散时间非周期信号

对于离散时间非周期信号，

$$X(\mathrm{e}^{\mathrm{j}\omega}) = \sum_{n=-\infty}^{\infty} x(n)\mathrm{e}^{-\mathrm{j}\omega n} \tag{4.8.1}$$

$$x(n) = \frac{1}{2\pi}\int_{-\pi}^{\pi} X(\mathrm{e}^{\mathrm{j}\omega})\mathrm{e}^{\mathrm{j}\omega n}\,\mathrm{d}\omega \tag{4.8.2}$$

可见，离散非周期信号的频谱信号是周期、连续的。因此离散化后才能利用 FFT 进行分析和合成。在数字域将数字频率 $\omega=k\omega_0=k\dfrac{2\pi}{N}$ 进行离散化，求得频谱样值为

$$X(\mathrm{e}^{\mathrm{j}\omega})\big|_{\omega=k\frac{2\pi}{N}} = \sum_{n=-\infty}^{\infty} x(n)\mathrm{e}^{-\mathrm{j}\frac{2\pi}{\omega}kn} = \mathrm{DFT}[x(n)] = X(k) \tag{4.8.3}$$

1）有限长序列

当序列长度有限时，正确选择 N 就可以准确求得非周期序列的频谱 $X(k)=X(\mathrm{e}^{\mathrm{j}\omega})$，步骤如下：

步骤 1：确定序列 $x(n)$ 的长度 $N_1=2N_2+1$。

步骤 2：对频域取样，根据频域取样定理，频域取样间隔限定为 $f_1\leqslant 1/N_1$，N_1 为 $x(t)$ 的时间记录长度。为使时域信号不产生混叠，确定 FFT 长度时，必须取 $N\geqslant N_1$。

步骤 3：对信号进行 N 点 FFT 运算，求出频谱函数 $X(k)$，频率分辨率 $F_0=\dfrac{2\pi}{N}$。

【例 4.5】 已知一个有限长序列 $x(n)=\begin{cases}1, & -N_2\leqslant n\leqslant N_2 \\ 0, & \text{其他}\end{cases}$，$N_2=5$，用 FFT 分析频谱，并用 IFFT 进行逆运算合成 $x(n)$。

【解】 （1）序列 $x(n)$ 的长度 $N_1=2N_2+1=11$，如果是无限长序列，要根据能量分布进行截断处理。

（2）为使时域信号不产生混叠，确定 FFT 长度时，必须取 $N\geqslant N_1=11$。即 $N=25$，

$50,100,\cdots$。为了更清楚地看清频谱分布,取 $N=100$。

（3）对信号进行 N 点 FFT 运算,求出频谱函数 $X(\mathrm{e}^{\mathrm{j}\omega})$,$\omega=k\dfrac{2\pi}{N}$。

（4）用 IFFT 进行逆运算合成 $x(n)$,离散非周期信号 $R(n)$ 的频谱分析如图 4.33 所示。

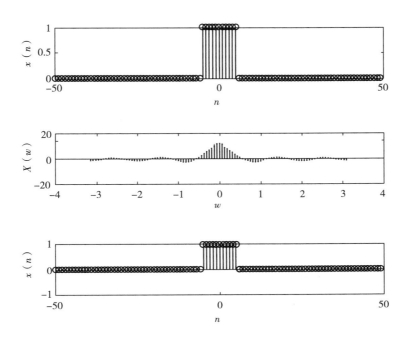

图 4.33　离散非周期信号 $R(n)$ 的频谱分析

2）无限长序列

当序列为无限长时,需要截断处理,会产生频谱泄漏误差和频谱混叠误差,所得结果只能是近似的,需要把误差控制在满足工程需要的范围内即可。步骤如下:

步骤 1:确定序列 $x(n)$ 的长度 N_1,对于无限长序列,要根据能量分布,做截断处理。

步骤 2:为使时域信号不产生混叠,确定 FFT 长度时,必须取 $N \geqslant N_1$。

步骤 3:对信号进行 N 点 FFT 运算,求出频谱函数 $X(k)$,频率分辨率 $F_0=\dfrac{2\pi}{N}$。

已知一个有限长序列 $x(n)=0.6^n\varepsilon(n)$,对其做 $N=7$ 点 FFT 变换的频谱,并与实际的频谱函数 $X(\mathrm{e}^{\mathrm{j}\omega})=\dfrac{1}{1-0.8\mathrm{e}^{-\mathrm{j}\omega}}$ 比较 $\left(\omega=k\dfrac{2\pi}{N}\right)$,如图 4.34 所示。该图表明,$N=7$ 的频谱函数 $X(k)$（样点）与实际频谱函数（实线）并不重合,这是由于信号被截断时产生了频谱泄漏。当序列 $x(n)$ 的长度 $N_1=10$ 占总能量的 99.99%,$N \geqslant N_1=10$ 时两者可以很好重合。

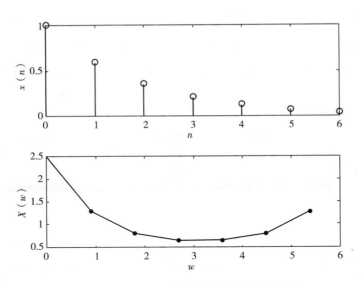

图 4.34　$N = 7$ 时离散非周期信号的频谱分析

4.8.3　连续非周期信号的频谱分析

直接积分法计算连续信号的频谱，可以获得闭合的解析式，并能精确画出频谱图。然而，对复杂的信号以及需要实时处理的信号，都不能用此方法完成。而利用 FFT 由计算机对连续信号进行频谱分析，是数字信号处理技术的一个重要的应用方面。

1. 连续非周期信号的频谱分析

非周期信号 $x(t)$ 和频谱信号 $X(j\Omega)$ 离散化后，可用数学方法进行计算与分析。对时域和频域均为无限长非周期信号的处理方法，与时域与频域均为有限长非周期信号（有限长、带限信号）有所不同。

连续非周期信号的傅里叶变换关系为

$$\begin{cases} x(t) = \dfrac{1}{2\pi} \displaystyle\int_{-\infty}^{\infty} X(j\Omega) e^{j\Omega t} \, d\Omega \\[2mm] X(j\Omega) = \displaystyle\int_{-\infty}^{\infty} x(t) e^{-j\Omega t} \, dt \end{cases} \tag{4.8.4}$$

为了实现 FFT 分析，对截取的信号（截取长度为 L），令 $\omega = k\Omega$ 采样，则 $\omega = k\Omega = k\dfrac{2\pi}{NT_s}$，令 $t = nT_s$、$T_p = NT_s$、$\displaystyle\int_0^{T_p} \to \sum_{k=0}^{N-1}$、$dt \to T_s$，代入式（4.8.4），得

$$X(j\omega) \, |_{\omega = k\frac{2\pi}{NT_s}} = \Big[\sum_{n=0}^{N-1} x(n) e^{-j\frac{2\pi}{N}kn} \Big] T_s = T_s \mathrm{DFT}[x(n)] = T_s X(k)$$

即

$$\begin{cases} X(\omega) = T_s \mathrm{DFT}[x(n)] = T_s X(k) \\ x(n) = \dfrac{1}{T_s} \mathrm{IDFT}[X(k)] \end{cases} \tag{4.8.5}$$

式中，$x(n)$ 是 $x(t)$ 的采样，$X(k)$ 是 $x(t)$ 的连续谱 $X(\mathrm{j}\Omega)$ 离散后的近似值 $X(\omega)$ 的 $1/T_s$。

　　一个模拟信号经过采样和 ADC 之后，就变成了数字信号。采样得到的数字信号就可以进行系统分析并做 FFT 变换。N 个采样点经过 FFT 之后，就可以得到 N 个点的 FFT 结果。为了方便 FFT 计算，通常 N 取 2 的整数次方，即 2^n。

　　2. 有限长非周期信号的频谱分析

　　对于一个有限长信号 $x(t)$，现利用 FFT 算法求它的振幅谱、相位谱和功率谱。求解步骤和参数的选择如下：

　　步骤 1：由于时域有限长，设 $x(t)$ 的长度 L 为 $L = T_p$。

　　步骤 2：如果频域为有限带宽，设频域截止频率为 ω_c。

　　如果频域无限长，频域截取宽度 ω_c 由频谱函数在 $(-\omega_c, \omega_c)$ 区间所占能量在 95% 以上确定。根据 $T_s \leqslant \pi/\omega_c$，将频域取样间隔限定为 $T_1 \leqslant \pi/\omega_c$。

　　步骤 3：确定 FFT 点数 $N \geqslant T_p/T_1$。N 应取 2 的整数次幂。

　　步骤 4：准备数据，使用 FFT 作 N 点计算，求出频谱 $X(k)$，即可求出连续非周期信号 $x(t)$ 的频谱 $X(\omega) = T_s X(k)$。

　　3. 时域与频域均为无限长的非周期信号频谱分析

　　对无限长或频谱无限宽信号，做截短处理必然带来混叠误差与泄漏误差。因此，由式 (4.8.5) 求得的频谱为 $X(\omega) = T_s X(k)$ 样点的近似值。

　　只有在恰当选取时域取样间隔 T_s、时域长度 T_p（或时域样点数 M）和频谱样点数 N 时，才会使误差最小，达到满意的效果；否则，会因误差超出工程允许的范围，导致错误结果的发生。

　　对于一个时域与频域均为无限长信号 $x(t)$，利用 FFT 算法求它的振幅谱、相位谱和功率谱的步骤和参数选择如下：

　　步骤 1：确定时域截取的长度 T_p（或窗函数的点数 M）。时域截取的长度 L 要占能量 95% 以上，由该长度确定时域截止时间 T_p。

　　步骤 2：确定频域截取的宽度 ω_c，使频谱函数在 $(-\omega_c, \omega_c)$ 区间要占能量 95% 以上。

　　步骤 3：根据频域内截止频率 ω_c，将频域取样间隔限定为 $T_1 \leqslant \pi/\omega_c$。

　　步骤 4：确定频域取样点数 N，N 必须满足 $N \geqslant T_p/T_1$，N 取 2 的整数次幂。或 N 由截止频率与频率分辨率确定：$F_0 \geqslant 2/T_p$，$N \geqslant f_s/F_0$，并取 2 的整数幂。

　　步骤 5：确定 N 后，得 $T_s = \dfrac{T_p}{N}$。

　　使用 FFT 作 N 点计算，求出频谱 $X(k)$，即可求出连续非周期信号 $x(t)$ 的频谱 $X(\omega)$

$$X(\omega) = |_{\omega=k\cdot 2\pi/N} = T_s X(k)$$

例如,对时域为无限长信号$x(t) = e^{-2t}(t \geq 0)$,时域截取的长度T_p占能量95%以上,通过计算取$T_p = 3$,该信号的频域宽度为无限宽,频域截取的宽度$(-\omega_c, \omega_c)$占能量95%以上,该信号的频谱函数为$X(\omega) = \dfrac{1}{2+j\omega}$,通过计算$\omega_c = 30$,频域取样间隔限定为$T_1 \leq \dfrac{\pi}{\omega_c} = 0.1047$,$N = 32$点FFT分析频谱,如图4.35所示。在图4.35(b)中理论分析结果(实线)与FFT分析结果(虚线)相吻合。

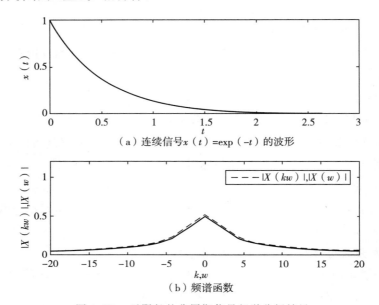

（a）连续信号$x(t) = \exp(-t)$的波形

（b）频谱函数

图4.35　无限长的非周期信号频谱分析结果

对离散信号进行频谱分析时,数据样本应有足够的长度,一般FFT程序中所用数据点数与原来含有的信号数据点数相同,这样的频谱图具有较高的质量,可减小因补零或截断而产生的影响。

4.8.4　连续周期信号的频谱分析

如果一个连续信号是周期性的,它的长度一定是无限的,计算得到的频谱将不会收敛,但是周期信号的一个周期已经包含了所有信息,只取其中的一个周期计算即可。

1. 连续周期信号的傅里叶变换

连续周期信号的傅里叶变换关系为

$$
\begin{cases}
x(t) = \displaystyle\sum_{n=-\infty}^{\infty} X(n\omega_0) e^{jn\omega_0 t} \\
X(n\omega_0) = \dfrac{1}{T_0} \displaystyle\int_{-T_p/2}^{T_p/2} x(t) e^{-jn\omega_0 t} dt
\end{cases}
, \omega_0 = 2\pi F_0 = \dfrac{2\pi}{T_p}
\tag{4.8.6}
$$

式中，F_0、ω_0 是基频频率，连续周期信号 $x(t)$ 的频谱 $X(n\omega_0)$ 是非周期的离散谱，在严格满足采样定理并恰当选取 T_s 和 N 值的情况下，使 DFT(FFT) 所求得的离散谱精确等于原连续信号的离散谱 $X(n\omega_0)$。否则，T_s 和 N 值选取不合适时，只能是近似于原连续信号的离散谱 $X(n\omega_0)$。

FFT 主要用于离散信号的快速傅里叶变换，连续周期信号使用 FFT 时，要进行取样使之离散。当按取样周期 T_s 均匀取样，每周期取 N 点时，$t=nT_s$、$T_p=nT$、$\mathrm{d}t \rightarrow T_s$、代入式(4.8.6)，得

$$X(n\omega_0)=\frac{1}{T_p}\int_{-T_p/2}^{T_p/2}x(t)\mathrm{e}^{-jn\omega_0 t}\mathrm{d}t=\frac{1}{N}\sum_{k=0}^{N-1}x(n)\mathrm{e}^{-j2\pi kn/N}$$

$$=\frac{1}{N}\mathrm{DFT}[x(n)]=\frac{1}{N}X(k) \tag{4.8.7}$$

求出一个周期内的频谱函数 $X(k)$，即可求出连续周期信号 $x(t)$ 的频谱 $X(n\omega_0)$。

2. 连续周期信号具有有限宽度的频谱

1) 有谐波的连续周期信号频谱

有谐波的连续周期信号频谱可以根据基本周期和最高次谐波确定采样频率，求解步骤如下：

步骤 1：确定基本周期 T_p 或 F_0。

步骤 2：确定一个周期内的取样点数 N。根据信号中的最高次谐波 kF_0 选择 N：

$$N \geqslant 2k+1 \tag{4.8.8}$$

由于 FFT 一般使用基-2 算法，因此 N 取 2 的整数次幂。

步骤 3：确定采样间隔 T_s。

$$T_s=\frac{T_p}{N} \tag{4.8.9}$$

步骤 4：确定记录长度。

$$L=NT_s=T_p \tag{4.8.10}$$

步骤 5：对连续周期信号取样。

$$t=0:T_s:T_p$$

由 FFT 代替 DFT 做 N 点计算，求出一个周期内的频谱函数 $X(n)$，即可求出连续周期信号 $x(t)$ 的频谱 $X(n\omega_0)=X(k)/N$。

例如，对信号 $x(t)=2+\sin(\omega t)-2\cos(2\omega t)+2\sin(3\omega t)$，$f=100$，$N=8$ 点 FFT 分析频谱如图 4.36 所示，除了直流分量（$N=0$，幅度为 2）之外，各频率分量的幅度是对应分量

正负频率之和，与实际情况相符合。

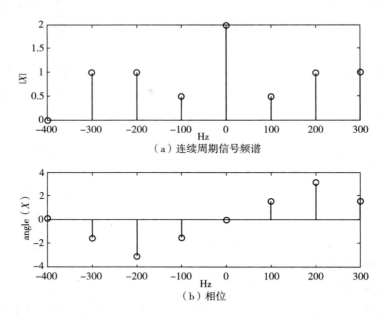

图 4.36　连续周期信号的幅频特性和相位

2）没有谐波的连续周期信号频谱

没有谐波的连续周期信号频谱无法确定基本周期，需要根据信号中的最高频率成分确定采样频率。求解步骤如下：

步骤 1：由信号中的最高频率成 f_h 分确定 f_s：$f_s \geqslant 2f_h$。

步骤 2：由频率分辨率 F_0（或 Δf）确定一个周期内的取样点数。根据 f_s 和频率分辨率 F_0 选择 N：$N \geqslant f_s/F_0$。由于 FFT 一般采用基 2 算法，因此 N 取 2 的整数次幂。

步骤 3：确定 N 后，确定取样间隔：$T_s = \dfrac{1}{NF_0}$。

步骤 4：确定记录长度：$L = NT_s = 1/F_0 = T_p$。

步骤 5：对连续周期信号取样：$t = 0$：T_s：T_p。

由 FFT 代替 DFT 做 N 点计算，求出一个周期内的频谱函数 $X(n)$，即可求出连续周期信号 $x(t)$ 的频谱 $X(n\omega_0) = X(n)/N$。也可以与离散周期序列一样，根据信号的周期求出 N。

【例 4.6】　已知一个连续周期信号，它含有 2V 的直流分量，基频为 50Hz、相位为 −60°、幅度为 3V 的交流信号和一个频率为 85Hz、相位为 30°、幅度为 1.5V 的交流信号，求其频谱。

【解】　数学表达式为

$$x(t)=2+1.5\sin(\omega_1 t+\phi_1)+3\sin(\omega_2 t+\phi_2), f_2=50\,\mathrm{Hz}, f_1=85\,\mathrm{Hz}$$

式中，ϕ 参数为弧度，所以 $-60°$ 和 $30°$ 要分别换算成弧度，即

$$x(t)=2+1.5\sin\left(2\pi\times 75t+\pi\,\frac{30}{180}\right)+3\sin\left(2\pi\times 50t-\pi\times\frac{60}{180}\right)$$

该信号没有谐波，求解步骤如下：

（1）根据信号中的最高频率成分 $f_h=85$ 选择 f_s，使

$$f_s\geqslant 2f_h=2\times 85=170$$

（2）频率分辨率最少应分辨出 $1\,\mathrm{Hz}$，即 $F_0=1$，根据 f_s 和频率分辨率选择 $N\geqslant f_s/F_0=170$，由于 FFT 一般使用基-2 算法，因此 N 取 2 的整数次幂，256、512 等。

（3）求出 T_s、T_p，使用 FFT 代替 DFT 做 N 点计算，求出一个周期内的频谱函数 $X(n)$，即可求出连续周期信号 $x(t)$ 的频谱 $X(n\omega_0)$。

FFT 之后结果就是一个 N 点的复数，每一个点对应着一个频率点。每个点的模值就是该频率值下的幅度特性，是原始信号该点的峰值的 N 倍。求出双边幅频特性，如图 4.37（b）所示，除了直流分量（$N=0$）之外，各频率分量的幅度是对应分量正负频率之和。单边幅度谱图如图 4.37（c）所示。

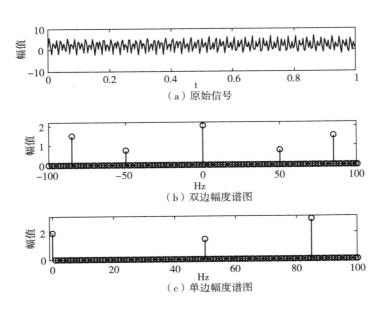

图 4.37　连续周期信号频谱图

3. 连续周期信号具有无限宽的频谱

有些连续周期信号具有无限宽度的频谱，例如连续周期方波脉冲信号，这些信号无

法确定最高次谐波，一般在工程允许最大混叠误差的条件下，取信号能量集中在 $95\% \sim 98\%$ 以上的前 $(k+1)$ 次谐波，取 $2k\omega_0$ 为频谱宽度。求解步骤如下：

步骤 1：确定基本周期 T_p 或 F_0。

步骤 2：确定一个周期内的取样点数 N。

由于该连续周期信号具有无限宽度的频谱，因此无法确定最高次谐波 $k\omega_0$。需要计算信号功率，占信号功率的 95% 以上的谐波可以按信号中的最高次谐波 k 处理，选择 N：$N \geqslant 2k+1$，取 2 的整数次幂。

步骤 3：确定采样间隔 T_s。$T_s = \dfrac{T_p}{N}$。

步骤 4：确定记录长度。$L = NT_s = T_p$。

步骤 5：对连续周期信号取样。$t = 0:T_s:T_p$，为了方便观察频谱，可以扩大采样范围，例如，$t = -2T_p:T_s:2T_p$。

使用 FFT 代替 DFT 做 N 点计算，求出一个周期内的频谱函数 $X(k)$，即可求出连续周期信号 $x(t)$ 的频谱 $X(n\omega_0) = X(k)/N$。

【例 4.7】 生成连续周期性矩形波，频率为 $1/5\,\mathrm{Hz}$，幅度为 2，脉冲宽度为 1，即占空比为 $1/5 \times 100$ 的周期性方波，并用 FFT 求其频谱。

【解】 幅度为 $2A = 2$，$\tau = 1$，$F_0 = 1/5$，求解步骤如下：

（1）确定周期信号 $x(t)$ 的基本周期 T_0：

$$T_p = \frac{1}{F_0} = 5$$

（2）计算信号功率，确定多少次谐波可以占信号功率的 95% 以上。

$$P = \frac{1}{T_0}\int_0^{T_p} |x(t)|^2 \mathrm{d}t = \frac{1}{5}\int_0^1 2^2 \mathrm{d}t = 0.8$$

（3）其频谱函数为

$$X(n\omega_0) = \frac{A\tau}{T_p}\mathrm{Sa}\left(\frac{n\pi\tau}{T_p}\right) = \frac{2\times1}{5}\mathrm{Sa}\left(\frac{n\pi}{5}\right) = 0.4\mathrm{Sa}\left(\frac{n\pi}{5}\right)$$

当 $n = 10$ 时，$p_0 = 0.95$，即前 10 次谐波的功率占总功率的 95%。选择信号的 10 次谐波，$2n+1 = 21$，因此可取 $N \geqslant 32$。

（4）对连续周期信号取样，$T_s = T_p/N$。

（5）使用 FFT 作 N 点计算，求出一个周期内的频谱函数 $X(n)$，即可求出连续周期信号 $x(t)$ 的频谱函数 $X(n\omega_0)$。

该连续周期性矩形波及频谱图如图 4.38 所示。

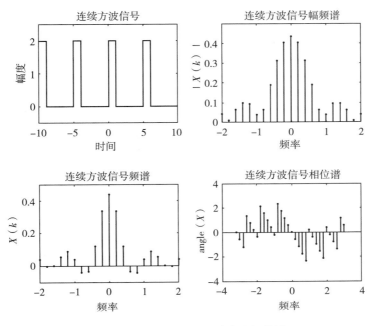

图 4.38　连续周期性矩形波及频谱图

4.9　LabVIEW 2020 实例解析

【实例 4.1】　求有限长序列 $x(n)=[1,\underline{3},5,3,1]$ 的 DTFT，画出它在 $\omega=-8\sim$ 8rad/s 范围内的频率特性，并讨论其对称性。

【解】　步骤 1：新建 VI。打开 LabVIEW 2020，如图 1.37 所示选择"File"→"New VI"或者使用快捷键"Ctrl＋N"创建一个新 VI 程序。

步骤 2：前面板布局。打开新建 VI 的前面板（Front Panel），如图 1.38 所示在"View"→"Controls Palette"中打开控件选板，在控件选板 →"Modern"→"Graph"中选择"XY Graph"控件并分别命名为"幅频特性""相频特性""实部"和"虚部"。其前面板布局如图 4.39 所示。

步骤 3：程序框图设计。由于序列 $x(n)$ 的第二项有下划线，表示它的位置在零点，按定义有

$$X(\mathrm{j}\omega)=\sum_{n=-\infty}^{\infty} x(n)\mathrm{e}^{-\mathrm{j}\omega n}=\mathrm{e}^{\mathrm{j}\omega}+3+5\mathrm{e}^{-\mathrm{j}\omega}+3\mathrm{e}^{-\mathrm{j}2\omega}+\mathrm{e}^{-\mathrm{j}3\omega}\quad(-8<\omega<8)$$

将 ω 在 $-8\sim$ 8rad/s 之间分为 1000 份。打开新建 VI 的程序框图（Block Diagram）窗口进行程序框图创建，在"View"→"Function Palette"中打开函数选板，在函数选板 →"Mathematics"→"Elementary"，找到如图 4.40 所示"指数函数"子函数选板。

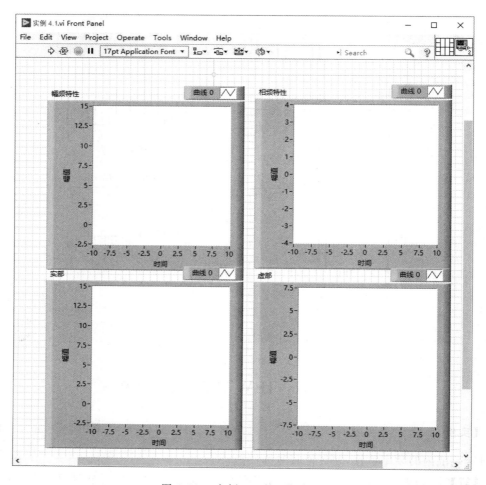

图 4.39 实例 4.1 前面板布局

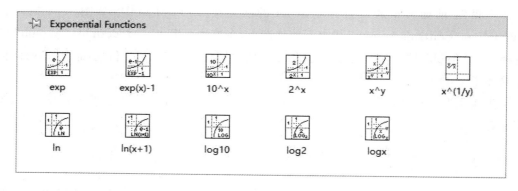

图 4.40 指数函数子函数选板

将各控件和函数拖放到合适的位置进行连线编程，完成后将该 VI 保存为"实例 4.1.vi"。程序框图如图 4.41 所示。

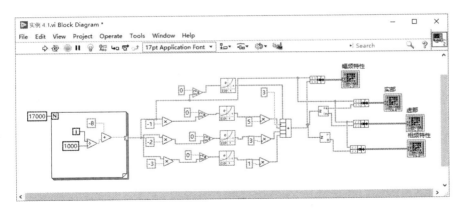

图 4.41　实例 4.1 程序框图

步骤 4：运行和调试。运行该 VI,该程序的运行结果如图 4.42 所示。

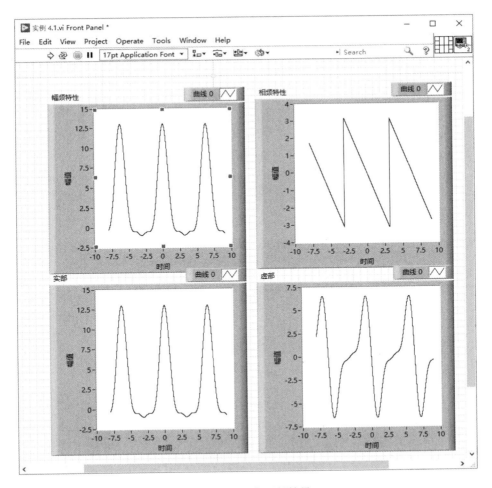

图 4.42　程序运行结果

图 4.42 表明,时域的离散序列变换到频域后是连续的;序列的 DTFT 是周期函数;本题中的序列为实序列,其 DTFT 具有对称性,幅频特性和实部特性为偶对称,而相频特性和虚部特性为奇对称。

【**实例 4.2**】 设一个 LTI 系统的差分方程为 $y(n)-0.9y(n-1)=0.5x(n)+0.8x(n-1)$。求它的频率响应 $H(e^{j\omega})$,并画图。并求输入为 $x(n)=\cos(0.1\pi n)u(n))$ 时的稳态输出 y_s。

【**解**】 步骤 1:新建 VI。打开 LabVIEW 2020,如图 1.37 所示选择"File"→"New VI"或者使用快捷键"Ctrl+N"创建一个新 VI 程序。

步骤 2:前面板布局。 打开新建 VI 的前面板(Front Panel),如图 1.38 所示在"View"→"Controls Palette"中打开控件选板。在控件选板→"Modern"→"Graph"中选择"XY Graph"控件并分别命名为"幅值""相位""输入序列"和"输出序列"。图 4.43 与图 4.44 分别是系统频率响应前面板和波形绘制前面板。

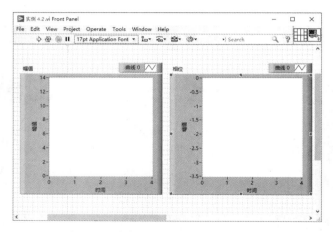

图 4.43 实例 4.2 系统频率响应前面板

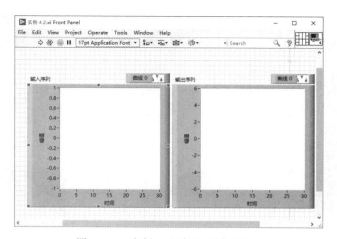

图 4.44 实例 4.2 波形绘制前面板

步骤 3：程序框图设计。打开新建 VI 的程序框图（Block Diagram）窗口进行程序框图创建，在"View"→"Function Palette"中打开函数选板。

（1）频率响应程序框图设计

由差分方程可以写出：

$$H(\mathrm{e}^{\mathrm{j}\omega}) = \frac{Y(\mathrm{e}^{\mathrm{j}\omega})}{X(\mathrm{e}^{\mathrm{j}\omega})} = \frac{0.5 + 0.8\mathrm{e}^{-\mathrm{j}\omega}}{1 - 0.9\mathrm{e}^{-\mathrm{j}\omega}}$$

将各控件和函数拖放到合适的位置进行连线编程，完成后将该 VI 保存为"实例 4.2-1.vi"。程序框图，如图 4.45 所示。

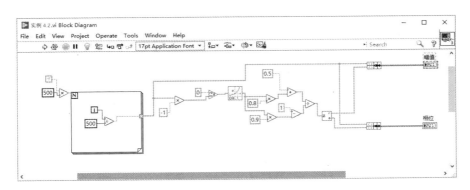

图 4.45　实例 4.2 中频率响应程序框图

（2）稳态响应程序框图设计

由 $x(n) = \cos(0.1\pi n)u(n)$ 可知稳态输入频率 $\omega_0 = 0.1\pi$，初始相位为 $\theta_0 = 0$。系统在该频点处的稳态响应及程序框图，如图 4.46 所示。

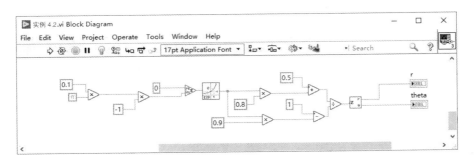

图 4.46　实例 4.2 稳态响应及程序框图

（3）波形绘制程序框图设计

求得幅值为 4.10225，相位为 -1.2865，即

$$H(\mathrm{e}^{\mathrm{j}0.1\pi}) = \frac{0.5 + 0.8\mathrm{e}^{-\mathrm{j}0.1\omega}}{1 - 0.9\mathrm{e}^{-\mathrm{j}0.1\omega}} = 4.10225\mathrm{e}^{-\mathrm{j}1.2865}$$

因此 $y_s = 4.10225\cos(0.1\pi n - 1.2865)$，将各控件和函数拖放到合适的位置进行连

线编程，完成后将该 VI 保存为"实例 4.2 - 2.vi"。波形绘制程序框图如图 4.47 所示。

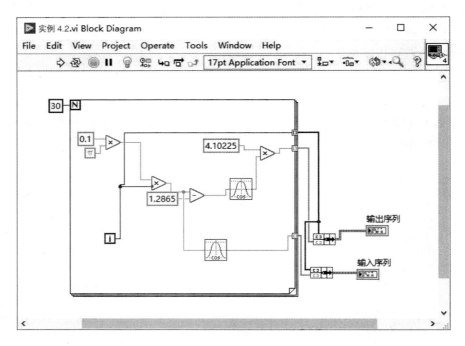

图 4.47　波形绘制程序框图

步骤 3：前面板的布局以及程序的运行结果，如图 4.48 与图 4.49 所示。

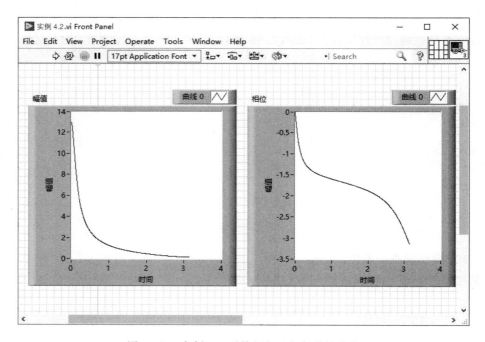

图 4.48　实例 4.2 系统幅频和相频特性曲线

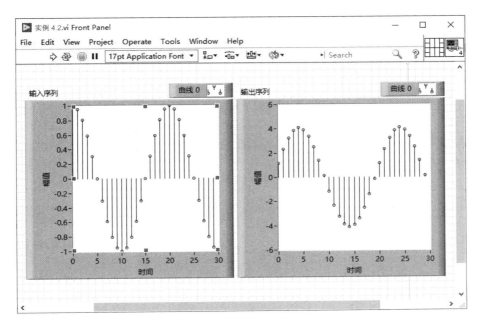

图 4.49　实例 4.2 输入输出信号

习　题

4.1　当 $N = 2^{20}$ 时,分别计算 DFT 和 FFT 所需要计算的复数乘法和复数加法各需要多少次?　FFT 运算速度是 DFT 运算速度的多少倍?

4.2　如果一台计算机的速度为平均每次复乘需 $100\mu\mathrm{s}$,每次复加需 $20\mu\mathrm{s}$,计算 $N = 1024$ 点的 $\mathrm{DFT}[x(n)]$,问:(1) 需要多少时间?　(2) 用 FFT 计算需要多少时间?

4.3　在"基-2"FFT 算法中,最后一级或开始一级运算的系数 $W_N^0 = 1$,即可以不作乘法运算,问可节省多少次乘法运算?所占百分比是多少?

4.4　如果通用计算机的速度为平均每次复数乘需要 $5\mu\mathrm{s}$,每次复数加需要 $1\mu\mathrm{s}$,计算 $7V = 1024$ 点 DFT,直接计算需要多少时间?用 FFT 计算需要多少时间?用 FFT 进行快速卷积对信号进行处理时,估算可实现实时处理的信号最高频率。

4.5　推导 $N = 16$ 时,按基 2 时间抽取算法的 FFT,并绘制流图。

4.6　当 $N = 2^M$ 时,按基 2 时间抽取算法的 DIF-FFT,复数乘法和复数加法各需要多少次?共需要多少级分解?每级运算要计算的蝶形运算有多少个?

4.7　已知一有限长序列 $\{4,3,2,1,5,6,7,8\}$,直接计算其 8 点 DFT。

4.8　已知一有限长序列 $\{4,3,2,1,5,6,7,8\}$,按 DIT-FFT 计算序列的 DFT。

4.9　已知一有限长序列 $\{4,3,2,1,5,6,7,8\}$,按 DIF-FFT 计算序列的 DFT。

4.10　已知 $X(k)$ 和 $Y(k)$ 是两个 N 点实序列 $x(n)$ 和 $y(n)$ 的 DFT,若要从 $X(k)$ 和 $Y(k)$ 求 $x(n)$ 和 $y(n)$,为提高运算效率,试设计用一次 N 点 IFFT 来完成计算。

4.11 设 $x(n)$ 是长度为 $2N$ 的有限长实序列，$X(k)$ 为 $x(n)$ 的 N 点 DFT。

（1）试设计用一次 N 点 FFT 完成计算 $X(k)$ 的高效算法。

（2）若已知 $X(k)$，试设计用一次 N 点 IFFT 实现求 $x(n)$ 的 $2N$ 点 IDFT 运算。

4.12 按照 IDFT 算法：

$$x(n) = \text{IDFT}[X(k)] = \frac{1}{N}\left[\text{DFT}[X^*(K)]\right]^*$$

编写 IFFT 程序，其中 FFT 部分不用写出清单，可调用 FFT 子程序。

4.13 已知线性序列

$x(n) = \delta(n+1) + 2\delta(n) + \delta(n-1), h(n) = 0.5\delta(n+2) + 0.5\delta(n+1) + 0.5\delta(n) + 0.5\delta(n-1)$ 用 FFT 求卷积结果。

4.14 已知两序列 $x(n) = \begin{cases} 0.9^n, 0 \leqslant n \leqslant 8 \\ 0, 其他 \end{cases}$，$h(n) = \begin{cases} 1, 0 \leqslant n \leqslant 8 \\ 0, 其他 \end{cases}$，编写程序实现序列的线性卷积和 N 点循环卷积，并用 FFT 求卷积结果。

4.15 对于长度为 8 点的实序列 $x(n)$，如何利用长度为 4 点的 FFT 计算 $x(n)$ 的 8 点 DFT？ 写其表达式，并画出简略流程图。

4.16 已知两个 N 点实序列 $x(n)$ 和 $y(n)$ 的 DFT 分别为 $X(k)$ 和 $Y(k)$，现在需要求出序列 $x(n)$ 和 $y(n)$，试用运算一次 N 点 IFFT 来实现。

4.17 已知长度为 $2N$ 的实序列 $x(n)$ 的 $X(k) = \text{DFT}[x(n)]$ 的各个数值（$k = 0$，$1, \cdots, 2N-1$），现在需要由 $X(k)$ 计算 $x(n)$，为了提高效率，请设计用一次 N 点 IFFT 来完成。

4.18 序列 $a(n)$ 为 $\{1,2,3\}$，序列 $b(n)$ 为 $\{3,2,1\}$。

（1）求线性卷积 $a(n) \otimes b(n)$。

（2）若用"基 -2"FFT 的循环卷积法（快速卷积）来得到两个序列的线性卷积运算结果，FFT 至少应取多少点？

4.19 （1）模拟数据以 10.24kHz 的速率取样，且计算了 1024 个取样的离散傅里叶变换，求频谱取样之间的频率间隔。

（2）以上数据经处理以后又进行了离散傅里叶逆变换，求离散傅里叶逆变换后抽样点的间隔为多少？ 整个 1024 点的时宽为多少？

第 5 章　　数字滤波器

数字滤波器是数字信号处理中最重要的组成部分之一,占有极其重要的地位。对数字滤波器的研究包括综合和分析两个方面。数字滤波器的综合是指由给定的参数要求设计出实际的滤波器;数字滤波器的分析是对数字滤波器的结构与系统性质做分析。本章讨论数字滤波器的分析。

5.1　　滤波器概述

滤波是将信号中特定波段频率成分滤除的操作,是抑制和防止干扰的一项重要措施;也是根据观测某一随机过程的结果,对另一与之有关的随机过程进行估计的概率理论与方法。简而言之,滤波是从含有干扰的接收信号中提取有用信号的一种技术。"接收信号"相当于被观测的随机过程,"有用信号"相当于被估计的随机过程。例如,用雷达跟踪飞机,在测得的飞机位置数据中含有测量误差及其他随机干扰,如何利用这些"接收信号"尽可能准确地估计飞机在每一时刻的位置、速度、加速度等"有用信号",并预测飞机未来的位置,就是一个滤波与预测问题。这类问题在电子技术、航天科学、控制工程及其他科学技术领域中都是大量存在的。历史上最早的滤波是维纳滤波,20 世纪 60 年代 R. E. 卡尔曼和 R. S. 布西提出卡尔曼滤波。

5.1.1　　滤波器

1. 概念

滤波器是一种电子器件,用于对信号进行选择和过滤,只允许通过特定频率的信号,同时阻止或抑制其他频率的信号。滤波器在通信、电力、音频、视频等许多领域中都有广泛的应用。

2. 主要功能

滤波器的主要功能是分离信号中的不同频率成分,从而实现对信号的提取、分离、增强或抑制。也就是说,滤波器允许某一部分频率的信号正常通过,而阻止或抑制另外一部分频率成分的信号通过。在通信系统中,滤波器用于分离不同的通信信道,防止不同信道之间的相互干扰。在电力系统中,滤波器用于抑制谐波电流,减少对电力系统的负面影响。在音频和视频系统中,滤波器用于调整信号的频率响应,改善音质或画质。

3. 选频电路

滤波器本质上是一个选频电路。将信号能够通过的频率范围称为通频带或通带;反之，信号受到很大衰减或完全被抑制的频率范围称为阻带。通带和阻带之间的分界频率称为截止频率。理想滤波器在通带内的电压增益为常数，在阻带内的电压增益为零，通带与阻带之间无过渡带；而实际滤波器在通带和阻带之间存在一定频率范围的过渡带。

4. 工作原理

滤波器的工作原理是根据频率不同产生不同的增益，使得特定的信号被突显出来，其他频率的信号则被衰减，达到消除噪声的目的。

5.1.2　滤波器的分类

1. 根据所处理的信号是确定性信号还是随机信号分类

根据滤波器所处理的信号是确定性信号还是随机信号，将滤波器分为经典滤波器和现代滤波器。

（1）经典滤波器。经典滤波的概念，是傅里叶分析和变换中的一个工程概念。根据傅里叶分析理论，任何一个满足一定条件的信号，都可以视为由无限个正弦波叠加而成。换句话说，工程信号是由不同频率的正弦波线性叠加而成的，组成信号的不同频率的正弦波称为信号的频率成分或谐波成分。这种只允许一定频率范围内的信号正常通过，而阻止或抑制另一部分频率成分信号通过的电路，叫作经典滤波器或滤波电路。经典滤波器的特点是输入信号中有用的频率成分和希望滤除的频率成分各占不同的频带、无频谱混叠，通过一个合适的选频网络可以滤除不需要的频率成分，得到纯净信号。

（2）现代滤波器。如果信号和干扰的频谱相互重叠，那么滤波器输入信号就为随机信号。由于经典滤波器不能从频谱混叠的信号中有效滤除干扰成分，所以就需要一种能根据随机信号的一些统计特性，在某种最佳准则下最大限度地抑制干扰、恢复原始信号，从而达到最佳滤波目的。这种滤波器称为现代滤波器，如维纳滤波器、卡尔曼滤波器、自适应滤波器等。

2. 根据所处理的信号是模拟信号还是数字信号分类

根据滤波器所处理的信号是模拟信号和数字信号，滤波器分为模拟滤波器和数字滤波器。

（1）模拟滤波器。实际上，任何一个电子系统所处理的信号都有最高频率和最低频率的限制，形成自己的频带宽度，这就是电子系统的频率特性。而滤波器就是根据电路参数对电路频带宽度的影响而设计的工程应用电路。用模拟电子电路对模拟信号进行滤波，其基本原理就是利用电路的频率特性选择信号中频率成分，滤波时将信号视为由不同频率正弦波叠加而成的模拟信号。通过选择不同的频率成分，实现信号滤波。模拟滤波器是指输入输出均为模拟信号，通过一定运算关系改变输入信号所含频率成分的相对比例或者滤除某些频率成分的器件，其运算关系式为

$$y(t) = x(t) \otimes h_s(t) \tag{5.1.1a}$$

$$Y(j\Omega) = X(j\Omega)H_s(j\Omega) \tag{5.1.1b}$$

$$Y(s) = X(s)H(s) \tag{5.1.1c}$$

式中,符号 $\otimes$ 表示线性卷积,$x(t)$ 为滤波器的模拟输入,$h(t)$ 为模拟滤波器的冲激响应, $y(t)$ 为滤波器的模拟输出;$X(\mathrm{j}\Omega)$、$Y(\mathrm{j}\Omega)$、$H_s(\mathrm{j}\Omega)$ 分别是 $x(t)$、$y(t)$、$h(t)$ 所对应的傅里 叶变换;Ω 是模拟频率。

（2）数字滤波器。数字滤波器是指输入输出均为数字信号,通过一定运算关系改变 输入信号所含频率成分的相对比例或者滤除某些频率成分的数字器件或程序。

数字滤波器的运算关系为

$$y(n) = x(n) \otimes h(n) \tag{5.1.2a}$$

$$Y(\mathrm{e}^{\mathrm{j}\omega}) = X(\mathrm{e}^{\mathrm{j}\omega})H(\mathrm{e}^{\mathrm{j}\omega}) \tag{5.1.2b}$$

$$Y(z) = X(z)H(z) \tag{5.1.2c}$$

式中,$x(n)$、$h(n)$、$y(n)$ 分别是数字滤波器的离散时间输入信号、冲激响应和输出信号; $X(\mathrm{e}^{\mathrm{j}\omega})$、$H(\mathrm{e}^{\mathrm{j}\omega})$、$Y(\mathrm{e}^{\mathrm{j}\omega})$ 分别是 $x(n)$、$h(n)$、$y(n)$ 的离散傅里叶变换,ω 是数字频率。

3. 根据所能通过信号的频段分类

（1）分类

根据滤波器所能通过信号的频段,可将滤波器分为低通、高通、带通和带阻滤 波器。

① 低通滤波器。允许信号中的低频或直流成分通过,抑制高频分量、干扰和噪声。

② 高通滤波器。允许信号中的高频成分通过,抑制低频或直流分量。

③ 带通滤波器。允许一定频段的信号通过,抑制低于和高于该频段的信号、干扰和 噪声。

④ 带阻滤波器。抑制一定频段内的信号,允许该频段以外的信号通过。

模拟滤波器又可分为模拟低通滤波器、模拟高通滤波器、模拟带通滤波器和模拟带 阻滤波器,如图 5.1 所示。

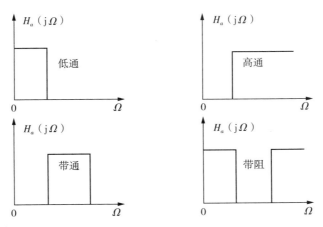

图 5.1　模拟低通、高通、带通和带阻滤波器

数字滤波器又可分为数字低通滤波器、数字高通滤波器、数字带通滤波器和数字带阻滤波器，如图5.2所示。

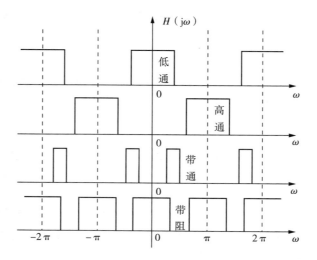

图 5.2　数字低通、高通、带通和带阻滤波器

注意，数字滤波器的频率响应函数 $H(j\omega)$ 都是以 2π 为周期的，低通滤波器的通频带中心位于 2π 的整数倍处，而高通滤波器的通频带中心位于 π 的奇数倍处，一般在数字频率的主值区间 $[-\pi,\pi]$ 描述数字滤波器的频率响应，这一点与模拟滤波器不同。

（2）低通滤波器和高通滤波器之间的对偶关系

① 幅频特性的对偶关系。当低通滤波器和高通滤波器的通带增益 A、截止频率 ω_c 或 f_c 分别相等时，两者的幅频特性曲线相对于垂直线 $f=f_c$ 对称。

② 传递函数的对偶关系。将低通滤波器传递函数中的 s 换成 $1/s$，则变成对应的高通滤波器的传递函数。

③ 电路结构上的对偶关系。在模拟滤波器中，将低通滤波器中起滤波作用的电容 C 与电阻 R 的位置对调，则低通滤波器转化为对应的高通滤波器。

4. 根据所采用的是无源器件还是有源器件分类

按滤波器所采用的元器件划分，可将滤波器为无源滤波器和有源滤波器。

（1）无源滤波器。它利用了电容和电感元件的电抗随频率变化而变化原理，仅由无源元件（R、L 和 C）组成，具有电路比较简单、不需要直流电源供电、可靠性高等优点；同时，有通带内信号能量损耗、负载效应比较明显等缺点。而使用电感元件时，容易引起电磁感应；当电感 L 较大时，滤波器的体积和重量都比较大，在低频域不适用。

（2）有源滤波器。它是由无源器件和有源器件（如三极管或集成运算放大器）组成的，优点包括通带内的信号不仅没有能量损耗，而且还可以放大，负载效应不明显，多级级联时相互影响很小，利用级联的简单方法很容易构建高阶滤波器，并且滤波器的体积小、重量轻，由于不使用电感元件因而不需要磁屏蔽；缺点包括通带范围受有源器件的带宽限制,需要直流电源供电,可靠性比无源滤波器差,不适用于高压、高频、大功率等场合。

对于有源滤波器,滤波器的阶数对滤波器的特性有重要影响。阶数越高,滤波器幅频特性的过渡带越陡,越接近理想特性。一般情况下,一阶滤波器过渡带按每十倍频 20dB 的速率衰减,二阶滤波器按每十倍频 40dB 的速率衰减。高阶滤波器可由低阶滤波器串接组成。

模拟滤波器可以是有源的或无源的,数字滤波器都是有源的。

5. 根据输入输出间是否为线性关系分类

根据滤波器的输出是否为输入的线性函数,将滤波器分为线性滤波器和非线性滤波器两种。

(1)线性滤波器。如果一种滤波器的输出为输入的线性函数,那么这种滤波器就称为线性滤波器,也就是它用于时变输入信号的线性运算。线性滤波器在电子学和数字信号处理中的应用非常普遍,当然也可用于其他技术领域。常见的线性滤波器有:方框滤波、均值滤波、高斯滤波等,线性滤波器可以分为两类:无限脉冲响应(infinite impulse response,IIR)和有限脉冲响应(finite impulse response,FIR)滤波器,后面将详细讨论。

(2)非线性滤波器。如果一种滤波器的输出为输入的非线性函数,那么这种滤波器就称为非线性滤波器,也就是它用于时变输入信号的非线性运算。常用的非线性滤波有:扩展卡尔曼滤波(extended kalman filter,EKF)、不敏卡尔曼滤波(unscented kalman filter,UKF)、粒子滤波(particle filter,PF)等。对一般的非线性滤波问题的研究相当活跃,它涉及随机过程理论的许多近代成果,如随机过程一般理论、鞅、随机微分方程、点过程等。在实际应用上,对非线性滤波问题往往采用各种线性近似的方法。

5.2　滤波器的技术指标

5.2.1　模拟滤波器的一般技术指标

本书中规定:模拟低通滤波器的幅频响应表示为 $H_a(\mathrm{j}\Omega)$,模拟低通滤波器原型的幅频响应表示为 $H_a(p)$,各类型(低通、高通、带通、带阻)模拟滤波器的幅频响应函数表示为 $H_a(s)$。如图 5.3 所示,$H_a(\mathrm{j}\Omega)$ 是模拟滤波器的幅频响应函数,其主要参数(以模拟低通滤波器为例)如下:

1. 通带增益

通带增益 A_0 是指滤波器通带内的电压放大倍数,也称电压增益。如果归一化处理,那么通带增益为 $A_0 = 1$。

2. 特征角频率和特征频率

模拟滤波器的特征角频率表示为 Ω_n、特征频率表示为 f_n,它们只与滤波用的元件参

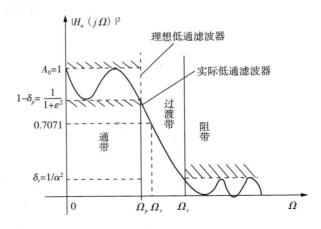

图 5.3　模拟滤波器的主要参数

数有关。例如，由电阻和电容元件组成的滤波器，通常为

$$\Omega_n = \frac{1}{RC}, f_n = \frac{1}{2\pi RC} \tag{5.2.1}$$

3. 截止角频率和截止频率

截止角频率 Ω_c 和截止频率 f_c，是电压增益下降到 $|A_0|/\sqrt{2}$ 时，即 $0.707A_0$ 所对应的角频率和线频率。

注意，Ω_c 不一定等于 Ω_n，但是 Ω_c 在一般情况可以等于 Ω_n。

带通和带阻滤波器有下截止频率 Ω_L 和上截止频率 Ω_H，低通滤波器的通带和阻带截止频率分别为 Ω_p 和 Ω_r。在 $[0, \Omega_p]$ 段称为通带，在 $[\Omega_r, \infty]$ 段称为阻带，在 $[\Omega_p, \Omega_r]$ 段称为过渡带，在过渡带内，幅频特性单调下降。

在图 5.3 所示的模拟低通滤波器中，如果其幅频特性曲线从通带陡然截止到阻带，即 $\Omega_r - \Omega_p = 0$，就是理想低通滤波器。而实际低通滤波器的幅频响应有通带、过渡带和阻带三个范围。

常把通带幅度最大特性归一化为 1，而滤波器指标以相对指标形式给出。$H_a(\mathrm{j}\Omega)$ 是模拟滤波器的频率响应函数，而基于平方幅度响应指标 $J(\Omega) = |H_a(\mathrm{j}\Omega)|^2$ 的模拟低通滤波器的技术指标为

$$\begin{cases} \dfrac{1}{1+\varepsilon^2} \leqslant |H_a(\mathrm{j}\Omega)|^2 \leqslant 1, |\Omega| < \Omega_p \\[2mm] 0 \leqslant |H_a(\mathrm{j}\Omega)|^2 \leqslant \dfrac{1}{\alpha^2}, \Omega_r \leqslant \Omega \end{cases} \tag{5.2.2}$$

式中，ε 为通带波动系数，α 为阻带衰减参数，Ω_p 和 Ω_r 分别是低通滤波器通带和阻带的截止频率。图 5.3 表明，$J(\Omega)$ 必须满足

$$J(\Omega) = |H_a(j\Omega)|^2$$

$$= \begin{cases} \dfrac{1}{1+\varepsilon^2}, \Omega = \Omega_p \\[2ex] \dfrac{1}{\alpha^2}, \Omega = \Omega_r \end{cases} \tag{5.2.3}$$

其衰减函数或称损耗函数(单位是 dB)为

$$R_p = -10\log|H_a(j\Omega_p)|^2 = -10\log\left(\frac{1}{1+\varepsilon^2}\right) = 10\log(1+\varepsilon^2) \tag{5.2.4}$$

$$R_r = -10\log|H_a(j\Omega_r)|^2 = -10\log\left(\frac{1}{\alpha^2}\right) = 20\log\alpha \tag{5.2.5}$$

由此可得到衰减函数与通带、阻带波动系数的关系为

$$\varepsilon = \sqrt{10^{R_p/10}-1}, \alpha = 10^{R_r/20} \tag{5.2.6}$$

$$\varepsilon = \sqrt{\frac{1}{(1-\delta_p)^2}-1} = \frac{1}{1-\delta_p}\sqrt{2\delta_p-\delta_p^2}, \alpha = \frac{1}{\delta_r} \tag{5.2.7}$$

$$|H_a(j\Omega_c)| = 10^{-R_p/20}$$

式中,Ω_c 是半功率截止频率(也叫 -3dB 截止频率),即 $\Omega = \Omega_c$ 处满足 $|H_a(j\Omega)| = 0.7071$;δ_p、δ_r 表示振幅的波动幅度,δ_p 表示在通带中振幅的波动幅度,也称通带容限;δ_r 表示在阻带中振幅的波动幅度,也称阻带容限。

4. 中心角频率

中心角频率 Ω_0 与带通(带阻)滤波器的两个截止频率 Ω_L 和 Ω_H 有关。一般为带通滤波器(或带阻滤波器)上下两个截止频率的几何平均值,即

$$\Omega_0 = \sqrt{\Omega_L\Omega_H} \tag{5.2.8}$$

而实际上常可以用它们的算术平均值作为几何平均值的近似值。对于带通(或带阻)滤波器,Ω_0 为带通(或带阻)滤波器的中心角频率,常常是通带(或阻带)内电压增益最大(或最小)点的频率。

5. 带宽与相对宽度

通带(或阻带)宽度 B 是滤波器的带通(或带阻)上下两个截止频率的差值,即

$$B = \Omega_H - \Omega_L \tag{5.2.9}$$

对于低通滤波器,最低截止频率是 0,所以带宽就是 Ω_c。对于高通滤波器,一般只说最低截止频率,而不讲带宽。

相对带宽是带宽与中心频率比值的百分数。

滤波器带宽表示其频率分辨力,通带越窄,分辨力越高,显然,高分辨力(B 值小)与响应速度是互相矛盾的。如果要用滤波的方法从信号中提取某一很窄的频率成分(如作谱分析),必须有足够的时间。

低通滤波器对阶跃响应的上升时间 t_r 与带宽 B 成反比，即

$$Bt_r = 常数 \qquad (5.2.10)$$

式(5.2.10)对高通、带通及带阻滤波器均成立。

6. 等效品质因数

对于低通滤波器和高通滤波器而言，等效品质因数 Q 是 $\Omega = \Omega_n$ 时滤波器电压增益的模与通带增益之比。对于带通和带阻滤波器而言，Q 值等于中心角频率与通带（阻带）宽度 B 之比，即

$$Q = \frac{|A(j\Omega_n)|}{|A_0|}, Q = \frac{|\Omega_0|}{|B|} \qquad (5.2.11)$$

5.2.2　数字滤波器的主要技术要求

1. 数字滤波器的特点

数字滤波器是数字信号处理中使用最广泛的一种线性系统环节，是数字信号处理的重要基础。数字滤波器具有一定的传输选择特性，它将一组输入的数字序列，通过一定的运算后转变为另一组输出的数字序列。实质上它是一个由有限精度算法实现的线性时不变离散系统。因此，数字滤波器可以狭义地理解为具有选频特性的系统，如低通、高通、带通、带阻等类型的滤波器；也可以广义地理解为一个任意数字系统，其功能是将输入信号经过数字系统处理，变换为用户所需要的输出信号。

数字滤波器的基本工作原理是利用离散系统特性对系统输入信号进行加工和变换，改变输入序列的频谱或信号波形，通过有用频率的信号分量、抑制无用的信号分量输出。数字滤波器和模拟滤波器有着相同的滤波概念，与模拟滤波器相比，数字滤波器除了具有数字信号处理的固有优点外，还有滤波精度高、稳定性好（仅运行在 0 与 1 两个电平状态）、灵活性强等优点。

假定输入信号 $x(n)$ 中的有用成分和希望除去的成分各自占用不同的频带，则当输入信号 $x(n)$ 通过一个线性系统 $h(n)$（即滤波器）后，可将希望除去的成分滤除。对于一个线性移不变系统，其时域、频域的输入和输出关系，如式(5.1.2)所示。该式表明，设计不同的 $H(e^{j\omega})$ 就可以设计不同的滤波器。

数字滤波器既可以用硬件实现，也可以用软件实现。数字滤波器用硬件实现时，所需的主要元件是延迟器、加法器和乘法器等；而模拟滤波器所需的主要元件是电阻、电容和电感等；数字滤波器用软件方法实现时，可以使用专用处理设备和程序软件，也可以是由通用计算机完成的一段或一组程序，如线性卷积、FFT 运算等。

按计算方法，数字滤波器可以分为递归滤波器、非递归滤波器、快速卷积滤波器。一般来说，IIR 数字滤波器使用递归系统较容易实现，而 FIR 数字滤波器使用非递归系统和快速卷积型比较容易实现。快速卷积型是使用 FFT 计算线性卷积的方法，因此这种滤波器也叫 FFT 型数字滤波器。

2. 数字滤波器的技术指标

常用的数字滤波器一般属于选频滤波器,频率响应函数为

$$H(\mathrm{e}^{\mathrm{j}\omega}) = H(\omega)\mathrm{e}^{\mathrm{j}\phi(\omega)} = | H(\mathrm{e}^{\mathrm{j}\omega}) | \mathrm{e}^{\mathrm{j}\phi(\omega)} \tag{5.2.12}$$

式中,$H(\omega) = | H(\mathrm{e}^{\mathrm{j}\omega}) |$ 称为幅频特性函数,表示信号通过该网络后各频率成分振幅的衰减情况,$\phi(\omega)$ 称为相频特性函数,反映信号通过该网络后各频率成分在时间上的延时情况,滤波器的指标形式一般应为频域中的幅度响应和相位响应。

两个幅频特性完全相同的滤波器,如果相频特性不同,对于同样的输入信号,其滤波后的输出也是不一样的。

1）幅度指标

在常用的数字滤波器中,希望在通带中具有线性相位响应特性。在 FIR 数字滤波器中,可以得到精确的线性相位响应特性;而在 IIR 数字滤波器中,无法得到线性相位响应特性。因此,数字滤波器的技术要求一般以频率响应的幅度特性的允许误差来表征。

幅度指标可以用两种方式给出:绝对指标与相对指标。

（1）绝对指标

绝对指标是对幅度响应函数 $| H(\mathrm{e}^{\mathrm{j}\omega}) |$ 的要求,这些指标可以直接应用于 FIR 数字滤波器;对 IIR 滤波器,使用这些指标时需要对这些指标进行转换。

数字滤波器的指标定义与模拟滤波器相同,以实际的巴特沃斯（Butterworth）数字低通滤波器为例,频率响应有通带、过渡带和阻带,其绝对指标有 ω_p、ω_r、δ_p、δ_r,如图 5.4 所示。

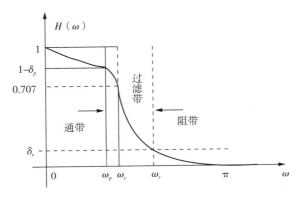

图 5.4　巴特沃斯数字低通滤波器指标

ω_p 和 ω_r 分别是通带和阻带的数字截止频率,ω_p 与 ω_r 之间是过渡带,它们的定义为

$$0 \leqslant \omega \leqslant \omega_p, \omega_r \leqslant \omega \leqslant \pi, \Delta\omega = \omega_r - \omega_p \tag{5.2.13}$$

即在 $[0, \omega_p]$ 段称为通带,在 $[\omega_r, \pi]$ 段称为阻带,在 $[\omega_p, \omega_r]$ 段称为过渡带,在过渡带内,幅频特性单调下降。

数字截止频率 ω_c 是幅度平方值从最高值降为一半时（半功率值）的频率,即当

$\mid H(\mathrm{e}^{\mathrm{j}\omega_p}) \mid^2 = 1/2$ 时，由

$$\mid H(\mathrm{e}^{\mathrm{j}}\omega_p) \mid = \frac{1}{\sqrt{2}} = 0.707 \qquad (5.2.14)$$

所求得的频率 ω_p。

如果用 R_p 表示通带内允许的最大衰减量，R_r 表示阻带的最小衰减量。当 $R_p = -20\log\mid H(\mathrm{e}^{\mathrm{j}\omega_p})\mid = 3\mathrm{dB}$ 时，所对应的数字频率 ω_p 称为 3dB 频率，通常用 ω_c 表示。而带通和带阻滤波器有两个 3dB 截止频率 ω_L 和 ω_H。

ω_c、ω_p 与 ω_r 统称为滤波器的边界频率，δ_p、δ_r、R_p、R_r 是数字滤波器设计中的重要参数。

（2）相对指标

相对指标是以分贝（dB）值的形式表示，转换关系为 $\mathrm{dB} = -20\log \dfrac{\mid H(\mathrm{e}^{\mathrm{j}\omega})\mid_{\min}}{\mid H(\mathrm{e}^{\mathrm{j}\omega})\mid_{\max}}$。这时数字滤波器中，$R_p$ 和 R_r 均用分贝值，单位是 dB，由于 $\omega = 0$ 处幅度最大，因此定义为

$$\begin{cases} R_p = -20\log \dfrac{\mid H(\mathrm{e}^{\mathrm{j}\omega_p})\mid}{\mid H(\mathrm{e}^{\mathrm{j}0})\mid} \\[3mm] R_r = -20\log \dfrac{\mid H(\mathrm{e}^{\mathrm{j}\omega_r})\mid}{\mid H(\mathrm{e}^{\mathrm{j}0})\mid} \end{cases} \qquad (5.2.15)$$

如果 $\omega = 0$ 处幅度已归一化到 1，即当 $\mid H(\mathrm{e}^{\mathrm{j}0})\mid$ 归一化为 1 时，它们定义为

$$R_p = -20\log \mid H(\mathrm{e}^{\mathrm{j}\omega_p})\mid > 0, R_r = -20\log \mid H(\mathrm{e}^{\mathrm{j}\omega_r})\mid \gg 1 \qquad (5.2.16)$$

绝对指标与相对指标的关系为

$$R_p = -20\log \mid 1 - \delta_p \mid, R_r = -20\log \mid \delta_r \mid, \delta_p = 1 - 10^{-\frac{R_p}{20}}, \delta_r = 10^{-\frac{R_r}{20}} \qquad (5.2.17)$$

δ_p 是在通带中振幅的波动幅度，在通带内波峰与波谷之间的差值逼近于 1，称 δ_p 为通带容限。

$$1 - \alpha_p \leqslant \mid H(\mathrm{e}^{\mathrm{j}\omega})\mid \leqslant 1, \mid \omega \mid \leqslant \omega_p \qquad (5.2.18)$$

δ_r 是在阻带中振幅的波动幅度，在阻带内幅度响应以小于 α_p 的误差逼近于零，即

$$\mid H(\mathrm{e}^{\mathrm{j}\omega})\mid \leqslant \alpha_s, \omega_r \leqslant \mid \omega \mid \leqslant \pi \qquad (5.2.19)$$

称 δ_r 为通带容限。

然而，在具体技术指标中往往使用通带允许的最大衰减（波纹）δ_p 及阻带应达到的最小衰减 δ_r。δ_p、δ_r 的定义为

$$\delta_p = 20\log \frac{\mid H(\mathrm{e}^{\mathrm{j}0})\mid}{\mid H(\mathrm{e}^{\mathrm{j}\omega_p})\mid} = -20\log \mid H(\mathrm{e}^{\mathrm{j}\omega_p})\mid = -20\log(1 - \alpha_p) \qquad (5.2.20)$$

$$\delta_r = 20\log\frac{\mid H(\mathrm{e}^{\mathrm{j}0})\mid}{\mid H(\mathrm{e}^{\mathrm{j}\omega_r})\mid} = -20\log\mid H(\mathrm{e}^{\mathrm{j}\omega_r})\mid = -20\log\alpha_r \tag{5.2.21}$$

式中，$\mid H(\mathrm{e}^{\mathrm{j}0})\mid=1$。例如，在 $\omega=\omega_c$ 处满足 $\mid H(\mathrm{e}^{\mathrm{j}\omega_c})\mid=0.707$，则 $\delta=\delta_c=3\mathrm{dB}$；在 ω_r 满足 $\mid H(\mathrm{e}^{\mathrm{j}\omega_r})\mid=0.001$，则 $\delta_r=60\mathrm{dB}$。

2）相位指标

一般选频滤波器的技术要求给出幅频特性，对于几种典型滤波器（如巴特沃斯滤波器），其相频特性是确定的，所以在设计时，对相频特性一般不作要求。然而，若对输出波形有要求，如图像处理、波形传输等，则需要考虑相频特性。

相位指标主要是指线性相位条件的时延和群时延。由于滤波器的输出信号相对于输入信号有一定的相移，因此输出信号相对于输入信号有一定的时间延迟，相移和时间延迟都是频率的函数。在 IIR 数字滤波器中，无法得到线性相位响应特性。而在 FIR 数字滤波器中，可以得到精确的线性相位响应特性。

5.2.3　模拟滤波器与数字滤波器技术指标间的关系

1. 模拟频率与数字频率的关系

数字频率 ω 与模拟频率 Ω 的关系为

$$\omega = \Omega T_s = \frac{\Omega}{f_s} = 2\pi\frac{f}{f_s} \tag{5.2.22}$$

式中，f_s（或 ω_s）、T_s 为抽样频率或抽样间隔，f（或 Ω）为信号模拟频率，单位为 Hz（或 rad/s），因此数字滤波器必须给出抽样频率或抽样间隔。

2. 模拟截止频率与数字截止频率的关系

$$\begin{cases} \omega_p = \Omega_p T_s = \dfrac{\Omega_p}{f_s} = 2\pi\dfrac{f_p}{f_s} \\[2mm] \omega_r = \Omega_r T_s = \dfrac{\Omega_r}{f_s} = 2\pi\dfrac{f_r}{f_s} \end{cases} \tag{5.2.23}$$

注意，由于有式（5.2.22）与（5.2.23）的关系式，因此也可由式（5.2.4）、式（5.2.5）及式（5.2.6）计算数字滤波器的 R_p，R_r，α_p 及 α_r 等参数。反之，也可由式（5.2.16）～式（5.2.21）计算模拟滤波器的参数 R_p，R_r，α_p，α_r 等。

5.3　数字滤波器结构及运算电路

根据离散时间系统系数的不同，将离散时间系统分为 FIR 系统与 IIR 系统。因此，可将数字滤波器分为两大类：FIR 数字滤波器与 IIR 数字滤波器。

5.3.1　数字滤波器的表示形式

任何线性时不变集总参数离散系统，都可以用时域或变换域形式表示其输入输出关系。例如,时域滤波器的功能可以用差分方程或卷积形式或系统函数来描述。

1. 数字滤波器用卷积形式描述

数字滤波器的卷积形式为

$$y(n) = \sum_{m=-\infty}^{\infty} \big[x(m)h(n-m) \big] = x(n) \otimes h(n) \tag{5.3.1}$$

式中,$\otimes$ 为线性卷积。

2. 数字滤波器用差分方程描述

令 $a_0 = 1$(如果不为 1,可以变换为 1),由式(5.3.1)得

$$y(n) = -\frac{1}{a_0} \sum_{k=1}^{N} a_k y(n-k) + \frac{1}{a_0} \sum_{m=0}^{M} b_m x(n-m)$$

得差分方程的一般形式为

$$y(n) = \sum_{m=0}^{M} b_m x(n-m) - \sum_{k=1}^{N} a_k y(n-k) \tag{5.3.2}$$

3. 数字滤波器用系统函数描述

将式(5.3.2)两边进行 Z 变换,得

$$Y(z) = X(z) \sum_{m=0}^{M} b_m z^{-m} - Y(z) \sum_{k=1}^{N} a_k z^{-k}$$

系统传递函数为

$$H(z) = \frac{Y(z)}{X(z)} = \frac{\displaystyle\sum_{m=0}^{M} b_m z^{-m}}{1 + \displaystyle\sum_{k=1}^{N} a_k z^{-k}} \tag{5.3.3}$$

注意:① 差分方程、系统函数、卷积形式是等价的,从任何一个都可以推导出另外两个;② 即使用同一类表示方法,也存在着许多等价的算法结构。

4. 滤波器的算法结构对系统性能的影响

虽然差分方程、系统函数、卷积形式是等价的,但是即使用同一类描述方法,也存在许多等价的算法结构。例如

$$H_1(z) = \frac{1}{1 - 0.3z^{-1} - 0.4z^{-2}}$$

$$H_2(z) = \frac{1}{1 - 0.8z^{-1}} \cdot \frac{1}{1 + 0.5z^{-1}}$$

$$H_3(z) = \frac{0.6154}{1 - 0.8z^{-1}} + \frac{0.3846}{1 + 0.5z^{-1}}$$

可见,虽然 $H_1(z)$、$H_2(z)$、$H_3(z)$ 三者等价,但是算法结构不同。不同的算法结构,

会影响实现系统的某些实际性能。因此,滤波器的工程实现需要靠计算机的软硬件来完成,这就需要考虑许多问题。

（1）计算机的运算速度及效率,即完成整个运算需要的乘法和加法次数。

（2）需要的存储量。

（3）滤波器系数的量化误差影响。

（4）运算过程中的舍入和截断误差、饱和与溢出影响等。

滤波器不同的算法结构,虽然可以实现同样的系统传递函数,但是在满足上述要求方面的差异一定有,其至还非常显著。因此,对于同一个系统的实现,要使系统性能得到优化,选择合适的算法结构是必须的。

5. 数字滤波器的基本运算电路

数字滤波器的表示方法有方框图表示（也称运算电路表示）和流图表示法。表示方法中有三种基本运算:单位延时、乘常数和相加,其运算电路如图5.5所示。

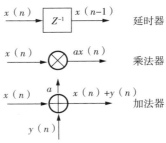

图 5.5　三种基本运算电路

5.3.2　IIR 数字滤波器结构及其运算电路

IIR 滤波器的传递函数 $H(z)$ 在有限 z 平面上存在极点。它的单位脉冲响应延续到无限长且结构中存在反馈环路,即为自回归型结构。具体实现起来,结构不是唯一,同一个传递函数 $H(z)$ 可以有各种不同的结构形式。

IIR 滤波器的基本结构主要有直接型、级联型和并联型及其运算电路。

1. 直接型 IIR 滤波器结构及其运算电路

直接型 IIR 滤波器可以直接使用 IIR 滤波器的传递函数。一个 N 阶 IIR 滤波器的传递函数如式（5.3.3）所示,其差分方程为式（5.3.2）。该滤波器可分为两部分:滑动平均部分（分子）和递归部分（分母）。根据两部分运算次序的先后,可分为直接I型和直接II型。

直接 I 型:需要 2N 级延时单元。

直接 II 型:只需要 N 级延时单元,节省资源。

（1）直接 I 型

由差分方程式（5.3.2）知,$y(n)$ 是由两部分相加构成的。第一部分是一个对输入 $x(n)$ 的 N 节延时链结构,每节延时抽头后加权相加,也即是一个横向结构网络;第二部分也是一个 N 节延时链的横向结构网络,不过它是对 $y(n)$ 延时,因此是个反馈网络,直接 I 型结构需要 2N 级延时单元。将差分方程式（5.3.2）的传递函数式（5.3.3）改写为

$$H(z) = \frac{Y(z)}{X(z)} = \frac{Y(z)}{V(z)} \cdot \frac{V(z)}{X(z)} = \left(\frac{1}{1 + \sum\limits_{k=1}^{N} a_k z^{-k}} \right) \sum\limits_{m=0}^{M} b_m z^{-m} = H_{AR}(z) H_{MA}(z)$$

(5.3.4)

式中

$$H_{MA}(z) = \sum_{m=0}^{M} b_m z^{-m} \tag{5.3.5}$$

$$H_{AR}(z) = \frac{1}{1 + \sum_{k=1}^{N} a_k z^{-k}} \tag{5.3.6}$$

分别称为滤波器的滑动平均（the moving average，MA）和自回归部分（the autoregressive，AR）部分。如果用 $V(z)$ 表示滑动平均部分的输出 $v(n)$ 的 Z 变换，则用中间变量 $V(z)$ 表示的输出为

$$V(z) = H_{MA}(z)X(z) \tag{5.3.7}$$

$$Y(z) = H_{AR}(z)V(z) \tag{5.3.8}$$

式中，$X(z)$ 表示滤波器的输入 $x(n)$ 的 Z 变换。将式(5.3.5)和式(5.3.6)分别代入式(5.3.7)和式(5.3.8)，得

$$v(n) = \sum_{m=0}^{M} b_m x(n-m) \tag{5.3.9}$$

$$y(n) = v(n) - \sum_{k=0}^{N} a_k y(n-k) \tag{5.3.10}$$

根据式(5.3.9)和式(5.3.10)实现的结构就是 IIR 滤波器的直接 I 型结构，其运算电路，如图 5.6 所示。

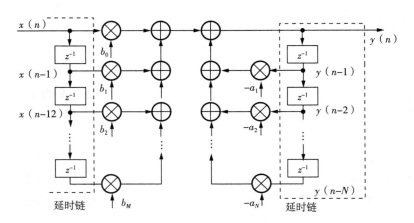

图 5.6　直接 I 型运算电路

（2）直接 II 型

由于 IIR 滤波器传递函数的分子和分母可视为两个独立的网络，且假定 $N=M$，这时式(5.3.4)可以改写为

$$H(z) = \frac{V(z)}{X(z)} \frac{Y(z)}{V(z)} = \sum_{m=0}^{N} b_m z^{-m} \left[\frac{1}{1 + \sum_{k=1}^{N} a_k z^{-k}} \right] = H_{MA}(z) H_{AR}(z) \quad (5.3.11)$$

显然,由于系统是线性的,故将级联的次序调换不会影响总的结果。

改变级联次序后,将中间的两条完全相同的延时链合并,这样延时单元可以节省一倍,即 N 阶滤波器只需要 N 级延时单元。这种结构称为正准型结构或直接 Ⅱ 型结构,其运算电路,如图 5.7 所示。

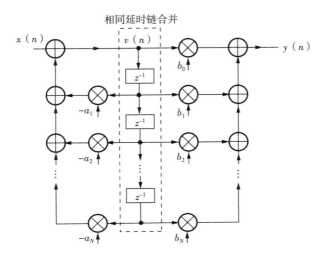

图 5.7 直接 Ⅱ 型运算电路

直接 Ⅱ 型结构节约了大量的延迟器,由于系统函数 $H(z)$ 的零、极点是由差分方程中参数 a_i、b_j 决定的,当滤波器的阶数较高时,其特性随参数变化变得很敏感,所以要求系统有较高的灵敏度。因此,一般情况下,直接 Ⅱ 型结构多用于一、二阶情况,对于 N 值较大的高阶系统,通常把 $H(z)$ 分解成低阶组合,然后分别实现。

直接 Ⅰ、Ⅱ 型在实现原理上是类似的,都是直接一次构成。共同的缺点是,系数 a_i、b_j 对滤波器性能的控制关系不直接,调整不方便。更严重的是当阶数 N 较高时,直接型结构的极点位置灵敏度太大,对字长效应太明显,容易出现不稳定现象并产生较大误差。因此,一般来说,3 阶以上的系统都不使用直接型,采用另两种结构将具有更大的优越性。

2. 串联型 IIR 滤波器

每一个基本节只关系到滤波器的某一对极点和一对零点,便于准确实现滤波器的零、极点,也便于性能调整。

级联结构可以有许多不同的搭配方式,在实际工作中,由于运算字长效应的影响,不同排列所得到的误差和性能也不一样。

对于任何实系数的系统函数 $H(z)$,分子、分母为多项式,系数一般为实数。首先把分子、分母多项式的根解出，一个 N 阶传递函数可以用它的零、极点表示，也即它的分子、分母都可以用因式连乘的形式表示为

$$H(z) = \frac{Y(z)}{X(z)} = \frac{\displaystyle\sum_{m=0}^{M} b_m z^{-m}}{1 + \displaystyle\sum_{k=1}^{N} a_k z^{-k}} = H_0 \frac{\displaystyle\prod_{m=1}^{M}(1 - g_m z^{-1})}{\displaystyle\prod_{k=1}^{N}(1 - p_k z^{-1})} \tag{5.3.12}$$

式中，H_0 为增益（常数），g_m 为零点，p_k 为极点，这样滤波器就可以用若干一阶网络和二阶网络级联构成。

一般情况下，分子、分母多项式可由一阶和二阶因式组成。然而，为了统一，均采用二阶因式，令 $M = N$，如果 N 为奇数，不能完全分解为二阶因式，可以用 0 系数补齐，使 N 为偶数，以便能够完全分解为二阶因式。二阶基本节通常是实系数，而一阶因子通常包含复系数。统一采用二阶节表示保持了结构上的统一性，有利于时分复用。

由于设计系统时 a_i 和 b_i 一般定义为实数的形式，而零点、极点都是实数或共轭成对的复数，所以有

$$H(z) = H_0 \frac{\displaystyle\prod_{i=1}^{M_1}(1 - g_i z^{-1}) \prod_{i=1}^{M_2}(1 - h_i z^{-1})(1 - h_i^* z^{-1})}{\displaystyle\prod_{i=1}^{N_1}(1 - p_i z^{-1}) \prod_{i=1}^{N_2}(1 - q_i z^{-1})(1 - q_i^* z^{-1})} \tag{5.3.13}$$

式中，$N = M_1 + 2M_2$，$N = N_1 + 2N_2$；g_i 和 p_i 为实根，h_i 和 q_i 为复根。将每一对共轭因子合并，可构成实系数二阶因子，即

$$H(z) = H_0 \frac{\displaystyle\prod_{i=1}^{M_1}(1 - g_i z^{-1}) \prod_{i=1}^{M_2}(1 + \beta_{1i} z^{-1} + \beta_{2i} z^{-2})}{\displaystyle\prod_{i=1}^{N_1}(1 - p_i z^{-1}) \prod_{i=1}^{N_2}(1 - \alpha_{1i} z^{-1} - \alpha_{2i} z^{-2})} \tag{5.3.14}$$

实际上，单根实因子是二阶因子的特例，式（5.3.14）表示的系统函数可以进一步表示为

$$H(z) = H_0 \prod_{i}^{M} \frac{1 + \beta_{1i} z^{-1} + \beta_{2i} z^{-2}}{1 - \alpha_{1i} z^{-1} - \alpha_{2i} z^{-2}} = H_0 \prod_{i}^{M} H_i(z) \tag{5.3.15}$$

式中，$H_i(z)$ 称为第 i 个双二阶环节（biquad），即

$$H_i(z) = \frac{Y_i(z)}{X_i(z)} = \frac{1 + \beta_{1i} z^{-1} + \beta_{2i} z^{-2}}{1 - \alpha_{1i} z^{-1} - \alpha_{2i} z^{-2}} \tag{5.3.16}$$

这样一个二阶基本网络可以采用 直接 Ⅱ 型 结构实现，其运算电路如图 5.8 所示。

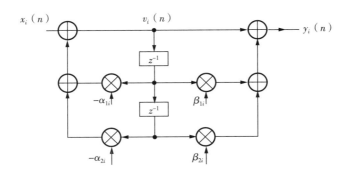

图 5.8 $H_i(z)$ 的运算电路

这些二阶网络也成为滤波器的二阶基本节。式(5.3.15)还可表示为基本二阶节相乘的形式,即

$$H(z) = H_0 \prod_{i=1}^{M} \frac{1 + \beta_{1i}z^{-1} + \beta_{2i}z^{-2}}{1 - \alpha_{1i}z^{-1} - \alpha_{2i}z^{-2}} = H_0 \cdot H_1(z) \cdot \cdots \cdot H_M(z) \quad (5.3.17)$$

式中,$M = N/2$,如果 N 为奇数,可以用 0 系数补齐,使 N 为偶数,IIR 数字滤波器的级联形式结构,如图 5.9 所示。

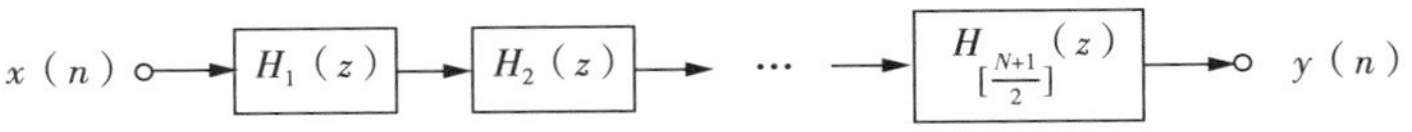

$$x(n) \circ\!\!-\!\!\boxed{H_1(z)}\!\!-\!\!\boxed{H_2(z)}\!\!\longrightarrow \cdots \longrightarrow \boxed{H_{\left[\frac{N+1}{2}\right]}(z)}\!\!-\!\!\circ\, y(n)$$

图 5.9   级联结构($M = N$)

级联型的特点如下:

(1) 简化实现,用一个二阶节通过变换系数就可实现整个系统;

(2) 可流水线操作,所用的存储器的个数最少;

(3) 缺点是二阶节电平难控制,电平大易导致溢出,电平小会使信噪比减小。

3. 并联型 IIR 滤波器

并联型是将传递函数展开为部分分式之和,即用并联方式构成滤波器

$$H(z) = \frac{Y(z)}{X(z)} = \frac{\sum_{i=0}^{N} b_i z^{-i}}{1 + \sum_{i=1}^{N} a_i z^{-i}} = H_0 + \sum_{i=1}^{N} \frac{A_i}{(1 - p_i z^{-1})} \quad (5.3.18)$$

将式(5.3.13)中的共轭复根成对合并为二阶实系数的部分分式,每个二阶节可以用直接Ⅱ型实现,所得到的并联型结构有两种基本类型,即并联Ⅰ型和并联Ⅱ型。

并联Ⅰ型传递函数为

$$H(z) = \frac{Y(z)}{X(z)} = H_0 + \sum_{i=1}^{L} \frac{A_i}{1 - p_i z^{-1}} + \sum_{i=1}^{M} \frac{\beta_{0i} + \beta_{1i} z^{-1}}{1 - \alpha_{1i} z^{-1} - \alpha_{2i} z^{-2}}$$

$$= H_0 + \sum_{i=1}^{L} H_{1i}(z) + \sum_{i=1}^{M} H_{2i}(z)$$

$$= H_0 + H_1 + H_2 \tag{5.3.19}$$

式中，$N = L + 2M$，这样就可以用 H_1 是由 L 个一阶网络构成，H_2 是由 M 个二阶网络，H_0 是一个常数网络。$H(z)$ 是由 H_0、H_1 和 H_2 三者并联组成的滤波器。

$$H_1 = \sum_{i=1}^{L} H_{1i}(z) = \sum_{i=1}^{L} \frac{A_i}{1 - p_i z^{-1}} \tag{5.3.20}$$

$$H_2 = \sum_{i=1}^{M} H_{2i}(z) = \sum_{i=1}^{M} \frac{\beta_{0i} + \beta_{1i} z^{-1}}{1 - \alpha_{1i} z^{-1} - \alpha_{2i} z^{-2}} \tag{5.3.21}$$

式(5.3.19)的运算电路，如图 5.10 所示。

$$Y(z) = H(z)X(z) = \left(\sum_{i=0}^{M} H_i(z) \right) X(z)$$

$$= [H_0 + H_1(z) + H_2(z) + \cdots + H_M(z)] X(z) \tag{5.3.22}$$

式中，N 如果为奇数，可以用 0 系数补齐，使 N 为偶数。式(5.3.15)和式(5.3.16)的运算电路，如图 5.11 和图 5.12 所示。

IIR 滤波器的特点如下：

(1)$h(n)$ 无限长，极点位于 z 平面的任意位置。

(2) 相同的指标下，实现 IIR 滤波器所采用的滤波器的阶次可以较低。

(3) 有混叠现象（是幅度特性难于满足要求）或有相位的非线性。

(4) 不可借助 FFT 来实现。

(5) 一般采用递归结构。

(6) 可由成熟的模拟滤波器理论设计。

5.3.3　FIR 数字滤波器及其结构

FIR 的结构特点是没有反馈支路，即没有环路，是非递归结构（频率抽样型有反馈的递归结构），其单位冲激响应是有限长的，设单位冲激响应长度为 N，则 FIR 数字滤波器的差分方程为

$$y(n) = \sum_{m=0}^{N-1} h(m)x(n-m) \tag{5.3.23}$$

其系统函数 $H(z)$ 为

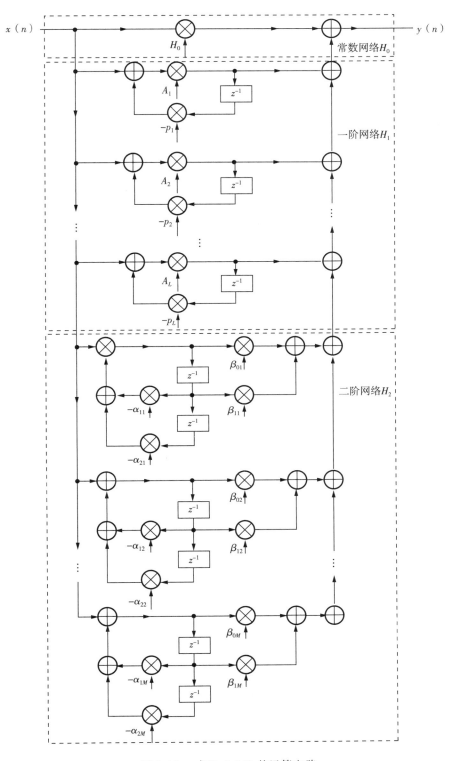

图 5.10　式(5.3.19) 的运算电路

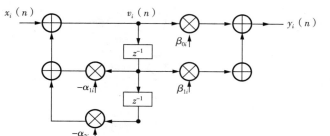

图 5.11　式(5.3.19)的运算电路

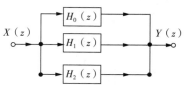

图 5.12　式(5.3.21)所示

并联形式结构的运算电路

$$H(z) = \frac{Y(z)}{X(z)} = \sum_{n=0}^{N-1} h(n) z^{-n} \tag{5.3.24}$$

实现 N 阶 FIR 数字滤波器差分方程的网络结构有：直接型、级联型和频率抽样型等。

1. 直接型

直接型包括卷积型和横截型。

(1) 卷积型。差分方程是信号的卷积形式。

(2) 横截型。差分方程是一条输入 $x(n)$ 延时链的横向结构。

(3) 转置型。在直接型结构上，将加法方向翻转，使输入输出在同一方向。

由式(5.3.23)绘出 FIR 数字滤波器的直接型的横向结构，如图 5.13 所示。

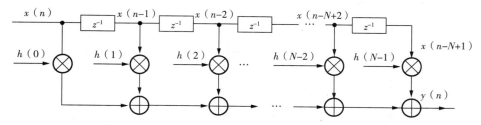

图 5.13　FIR 数字滤波器的直接型的横截型网络结构

现从结构角度，说明转置型结构 FIR 数字滤波器一步步的由来。

首先，在直接型结构上，将加法方向翻转，使输入输出在同一方向，如图 5.14 所示。

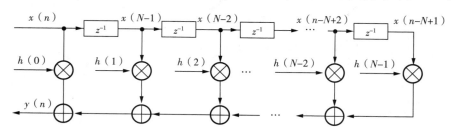

图 5.14　加法方向翻转

然后,移动延时单元的位置,即重定时技术,如图 5.15 所示。

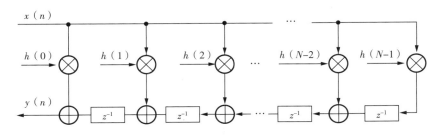

图 5.15　重定时技术

最后,改变 $y(n)$ 的输出位置,注意滤波器系数也调整了顺序,如图 5.16 所示。

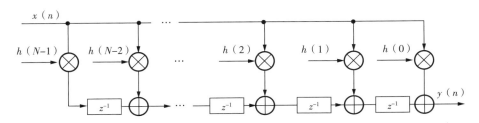

图 5.16　转置型结构 FIR 数字滤波器

转置结构的传输函数为

$$H(z) = \{h(N-1)z^{-1} + h(N-2)z^{-1} + \cdots + h(1)z^{-1}\}z^{-1} + h(0) \quad (5.3.25)$$

在乘法器为并行处理的情况下,处理时延 = 1 次乘法器时延 + 1 次加法器时延,因此转置结构 FIR 可以运行在更高的频率。

2. 级联型

将 FIR 数字滤波器的系统函数进行因式分解,得

$$H(z) = H_0 \prod_{i=1}^{M} (1 + \beta_{1i} z^{-1} + \beta_{2i} z^{-2}) \quad (5.3.26)$$

然后,把每一对共轭复根(零点)组合在一起,形成一个系数为实数的二阶多项式,得到由一阶和二阶子系统构成的级联结构,其中每一个子系统都可以用直接型实现。

当滤波器阶数为奇数 $N = 2M + 1$ 时,系统函数 $H(z)$ 按式(5.3.26)分解,FIR 数字滤波器级联型结构如图 5.17 所示。

当滤波器阶数为偶数 $N = 2M_1 + M_2$,且有奇数个根,所以 β_{2i} 中至少有一个为零。系统分解公式为

$$H(z) = H_0 \prod_{i=1}^{M_1} (1 + \beta_{1i} z^{-1} + \beta_{2i} z^{-2}) \prod_{i=1}^{M_2} (\alpha_{0i} + \alpha_{1i} z^{-1}) \quad (5.3.27)$$

注意,一阶系统实际上是二级子系统的特例,如图 5.18 所示。

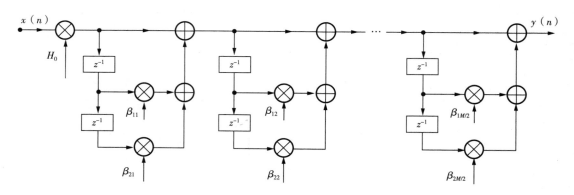

图 5.17　$N = 2M + 1$ 时，FIR 数字滤波器级联型结构

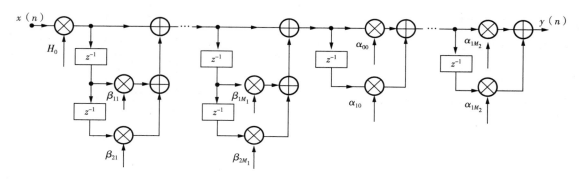

图 5.18　$N = 2M_1 + M_2$ 时，FIR 数字滤波器级联型结构

3. 频率抽样型

有限长序列可以进行频域采样。由于 $h(n)$ 是长度为 N 的序列，因此可对系统函数 $H(z)$ 在单位圆上作 N 等分采样，这个采样值也就是 $h(n)$ 的离散傅里叶变换值，即

$$H(k) = H(z) \mid_{z=W_N^{-k}} = \mathrm{DFT}[h(n)]$$

1）频率抽样型网络的实现

频率抽样型求 FIR 数字滤波器 $H(z)$ 的步骤为 $h(n) \xrightarrow{\mathrm{DFT}} H(k) \xrightarrow{\text{内插公式}} H(z)$。

（1）设 FIR 数字滤波器的单位采样响应 $h(n)$ 的长度为 N，对其做 M 点 DFT$(M \geqslant N)$ 求得 $H(k)$，即

$$H(k) = \sum_{n=0}^{M-1} h(n) W_N^{kn} (k = 0, 1, \cdots, M-1) \tag{5.3.28}$$

（2）再用内插公式由 $H(k)$ 求 $H(z)$，即

$$H(k) = (1 - z^{-M}) \frac{1}{M} \sum_{k=0}^{M-1} \frac{H(k)}{1 - W_M^{-k} z^{-1}} \tag{5.3.29}$$

式(5.3.29)中既包含极点，也包含零点，所以延时滤波器具有递归结构。

（3）令 $H_k(z) = \dfrac{H(k)}{1 - W_M^{-k}z^{-1}}$，$H_c(z) = (1 - z^{-M})$，将式（5.3.29）写为

$$H(z) = H_c(z) \frac{1}{M} \sum_{k=0}^{M-1} H_k(z) \qquad (5.3.30)$$

式中，$H_c(z)$ 的零点位于单位圆的等间隔点上，$M=7,8$ 时全零点滤波器的零点总分布图，如图 5.19 所示。

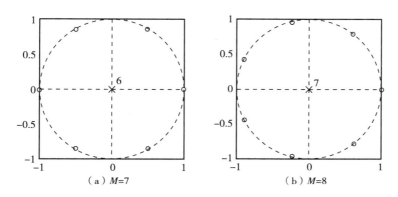

（a）$M=7$　　　　　　　　（b）$M=8$

图 5.19　全零点滤波器的零点总分布图

$H_c(z)$ 是一种梳状滤波器结构，如图 5.20 所示。其频率响应和幅频特性表达式分别为

$$H_c(\mathrm{e}^{\mathrm{j}\omega}) = 1 - \mathrm{e}^{-\mathrm{j}M\omega} = 1 - \cos M\omega + j\sin M\omega \qquad (5.3.31)$$

$$|H_c(\mathrm{e}^{\mathrm{j}\omega})| = |1 - \mathrm{e}^{-\mathrm{j}M\omega}| = \sqrt{(1 - \cos M\omega)^2 + (\sin M\omega)^2}$$

$$= \sqrt{2(1 - \cos M\omega)}$$

$$= 2\sin\left(\frac{M\omega}{2}\right) \qquad (5.3.32)$$

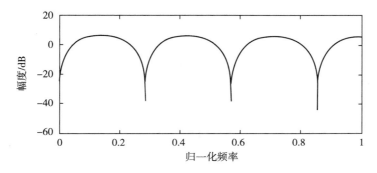

图 5.20　梳状滤波器的幅频特性

由上述步骤求出 $H(z)$ 的方法称为频率抽样法。其 FIR 结构称为频率抽样型结构，

如图 5.21 所示。

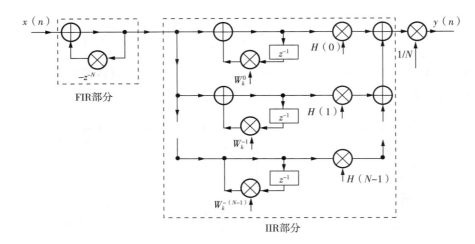

图 5.21　FIR 数字滤波器的频率抽样型结构

可见,$H(z)$ 由 FIR 和 IIR 两部分级联而成,第一部分 $H_c(z)$(FIR 部分),是一个由 M 节延时器组成的梳状滤波器,它在单位圆上有 M 个等分的零点;第二部分是由 IIR 的 M 个一阶网络 $H_k(z)$ 并联组成。网络中有反馈支路,它是由 $H_k(z)$ 产生的,极点为

$$z_k = \mathrm{e}^{\mathrm{j}\frac{2\pi}{N}k}, k = 0, 1, 2, \cdots, M-1 \tag{5.3.33}$$

即它们是单位圆上有等间隔分布的 M 个极点,而梳状滤波器 $H_c(z)$ 的零点与之相同,也是等间隔分布在单位圆上,这样零点与极点抵消,保证了网络的稳定性。

2) 频率抽样型结构特点

频率抽样型结构的优点如下:

(1) 在频率采样点 ω_k 处,$H(\mathrm{e}^{\mathrm{j}\omega}) = H(k)$,只要调整一阶网络中乘法器的系数 $H(k)$,就可以有效调整频率特性,在实际中非常方便。

(2) 对于任何 N 阶系统的频响形状,其梳状滤波器及 M 个一阶网络部分结构完全相同,只是各支路增益 $H(k)$ 不同。也就是说,只要 $h(n)$ 的长度都是 M 点,不管其频率响应的形状如何,其梳状滤波器及 M 个一阶网络部分结构都是完全相同的,形状的差异取决于各支路增益 $H(k)$ 的不同。这样,相同部分可以标准化、模块化。各支路增益可以做成可编程单元,以生成可编程的 FIR 数字滤波器。

频率抽样型结构的缺点如下:

(1) 系统的稳定性是由于零点与极点抵消的原因,实际上由于寄存器的字长是有限的,对网络中的支路增益量化时会产生量化误差,可能使零点与极点不能够完全抵消,从而影响系统稳定度。

(2) 在此结构中,$H(k)$ 和 W_M^{-k} 一般为复数,要求乘法器完成复数运算,对硬件实现是不方便的。

3）频率抽样型结构的修正

为了克服频率抽样型结构的缺点，需要对频率采样结构做修正。修正方法如下：

（1）将单位圆上的零极点向单位圆内收缩，收缩到半径为 r 的圆上，取 $r < 1$，且 $r \approx 1$，此时

$$H(z) = (1 - r^M z^{-M}) \frac{1}{M} \sum_{k=0}^{M-1} \frac{H_r(k)}{1 - r W_M^{-k} z^{-1}} \tag{5.3.34}$$

式中，$H_r(k)$ 是在半径为 r 的圆上对 $H(z)$ 的 M 点等间隔采样值，由于 $r \approx 1$，可以认为 $H_r(k) \approx H(k)$，这样零极点均为 $re^{j\frac{2\pi}{M}k}$（$k = 0, 1, 2, \cdots, M-1$）。由于量化误差可能使零点与极点不能够完全抵消，所以极点仍在单位圆内，可保持系统稳定。

（2）利用 DFT 和旋转因子的共轭对称性，将共轭根合并，以消除虚数部分。

将一对复数一阶子网络合并成一个实系数的二阶子网络。这些共轭根在圆周上是对称的，即

$$W_M^{-(M-k)} = W_M^k = (W^{-k})^* \tag{5.3.35}$$

由 DFT 的共轭对称性知，如果 $h(n)$ 是实数序列，其离散傅里叶变换 $H(k)$ 也是圆周共轭对称的，即关于 $M/2$ 点共轭对称，也即 $H(k) = H^*(M-k)$、$H(M-k) = H^*(k)$。而且，由于 $W_M^{-k} = W_M^{M-k}$，所以可以将 $H_k(z)$ 和 $H_{M-k}(z)$ 合并成一个二阶网络，当 M 为偶数时，$N = \frac{M}{2} - 1$；当 M 为奇数时，$N = \frac{M-1}{2}$，式（5.3.34）可写为

$$H(z) = (1 - r^M z^{-M}) \frac{1}{M} \left[\sum_{k=1}^{N} \frac{H(k)}{1 - r W_M^{-k} z^{-1}} + \frac{H(M-k)}{1 - r W_M^{-(M-k)} z^{-1}} + \frac{H(0)}{1 - r z^{-1}} + \frac{H(M/2)}{1 + r z^{-1}} \right]$$

$$H_k(z) = \frac{H(k)}{1 - r W_M^{-k} z^{-1}} + \frac{H(N-k)}{1 - r W_M^{-(M-k)} z^{-1}}$$

$$= \frac{H(k)}{1 - r W_M^{-k} z^{-1}} \frac{H^*(k)}{1 - r (W_M^{-k})^* z^{-1}}$$

$$= \frac{\beta_{0k} + \beta_{1k} z^{-1}}{1 - 2r\cos\left(\frac{2\pi}{M}k\right) z^{-1} + r^2 z^{-2}}$$

令 $\beta_{0k} = 2\text{Re}[H(k)]$，$\beta_{1k} = -2\text{Re}[rH(k)W_M^k]$，$k = 1, 2, \cdots, N$。最后得到的这个二端网络是一个有限 Q 值的谐振器，谐振频率为 $\omega_k = \frac{2\pi}{M}k$。

除了以上共轭极点外，还有实数极点，分为两种情况：

① 当 M 为偶数时，$N = \frac{M}{2} - 1$，有两个实数极点 $x = \pm r$，对应 $H(0)$ 和 $H(M/2)$，有两个一阶网络 $H_0(z) = \frac{H(0)}{1 - r z^{-1}}$ 和 $H_{\frac{M}{2}}(z) = \frac{H\left(\frac{M}{2}\right)}{1 + r z^{-1}}$，则

$$H(z) = \frac{1 - r^M z^{-M}}{M} \left[\frac{H(0)}{1 - rz^{-1}} + \frac{H\left(\dfrac{M}{2}\right)}{1 + rz^{-1}} + \sum_{k=1}^{N} \frac{\beta_{0k} + \beta_{1k} z^{-1}}{1 - 2r\cos\left(\dfrac{2\pi}{M}k\right) z^{-1} + r^2 z^{-2}} \right]$$

$$= H_0(z) \left[H_1(z) + H_2(z) + \sum_{k=1}^{N} H_{3k}(z) \right] \tag{5.3.36}$$

式中

$$H_0(z) = \frac{1 - r^M z^{-M}}{M} \tag{5.3.37}$$

$$H_1(z) = \frac{H(0)}{1 - rz^{-1}} \tag{5.3.38}$$

$$H_2(z) = \frac{H\left(\dfrac{M}{2}\right)}{1 + rz^{-1}} \tag{5.3.39}$$

$$H_{3k}(z) = \frac{\beta_{0k} + \beta_{1k} z^{-1}}{1 - 2r\cos\left(\dfrac{2\pi}{M}k\right) z^{-1} + r^2 z^{-2}} \tag{5.3.40}$$

式（5.3.36）的运算电路，如图 5.22 所示。

② 当 N 为奇数时，$M = \dfrac{N-1}{2}$，也只有一个实数极点 $z = r$，只有一个采样值 $H(0)$ 为实数，对应的为一个一阶网络 $H_0(z) = \dfrac{H(0)}{1 - rz^{-1}}$，则

$$H(z) = \frac{1 - r^N z^{-N}}{N} \left[\frac{H(0)}{1 - rz^{-1}} + \sum_{k=1}^{M} \frac{\beta_{0k} + \beta_{1k} z^{-1}}{1 + 2r\cos\left(\dfrac{2\pi}{N}k\right) z^{-1} + r^2 z^{-2}} \right] \tag{5.3.41}$$

式（5.3.41）的运算电路，读者可以自己画。

可见，当采样点数 N 很大时，其结构很复杂，需要的乘法器和延时器很多，但是对于窄带滤波器，大部分采样点 $H(k)$ 的值为 0，从而使二阶网络个数大大减少，所以频率采样结构适合于窄带滤波器。

4. FIR 数字滤波器的特点

与 IIR 数字滤波器比较，FIR 数字滤波器的特点如下：

（1）$h(n)$ 为有限长，极点全部固定在原点，不存在稳定性问题。

（2）相同的指标下，实现 FIR 滤波的阶次要高很多，以获得好的过渡带特性。

（3）有严格的线性相位特性，避免被处理的信号产生相位失真，这一特点在宽频带信号处理、阵列信号处理、数据传输等系统中非常重要。在现代数字系统中，数据传输、图像处理等都要求线性相位，FIR 数字滤波器在线性相位特性方面具有优势。

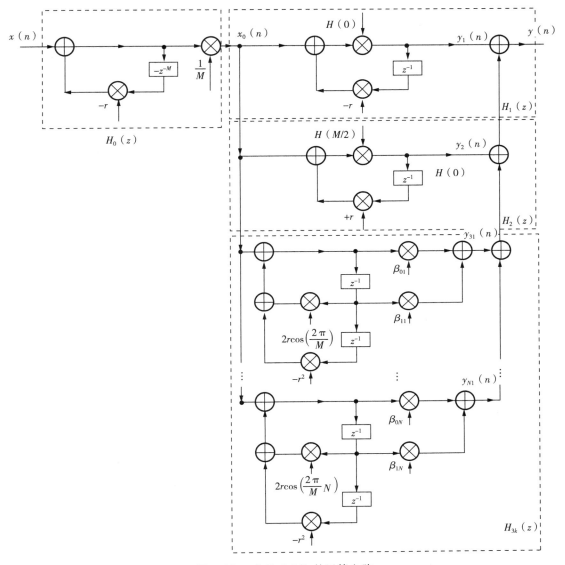

图 5.22　式(5.3.36)的运算电路

（4）可借助 FFT 来实现。

（5）任何一个非因果的有限长序列,总可以通过一定的延时转变为因果序列,所以因果性总是满足的;采用非递归结构,无反馈运算,运算误差小。

（6）可得到多带幅频特性,幅度特性可以随意设计。

（7）无法利用模拟滤波器的设计结果,一般无解析设计公式,要借助计算机辅助设计程序完成。

5.3.4　IIR 滤波器与 FIR 数字滤波器比较

从 IIR 滤波器和 FIR 数字滤波器的特点出发,综合比较见表 5.2 所列。

表 5.2　FIR 与 IIR 的综合比较

指标	子指标	FIR	IIR	备注（特别点）
性能	相位	线性	非线性	如果要求严格的线性相位特性，FIR 数字滤波器在性能上和经济上都优于 IIR 滤波器
	阶次	高于 IIR 阶数的 5～10 倍 FIR	低于 FIR 阶数 5～10 倍的 IIR	满足相同幅度指标
	选择性	如果要得到一定的选择性，需要较高的阶次。存储器较多、运算量较大、成本高、群延时较大	用较低的阶数获得很高的选择性。使用存储单元少、运算量小、具有较高的效率和经济性	IIR 高效率的高选择性的代价是相位的非线性；FIR 要得到一定的选择性，需要以较高的阶数为代价
	稳定性	永远稳定	有条件的稳定	
	相位校正		必须加全通网络，大大增加节数和复杂性	
结构	递归结构	非递归结构	递归结构	FIR 的极点全部在原点（永远稳定），因此无稳定性问题。IIR 的极点必须位于单位圆内，由于运算中的四舍五入会产生极限环。运算过程的舍入及系统的不准确都可能引起轻微的寄生震荡。
	反馈性	无反馈	有反馈	
工作量	工作量大小	较大	较小	IIR 滤波器一般都有封闭函数设计公式进行准确的计算，因此工作量小；FIR 一般无解析的设计公式，一般要借助计算机程序完成，可用 FFT 实现，以减少运算量、极大提高运算速度
	FFT 实现性	能	不能	

总而言之，IIR 滤波器和 FIR 数字滤波器各有所长，应根据实际需要选择设计方法。

5.4　数字滤波器的信号流图

信号流图是 s 域或 z 域系统框图的一种简化画法，与系统框图描述并无实质区别，但比系统框图更规范。信号流图相对于系统结构框图更简洁清晰，而且不必对图形进行简

化,只要根据统一的公式就能方便地求出系统
的传递函数。

　　完成 N 阶差分方程的基本运算有:乘法运
算、加法运算和延时运算。信号流图,如图
5.23 所示。

5.4.1　信号流图的概念与性质

1. 信号流图的概念

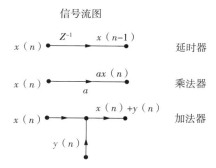

图 5.23　延时器、乘法器、加法器

　　信号流图是由连接信号节点的一些有方
向的支路组成的,节点和支路是信号流图的基
本组成部件。

　　(1) 节点:表示信号或变量,节点有输入节点、输出节点和混合节点,每一个节点处的
信号称为节点变量。

　　① 输入节点(或源点)。它对应的节点变量是自变量(即输入信号),该节点只有输出
支路,如图 5.23 中的 $x(n)$ 和 $y(n)$。

　　② 输出信号节点(或汇点)。它对应的节点变量是因变量(即输出信号),该节点只有
输入支路,如图 5.23 中的 $x(n)+y(n)$ 和 $ax(n)$。

　　③ 混合节点。既有输入支路又有输出支路的节点。两个变量相加的加法器,用一个
圆点表示,圆点称为网络节点。

　　(2) 支路:连接两个节点之间的定向线段。支路上的箭头表示信号传输的方向,标注
在箭头附近的量即为两个节点之间的系统函数,也称为转移函数或支路增益。箭头旁边
的"z^{-1}"表示延时;"a"表示支路增益。若没有标明增益符号,则默认支路增益为 1。

　　(3) 通路:从任意节点出发,沿支路箭头方向通过各相连支路达到另一节点的路径
(中间不允许有通路方向相反的支路存在)。各支路增益乘积称为通路增益。

　　① 开通路。通路与任一节点相交不多于一次。

　　② 前向通路。信号从输入节点到输出节点传递时,对任何节点只通过一次的通路称
为前向通路,即从源点到汇点方向的开通路。前向通路上各支路增益的乘积称为前向通
路总增益。一个信号流图中可以有多条前向通路。

　　③ 闭通路。又称回路,终点也是起点,并且与任何其他节点相交不多于一次。回路
中各支路增益乘积称为回路增益。

　　④ 不接触回路。两个或两个以上回路之间没有任何公共节点,此种回路称为不接触
回路。

2. 信号流图的基本性质

　　信号流图实际上是由连接节点的一些有方向性的支路构成,与每一个节点连接的有
输入、输出支路、节点变量等于所有输入支路信号之和。

（1）支路的单方向性。信号在支路上只能沿箭头单向传递，即只有前因后果的因果关系。例如，用

$$X(z) \circ \!\!\longrightarrow\!\! \circ Y(z)$$
$$H(z)$$

表示 $Y(z) = X(z)H(z)$。

（2）节点的输入叠加特性和无限驱动能力。节点表示系统的变量，节点一般自左向右顺序设置。

① 每个节点标志的变量是所有流向该节点信号的代数和，如图 5.24(a) 所示。

$$X_4 = X_1 H_1 + X_2 H_2 + X_3 H_3$$

② 从同一节点流向各支路的信号均用该节点的变量表示，如图 5.24(b)、图 5.24(c) 所示。

$$\begin{cases} X_1 = X_0 H_1 \\ X_2 = X_0 H_2, \\ X_3 = X_0 H_3 \end{cases}$$

$$\begin{cases} X_4 = X_1 H_1 + X_2 H_2 + X_3 H_3 \\ X_5 = X_4 H_5 \\ X_6 = X_4 H_6 \end{cases}$$

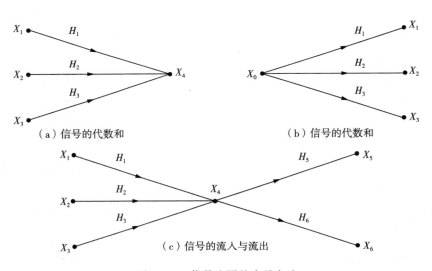

（a）信号的代数和 　　　　　（b）信号的代数和

（c）信号的流入与流出

图 5.24　信号流图的表示方法

（3）对于给定的系统，信号流图形式不是唯一的。这是由于同一系统的方程可以表示成不同形式，因而可以画出不同的流图。

（4）信号流图转置以后，其转移函数保持不变。所谓转置就是把流图中各支路的信

号传输方向调转,同时把输入输出节点对换。

3. 基本信号流图的特点

对于给定的系统,有很多种信号流图形式,不同的流图形式代表不同的算法。从运算的可实现性考虑,满足下列三个条件的称为基本的信号流图:

(1)信号流图中所有支路都是基本运算,即支路增益是常数或 z^{-1}。

(2)信号流图中如果有环路,则环路中必须有延时,没有延时的环路称为代数环,必须避免代数环的存在。

(3)节点和支路的数目必须是有限的。

5.4.2　信号流图的绘制方法

信号流图可以根据系统的方框图绘制,也可以根据数学表达式绘制。

1. 根据系统方框图绘制

信号流图可以根据系统的方框图绘制,其方法和步骤如下:

(1)将方框图中比较点和引出点分别作为信号流图的节点,方框图中的方框变为信号流图中标有传递函数的线段便得到支路。从系统方框图绘制信号流图时,应尽量精简节点数目。

(2)若在方框图的比较点之前没有引出点,而在比较点之后有引出点时,那么只需在比较点之后设置一个节点即可,如图 5.25 所示。

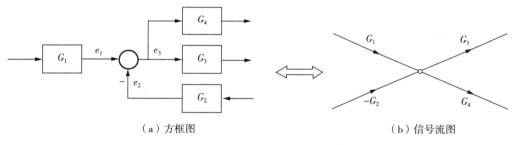

（a）方框图　　　　　　　　　　（b）信号流图

图 5.25　比较点之后设置节点

(3)若方框图的比较点之前有引出点,就需要在比较点和引出点处各设一个节点,分别表示两个变量,两个节点之间的增益是 1,如图 5.26 所示。

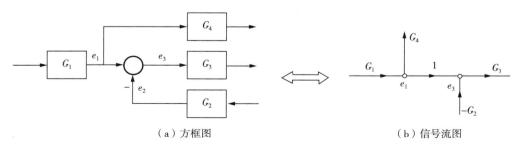

（a）方框图　　　　　　　　　　（b）信号流图

图 5.26　比较点之无引出点,比较点与节点的对应关系

【例 5.1】 系统结构图如图 5.27 所示，其中，G_1 在第一个比较点之后引出，G_3 在第二个比较点之前引出，请根据系统的方框图绘制信号流图。

【解】 其对应的信号流图，如图 5.28 所示。

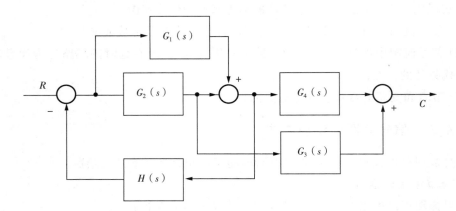

图 5.27 系统结构图

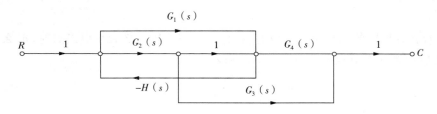

图 5.28 信号流图

2. 根据系统方程绘制信号流图

根据系统方程绘制信号流图，现通过实例介绍方法和步骤。

【例 5.2】 已知一阶差分方程 $y(n) = x(n) + ay(n-1)$，绘出它的运算电路结构和对应的信号流图形式。

【解】 根据给定的差分方程，绘出它的运算电路结构方框图和对应的信号流图形式，如图 5.29 所示。

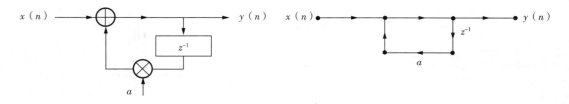

图 5.29 系统信号流图

【**例** 5.3】　描述某线性系统的方程组为

$$X_2 = aX_1$$

$$X_3 = bX_2 + dX_4$$

$$X_4 = cX_2 + eX_3 + fX_4$$

根据该系统方程绘制信号流图。

【**解**】　（1）根据系统描述，首先确定节点为 X_1、X_2、X_3、X_4。

（2）然后绘制上述方程组中各方程信号流图，如图 5.30(a)、图 5.30(b)、图 5.30(c)所示。

（3）最后将各个图连接起来，即得到系统的信号流图，如图 5.30(d) 所示。X_1 为输入变量，X_4 为输出变量。

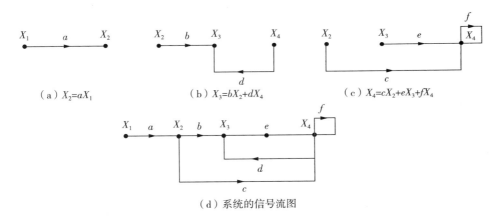

图 5.30　各方程及系统的信号流图

3. 信号流图的化简

通过合并、消除等方法可以简化信号流图，得到其时域方程，步骤如下：

步骤 1：串联支路的合并。总增益等于各支路增益的乘积，用于减少节点。

由 $\begin{cases} z = ax \\ y = bz \end{cases}$，得 $y = abx$，如图 5.31(a) 所示。

步骤 2：并联支路的合并。并联总增益等于各支路增益的相加，用于减少支路。

由 $\begin{cases} y = ax \\ y = bx \end{cases}$，得 $y = (a+b)x$，如图 5.31(b) 所示。

步骤 3：环路的消除。

由 $\begin{cases} z = ax + by \\ y = cz \end{cases}$，得 $y = acx + bcy$，由此求出 $y = \dfrac{ac}{1 - bc}$，如图 5.31(c) 所示。

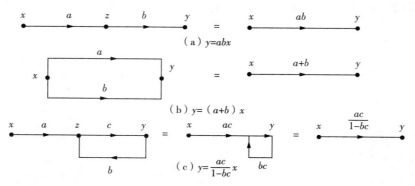

图 5.31　信号流图的化简

5.4.3　信号流图与系统函数

1. 由信号流图，求系统函数

由信号流图可以求出其时域方程，从而求出系统函数。

【例 5.4】　如图 5.32 所示的信号流图，求出系统函数。

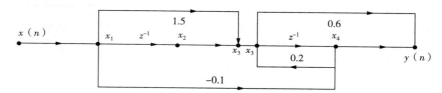

图 5.32　给定的信号流图

【解】　根据信号流图求出时域方程为

$$\begin{cases} x_1 = x - 0.1x_4 \\ x_2 = z^{-1}x_1 \\ x_3 = x_2 + 1.5x_1 + 0.2x_4 \\ x_4 = z^{-1}x_3 \\ y = 0.6x_3 + x_4 \end{cases}$$

由 Z 变换，得 z 域方程为

$$\begin{cases} X_1 = X - 0.1X_4 \\ X_2 = z^{-1}X_1 \\ X_3 = X_2 + 1.5X_1 + 0.2X_4 \\ X_4 = z^{-1}X_3 \\ Y = 0.6X_3 + X_4 \end{cases}$$

求解此方程

$$H(z) = \frac{Y(z)}{X(z)} = \frac{0.9 + 2.1z^{-1} + z^{-2}}{1 - 0.05z^{-1} + 0.1z^{-2}}$$

2. 由 Masson 公式求系统函数

根据信号流图可以得到任意输入节点之间的时域方程和传递函数,即任意两个节点间的总增益。但当信号流图结构复杂时,利用节点变量方程联立求解比较麻烦,可以使 Masson 公式直接求解。

【例 5.5】　描述某线性系统的方程组为

$$X_2 = aX_1$$

$$X_3 = bX_2 + cX_4$$

$$X_4 = dX_2 + eX_3 + fX_4$$

求系统函数。

【解】　将方程式,整理变为

$$-aX_1 + X_2 = 0$$

$$-bX_2 + X_3 - cX_4 = 0$$

$$-dX_2 - eX_3 + (1 - f)X_4 = 0$$

如果采用克莱姆法则求解,上述方程组的系统行列式为

$$\Delta = \begin{vmatrix} 1 & 0 & 0 \\ -b & 1 & -c \\ -d & -e & (1-f) \end{vmatrix} = (1 - f) - ce$$

$$\Delta_4 = \begin{vmatrix} 1 & 0 & aX_1 \\ -b & 1 & 0 \\ -d & -e & 0 \end{vmatrix} = abeX_1 + adX_1$$

则有

$$X_4 = \frac{\Delta_4}{\Delta} = \frac{ad + abe}{1 - (ce + f)} X_1 \tag{5.4.2}$$

由式(5.4.2)求解过程知,系数行列式与信号流图之间有一种巧妙的关系。

首先,作为传递函数分母的系数行列式 Δ,其中的两项恰巧与信号流图中的两个回路增益之和相对应,即 $(f + de)$。其次,作为传递函数分子系数行列式 Δ_4 的系数,其中的两项恰好与信号流图中的两个前向通道总增益之和相对应,即 $abe + ac$。这种对应关系为直接从信号流图采用观察的方法求取系统的传递函数提供了一般规律,这就是 Masson

公式的基本指导思想。

Masson 公式是依据信号流图不经化简而直接写出系统函数的公式（适用于 z 域和 s 域）。任意两个节点之间传递函数的 Masson 公式为

$$H(z) = \frac{\sum\limits_{k=1}^{N} P_k \Delta_k}{\Delta} \tag{5.4.3}$$

式中，$H(z)$ 为从输入节点到输出节点的总增益（总传递函数）；N 为从输入节点到输出节点的前向通道总数；P_k 为从输入节点到输出节点的第 k 个前向通道的总增益；Δ_k 为第 k 个前向通道的特征余因子式，表示不与第 k 个前向通道接触的那部分流图的 Δ 值，即在信号流图中，把与第 k 条前向通道相接触的回路除去以后的 Δ 值。Δ 为流图特征式，其计算公式为

$$\Delta = 1 - \sum_a L_a + \sum_{b,c} L_b L_c - \sum_{d,e,f} L_d L_e L_f \cdots$$

式中，$\sum\limits_a L_a$ 表示流图中所有不同回路的回路传输之和，即所有单独环路增益之和；$\sum\limits_{b,c} L_b L_c$ 为所有两个互不接触回路的回路增益乘积之和；$\sum\limits_{d,e,f} L_d L_e L_f$ 为所有三个互不接触回路的回路增益乘积之和。

【例 5.6】 如图 5.33、图 5.34 所示的系统信号流图，使用 Masson 公式求输入节点到输出节点的传递函数。

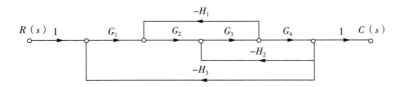

图 5.33 系统信号流图 1

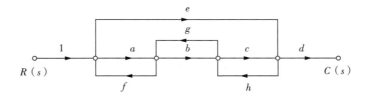

图 5.34 系统信号流程图 2

【解】 （1）由图 5.33 知：

① 根据 Masson 增益公式，从输入节点到输出节点之间，只有一条前向通道，即 $n = 1$，其增益为 $P_1 = G_1 G_2 G_3 G_4$。

② 有三个单独回路,即

$$L_1 = -G_2G_3H_1, L_2 = -G_3G_4H_2, L_3 = -G_1G_2G_3G_4H_3$$

其回路之和为

$$\sum L_a = -G_2G_3H_1 - G_3G_4H_2 - G_1G_2G_3G_4H_3$$

③ 这三个回路都有公共点,所以不存在互不接触电路,于是特征式为

$$\Delta = 1 - \sum L_a = 1 + G_2G_3H_1 + G_3G_4H_2 + G_1G_2G_3G_4H_3$$

由于这三个回路都和前向通道接触,所以其余因子式 $\Delta_1 = 1$,最后得到输入节点到输出节点的总增益 P,即系统传递函数为

$$P = \frac{P_1\Delta_1}{\Delta} = \frac{G_1G_2G_3G_4}{1 + G_2G_3H_1 + G_3G_4H_2 + G_1G_2G_3G_4H_3}$$

(2) 由图 5.34 知:

a. 该系统有 4 个单独回路,分别为

$$L_1 = af, L_2 = bg, L_3 = ch, L_4 = eghf$$

其回路之和为

$$\sum L_a = L_1 + L_2 + L_3 + L_4 = af + bg + ch + eghf$$

b. 只有 L_1 与 L_3 回路互不接触,所以两两互不接触回路的增益乘积为

$$L_1L_3 = afch$$

于是,特征式为

$$\Delta = 1 - af - bg - ch - eghf + afch$$

c. 有两个前向通道,分别为 $P_1 = abcd$, $P_2 = ed$。第一条前向通道与所有回路都接触,第二条前向通道与回路 $L_2 = bg$ 不接触,因此

$$\Delta_1 = 1, \Delta_2 = 1 - bg$$

d. 系统的总增益即传递函数为

$$P = \frac{1}{\Delta}(P_1\Delta_1 + P_2\Delta_2) = \frac{abcd + ed(1 - bg)}{1 - af - bg - ch - eghf + afch}$$

根据 Masson 公式求系统增益比利用结构图更简便有效,特别是对于复杂的多环系统和多输入、多输出系统效果更显著。因此,信号流图常用于控制系统的计算和辅助设计。

5.4.4 IIR 滤波器及其信号流图

1. 直接型流图

1) 直接Ⅰ型信号流图

直接Ⅰ型 的差分方程为式(5.3.2)所示,该式的展开式为

$$y(n) = [b_0 x(n) + b_1 x(n-1) + b_2 x(n-2) + \cdots + b_M x(n-M)]$$

$$- [a_1 y(n-1) + a_2 y(n-2) + \cdots + a_N y(n-N)] \qquad (5.4.4)$$

等式右边的 $x(n)$ 及其延时项 $x(n-1), \cdots, x(n-M)$ 是与输入信号有关的部分,而 $y(n)$ 的延时项 $y(n-1), \cdots, y(n-M)$ 为反馈支路,其网络结构图的信号流图形式,如图 5.35 所示。

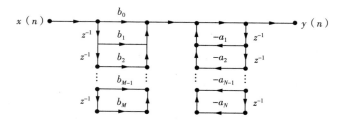

图 5.35　直接Ⅰ型信号流图形式

图 5.35 是 直接Ⅰ型 信号流图,先实现系统函数 $H(z)$ 的分子部分,后实现系统函数 $H(z)$ 的分母部分,然后把它们级联起来。分子部分是抽头延时线,分母部分是反馈抽头延时线。此结构存在两部分独立的延时线,如 $M=N=2$,则需要 4 个延时线。

2) 直接Ⅱ型信号流图

对差分方程式(5.4.2)中的项交换次序,得

$$y(n) = -[a_1 y(n-1) + a_2 y(n-2) + \cdots + a_N y(n-N)]$$

$$+ [b_0 x(n) + b_1 x(n-1) + \cdots + b_M x(n-M)] \qquad (5.4.5)$$

交换次序后的直接Ⅱ型信号流程图形式如图 5.36 所示。

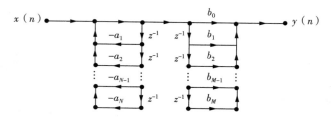

图 5.36　交换次序后的直接Ⅱ型信号流程图形式

交换次序后,先处理分母部分,后处理分子部分。此时,有两个并排的延时线,如果

合并对应位置的延时项 z^{-1},且 $M=N$,则网络结构图如图 5.36 所示。

　　合并延时线后的结构就是直接Ⅱ型,设 $M=N=2$,则只需要 2 个延时线,如图 5.37 所示。当 $M<N$ 时,信号流图如图 5.38 所示。

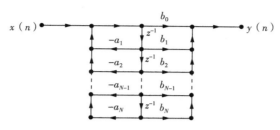

图 5.37　合并延时项后 $M=N$ 的直接Ⅱ型信号流图

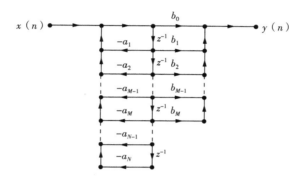

图 5.38　合并延时项后 $M<N$ 的直接Ⅱ型信号流图

【例 5.7】　已知 IIR 滤波器的系统函数为

$$H(z)=\frac{Y(z)}{X(z)}=\frac{5-4z^{-1}+10z^{-2}-2z^{-3}}{1-\dfrac{7}{4}z^{-1}+\dfrac{3}{4}z^{-2}-\dfrac{1}{6}z^{-3}}$$

画出该滤波器的直接型结构。

【解】　由系统函数写出差分方程为

$$y(n)=\frac{7}{4}y(n-1)-\frac{3}{4}y(n-2)+\frac{1}{6}y(n-3)$$

$$+5x(n)-4x(n-1)+10x(n-2)-2x(n-3)$$

根据差分方程,其直接Ⅱ型流图结构,如图 5.39 所示。

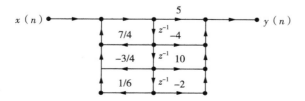

图 5.39　例 5.7 滤波器的直接Ⅱ型流图结构

2. 串联级联型信号流图

按式(5.3.17)，串联级联型信号流图如图 5.40 所示。

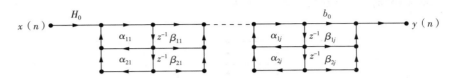

图 5.40　串联级联型信号流图

注意：(1) 传输函数的分母为反馈项，所以画结构图时其系数前需要加"—"号，可以理解为与传输方向相反。

(2) 每一个二阶网络决定一对零点和一对极点，级联可以单独调节滤波器的某级零点、极点，而不影响其他节点的配置，便于调节滤波器的整体频率特性。

(3) 级联网络结构中后面的网络输出不会再流到前面，相对于直接型来说，级联型运算的累计误差要小。

(4) 二阶基本节有许多不同配置，各二阶节零、极点的搭配可互换位置，同时若采用有限位字长，不同配置所带来的误差也不同，因此存在优化问题。通过优化组合，可以减小运算误差。

【例 5.8】　将系统函数

$$H(z) = \frac{Y(z)}{X(z)} = \frac{6 - 5z^{-1} + 10z^{-2} - 3z^{-3}}{1 - 3z^{-1} + z^{-2} - 2z^{-3}}$$

转为级联型，画出网络结构图。

【解】　将系统函数分解为

$$H(z) = \frac{Y(z)}{X(z)} = \frac{(3 - z^{-1})(2 - z^{-1} + 3z^{-2})}{(1 - z^{-1})(1 - 2z^{-1} + 2z^{-2})}$$

$$= \frac{3 - z^{-1}}{1 - z^{-1}} \cdot \frac{2 - z^{-1} + 3z^{-2}}{1 - 2z^{-1} + 2z^{-2}}$$

由此画出级联型网络结构图，如图 5.41 所示。

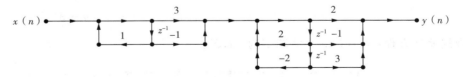

图 5.41　级联型网络结构图

3. 并联级型信号流程

根据式(5.3.15) ~ 式(5.3.16)，并联级联型信号流图如图 5.42 所示。

并联型的特点如下：

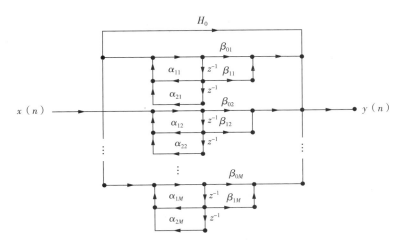

图 5.42　并联级联型信号流图形式

（1）系统实现简单。

（2）在并联型网络中，每一个一阶网络决定一个实数极点，每一个二阶网络决定一对共轭极点。极点位置可单独调整，因此调节很方便。

（3）并联型网络可以单独调整极点位置，但不能直接控制零点。

（4）在运算误差方面，并联型网络各基本节的误差互不影响，不像直接型和级联型有累计误差，所以比直接型和级联型误差要稍小一些。因此当要求有准确的传输零点时，采用级联型最合适，其他情况下这两种结构性能差不多，或许采用并联型稍好一点。

（5）在运算速度（可并行进行）方面，由于基本网络并联，可同时对输入信号进行处理，因此运算速度也比直接型和级联型快。

（6）总的误差小，对字长要求低。

（7）不能直接调整零点。

【例 5.9】　设 IIR 数字滤波器的差分方程为

$$y(n) - \frac{5}{6}y(n-1) + \frac{1}{6}y(n-2) = x(n) + \frac{1}{3}x(n-1)$$

试用直接型、级联型和并联型画出系统的结构图。

解：由差分方程可写出系统函数 $H(z)$，并把它分解为级联形式和并联形式。

（1）IIR 直接型

将差分方程改写成 $y(n) = \frac{5}{6}y(n-1) - \frac{1}{6}y(n-2) + x(n) + \frac{1}{3}x(n-1)$，直接画出 IIR 直接型，如图 5.43 所示。

（2）IIR 级联型

由差分方程写出系统函数 $H(z)$，把它分解为级联形式为

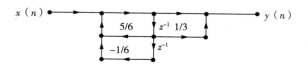

$$\text{图 5.43 \quad IIR 直接型系统结构图}$$

$$H(z) = \frac{1 + \frac{1}{3}z^{-1}}{1 - \frac{5}{6}z^{-1} + \frac{1}{6}z^{-1}} = \frac{1 + \frac{1}{3}z^{-1}}{\left(1 - \frac{1}{2}z^{-1}\right)\left(1 - \frac{1}{3}z^{-1}\right)} = \frac{1 + \frac{1}{3}z^{-1}}{1 - \frac{1}{2}z^{-1}} \cdot \frac{1}{1 - \frac{1}{3}z^{-1}}$$

直接画出 IIR 级联型，如图 5.44 所示。

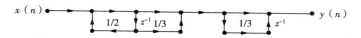

图 5.44 \quad IIR 级联型系统结构图

（3）IIR 并联型

由差分方程可写出系统函数，把它分解为并联形式为

$$H(z) = \frac{1 + \frac{1}{3}z^{-1}}{1 - \frac{5}{6}z^{-1} + \frac{1}{6}z^{-1}} = \frac{1 + \frac{1}{3}z^{-1}}{\left(1 - \frac{1}{2}z^{-1}\right)\left(1 - \frac{1}{3}z^{-1}\right)} = \frac{5}{1 - \frac{1}{2}z^{-1}} - \frac{4}{1 - \frac{1}{3}z^{-1}}$$

直接画出 IIR 并联型系统结构图，如图 5.45 所示。

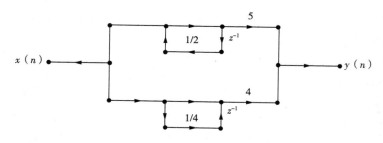

图 5.45 \quad IIR 并联型系统结构图

注意：直接型结构、级联型结构、并联结构之间可以互相转换。

【例 5.10】 将直接型的系统函数 $H(z) = \dfrac{Y(z)}{X(z)} = \dfrac{1 + 2z^{-1} + 6z^{-2} - 25z^{-3} + 18z^{-4}}{12 + 10z^{-1} + 2z^{-2} - 4z^{-3} - z^{-4}}$
转换为级联型结构。

【解】 由级联结构的系数写出 $H(z)$ 表达式为

$$H(z) = 0.0833\left(\frac{1 + 4.1913z^{-1} + 13.8880z^{-2}}{1 - 0.2928z^{-1} - 0.1325z^{-2}}\right)\left(\frac{1 - 2.1913z^{-1} + 1.2961z^{-2}}{1 + 1.1261z^{-1} + 0.6289z^{-2}}\right)$$

串联系统结构如图 5.46 所示。

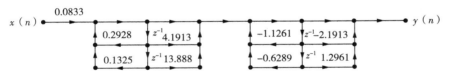

图 5.46　串联系统结构图

【例 5.11】　求下列直接型系统函数的零、极点,将它转换成二阶节形式,并画级联结构图。

$$H(z) = \frac{1 - 0.1z^{-1} - 0.3z^{-2} - 0.4z^{-3} - 0.2z^{-4}}{1 + 0.1z^{-1} + 0.2z^{-2} + 0.3z^{-3} + 0.5^{-4}}$$

【解】　该系统函数的二阶节形式为

$$H(z) = \frac{1 - 0.5z^{-1} - 0.5z^{-2}}{1 + 0.4z^{-1} + 0.4z^{-2}} \cdot \frac{1 - 2.1913z^{-1} + 1.2961z^{-2}}{1 - 1.0598z^{-1} + 0.8175z^{-2}}$$

级联 / 串联型系统结构如图 5.47 所示。

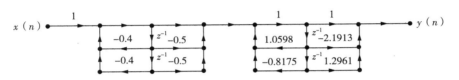

图 5.47　级联 / 串联型系统结构图

极点图,如图 5.48 所示。

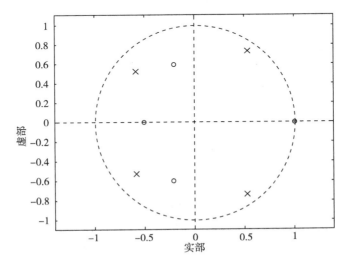

图 5.48　极点图

【例5.12】 将直接型系统函数 $H(z) = \dfrac{Y(z)}{X(z)} = \dfrac{1 - 3z^{-1} + 22z^{-2} - 25z^{-3} + 18z^{-4}}{12 + 3z^{-1} + 2z^{-2} - 4z^{-3} - z^{-4}}$ 转换成级联、并联形式，并画出结构图。

【解】 将其转换成级联形式为

$$H(z) = 0.0833 \left(\frac{1 - 1.7641z^{-1} + 18.8656z^{-2}}{1 - 0.4106z^{-1} - 0.1413z^{-2}} \right) \left(\frac{1 - 1.2359z^{-1} + 0.9541z^{-2}}{1 + 0.6606z^{-1} + 0.5812z^{-2}} \right)$$

级联结构如图 5.49 所示。

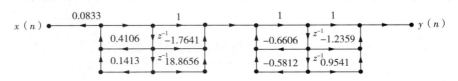

图 5.49 级联结构

将其转换成并联结构形式为

$$H(z) = \frac{-2.5300 - j1.6786}{1 - (-0.3303 + j0.6871)z^{-1}} + \frac{-2.5300 + j1.6786}{1 - (-0.3303 - j0.6871)z^{-1}}$$

$$+ \frac{1.1243 + j0.0000}{1 - (0.6360 + j0.0000)z^{-1}} + \frac{22.0191 + j0.0000}{1 - (-0.2254 + j0.0000)z^{-1}} - 18$$

共轭复根合并时并联结构如图 5.50 所示。

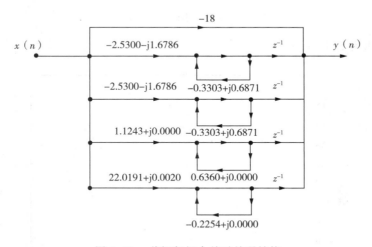

图 5.50 共轭复根合并时并联结构

将前两项共轭复根合并成一个二阶节，将后面 3、4 项合并成一个二阶节即可。最后的结果为

$$H(z) = \frac{-5.0600 + 0.6354z^{-1}}{1 + 0.6606z^{-1} + 0.5812z^{-2}} + \frac{23.1434 - 13.7507z^{-1}}{1 - 0.4106z^{-1} - 0.1434z^{-2}} - 18$$

其结构图,如图 5.51 所示。

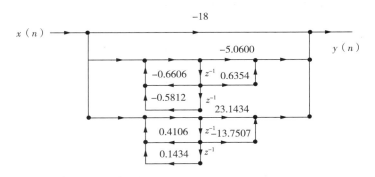

图 5.51　共轭复根合并后的并联图

当然也可以利用不同的 k 值与它们合并(将 -18 分解为不同的组合,分别供前两项和后两项合并使用,因此可以有许多不同的结果)以生成不同的二阶节。例如,将 $k=-18$ 供后两项合并使用的结果为

$$H(z)=\frac{5.1434-6.3599z^{-1}+2.5804z^{-2}}{1-0.4106z^{-1}-0.1434z^{-2}}$$

其结构图,如图 5.52 所示。

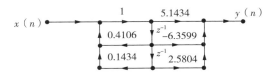

图 5.52　-18 供后两项合并使用的信号流图

5.4.5　FIR 数字滤波器的信号流图

1. FIR 数字滤波器级联型信号流图

按式(5.3.25),FIR 数字滤波器的级联型网络结构图,如图 5.53 所示。

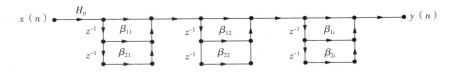

图 5.53　FIR 数字滤波器的级联型网络结构图

【例 5.13】　系统函数为 $H(z)=0.6+1.55z^{-1}+1.8z^{-2}+z^{-3}$,画出直接型和级联型网络结构图。

【解】　由 $H(z)$ 的表达式可直接绘出直接型信号流图,如图 5.54 所示。

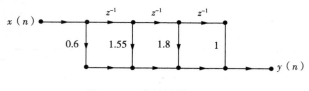

图 5.54　直接型信号流图

$H(z)$ 可分解为 $H(z)=(0.4+0.5z^{-1})\times(1.5+2z^{-1}+2z^{-2})$。其级联型信号流图，如图 5.55 所示。

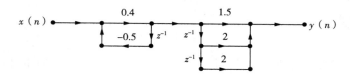

图 5.55　FIR 数字滤波器级联型信号流图

2. 频率抽样型结构信号流图

FIR 频率抽样型信号流图，如图 5.56 所示。

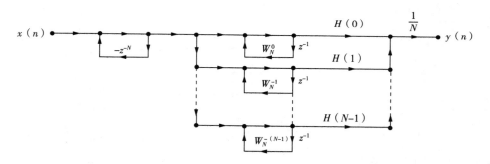

图 5.56　FIR 数字滤波器频率抽样型结构信号流图

5.4.6　线性相位型的网络结构

线性相位 FIR 数字滤波器是直接型结构的化简，特点是网络具有线性相位，比直接型结构节约近一半的乘法器。若系统具有线性相位，则它的单位脉冲响应满足

$$h(n)=\pm h(N-1-n) \tag{5.4.7}$$

当 $h(n)$ 偶对称时，$h(n)=h(N-1-n)$，这是第一类线性相位结构 FIR 数字滤波器，如图 5.57 所示。当 $h(n)$ 奇对称时，$h(n)=-h(N-1-n)$，这是第二类线性相位结构 FIR 数字滤波器，如图 5.58 所示。

当 $h(n)$ 满足偶对称或奇对称条件时，根据 N 为偶数或奇数，可分为四种情况。

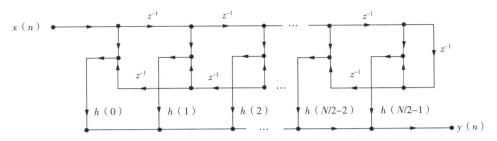

（a）偶对称，N 为偶数

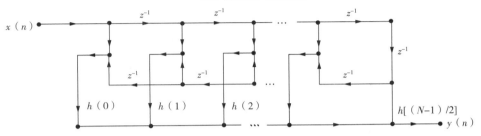

（b）偶对称，N 为奇数

图 5.57　第一类线性相位结构

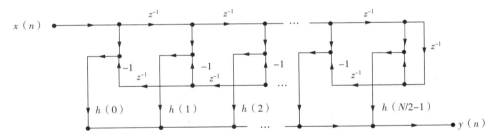

（a）奇对称，N 为偶数

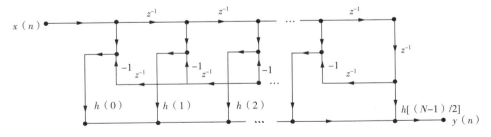

（b）奇对称，N 为奇数

图 5.58　第二类线性相位结构

（1）$h(n)$ 偶对称或奇对称时，若 N 为奇数，则

$$H(z) = \sum_{n=0}^{\frac{N-1}{2}-1} h(n)[z^{-n} \pm z^{-(N-1-n)}] + h\left(\frac{N-1}{2}\right) z^{-\frac{N-1}{2}} \tag{5.4.8}$$

（2）$h(n)$ 偶对称或奇对称时，若 N 为偶数，则

$$H(z) = \sum_{n=0}^{\frac{N-1}{2}-1} h(n)\left[z^{-n} \pm z^{-(N-1-n)}\right] \tag{5.4.9}$$

5.5 几种特殊的滤波器

5.5.1 全通滤波器

若滤波器的幅频特性对所有频率均等于常数或 1，即

$$\mid H(\mathrm{e}^{\mathrm{j}\omega}) \mid = 1, 0 \leqslant \omega \leqslant 2\pi \tag{5.5.1}$$

则该滤波器称为全通滤波器。全通滤波器的系统函数为

$$H(z) = \frac{\sum_{k=0}^{N} a_k z^{-N+k}}{\sum_{k=0}^{N} a_k z^{-k}} = \frac{z^{-N} + a_1 z^{-N+1} + a_2 z^{-N+2} + \cdots + a_N}{1 + a_1 z^{-1} + a_2 z^{-2} + \cdots + a_N z^{-N}}, a_0 = 1 \tag{5.5.2}$$

可见，全通滤波器的系统函数分子、分母多项式的系数相同，但排列顺序相反。式 (5.5.2) 也可以写为

$$H(z) = \frac{\sum_{k=0}^{N} a_k z^{-N+k}}{\sum_{k=0}^{N} a_k z^{-k}} = z^{-N} \frac{\sum_{k=0}^{N} a_k z^k}{\sum_{k=0}^{N} a_k z^{-k}} = z^{-N} \frac{D(z^{-1})}{D(z)} \tag{5.5.3}$$

式中，$D(z) = \sum_{k=0}^{N} a_k z^{-k}$，由于 $z = \mathrm{e}^{\mathrm{j}\omega}$，$a_0 = 1$，系数 a_k 是实数，$D(z^{-1})\Big|_{z=\mathrm{e}^{\mathrm{j}\omega}} = D(\mathrm{e}^{-\mathrm{j}\omega}) = D^*(\mathrm{e}^{\mathrm{j}\omega})$，所以

$$\mid H(\mathrm{e}^{\mathrm{j}\omega}) \mid = \left| \frac{D^*(\mathrm{e}^{\mathrm{j}\omega})}{D(\mathrm{e}^{\mathrm{j}\omega})} \right| = 1 \tag{5.5.4}$$

这就证明式 (5.5.2) 表示的系统函数具有全通滤波器的特性。全通滤波器的系统函数也可以写成二阶滤波器级联形式，即

$$H(z) = \prod_{i=1}^{M} \frac{\beta_{2i} + \beta_{1i} z^{-1} + z^{-2}}{1 + \beta_{1i} z^{-1} + \beta_{2i} z^{-2}} \tag{5.5.5}$$

式 (5.5.3) 表明：① 若 z_k 为 $H(z)$ 的零点，则 $p_k = z_k^{-1}$ 必为其极点，即 $z_k p_k = 1$，全通滤波器的零、极点互为倒易关系；② 因为 a_k 为实数，因此其零极点共轭成对出现。

全通滤波器的零极点分布,如图 5.59 所示。若将 z_k 与 p_k^* 组成一对,将 z_k^* 与 p_k 组成一对,那么全通滤波器的零、极点以共轭倒易关系出现,这时全通滤波器的系统函数为

$$H_{ap}(z) = \prod_{k=1}^{N} \frac{z^{-1} - z_k}{1 - z_k^* z^{-1}} \tag{5.5.6}$$

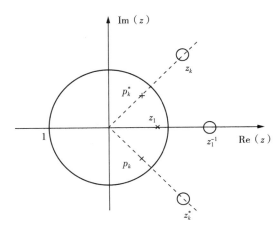

图 5.59　全通滤波器的零极点分布

由全通滤波器的频率响应函数 $H(e^{j\omega}) = e^{j\varphi(\omega)}$ 知:

(1) 全通滤波器的零、极点以共轭倒易关系出现。

(2) 全通滤波器是一种纯相位滤波器,经常用于相位均衡。

与低通、高通、带通、带阻等滤波器不同,全通滤波器具有平坦的频率响应,也就是说全通滤波器并不衰减任何频率的信号。由此可见,全通滤波器并不具有通常所说的滤波作用,也许正是因为这个缘故,有时全通滤波器也称全通网络。全通滤波器不会改变输入信号的频率特性,而会改变输入信号的相位。利用这个特性,全通滤波器常用作相位均衡器、相位校正器、延时器、延迟均衡等。有时全通滤波器也称为延迟均衡。

实际上,常规的滤波器(包括低通滤波器等)也能改变输入信号的相位,但是幅频特性和相频特性很难兼顾、很难使两者同时满足要求。全通滤波器和其他滤波器组合起来使用,能够很方便地解决这个问题。

5.5.2　最小相位系统

一个因果稳定的离散时间线性非移变系统 $H(z)$,其所有极点必须在单位圆内,但零点可在 z 平面的任意位置,只要频响特性满足要求即可。

1. 相位系统分类

根据一个因果稳定的离散时间线性非移变系统 $H(z)$ 的零点位置,可以将相位系统分为最小相位系统、最大相位系统和非最小相位系统。

(1) 最小相位系统。若离散时间系统的零、极点全部都位于 z 平面单位圆内,则系统

是最小相位系统，记为 $H_{\min}(z)$。

（2）最大相位系统。所有零点都在单位圆外，记为 $H_{\max}(z)$。

（3）非最小相位系统。单位圆内、外都有零点，也称为"混合相位系统"。

2. 最小相位系统

（1）任何一个非最小相位系统的系统函数 $H(z)$ 均可有一个最小相位系统 $H_{\min}(z)$ 和一个全通系统 $H_{ap}(z)$ 级联而成，即

$$H(z) = H_{\min}(z)H_{ap}(z)，且 \mid H(e^{j\omega}) \mid = \mid H_{\min}(e^{j\omega}) \mid \qquad (5.5.7)$$

【证明】 假设因果稳定系统 $H(z)$ 仅有一个零点在单位圆外，令该零点为 $z = 1/z_0$，$\mid z_0 \mid < 1$，则

$$H(z) = H_1(z)(z^{-1} - z_0) = H_1(z)(z^{-1} - z_0)\frac{1 - z_0^* z^{-1}}{1 - z_0^* z^{-1}}$$

$$= H_1(z)(1 - z_0^* z^{-1})\frac{z^{-1} - z_0}{1 - z_0^* z^{-1}} = H_{\min}(z)H_{ap}(z)$$

由于 $H_1(z)$ 是最小相位系统，所以 $H_1(z)(1 - z_0^* z^{-1})$ 也是最小相位系统，故

$$H_1(z)(1 - z_0^* z^{-1}) = H_{\min}(z)$$

由式（5.5.6）知

$$\frac{z^{-1} - z_0}{1 - z_0^* z^{-1}} = H_{ap}(z)$$

为全通系统。

该特点说明了一个在滤波器优化设计中很有用的结论：

（1）将系统位于单位圆外的零点（或极点）z_k 用其镜像 $1/z_k^*$ 代替时，不会影响系统的幅频响应特性。这一结论，提供了一种用非最小相位系统构造幅频特性相同的最小相位系统的方法：将非最小相位系统 $H(z)$ 位于单位圆外的零点 z_{0k} 用其镜像 $1/z_{0k}^*$ 代替（$k = 1,2,\cdots,m$，m 是单位圆外的零点数量），即可得到最小相位系统 $H_{\min}(z)$，且在 $H_{\min}(z)$ 与 $H(z)$ 幅频特性相同。

（2）在幅频响应特性相同的所有因果稳定系统集中，最小相位系统对 $\delta(n)$ 的响应波形的相位延迟最小。在傅里叶变换 $H(e^{j\omega})$ 相同的所有系统中，最小相位系统具有最小的相位滞后，即它有负的相位，相位绝对值最小。

（3）按照帕塞瓦定理，由于傅里叶变换幅度相同的各系统的总能量应当相同，一般系统 $h(n)$ 的能量集中在 $n > 0$ 处，而最小相位延时系统 $h_{\min}(n)$ 的能量集中在 $n = 0$ 附近，也就是说，如果 $h_{\min}(n)$ 和 $h(n)$ 是 $N + 1$ 点有限长序列（$n = 0,1,2,\cdots,N$），则

$$\sum_{n=0}^{N} |h(n)|^2 = \sum_{n=0}^{N} |h_{\min}(n)|^2$$

$$\sum_{n=0}^{m} |h(n)|^2 < \sum_{n=0}^{m} |h_{\min}(n)|^2, m < N \tag{5.5.8}$$

式(5.5.8)表明,对相同傅里叶变换幅度的各序列,最小相位序列在 $n=0$ 时 $h_{\min}(0)$ 最大(可用初值定理加以证明)

$$h_{\min}(0) > h(0) \tag{5.5.9}$$

(4)最小相位系统保证其逆系统存在。给定一个因果稳定系统 $H(z) = B(z)/A(z)$,其逆系统定义为

$$H_{\text{in v}}(z) = \frac{1}{H(z)} = \frac{A(z)}{B(z)} \tag{5.5.10}$$

当且仅当 $H(z)$ 是最小相位系统时,其逆系统才是因果稳定的(物理可实现的)。逆滤波在信号检测、解卷积中有重要应用。例如,信号检测中的信道均衡实质上就是设计信道的近似逆滤波。

(5)在幅度响应相同的系统中,只有唯一的一个最小相位延时系统。

最小相位系统是一类最普遍的系统,其重要特征在于幅频特性与相频特性有确定的关系。因此,在利用对数频率特性对最小相位系统做分析或综合时,常常只需画出和利用对数幅频特性曲线,就可以省略相频特性作图。

根据上述内容,最小相位系统的主要特点总结如下:

(1)系统函数的特点:

① 所有的极点、零点都在单位圆内。

② 假设 $h(n)$ 为最小相位系统,$h(n)$ 能量值集中在较小的 n 值范围内。

③ 最小相位系统的对数谱的实部和虚部构成一对希尔伯特变换。由此,可以通过幅频特性推出最小相位系统的相频特性,反之亦然。

④ 给定 $H(z)$ 为稳定的因果系统,当且仅当 $H(z)$ 为最小相位系统时,其逆系统才是稳定和因果的。

⑤ 任何一个非最小相位因果系统都可以由一个最小相位系统和一个全通系统级联而成。

(2)最小相位系统幅频响的特点

① 一组具有相同幅频响应的因果稳定的滤波器中,最小相位滤波器对于零相位具有最小的相位偏移。

② 不同的离散时间系统可能具有相同的幅频响应,若 $h(n)$ 为相同幅频的离散时间系统的单位抽样响应,则单位抽样响应的能量集中在 n 为较小值的范围内。

（3）最小相位系统的性质

① 最小相位系统的传递函数可由其对应的开环对数频率特性唯一确定，反之亦然；

② 最小相位系统的相频特性可由其对应的开环频率特性唯一确定，反之亦然；换言之，最小相位系统的相频与幅频特性具有唯一的对应关系。

③ 在具有相同幅频特性的系统中，最小相位系统的相角范围最小。

3. 最小相位系统的判断方法

（1）对于开环系统，从开环传递函数角度判断。

① 如果说一个环节的传递函数的极点和零点的实部全都小于或等于零，那么称这个环节是最小相位环节。

② 如果传递函数中具有正实部的零点或极点，那么这个环节就是非最小相位环节或有延迟环节。因为若把延迟环节用零点和极点的形式近似表达时（泰勒级数展开），就会发现它具有正实部零点。

（2）对于闭环系统，通过分析它的开环传递函数，判断是不是最小相位系统。

一个因果稳定的并且具有有理形式系统函数的系统一定可以分解成一连串全通系统和最小相位系统。工程上，常用这一性质来消除失真，但缺点是它消除了幅度失真后会带来相移失真。

5.5.3 梳状滤波器

1. 梳状滤波器的系统函数

梳状滤波器的系统函数为

$$H(z^N) = \frac{1 - z^{-N}}{1 - az^{-N}} \tag{5.5.11}$$

2. 梳状滤波器的零、极点分布

（1）零点。均匀分布在单位圆上。

$$z_k = e^{j\frac{2\pi}{N}k}, k = 0,1,2,\cdots,N-1 \tag{5.5.12}$$

（2）极点。均匀分布在半径为 $R = a^{\frac{1}{N}}$ 的圆上。

$$p_k = \sqrt[N]{a}\, e^{j\frac{2\pi}{N}k} \tag{5.5.13}$$

式中，$k = 0,1,2,\cdots,N-1$。

例如，已知 $a = 0.1, N = 8$，求其零极点分布和频率响应。8 阶梳状滤波器的零极点分步，如图 5.60 所示。零极点等间隔分布在单位圆上，极点均匀分布在半径为 $\sqrt[N]{a}$ 的圆上。8 阶梳状滤波器的频率响应，如图 5.61 所示。由于特性曲线像梳子一样，故称为梳状滤波器。

梳状滤波器可以滤除输入信号中位于 $\omega = \frac{2\pi}{N}k (k = 0,1,2,\cdots,N-1)$ 的频率分量，这

种滤波器可用于消除电网谐波干扰，在彩色电视接收机中用于亮色分离，在音频和图像、通信等领域有广泛应用。

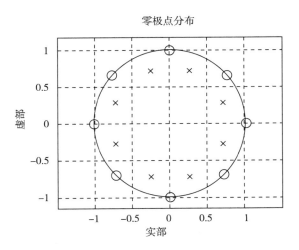

图 5.60　8 阶梳状滤波器的零极点分布图

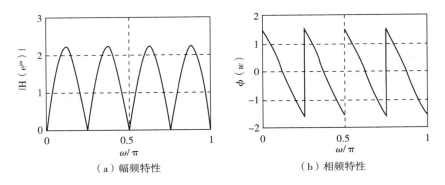

（a）幅频特性　　　　　　　（b）相频特性

图 5.61　8 阶梳状滤波器的频率响应

5.6　LabVIEW 2020 实例解新

【实例 5.1】　设系统函数 $H(z)$ 为

$$H(z) = \frac{z^4 - 3z^3 + 22z^2 - 25z + 18}{12z^4 + 3z^3 + 2z^2 - 4z - 1}$$

试求出该系统函数的零极点形式、级联形式，并画出极点图。

实例 5.1 的 LabVIEW 实现步骤如下：

步骤 1：新建 VI。打开 LabVIEW 2020，启动窗口如图 5.62 所示。

如图 5.63 所示，选择"File" → "New VI" 或者使用快捷键"Ctrl＋N" 创建一个新 VI 程序。

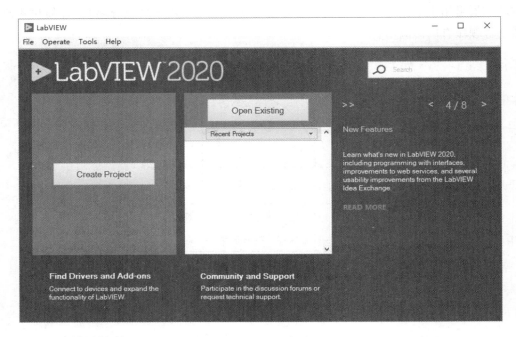

图 5.62　LabVIEW 2020 启动窗口

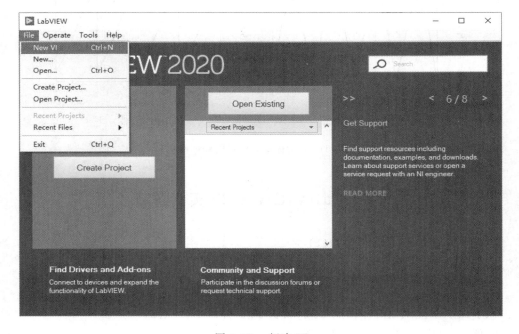

图 5.63　新建 VI

步骤 2：程序框图设计。打开新建 VI 的程序框图（Block Diagram）窗口进行程序框图创建，首先如图 5.64 所示在"View"→"Function Palette"中打开函数选板。

　　函数选板如图 5.65 所示,在函数选板→"控制与仿真(Control & Simulation)"中找到"控制设计(Control Design)"→"模型构建(Model Construction)"子函数选板,如图5.66 ~ 图 5.67 所示。

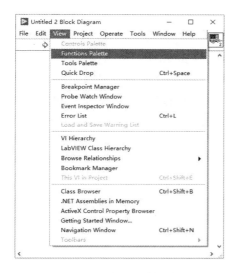

图 5.64　打开函数选板

图 5.65　函数选板

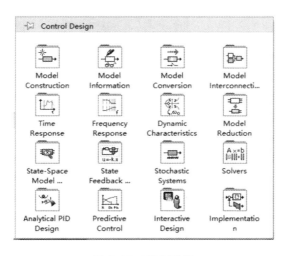

图 5.66　控制设计

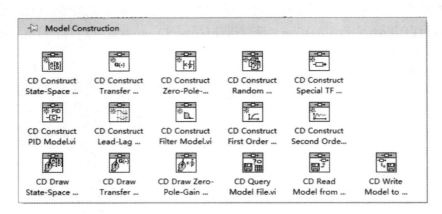

图 5.67　模型构建

在"模型构建"选板中,将"构造传递函数模型(CD Construct Transfer Function Model)"控件、"绘制传递函数方程(CD Draw Transfer Function Equation)"控件、"绘制零极点增益方程(CD Draw Zero-Pole-Gain Equation)"控件和"绘制零极点图(CD Pole-Zero Map)"控件拖放到合适的位置进行连线编程,完成后将该 VI 保存为"实例5.1. vi",程序框图如图 5.68 所示。

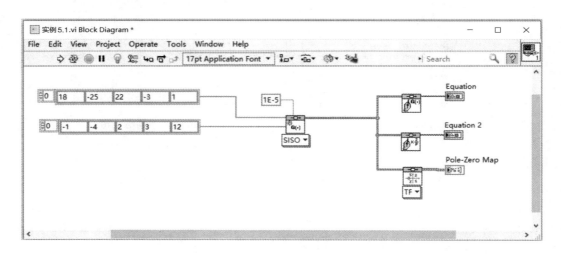

图 5.68　实例程序框图

步骤 4:运行和调试。将传递函数的分子和分母系数填入数组,采样率时间选择 1E-5,运行该 VI,该程序的运行结果如图 5.69 所示。

所以系统函数的零极点形式为

$$H(z) = \frac{0.833333(z^2 - 1.23595z + 0.954117)(z^2 - 1.76405z + 18.8656)}{(z + 0.225434)(z - 0.635988)(z^2 + 0.660554z + 0.581233)}$$

由零极点形式可知系统函数的级联形式为

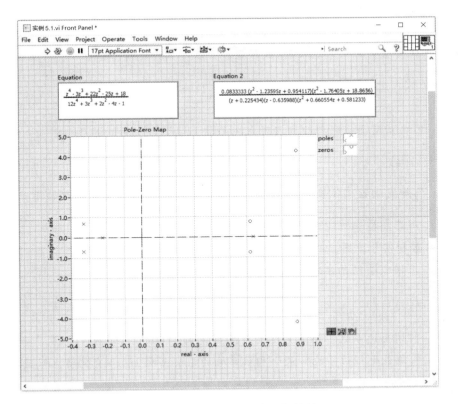

图 5.69　实例 5.1 程序运行结果

$$H(z) = 0.833333 \left(\frac{1 - 1.76405z^{-1} + 18.8656z^{-2}}{1 - 0.4106z^{-1} - 0.1413z^{-2}} \right) \left(\frac{1 - 1.2359z^{-1} + 0.9541z^{-2}}{1 + 0.660554z^{-1} + 0.581233z^{-2}} \right)$$

习　题

5.1　简述滤波器的功能和分类。

5.2　什么是数字滤波器？其特点是什么？

5.3　数字滤波器的技术指标有哪些？解释各指标的物理意义，并写出计算公式。

5.4　简述 FIR 数字滤波器、IIR 数字滤波器的特点。

5.5　用级联型结构和并联型结构实现传递函数，并画出运算电路和信号流图。

(1) $H(z) = \dfrac{3z^3 - 3.5z^2 + 2.5z}{(z^2 - z - 1)(z - 0.5)}$

(2) $H(z) = \dfrac{4z^3 - 2.8284z^2 + z}{(z^2 - 1.4142z + 1)(z + 0.7071)}$

5.6　设某 FIR 数字滤波器的系统函数为

$$H(z) = \frac{1}{5}(1 + 3z^{-1} + 5z^{-2} + 3z^{-3} + z^{-4})$$

试画出此滤波器的线性相位结构的运算电路和信号流图。

5.7　画出由下列差分方程定义的因果线性离散时间系统的 直接 I 型、直接 II 型、级联型和并联型结构的信号流程图，级联型和并联型只用 1 阶节。

$$y(n) - \frac{5}{6}y(n-1) + \frac{3}{8}y(n-2) = x(n) + \frac{1}{4}x(n-1)$$

5.8　用级联型及并联型结构实现系统函数 $H(z) = \dfrac{2z^3 + 3z^2 - 2z}{(z^2 - z + 1)(z - 1)}$，画出运算电路和信号流图。

5.9　已知滤波器单位抽样响应为 $h(n) = \begin{cases} 2^n, & 0 \leqslant n \leqslant 5 \\ 0, & \text{其他} \end{cases}$，画出横截型结构。

5.10　用卷积型和级联型结构实现系统函数 $H(z) = (1 - 1.4z^{-1} + 3z^{-2})(1 + 2z^{-1})$，画出运算电路和信号流图。

5.11　用横截型结构实现系统函数

$$H(z) = \left(1 - \frac{1}{2}z^{-1}\right)(1 + 6z^{-1})(1 - 2z^{-1})\left(1 + \frac{1}{6}z^{-1}\right)(1 - z^{-1})。$$

5.12　何谓全通系统？全通系统的系统函数 $H_{ap}(z)$ 有何特点？

5.13　何谓最小相位系统？最小相位系统的系统函数 $H(z)$ 有何特点？最小相位系统一定是稳定的吗？其逆系统也一定是稳定的吗？

5.14　何谓梳状滤波器？系统函数 $H(z)$ 有何特点？有何用途？

5.15　已知一 IIR 滤波器的 $H(z) = \dfrac{0.9 + z^{-1}}{1 + 0.9z^{-1}}$，试判断滤波器的类型，画出运算电路和信号流图。

第 6 章　IIR 数字滤波器

在第 5 章的讨论中,已按滤波器单位冲激响应长度,将数字滤波器分为无限长单位冲激响应(infinite impulse response,IIR)和有限长单位冲激响应(finite impulse response,FIR)数字滤波器,分析了它们结构的运算电路和信号流图。本章将讨论 IIR 滤波器的设计问题,重点阐述由模拟滤波器设计 IIR 数字滤波器的方法,并对滤波器的结构与系统性质进行分析。

6.1　模拟低通滤波器

IIR 滤波器设计技术是从已知的模拟低通滤波器出发,转换为需要的数字滤波器,这些模拟低通滤波器被称为原型滤波器,常用的有巴特沃兹、切比雪夫和椭圆滤波器。 为此,在这里首先介绍模拟滤波器的设计。

模拟滤波器设计可以先设计模拟低通滤波器,这是因为模拟高通、带通、带阻滤波器的技术指标均可以通过频率转换关系转换成模拟低通滤波器的技术指标,并依据这些技术指标设计低通滤波器,得到低通滤波器的系统函数,最后再依据频率转换关系得到所设计的滤波器的系统函数。因此,本节着重以模拟低通滤波器为例说明模拟滤波器的设计。而高通、带通、带阻等滤波器通过变量变换的方法,由低通滤波器变换得到。

为了由模拟滤波器设计 IIR 数字滤波器,必须先设计一个满足技术指标的模拟原型滤波器,也就是要把数字滤波器的指标转变成模拟原型滤波器的指标。

6.1.1　模拟低通原型滤波器设计的一般步骤

模拟低通原型滤波器设计步骤如下:

步骤 1:将给出的数字滤波器的技术指标 ω_p、ω_r 转换成模拟低通原型滤波器的技术指标 Ω_p、Ω_r,这是第一次频率变换。即

$$
\begin{cases}
\Omega_p = \omega_p f_s = \dfrac{\omega_p}{T_s} \\[2mm]
\Omega_r = \omega_r f_s = \dfrac{\omega_r}{T_s}
\end{cases}
\tag{6.1.1}
$$

步骤 2:根据转换后的技术指标使用滤波器阶数选择函数,确定最小阶数 N 和固有频率 ω_c。

6.1.2 模拟原型滤波器的具体设计方法

根据一组设计规范来设计模拟系统函数 $H_a(s)$，使其逼近某个理想滤波器特性。

（1）由幅度平方函数 $|H_a(j\Omega)|^2$ 确定模拟滤波器的系统函数 $H_a(s)$。

模拟滤波器的幅度响应常用幅度平方函数 $|H_a(j\Omega)|^2$ 来表示，即

$$|H_a(j\Omega)|^2 = H_a(j\Omega)H_a^*(j\Omega)$$

由于滤波器冲激响应 $h(t)$ 是实函数，因而 $H(j\Omega)$ 满足

$$H^*(j\Omega) = H(-j\Omega)$$

因此，由

$$|H_a(j\Omega)|^2 = H_a(j\Omega)H_a(-j\Omega) = H_a(s)H_a(-s)|_{s=j\Omega} \tag{6.1.2}$$

得到象限对称的 s 平面函数。式中，$H_a(s)$ 是模拟滤波器的系统函数，为 s 的有理函数，$H_a(j\Omega)$ 是滤波器稳态响应即频率特性，$|H_a(j\Omega)|$ 是滤波器的稳态幅度特性。

（2）求 $H_a(s)H_a(-s)$ 的极点分布。

① 由于 $H_a(-s)$ 的极点和零点是 $H_a(s)$ 的极点和零点的负值，因此 $H_a(s)H_a(-s)$ 的极点或零点成对出现，关于原点对称。

② 若冲激响应 $h(t)$ 是实函数，则 $H_a(s)$ 和 $H_a(-s)$ 的极点（或零点）必为共轭对存在，关于实轴对称。因此，$H_a(s)H_a(-s)$ 在虚轴上的零点（稳定系统在虚轴上没有极点，只有临界稳定才会在虚轴上出现极点）一定是二阶的。$H_a(s)H_a(-s)$ 的零点、极点分布如图 6.1 所示。例如，$-\sigma_1+j\Omega_1$ 与 $\sigma_1-j\Omega_1$，$\sigma_2-j\Omega_2$ 与 $-\sigma_2+j\Omega_2$ 对称，σ_3 与 $-\sigma_3$ 对称，$j\Omega_4$ 与 $-j\Omega_4$ 对称。

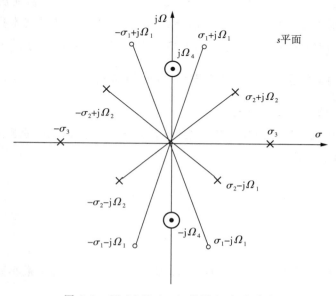

图 6.1 $H_a(s)H_a(-s)$ 的零点、极点分布

③ 现在必须由式(6.1.2)求 $H_a(s)$,即把 $H_a(s)$ 和 $H_a(-s)$ 分开。这种分解不是唯一的,但考虑到滤波器是一个稳定系统,因此 $H_a(s)$ 的极点是在 s 平面左半平面,$H_a(-s)$ 的极点是 $H_a(s)$ 极点的负值。

④ 将左半平面的极点归于 $H_a(s)$,若无特殊要求,可取 $H_a(s)H_a(-s)$ 以虚轴为对称轴的对称零点的任一半(若为复数零点,则应为共轭对)作为 $H_a(s)$ 的零点,若要求最小相位延时滤波器,则应取左半平面零点作为 $H_a(s)$ 的零点。虚轴上的零点应是偶次的,其中一半(应为共轭对)属于 $H_a(s)$。

(3) 按照 $H_a(j\Omega)$ 与 $H_a(s)$ 的低频特性或高频特性的对比就可确定增益常数。

(4) 由求出的 $H_a(s)$ 的零点、极点及增益常数,可完全确定系统函数 $H_a(s)$。

【例 6.1】　根据幅度平方函数 $|H_a(j\Omega)|^2$,确定系统函数 $H_a(s)$。

$$|H_a(j\Omega)|^2 = \frac{16(49-\Omega^2)^2}{(64+\Omega^2)(36+\Omega^2)}$$

【解】　因为 $|H_a(j\Omega)|^2$ 是 Ω 的非负有理函数,它在 $j\Omega$ 轴上的零点是偶次的,所以满足幅度平方函数的条件,先求

$$H_a(s)H_a(-s) = |H_a(j\Omega)|^2\big|_{\Omega^2=-s^2} = \frac{16(49-\Omega^2)^2}{(64+\Omega^2)(36+\Omega^2)}$$

其极点为 $s=\pm 8,s=\pm 6$,零点为 $s=\pm j7$(二阶零点)。

选出左半平面极点 $s=-8,s=-6$ 及一对虚轴共轭零点 $s=\pm j7$ 为 $H_a(s)$ 的零点、极点,并设增益常数为 K_0,得

$$H_a(s) = \frac{K_0(49+s^2)}{(s+8)(s+6)}$$

由 $H_a(s)\big|_{s=0} = H_a(j\Omega)\big|_{\Omega=0}$,得增益常数 $K_0=4$。

由此可得

$$H_a(s) = \frac{4(49+s^2)}{(s+8)(s+6)} = \frac{4s^2+196}{s^2+14s+48}$$

6.2　巴特沃斯低通逼近

现以巴特沃斯模拟低通滤波器为基础,讨论模拟滤波器的逼近函数及逼近方法。

6.2.1　巴特沃斯逼近

巴特沃斯逼近又称最平幅度逼近。巴特沃斯低通滤波器幅度平方函数定义为

$$|H_a(j\Omega)|^2 = \frac{1}{1+\left(\dfrac{j\Omega}{j\Omega_c}\right)^{2N}} \tag{6.2.1}$$

式中，N 表示滤波器的阶次，为正整数；Ω_c 称为截止频率。当 $\Omega = \Omega_p = \Omega_c$ 时，有

$$|H_a(j\Omega)|^2 = \frac{1}{2}$$

即

$$|H_a(j\Omega_c)| = \frac{1}{\sqrt{2}}, \delta_p = \delta_c = 20\log\left|\frac{H_a(j0)}{H_a(j\Omega_c)}\right| = 3\mathrm{dB}$$

所以又称 Ω_c 为巴特沃斯低通滤波器的 3dB 带宽。

6.2.2　巴特沃斯滤波器的特点

巴特沃斯滤波器的特点是：具有通带内最大平坦的振幅特性，且随 Ω 上升而单调下降；其阶数 N 越大，通带和阻带的近似性越好，过渡带也越陡。

（1）当 $\Omega = 0$ 时，$|H_a(j0)|^2 = 1$，即在 $\Omega = 0$ 处无衰减。

（2）当 $\Omega = \Omega_c$ 时，$|H_a(j\Omega)|^2 = \frac{1}{2}$，而 $|H_a(j\Omega)| = \frac{1}{\sqrt{2}} = 0.707$ 或 $\delta_p = \delta_c = -20\log$ $|H_a(j\Omega_c)| = 3\mathrm{dB}$。$\delta_p$ 为通带最大衰减，即不管 N 为多少，所有特性曲线都通过 $-3\mathrm{dB}$ 点，或者说衰减 3dB，这就是通常所说的 3dB 不变性。

（3）在 $\Omega < \Omega_c$ 时，$|H_a(j\Omega)|^2$ 有最大平坦的幅度特性，且单调减小。即 N 阶巴特沃斯低通滤波器在 $\Omega = 0$ 处，$|H_a(j\Omega)|^2_{\Omega=0}$ 的前 $(2N-1)$ 阶导数为零，因而巴特沃斯滤波器又称最平幅度特性滤波器。随着 Ω 由 0 变化到 Ω_c，$|H_a(j\Omega)|^2$ 单调减小，N 越大，减小得越慢，也就是通带内特性越平坦。

（4）当 $\Omega > \Omega_c$ 时，即在过渡带及阻带中，$|H_a(j\Omega)|^2$ 也随 Ω 增加而单调减小，但是 $\Omega/\Omega_c > 1$，故比通带内衰减的速度要快得多，N 越大，衰减速度越大。当 $\Omega = \Omega_{st}$，即频率为阻带截止频率时，衰减为 $\delta_s = -20\log|H_a(j\Omega_{st})|$ 时，δ_s 为阻带最小衰减。不同阶次的巴特沃斯滤波器幅度特性曲线如图 6.2 所示。

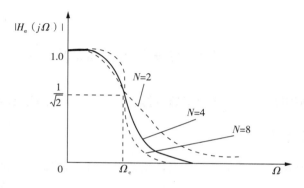

图 6.2　不同阶次的巴特沃斯滤波器幅度特性曲线

将 $\Omega = s/j$ 代入式（6.2.1），得

$$| H_a(j\Omega) |^2_{\Omega=\frac{s}{j}} = \frac{1}{1+[s/(j\Omega_c)]^{2N}} \tag{6.2.2}$$

所以巴特沃斯滤波器的零点全部在 $s=\infty$ 处,在有限 s 平面只有极点,因而属于全极点型滤波器。$H_a(s)H_a(-s)$ 的极点为

$$s_k = (-1)^{\frac{1}{2N}}(j\Omega_c) = \Omega_c e^{j(\frac{1}{2}+\frac{2k-1}{2N})\pi}, k=0,1,2,\cdots,2N-1 \tag{6.2.3}$$

由此看出,$H_a(s)H_a(-s)$ 的极点分布的特点如下:

(1) 极点在 s 平面是象限对称的,分布在半径为 Ω_c 的圆(称巴特沃斯圆)上,共有 $2N$ 个极点。

(2) 极点间的角度间隔为 $\frac{\pi}{N}$rad。

(3) 极点绝不会落在虚轴上,因而滤波器才有可能是稳定的。

(4) N 为奇数时,实轴上有极点;N 为偶数时,实轴上没有极点。

例如,$N=3$ 及 $N=4$ 时,巴特沃斯滤波器 $H_a(s)H_a(-s)$ 在 s 平面的极点位置如图 6.3 所示。

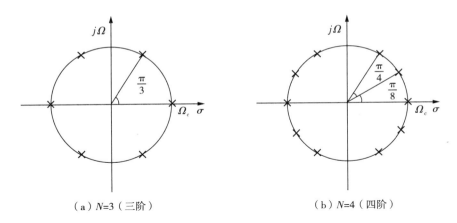

（a）$N=3$（三阶）　　　　　　　　　（b）$N=4$（四阶）

图 6.3　巴特沃斯滤波器 $H_a(s)H_a(-s)$ 在 s 平面的极点位置

$H_a(s)H_a(-s)$ 在左半平面的极点即为 $H_a(s)$ 的极点,因而

$$H_a(s) = \frac{\Omega_c^N}{\prod_{k=1}^{N}(s-s_k)}$$

$$= \frac{1}{\prod_{k=1}^{N}\left(\frac{s}{\Omega_c}-\frac{s_k}{\Omega_c}\right)} \tag{6.2.4}$$

式中,$\frac{s}{\Omega_c}=\frac{j\Omega}{\Omega_c}$,令 $\lambda=\frac{\Omega}{\Omega_c}$,则 $\lambda_p=\frac{\Omega_p}{\Omega_c}$,$\lambda_r=\frac{\Omega_r}{\Omega_c}$;分子 Ω_c^N 由 $H_a(s)$ 的低频特性决定,将 $H_a(0)=1$ 代入式(6.2.4),即可求得分子 Ω_c^N。

令 $p=\mathrm{j}\lambda=s/\Omega_c$，$\lambda$ 称为归一化频率，p 称为归一化复变量，这样巴特沃斯滤波器归一化的低通原型传输函数为

$$H_a(p)=\frac{1}{\prod\limits_{k=0}^{N-1}(p-p_k)}\tag{6.2.5}$$

式中，$p_k=s_k/\Omega_c$ 为归一化极点，p_k 的计算式为

$$p_k=\mathrm{e}^{\mathrm{j}(\frac{1}{2}+\frac{2k-1}{2N})\pi},k=1,2,\cdots,N\tag{6.2.6}$$

显然

$$s_k=p_k\Omega_c=\Omega_c\mathrm{e}^{\mathrm{j}(\frac{1}{2}+\frac{2k-1}{2N})\pi},k=1,2,\cdots,N\tag{6.2.7}$$

把归一化极点 p_k 代入式(6.2.5)，得 $H_a(p)$ 的多项式形式：

$$H_a(p)=\frac{1}{p^N+a_{N-1}p^{N-1}+\cdots+a_1p+a_0}\tag{6.2.8}$$

当 N 为偶数时(如图 6.3(b) 所示)，$H_a(p)$ 或 $H_a(s)$ 的极点(左半平面)皆成共轭对，即 $p_k,p_{N+1-k}(k=1,2,\cdots,N/2)$ 或 $s_k,s_{N+1-k}(k=1,2,\cdots,N/2)$ 这一对共轭极点构成一个二阶子系统，即

$$H_k(s)=\frac{\Omega_c^2}{(s-s_k)(s-s_{N+1-k})}=\frac{\Omega_c^2}{s^2-2\Omega_cs\cos\left(\frac{\pi}{2}+\frac{(2k-1)\pi}{2N}\right)+\Omega_c^2}\tag{6.2.9a}$$

或

$$H_k(p)=\frac{1}{(p-p_k)(p-p_{N+1-k})}=\frac{1}{p^2-2p\cos\left(\frac{\pi}{2}+\frac{(2k-1)\pi}{2N}\right)+1}\tag{6.2.9b}$$

整个系统函数应是 $N/2$ 个这样的二阶子系统的级联，即

$$H_a(p)=\frac{1}{p+1}\prod_{k=1}^{N/2}H_k(p),N\text{ 为偶数}\tag{6.2.10}$$

当 N 为奇数时(见图 6.3(a))，整个系统将由一个一阶系统(极点 $s=-1$)和 $(N-1)/2$ 个如式(6.2.1)所示的二阶系统(皆为左半平面极点)级联组成，即

$$H_a(p)=\frac{1}{p+1}\prod_{k=1}^{(N-1)/2}H_k(p)\tag{6.2.11}$$

式中，N 为整数。

在一般设计中，都先将式(6.2.3)中的 Ω_c 选为 1rad/s，以使频率归一化，归一化后巴特沃斯滤波器的极点分布以及相应的系统函数、分母多项式的系数见表 6.1 所列。

表 6.1　归一化后巴特沃斯滤波器的极点分布以及相应的系统函数、分母多项式的系数

N	多项式 $B(p) = p^N + a_{N-1}p^{N-1} + a_{N-2}p^{N-2} + \cdots + a_1 p + a_0$								
	a_0	a_1	a_2	a_3	a_4	a_5	a_6	a_7	a_8
1	1.0000								
2	1.0000	1.4142							
3	1.0000	2.0000	2.0000						
4	1.0000	2.6131	3.4142	2.6130					
5	1.0000	3.2361	5.2361	5.2361	3.2361				
6	1.0000	3.8637	7.4641	9.1416	9.1416	3.8637			
7	1.0000	4.4940	10.0978	14.5918	14.5918	10.0978			
8	1.0000	5.1258	13.1371	21.8462	25.6884	21.8642			
9	1.0000	5.7588	16.5817	31.1634	41.9864	41.9864	31.1634	16.5817	5.7588

如果 Ω_{cr}（一般为 1rad/s，也可以是其他任意数值）表示归一化频率响应中的参考角频率，而所需的实际滤波器幅度响应中的参考角频率为 Ω_c（一般为截止频率或称 3dB 截止频率，也可以是其他衰减分贝处的频率）。令 $H_{an}(p)$ 表示归一化系统的系统函数，$H_a(p)$ 表示所需的参考角频率为 Ω_c 似的系统函数，那么把原归一化系统函数中的变量 p 用 $\Omega_{cr}p$ 代替后，就得到所需系统的系统函数，即

$$s \to p = \frac{s}{\Omega_c} = \Omega_{cr}p \tag{6.2.12}$$

这时，有

$$H_a(s) = H_{an}\left(\frac{s}{\Omega_c}\right) = H_{an}(\Omega_{cr}p) = H_{an}(p) \tag{6.2.13}$$

6.2.3　巴特沃斯滤波器的设计

巴特沃斯滤波器的设计步骤如下：

步骤 1：根据技术指标求出阶数 N。由式（6.2.1）知，只要确定滤波器的阶次 N 就可以确定巴特沃思低通滤波器的幅度平方函数。因此先讨论如何由给定的技术指标 δ_p、δ_r、Ω_p、Ω_r、ε、α、R_p、R_r 确定 N。具体方法可以是下列两种方法之一。

方法 1：由 R_p、R_r、Ω_p、Ω_r 确定 N。

由（6.2.2），得

$$|H_a(j\Omega_p)|^2 = \frac{1}{1 + \left(\dfrac{j\Omega_p}{j\Omega_c}\right)^{2N}}$$

再由式(5.2.4)，得

$$1 + \left(\frac{j\Omega_p}{j\Omega_c}\right)^{2N} = 10^{R_p/10} \tag{6.2.14}$$

同理可得

$$1 + \left(\frac{j\Omega_r}{j\Omega_c}\right)^{2N} = 10^{R_r/10} \tag{6.2.15}$$

式(6.2.14)和式(6.2.15)相除，得

$$\left(\frac{\Omega_r}{\Omega_p}\right)^N = \sqrt{\frac{10^{0.1R_r}-1}{10^{0.1R_p}-1}}$$

由于 $\lambda_p = \frac{\Omega_p}{\Omega_c}, \lambda_r = \frac{\Omega_r}{\Omega_c}$，令 $\lambda_{rp} = \frac{\lambda_r}{\lambda_p} = \frac{\Omega_r}{\Omega_p}, k_{rp} = \sqrt{\frac{10^{0.1R_r}-1}{10^{0.1R_p}-1}}$，则

$$N = \frac{\log(k_{rp})}{\log(\lambda_{rp})} = \frac{\log\sqrt{\dfrac{10^{0.1R_r}-1}{10^{0.1R_p}-1}}}{\log\left(\dfrac{\Omega_r}{\Omega_p}\right)} \tag{6.2.16}$$

方法 2：由 $\delta_p, \delta_r, \Omega_p, \Omega_r$ 确定 N。

设系统激励为 $X(j\Omega)$，响应为 $Y(j\Omega)$，定义衰减函数

$$\delta(\Omega) = 10\log\left|\frac{X(j\Omega)}{Y(j\Omega)}\right|^2 = 10\log\frac{1}{|H(j\Omega)|^2} = -10\log|H(j\Omega)|^2 \tag{6.2.17}$$

将式(6.2.1)代入式(6.2.14)，得

$$\delta(\Omega) = 10\log\left[1 + \left(\frac{\Omega}{\Omega_c}\right)^{2N}\right]$$

于是，有

$$\delta_p(\Omega) = 10\log\left[1 + \left(\frac{\Omega_p}{\Omega_c}\right)^{2N}\right] \tag{6.2.18}$$

$$\delta_s(\Omega) = 10\log\left[1 + \left(\frac{\Omega_{st}}{\Omega_c}\right)^{2N}\right] \tag{6.2.19}$$

联立以上两式求解，得

$$\frac{10^{\delta_s/10}-1}{10^{\delta_p/10}-1} = \left(\frac{\Omega_{st}}{\Omega_p}\right)^{2N}$$

由此可得

$$N = \log\sqrt{\frac{10^{\delta_s/10}-1}{10^{\delta_p/10}-1}} \Big/ \log\left(\frac{\Omega_{st}}{\Omega_p}\right) \tag{6.2.20}$$

步骤 2：根据式(6.2.6)，求出 N 个极点 p_k。

步骤 3：由 p_k 值并按式(6.2.5)，求低通原型传输函数 $H_a(p)$。

当 N 不大于 10 时，也可以查表求出。式(6.2.6)中的 p_k、式(6.2.8)中的 a_k 由表 6.3 可以查询，可直接得到 $H_a(p)$。

步骤 4：如果 Ω_c 没有给出，可以根据式(6.2.20)或式(6.2.21)求出。

$$\Omega_c = \Omega_p \, (10^{0.1R_p} - 1)^{-\frac{1}{2N}} \tag{6.2.21}$$

$$\Omega_c = \Omega_r \, (10^{0.1R_r} - 1)^{-\frac{1}{2N}} \tag{6.2.22}$$

对由式(6.2.23)求出的 Ω_c，通带指标刚好满足要求，阻带指标富余。

现通过一个例题，说明巴特沃斯滤波器的设计步骤。

【例 6.2】　设计一个模拟低通巴特沃斯滤波器。要求通带截止频率 $\Omega_p = \Omega_c = 2\pi \times 4000\mathrm{rad/s}$，通带最大衰减 $\delta_p = 3\mathrm{dB}$，阻带下限截止频率 $\Omega_{st} = 2\pi \times 8000\mathrm{rad/s}$，阻带最小衰减 $\delta_s = 20\mathrm{dB}$。

【解】　步骤 1：求阶数 N。由式(6.2.20)，得

$$N = \log\sqrt{\frac{10^{\delta_s/10} - 1}{10^{\delta_p/10} - 1}} \Big/ \log\left(\frac{\Omega_{st}}{\Omega_p}\right) = \log\sqrt{\frac{10^{\delta_s/10} - 1}{10^{\delta_p/10} - 1}} \Big/ \log\left(\frac{\Omega_{st}}{\Omega_c}\right)$$

$$= \log\sqrt{\frac{10^2 - 1}{10^{0.3} - 1}} \Big/ \log 2 = 3.249$$

取大于此数的整数 $N = 4$。

巴特沃斯滤波器的归一化系统函数，可查表 6.1 得到，再根据式(6.2.13)去归一化，即可得到所求的系统函数。

步骤 2：求极点由式(6.2.3)或式(6.2.7)，得系统函数的 4 个极点为

$$s_1 = s_4^* = \Omega_c e^{j5\pi/8}, \quad s_2 = s_3^* = \Omega_c e^{j7\pi/8}$$

步骤 3：构造系统函数。由式(6.2.9)、式(6.2.10)，得系统函数为

$$H_a(s) = H_1(s)H_2(s) = \frac{\Omega_c^2}{s^2 + 0.7653\Omega_c s + \Omega_c^2} \cdot \frac{\Omega_c^2}{s^2 + 1.8478\Omega_c s + \Omega_c^2}$$

$$= \frac{4.096\pi^4 \times 10^{15}}{(s^2 + 6.1229\pi \times 10^3 s + 6.4\pi^2 \times 10^7)(s^2 + 1.4782\pi \times 10^4 s + 6.4\pi^2 \times 10^7)}$$

归一化系统函数为

$$H_a(p) = H_1(p)H_2(p) = \frac{1}{p^2 + 0.7653p + 1} \cdot \frac{1}{p^2 + 1.8478p + 1}$$

对于其他高通、带通、带阻滤波器，可用频带变换法，由归一化原型滤波器经频带变换得到。

巴特沃斯滤波器归一化(低通)系统函数分母多项式见表 6.2 所列。

表 6.2　巴特沃斯滤波器归一化(低通) 系统函数分母多项式

N	极点位置				
	$p_{0,N-1}$	$p_{1,N-2}$	$p_{2,N-3}$	$p_{3,N-4}$	$p_{4,N-5}$
1	-1.0000				
2	-0.7071 $\pm j0.7071$				
3	-0.5000 $\pm j0.8660$	-1.0000			
4	-0.3827 $\pm j0.9239$	-0.9239 $\pm j0.3827$			
5	-0.3090 $\pm j0.9511$	-0.8090 $\pm j0.5878$	-1.0000		
6	-0.2588 $\pm j0.9559$	-0.7071 $\pm j0.7071$	-0.9659 $\pm j0.2588$		
7	-0.2226 $\pm j0.9749$	-0.6235 $\pm j0.7818$	-0.9010 $\pm j0.4339$	-1.0000	
8	-0.1951 $\pm j0.9808$	-0.5556 $\pm j0.8315$	-0.8315 $\pm j0.5556$	-0.9808 $\pm j0.1951$	
9	-0.1736 $\pm j0.9848$	-0.5000 $\pm j0.8660$	-0.7660 $\pm j0.6428$	-0.9397 $\pm j0.3402$	-1.0000

由于表 6.1 都是归一化 $\Omega_c=1$ 的结果,对于具体的 Ω_c,其系统函数 $H_a(s)$ 要将归一化系统函数 $H_{an}(s)$ 中的复变量 s 用 s/Ω_c 加以变换得到,这个过程又称为去归一化,即式(6.2.13)。

在设计巴特沃斯滤波器时,只要由式(6.2.20)确定阶数 N,就可由表 6.1～表 6.2 确定归一化(低通)原型系统函数的一般形式,再根据式(6.2.13)去归一化,即可得到系统函数 $H_a(s)$。

【例 6.3】　求三阶巴特沃斯低通滤波器的系统函数,$\Omega_c=2\mathrm{rad/s}$,画出频率响应图。

【解】　方法 1:按幅度平方函数求解。因为

$$|H_a(\mathrm{j}\Omega)|^2=\cfrac{1}{1+\left(\cfrac{\Omega}{2}\right)^6}$$

则

$$H_a(s)H_a(-s)=\cfrac{1}{1-\left(\cfrac{s}{2}\right)^6}$$

所有的极点为 $s_k = 2e^{j\left(\frac{1}{2} + \frac{2k-1}{6}\right)\pi}$，$k = 1, 2, \cdots, 6$，选出左半平面的 3 个极点，$s = -1$ 和 $s = -0.5000 \pm 0.8660$，得

$$H_a(s) = \frac{\Omega_c^3}{(s - s_1)(s - s_2)(s - s_3)} = \frac{8}{s^3 + 4s^2 + 8s + 8}$$

方法 2：查表法。查表得知归一化巴特沃斯低通滤波器

$$H_a(s) = \frac{1}{s^3 + 2s^2 + 2s + 1}$$

用 $s/2$ 代替上式中的 s，得

$$H_a(s) = \frac{8}{s^3 + 4s^2 + 8s + 8}$$

该模拟滤波器的频率特性，如图 6.4 所示。

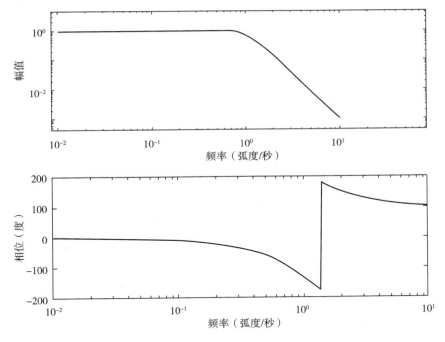

图 6.4　例 6.3　模拟滤波器的频率特性

6.3　切比雪夫滤波器

巴特沃斯滤波器的频率特性无论在通带与阻带都会随频率变换而单调变化，因而若通带边缘满足指标，则通带内肯定会有富余量，也就是会超过指标的要求，这并不经济。在同样的通带、阻带性能要求下，可设计较低阶数滤波器。这种精度均匀分布的办法可

通过选择具有等波纹特性的逼近函数来实现。切比雪夫（Chebyshev）滤波器的幅度在通带或阻带具有等波纹特性的。幅度在通带中是等波纹的,在阻带中单调下降,称为切比雪夫Ⅰ型。幅度在通带内单调下降,在阻带内等波纹,则称为切比雪夫Ⅱ型。这里仅介绍切比雪夫Ⅰ型低通滤波器的幅度特性。

6.3.1 幅度平方函数

1. 切比雪夫多项式

$$A(\Omega^2)=\mid H_a(\mathrm{j}\Omega)\mid^2=\frac{1}{1+\varepsilon^2 T_N^2\left(\dfrac{\Omega}{\Omega_p}\right)} \tag{6.3.1}$$

式中,Ω_p 为有效通带截止频率,不一定是3dB衰减点;ε 表示通带波纹系数,$0<\varepsilon<1$,其值越大,通带波动越大;N 为滤波器阶数;$T_N(\cdot)$ 为 N 阶切比雪夫多项式。

若设 $\lambda=\Omega/\Omega_p$ 为归一化频率,则切比雪夫滤波器 $T_N(\lambda)$ 为 N 阶为多项式

$$T_N(\lambda)=\begin{cases}\cos(N\arccos(\lambda)), & |\lambda|\leqslant 1,\text{等波纹幅度特征} \\ \cosh(N\mathrm{arccosh}(\lambda)), & |\lambda|>1,\text{单调递增}\end{cases} \tag{6.3.2}$$

式中,$\cosh(x)=\dfrac{\mathrm{e}^\lambda+\mathrm{e}^{-\lambda}}{2}$ 为双曲余弦函数。切比雪夫多项式的图形如图 6.5 所示。式 (6.3.2) 展开的多项式,见表 6.3 所列;对应的曲线如图 6.6 所示。

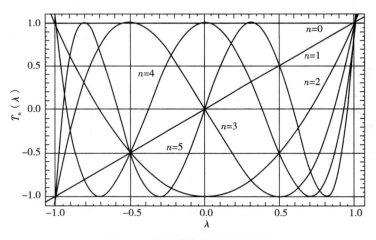

图 6.5　切比雪夫多项式的图形

表 6.3　式(6.3.2)展开的多项式

N	$T_N(\lambda)$
0	1
1	λ

（续表）

N	$T_N(\lambda)$
2	$2\lambda^2 - 1$
3	$4\lambda^3 - 3\lambda$
4	$8\lambda^4 - 8\lambda^2 + 1$
5	$16\lambda^5 - 20\lambda^3 + 5\lambda$
6	$32\lambda^4 - 48\lambda^4 + 18\lambda^3 - 1$

图 6.5 表明,$T_N(\lambda)$ 的特点如下：

(1) 切比雪夫多项式的零值,在 $0 < \lambda < 1$ 内。

(2) 当 $\lambda < 1$ 时,$|T_N(\lambda)| \leqslant 1$,且具有等波纹幅度特性。

(3) 在 $\lambda \leqslant 1$ 的区间外,$T_N(\lambda)$ 是双曲余弦函数,随着 λ 单调增加。

再看函数 $\varepsilon^2 T_N^2(\lambda)$,$\varepsilon$ 是小于 1 的实数,$\varepsilon^2 T_N^2(\lambda)$ 的值在 $\lambda \leqslant 1$ 之内,将在 0 至 ε^2 之间改变。而 $1 + \varepsilon^2 T_N^2(\lambda)$ 的函数值在 $\lambda \leqslant 1$ 之内,将在 1 至 $1 + \varepsilon^2$ 之间改变。然后将 $1 + \varepsilon^2 T_N^2(\lambda)$ 取倒数,即可得切比雪夫 I 型 滤波器幅度平方函数。

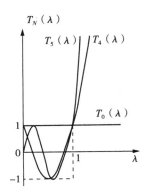

图 6.6　式(6.3.2) 对应的曲线

2. 切比雪夫滤波器幅度平方函数特点

切比雪夫幅度平方函数为

$$|H_a(j\Omega)| = \frac{1}{\sqrt{1 + \varepsilon^2 T_N^2\left(\dfrac{\Omega}{\Omega_p}\right)}} = \frac{1}{\sqrt{1 + \varepsilon^2 T_N^2(\lambda)}} = |H_a(j\lambda)| \qquad (6.3.3)$$

式中,$\lambda = \Omega/\Omega_p$。根据 N 的不同,得到的切比雪夫滤波器幅度平方函数曲线,如图 6.7 ～ 图 6.9 所示。

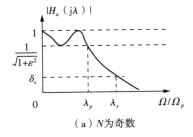

（a）N 为奇数

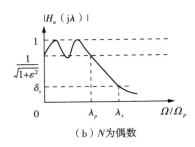

（b）N 为偶数

图 6.7　切比雪夫 I 型

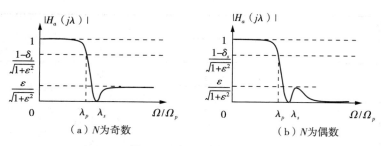

图 6.8 切比雪夫 II 型

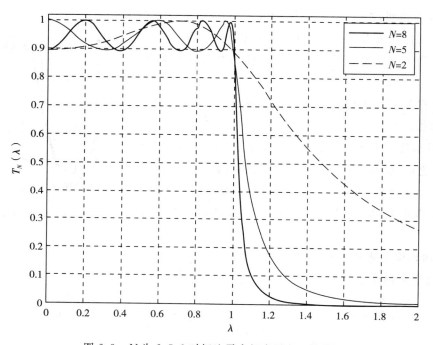

图 6.9 N 为 2,5,8 时切比雪夫幅度平方函数特性

（1）当 $\Omega = 0$ 时，有

$$\begin{cases} \mid H_a(\text{j}0) \mid = 1, & N \text{ 为奇数} \\[2mm] \mid H_a(\text{j}0) \mid = \dfrac{1}{\sqrt{1+\varepsilon^2}}, & N \text{ 为偶数} \end{cases}$$

（2）当 $\Omega = \Omega_p$ 时，$\lambda = 1$，$\mid H_a(\text{j}\Omega_p) \mid = \dfrac{1}{\sqrt{1+\varepsilon^2}}$。

（3）当 $\Omega \leqslant \Omega_p$ 时，$\lambda \leqslant 1$，$\mid H_a(\text{j}\Omega) \mid$ 在 $\left(1, \dfrac{1}{\sqrt{1+\varepsilon^2}}\right)$ 内等波纹起伏。

（4）当 $\Omega > \Omega_p$ 时，$\lambda > 1$，即在通带外，随着 Ω 的增大，$\mid H_a(\text{j}\Omega) \mid$ 迅速单调下降趋于 0。

其特点总结如下：

(1) 切比雪夫滤波器是在通带或阻带上频率响应幅度等波纹波动(通带平坦、阻带等波纹或是阻带平坦、通带等波纹)的滤波器,振幅特性在通带内等波纹。

(2) 切比雪夫滤波器在过渡带比巴特沃斯滤波器的衰减快,但频率响应的幅频特性不如后者平坦。

(3) 切比雪夫滤波器和理想滤波器的频率响应曲线之间的误差最小,但在通带(或称"通频带")内存在幅度波动。

(4) 在通带上频率响应幅度等波纹波动的滤波器称为"Ⅰ型切比雪夫滤波器",在阻带(或称"阻频带")上频率响应幅度等波纹波动的滤波器称为"Ⅱ型切比雪夫滤波器"。

3. 性能指标

切比雪夫滤波器特性参数有 3 个 ε、Ω_p 和 N,通常通带截止频率 Ω_p 是预先给定的,通带波纹 R_p(以 dB 表示)的定义为

$$R_p = 20\log \frac{\left| H_a(j\Omega) \right|_{\max}}{\left| H_a(j\Omega) \right|_{\min}} = 20\log \frac{1}{\dfrac{1}{\sqrt{1+\varepsilon^2}}} \tag{6.3.4}$$

可以推导出 R_p 与 ε 关系

$$R_p = 10\log(1+\varepsilon^2)$$

$$\varepsilon^2 = 10^{0.1R_p} - 1 \tag{6.3.5}$$

4. N 阶特性

阶数 N 等于通带内最大和最小值个数的总和。图 6.9 表明,N 越大越接近理想特性,且当 N 为奇数时,$\Omega=0$ 处有一最大值;当 N 为偶数时,$\Omega=0$ 处有一最小值,N 值由阻带的边界条件确定。

在切比雪夫幅度平方公式

$$A^2(\Omega_r) = \frac{1}{1+\varepsilon^2 T_N^2\left(\dfrac{\Omega_r}{\Omega_p}\right)}$$

中,由于 $\dfrac{\Omega_r}{\Omega_p} > 1$,所以 $T_N\left(\dfrac{\Omega_r}{\Omega_p}\right) = \cosh\left[N\operatorname{arccosh}\left(\dfrac{\Omega_r}{\Omega_p}\right)\right] = \dfrac{1}{\varepsilon}\sqrt{\dfrac{1}{A^2(\Omega_r)}-1}$,可以推导出

$$N = \frac{\operatorname{arccosh}\left[\dfrac{1}{\varepsilon}\sqrt{\dfrac{1}{A^2(\Omega_r)}-1}\right]}{\operatorname{arccosh}\left(\dfrac{\Omega_r}{\Omega_p}\right)} \tag{6.3.6}$$

又由于 $A^2(\Omega_r) \leqslant \dfrac{1}{A^2}$,所以

$$N \geqslant \frac{\operatorname{arccosh}\left[\dfrac{1}{\varepsilon}\sqrt{\dfrac{1}{A^2(\Omega_r)}-1}\right]}{\operatorname{arccosh}\left(\dfrac{\Omega_r}{\Omega_p}\right)} \tag{6.3.7}$$

5. 极点及系统函数

由切比雪夫幅度平方函数（归一化），得

$$H_a(\mathrm{j}\Omega)H_a(-\mathrm{j}\Omega) = \frac{1}{1+\varepsilon^2 T_N^2\left(\dfrac{\mathrm{j}\Omega}{\mathrm{j}}\right)} \tag{6.3.8}$$

用 s 代替 $\mathrm{j}\Omega$，得

$$H_a(s)H_a(-s) = \frac{1}{1+\varepsilon^2 T_N^2(-js)} \tag{6.3.9}$$

所以，$H_a(s)H_a(-s)$ 的极点就是方程 $1+\varepsilon^2 T_N^2(-js)$ 的根。设 $H_a(s)$ 的极点为 $s_k = \sigma_k + \mathrm{j}\Omega_k$，可以证明：

$$\begin{cases} \sigma_k = -\Omega_p \cosh\left[\xi\sin\left(\dfrac{2k-1}{2N}\right)\right] \\ \Omega_k = \Omega_p \cosh\left[\xi\cos\left(\dfrac{2k-1}{2N}\right)\right] \end{cases}, k=1,2,\cdots,N \tag{6.3.10}$$

式中

$$\xi = \frac{1}{N}\operatorname{arsinh}\left(\frac{1}{\varepsilon}\right) \tag{6.3.11}$$

$$\frac{\sigma_k^2}{\Omega_p^2 \sinh^2(\xi)} + \frac{\Omega_k^2}{\Omega_p^2 \cosh^2(\xi)} = 1 \tag{6.3.12}$$

式(6.3.12)是一个椭圆方程，$\Omega_p\sinh(\xi)$ 为虚轴上的长半轴，$\Omega_p\cosh(\xi)$ 为实轴上的短半轴。令 $b\Omega_p$ 和 $a\Omega_p$ 分别表示长半轴和短半轴，可推导出

$$a = \frac{1}{2}\left(\beta^{\frac{1}{N}} - \beta^{-\frac{1}{N}}\right), b = \frac{1}{2}\left(\beta^{\frac{1}{N}} + \beta^{-\frac{1}{N}}\right) \tag{6.3.13}$$

$$\beta = \varepsilon^{-1} + \sqrt{1+\varepsilon^{-2}} \tag{6.3.14}$$

按照式(6.3.10)求出归一化极点 p_k 为

$$\begin{aligned} p_k &= -\cosh\left[\xi\sin\left(\frac{2k-1}{2N}\pi\right)\right] + j\cosh\left[\xi\cos\left(\frac{2k-1}{2N}\pi\right)\right] \\ &= -\cosh\left[\frac{1}{N}\operatorname{arsinh}\left(\frac{1}{\varepsilon}\right)\sin\left(\frac{2k-1}{2N}\pi\right)\right] + j\cosh\left[\frac{1}{N}\operatorname{arsinh}\left(\frac{1}{\varepsilon}\right)\cos\left(\frac{2k-1}{2N}\pi\right)\right] \end{aligned}$$

$$\tag{6.3.15}$$

确定 $H_a(p)$。由上面讨论可知，切比雪夫型滤波器的极点在 s 平面呈象限对称，分布

在长半轴为 $b\Omega_p$ 和短半轴为 $a\Omega_p$ 的椭圆上，共 $2N$ 点。

三阶切比雪夫型滤波器的极点分布，如图 6.10 所示。

极点不落在虚轴上，前 N 个极点落在 s 平面的左半平面，为了保证因果稳定性，用左半平面的极点构成 $H_a(p)$，即

$$H_a(p) = \frac{1}{c \prod_{k=0}^{N} (p - p_k)}$$

$$(6.3.16)$$

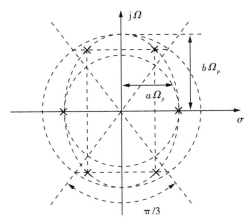

图 6.10　三阶切比雪夫型滤波器的极点分布

式中，c 是待定系数。根据幅度平方函数可导出 $c = \varepsilon \cdot 2^{N-1}$，代入式（6.3.16），得到归一化的传输函数为

$$H_a(p) = \frac{1}{\varepsilon \cdot 2^{N-1} \prod_{k=0}^{N} (p - p_k)} \qquad (6.3.17)$$

多项式形式为

$$H_a(p) = \frac{1}{\varepsilon \cdot 2^{N-1}} \cdot \frac{1}{p^N + a_{N-1} p^{N-1} + \cdots + a_1 p + a_0} \qquad (6.3.18)$$

或将 $p = \dfrac{s}{\Omega_p}$，代入式（6.3.18），$H_a(p)$ 去归一化，得到实际的 $H_a(s)$，即

$$H_a(s) = H_a(p)\big|_{p=\frac{s}{\Omega_p}} = \frac{1}{\varepsilon \cdot 2^{N-1}} \cdot \frac{\Omega_p^N}{s^N + a_{N-1} + \cdots + a_1 \Omega_p^{N-1} s + a_0 \Omega_p^N} \qquad (6.3.19)$$

求系统函数 $H_a(p)$ 的方法有以下两种：

（1）求出 N、ε 后，查阅有关模拟滤波器手册，代入式（6.3.18）就可以求系统函数 $H_a(p)$。

（2）求出 N、ε 后，按照式（6.3.15）求归一化极点 p_k 后，代入式（6.3.17）得到系统函数 $H_a(p)$。

6.3.2　切比雪夫滤波器设计方法

切比雪夫滤波器的振幅平方函数与参数 N、ε、Ω_p 有关。切比雪夫型滤波器设计步骤总结如下。

步骤 1：预先给定通带截止频率 Ω_p。

步骤 2：确定 ε。给定通带 R_p（dB）的分贝数后，由式（6.3.5）可求得 ε^2。

步骤 3：由阻带的边界条件确定阶数 N。

（1）给定 Ω_r、α^2 时，即在阻带中的频率点 Ω_r 处要求滤波器频响衰减达到 $1/\alpha^2$ 以上，即 $\Omega = \Omega_r$ 时，有

$$\lambda_r = \frac{\Omega_r}{\Omega_p}, \ |H_a(j\Omega_r)|^2 = \frac{1}{\alpha^2}$$

由此得

$$\frac{1}{1 + \varepsilon^2 T_N^2\left(\frac{\Omega_r}{\Omega_p}\right)} = \frac{1}{\alpha^2}$$

因此

$$\left|T_N\left(\frac{\Omega_r}{\Omega_p}\right)\right| = \frac{\sqrt{\alpha^2 - 1}}{\varepsilon}$$

根据式（6.3.2），得

$$T_N(\lambda_r) = \cosh[N \cdot \mathrm{arcosh}(\lambda_r)] = \frac{\sqrt{\alpha^2 - 1}}{\varepsilon}$$

$$N = \frac{\mathrm{arcosh}\left(\frac{\sqrt{\alpha^2-1}}{\varepsilon}\right)}{\mathrm{arcosh}(\lambda_r)} = \frac{\mathrm{arcosh}\left(\frac{\sqrt{\alpha^2-1}}{\varepsilon}\right)}{\mathrm{arcosh}(\Omega_r/\Omega_p)} \tag{6.3.20}$$

式（6.3.20）与式（6.3.7）取等号后是等价的。

（2）当 $\Omega = \Omega_r$ 时，给定 R_r，则由 $R_r = 10\log\frac{1}{|H_a(j\Omega_r)|^2} = 10\log(\alpha^2)$，得 $\alpha^2 = 10^{0.1R_r}$。

令 $k_r = \frac{\sqrt{\alpha^2-1}}{\varepsilon} = \sqrt{\frac{10^{0.1R_r}-1}{10^{0.1R_p}-1}}$，得

$$N = \frac{\mathrm{arcosh}\left(\sqrt{\frac{10^{0.1R_r}-1}{10^{0.1R_p}-1}}\right)}{\mathrm{arcosh}\left(\frac{\Omega_r}{\Omega_p}\right)} = \frac{\mathrm{arcosh}(k_r)}{\mathrm{arcosh}(\lambda_r)} \tag{6.3.21}$$

因此，如果要求阻带边界频率处衰减越大，那么 N 也必须越大。求出阶数 N 后，最后 N 取大于等于该值的最小整数。

步骤 4：求 3dB 频率 Ω_c。

当 $\Omega = \Omega_c$ 时，有

$$J(\Omega) = |H_a(j\Omega_c)|^2 = \frac{1}{1 + \varepsilon^2 T_N^2\left(\frac{\Omega_c}{\Omega_p}\right)} = \frac{1}{2}$$

进而,得

$$\varepsilon^2 T_N^2 \left(\frac{\Omega_c}{\Omega_p} \right) = 1$$

由于一般 $\Omega_c > \Omega_p$,故由式(6.3.2),得

$$T_N \left(\frac{\Omega_c}{\Omega_p} \right) = \pm \frac{1}{\varepsilon} = \cosh \left[N \cdot \mathrm{arcosh} \left(\frac{\Omega_c}{\Omega_p} \right) \right]$$

式中,仅取正号,得到 3dB 频率 Ω_c 为

$$\Omega_c = \Omega_p \cosh \left[\frac{1}{N} \mathrm{arcosh} \left(\frac{1}{\varepsilon} \right) \right] \qquad (6.3.22)$$

步骤 5:由 $|H_a(\mathrm{j}\Omega)|^2$ 求出其全部极点,并取左半平面的零极点。

步骤 6:按式(6.3.18)确定滤波器的系统函数 $H_a(p)$。也可进一步利用 $s = p\Omega_c$ 求得 $H_a(s)$。

【例 6.4】　已知通带波纹为 1dB,截止频率 $\Omega_p = 0.3\mathrm{rad/s}$,阻带截止频率 $\Omega_s = 0.5\mathrm{rad/s}$,阻带衰减大于 15dB,试设计满足上述性能指标的切比雪夫 I 型低通滤波器。

【解】　已知 $\Omega_p = 0.3, \alpha_p = 1\mathrm{dB}, \Omega_s = 0.5, \alpha_s = 15\mathrm{dB}$

(1)计算归一化频率。

$$\lambda_p = \frac{\Omega_p}{\Omega_p} = 1 \quad , \lambda_s = \frac{\Omega_s}{\Omega_p} = 1.6667$$

(2)计算 ε。

$$\varepsilon^2 = 10^{\frac{\alpha_p}{10}} - 1 = 10^{0.1} - 1 = 0.2589$$

(3)计算滤波器的阶数 N。

$$a = \sqrt{\frac{10^{\frac{\alpha_s}{10}} - 1}{10^{\frac{\alpha_p}{10}} - 1}} = \sqrt{\frac{10^{1.5} - 1}{10^{0.1} - 1}} = 10.8757$$

$$N = \frac{\cosh^{-1}(a)}{\cosh^{-1}(\lambda_s)} = \frac{\cosh^{-1}(10.8757)}{\cosh^{-1}(1.6667)} = 2.8013$$

选定 $N = 3$。

(4)根据滤波器阶数 N,查表得归一化原型切比雪夫滤波器的系统函数 $H(p)$。

$$H(p) = \frac{K}{p^3 + 0.9883p^2 + 1.2384p + 0.4913}$$

因为当 N 为奇数时,$H(0) = 1$。

即

$$H(0) = K/0.4913 = 1$$

所以

$$K = 0.4913$$

（5）去掉归一化影响

$$H(s) = H(p)\big|_{p=\frac{s}{a_p}} = \frac{0.0133}{s^3 + 0.2965s^2 + 0.1115s + 0.0133}$$

6.4　椭圆滤波器

1. 幅度平方函数

$$|H_a(\mathrm{j}\Omega)|^2 = A^2(\Omega) = \frac{1}{1 + \varepsilon^2 R_N^2(\Omega, L)} \tag{6.4.1}$$

式中，$R_N(\Omega, L)$ 为 N 阶雅可比椭圆函数，L 为一个表示波纹性质的参量。$N = 5$ 时，$R_N(\Omega, L)$ 特性曲线如图 6.10 所示。该图表明，在归一化通带内（$-1 \leqslant \Omega \leqslant 1$），$R_N(\Omega, L)$ 在 $(0,1)$ 间振荡；而超过 Ω_L 后，$R_N(\Omega, L)$ 在 L^2 和 ∞ 间振荡。L 越大，Ω_L 也变大。这一特点使滤波器同时在通带和阻带具有任意衰减量。

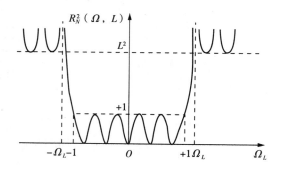

图 6.10　$N = 5$ 时 $R_N(\Omega, L)$ 的特性曲线

2. 幅度函数特点

椭圆滤波器幅度平方函数和零极点分布的分析是相当复杂的，这里仅给出它的幅度平方函数的曲线，如图 6.11 所示。可见，通带和阻带内部等波纹，对于给定的阶数和给定的波纹要求，椭圆滤波器能获得较其他滤波器更窄的过渡带宽，就这点而言，椭圆滤波器是最优的。

椭圆滤波器中，ε 和 A 的定义与切比雪夫滤波器相同。当 Ω_c、Ω_s、ε 和 A 确定后，阶次

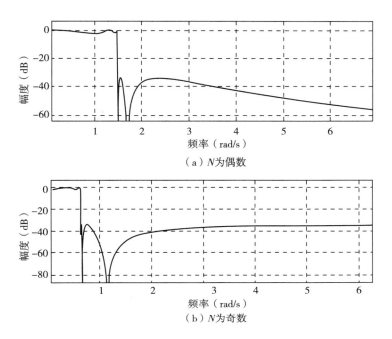

（a）N 为偶数

（b）N 为奇数

图 6.11　椭圆滤波器的幅度平方函数曲线

N 的确定方法为

$$\begin{cases} k = \dfrac{\Omega_c}{\Omega_s} \\[2mm] k_1 = \dfrac{\varepsilon}{\sqrt{A^2 - 1}} \\[2mm] N = \dfrac{K(k)K(\sqrt{1 - k_1^2})}{K(k_1)K(\sqrt{1 - k^2})} \end{cases} \tag{6.4.2}$$

式中，$K(x)$ 为第一类完全椭圆积分，即

$$K(x) = \int_0^1 \frac{\mathrm{d}t}{\sqrt{(1 - t)}\ \sqrt{(1 - xt^2)}} \tag{6.4.3}$$

对于一个欲设计的低通椭圆滤波器，其通带截止频率 $\Omega_p = 0.2\pi$，通带波纹 $A_p = 1\mathrm{dB}$，阻带截止频率 $\Omega_s = 0.3\pi$，阻带波纹 $A_s = 17\mathrm{dB}$，这时其系统函数为

$$H_a(s) = \frac{0.2536s^2 + 0.1771}{s^3 + 0.6108s^2 + 0.4869s + 0.1771}$$

低通椭圆滤波器的频率响应，如图 6.12 所示。

根据前面的分析，三种模拟低通滤波器的特点见表 6.4 所列。

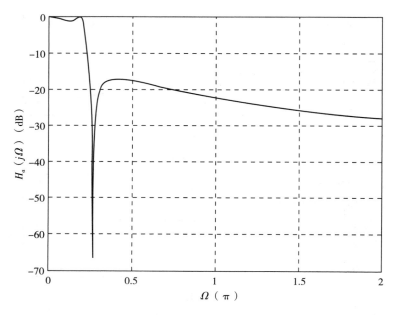

图 6.12　低通椭圆滤波器的频率响应

表 6.4　三种模拟低通滤波器

滤波器	特　　性
巴特沃斯滤波器	在通带和阻带内均有平滑单调的特点,但在相同过渡带宽的条件下,该滤波器所需的阶数较多
切比雪夫滤波器	在通带或阻带内具有波纹,可以提高选择性,但在相同过渡带宽的条件下,该滤波器所需的阶数比巴特沃斯滤波器要少
椭圆滤波器	在通带和阻带内均有波纹,在相同过渡带宽的条件下,该滤波器所需的阶数最少

6.5　模拟高通、带通及带阻滤波器

　　模拟高通、带通及带阻滤波器的系统函数都可以通过某种频率转换关系将要设计的模拟高通、带通及带阻滤波器的技术指标转换成模拟低通滤波器的技术指标,并依据这些转换后的技术指标设计低通滤波器的系统函数,然后再依据频率转换关系转换成所要设计的滤波器的系统函数。模拟高通、带通、带阻滤波器的设计流程如图 6.13 所示。

图 6.13　模拟高通、带通、带阻滤波器的设计流程

低通滤波器与所需类型滤波器符号对照表见表 6.5 所列。

表 6.5　低通滤波器与所需类型滤波器符号对照表

滤波器	系统函数	归一化频率	归一化复变量	归一化系统函数
低通滤波器	$G(s), s = j\Omega$	λ	$p = j\lambda$	$G(p)$
所需设计的滤波器	$H(s), s = j\Omega$	η	$q = j\eta$	$H(q)$

表 6.5 中，$\lambda = \Omega/\Omega_c$ 是低通滤波器的归一化频率（量纲为 1）。

6.5.1　低通低通变换

把归一化的模拟低通原型滤波器转换为实际模拟低通滤波器，方法是根据 Ω_c 去归一化。

1. 巴特沃斯低通滤波器的实际步骤

由式（6.2.7）得 $p_k = s_k/\Omega_c$，将 s_k 代入式（6.2.4），或将 $p = s/\Omega_c$ 代入式（6.2.8），得到实际模拟低通滤波器的传输函数为

$$H_a(s) = \frac{\Omega_c^N}{s^N + a_{N-1}\Omega_c s^{N-1} + \cdots + a_1 \Omega_c^{N-1} s + a_0 \Omega_c^N} \tag{6.5.1}$$

【例 6.5】　设计一个 巴特沃斯 低通滤波器，其指标为：通带的截止频率为 6000Hz，通带的最大衰减为 2dB；阻带的截止频率为 13000Hz，阻带的最小衰减为 30dB。

【解】　（1）已知要求的低通滤波器技术指标 $f_p = 6000, f_r = 13000, \Omega_p = 2\pi f_p, \Omega_r = 2\pi f_r, R_p = 2, R_r = 30$。

（2）根据参数，确定阶数 N。按式（6.2.17）计算，得 $N = 5$。

（3）求极点，根据 $p_k = e^{j\pi(\frac{1}{2} + \frac{2k+1}{2N})}$（$k = 0, 1, 2, \cdots, 2N-1$），求得极点为

$$p_0 = e^{j\frac{2}{3}\pi}, \quad p_1 = e^{j\frac{4}{3}\pi}, \quad p_2 = e^{j\pi}, \quad p_3 = e^{j\frac{6}{3}\pi}, \quad p_4 = e^{j\frac{7}{3}\pi}$$

（4）按归一化传输函数式（6.2.5），得

$$H_a(p) = \frac{1}{\prod\limits_{k=0}^{4}(p - p_k)}$$

将上式分母可以展开成五阶多项式，或者将共轭极点放在一起，形成因式分解形式。由 $N = 5$，直接查表得极点 $-0.3090 \pm j0.9511, -0.8090 \pm j0.5878, -1.0000$。

进一步，得 $H_a(p)$ 的多项式形式为

$$H_a(p) = \frac{1}{p^5 + a_4 p^4 + \cdots + a_1 p + a_0}$$

查表得

$$a_0 = 1.0000, a_1 = 3.2361, a_2 = 5.2361, a_3 = 5.2361, a_4 = 3.2361$$

因此,有

$$H_a(p) = \frac{1}{p^5 + 3.2361p^4 + 5.2361p^3 + 5.2361p^2 + 3.2361p + 1}$$

（5）为将 $H_a(p)$ 去归一化,先求 3dB 截止频率 Ω_c。由式（6.2.21）,得

$$\Omega_c = \Omega_p (10^{0.1R_p} - 1)^{-\frac{1}{2N}} = 2\pi \times 5.2755 \mathrm{krad/s} \approx 33 \mathrm{krad/s}$$

（6）将 Ω_c 代入式（6.2.22）,得

$$\Omega_r = \Omega_c (10^{0.1R_r} - 1)^{\frac{1}{2N}} = 2\pi \times 10.525 \mathrm{krad/s}$$

该值小于题目给定的条件 $\Omega_r = 2\pi \times 12.000 \mathrm{krad/s}$,即求出的过渡带截止频率小于指标要求的频率。或者说,在给定的阻带截止频率 12000Hz 处,阻带的最小衰减大于 30dB,阻带指标有余量。

如果要求通带指标有余量,则按照式（6.2.21）,得

$$\Omega_c = 37.792 \mathrm{krad/s}$$

（7）根据给定的或求出的 Ω_c 去归一化,将 $p = \dfrac{s}{\Omega_c}$ 代入 $H_a(p)$ 中,得到实际模拟低通滤波器的传输函数为

$$H_a(s) = \frac{7.709 \times 10^{22}}{s^5 + 1.22 \times 10^5 s^4 + 7.48 \times 10^9 s^3 + 2.83 \times 10^{14} s^2 + 6.6 \times 10^{18} s + 7.709 \times 10^{22}}$$

$$\approx \frac{7.709}{6.6 \times 10^{-4} s + 7.709}$$

其他类型的 IIR 数字滤波器,如切比雪夫滤波器、椭圆滤波器等,基本的设计方法和步骤都是类似的,但都有各自的特点,应注意区别对待。

2. 切比雪夫Ⅰ型滤波器的设计步骤

切比雪夫型滤波器参数 Ω_p 一般由设计指标给定,求出 N、ε 后,即可求出滤波器系统函数的极点,从而确定切比雪夫型模拟低通原型滤波器 $H_a(p)$,然后去归一化得到实际的切比雪夫型模拟低通滤波器 $H(s)$。

根据以上分析,总结切比雪夫Ⅰ型滤波器的设计步骤如下：

步骤 1:确定技术指标要求 R_p、R_r、Ω_p 和 Ω_r。

R_p 是 $\Omega = \Omega_p$ 时的衰减系数,根据式（6.3.4）知,它们为

$$R_p = 10\log \frac{1}{|H_a(\mathrm{j}\Omega_p)|^2} = 10\log(1 + \varepsilon^2)$$

$$R_r = 10\log \frac{1}{|H_a(\mathrm{j}\Omega_r)|^2} = 10\log(\alpha^2)$$

步骤 2:由式（6.3.5）知,根据 R_p,求参数 ε：$\varepsilon = \sqrt{10^{0.1R_p} - 1}$。

步骤 3:由式(6.3.21)知,根据技术指标要求的 R_p、R_r、Ω_p、Ω_r 和 ε,求滤波器阶数 N:

$$N = \frac{\text{arcosh}\left(\frac{\sqrt{\alpha^2 - 1}}{\varepsilon}\right)}{\text{arcosh}(\Omega_r/\Omega_p)} = \frac{\text{arcosh}\left(\sqrt{\frac{10^{0.1R_r} - 1}{10^{0.1R_p} - 1}}\right)}{\text{arcosh}(\Omega_r/\Omega_p)} = \frac{\text{arcosh}(k_r)}{\text{arcosh}(\lambda_r)}$$

求出阶数 N 的数值,最后 N 取大于等于该数值的最小整数。

步骤 4:为求 $H_a(p)$,先按照式(6.3.15)求归一化极点 p_k,即

$$p_k = -\cosh\left[\xi \sin\left(\frac{2k-1}{2N}\pi\right)\right] + j\cosh\left[\xi \cos\left(\frac{2k-1}{2N}\pi\right)\right]$$

$$= -\cosh\left[\frac{1}{N}\text{arsinh}\left(\frac{1}{\varepsilon}\right)\sin\left(\frac{2k-1}{2N}\pi\right)\right] + j\cosh\left[\frac{1}{N}\text{arsinh}\left(\frac{1}{\varepsilon}\right)\cos\left(\frac{2k-1}{2N}\pi\right)\right]$$

步骤 5:求归一化传输函数 $H_a(p)$。将极点 p_k 代入公式

$$H_a(p) = \frac{1}{\varepsilon \cdot 2^{N-1} \cdot \prod\limits_{k=0}^{N}(p - p_k)}$$

步骤 6:将 $p = \frac{s}{\Omega_p}$、$p_k = \frac{s_k}{\Omega_p}$,代入上式,$H_a(p)$ 去归一化,得到实际的 $H_a(s)$

$$H_a(s) = H_a(p)\,|_{p = \frac{s}{\Omega_p}} = \frac{\Omega_p^N}{\varepsilon \cdot 2^{N-1} \cdot \prod\limits_{k=0}^{N}(s - s_k)}$$

或将 $p = \frac{s}{\Omega_p}$,代入式(6.3.18),$H_a(p)$ 去归一化,得

$$H_a(s) = H_a(p)\,|_{p = \frac{s}{\Omega_p}} = \frac{1}{\varepsilon \cdot 2^{N-1}} \cdot \frac{\Omega_p^N}{s^N + a_{N-1}\Omega_p s^{N-1} + \cdots + a_1\Omega_p^{N-1}s + a_0\Omega_p^N} \tag{6.5.2}$$

【例 6.6】 设计一个切比雪夫低通滤波器,要求通带截止频率 $f_p = 3\text{kHz}$,通带最大衰减 $R_p = 0.1\text{dB}$,阻带截止频率 $f_r = 12\text{kHz}$,阻带最小衰减 $R_r = 60\text{dB}$。

【解】 步骤 1:滤波器的技术要求

$$f_p = 3\text{kHz}, R_p = 0.1\text{dB}, f_r = 12\text{kHz}, R_r = 60\text{dB}$$

步骤 2:确定阶数 N 和 ε。

$$N = \frac{\text{arcosh}\left(\sqrt{\frac{10^{0.1R_r} - 1}{10^{0.1R_p} - 1}}\right)}{\text{arcosh}(\Omega_r/\Omega_p)} = \frac{\text{arcosh}\left(\sqrt{\frac{10^{0.1\times50} - 1}{10^{0.1\times0.2} - 1}}\right)}{\text{arcosh}(2\pi \times 16000/2\pi \times 4000)} = 4.6$$

取 $N = 5$,

$$\varepsilon = \sqrt{10^{0.1R_p} - 1} = 0.1526$$

步骤 3:由 $N = 5$ 求出各点的极点 p_k,将 p_k 和 ε 带入式(6.3.17),得

$$H_a(p) = \cfrac{1}{0.1526 \times 2^4 \displaystyle\prod_{k=1}^{5}(p - p_k)}$$

$$= \cfrac{1}{2.442(p+0.5389)(p^2+0.3331p+1.1949)(p^2+0.8720p+0.6359)}$$

步骤4：将 $H_a(p)$ 去归一化，得

$$H_a(s) = H_a(p)\big|_{p=\frac{s}{\Omega_p}}$$

$$= \cfrac{1}{(s+1.0158\times10^7)(s^2+6.2788\times10^6 s+4.2459\times10^{14})}$$

$$\times \cfrac{1}{(s^2+1.6437\times10^7 s+2.2595\times10^{14})}$$

6.5.2　低通高通变换

低通滤波器和高通滤波器的幅度频谱如图 6.14 所示。

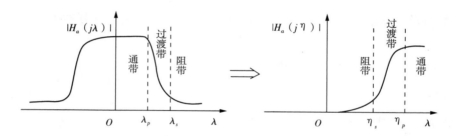

图 6.14　低通滤波器和高通滤波器的幅度频谱

图 6.14 中，λ_p 和 λ_s 分别表示低通滤波器的归一化通带截止频率和阻带截止频率；η_p 和 η_s 分别表示高通滤波器的归一化通带下限频率和阻带上限频率。低通 λ 和高通 η 的对应关系见表 6.6 所列。

表 6.6　低通 λ 与高通 η 的对应关系

λ	0	λ_p	λ_s	∞
η	∞	η_p	η_s	0

利用表 6.6，推导得出的 λ 和 η 对应关系为

$$\lambda = \frac{1}{\eta} \tag{6.5.3}$$

式（6.5.3）就是由低通滤波器到高通滤波器的频率转换公式。如果已知低通滤波器的系统函数 $H_a(j\lambda)$，那么高通滤波器的系统函数为

$$H_a(j\eta) = H_a(j\lambda)\mid_{\lambda=\frac{1}{\eta}} \tag{6.5.4a}$$

或

$$H_a(q) = H_a(p)\mid_{\lambda=\frac{1}{\eta}} \tag{6.5.4b}$$

式中，$q = j\eta$，$p = j\lambda$。

综上，模拟高通滤波器设计的步骤如下：

步骤 1：确定高通滤波器的技术指标：通带截止频率 λ_p，阻带截止频率 λ_{st}，通带最大衰减 δ_p，阻带最小衰减 δ_s。

步骤 2：按照式(6.5.3)确定相应低通滤波器的设计指标，即高通滤波器的边界频率转换成低通滤波器的边界频率，各项设计指标为

低通滤波器通带截止频率

$$\lambda_p = \frac{1}{\eta_p}$$

低通滤波器阻带截止频率

$$\lambda_s = \frac{1}{\eta_s}$$

通带最大衰减仍为 δ_p，阻带最小衰减仍为 δ_s。

步骤 3：根据转换得到的低通滤波器技术指标 δ_p、Ω_p、δ_s 和 Ω_{st}，设计归一化低通滤波器 $H_a(p)$。

步骤 4：将 $H_a(p)$ 按照式(6.5.3)转换成归一化高通滤波器 $H_a(q)$，为去归一化，将 $q = s/\Omega_c$ 代入 $H_a(q)$ 中，得到模拟高通滤波器 $H_a(s)$。当然，也可以由 $H_a(p)$ 得到 $H_a(s)$。

$$H_a(s) = H_a(p)\mid_{p=\frac{\Omega_c}{s}} \tag{6.5.5}$$

【例 6.7】　设计高通滤波器，$f_p = 200\text{Hz}$，$f_{st} = 100\text{Hz}$，幅度频谱单调下降，f_p 处最大衰减 $\delta_p = 3\text{dB}$，阻带最小衰减 $\delta_s = 15\text{dB}$。

【解】　由题意可知，滤波器幅度频谱单调下降，因此采用巴特沃思滤波器的设计步骤。

(1) 确定高通滤波器的技术指标。由 $f_p = 200\text{Hz} = f_c$，$f_{st} = 100\text{Hz}$，$\delta_p = 3\text{dB}$，$\delta_p = 3\text{dB}$，得归一化频率为

$$\eta_p = \frac{f_p}{f_c} = 1，\eta_s = \frac{f_s}{f_c} = 0.5$$

(2) 确定相应低通滤波器的设计指标

$$\lambda_p = \frac{1}{\eta_p} = 1，\lambda_s = \frac{1}{\eta_s} = 2，\delta_p = 3\text{dB}，\delta_p = 3\text{dB}$$

（3）采用巴特沃斯滤波器设计，确定 N，设计归一化低通 $H_a(p)$，故

$$N = \log\sqrt{\frac{10^{\delta_s/10}-1}{10^{\delta_p/10}-1}}\Big/\log\lambda_s = 2.47$$

取 $N=3$，查表 6.1，得

$$H_a(p) = \frac{1}{p^3 + 2p^2 + 2p + 1}$$

（4）求模拟高通滤波器的 $H_a(s)$

$$H_a(s) = H_a(p)\Big|_{p=\frac{\Omega_c}{s}} = \frac{1}{s^3 + 2\Omega_c s^2 + 2\Omega_c^2 s + 1}$$

式中，$\Omega_c = \Omega_p = 2\pi f_p = 400\pi\,\mathrm{rad/s} = 1256\,\mathrm{rad/s}$。

于是

$$H_a(s) = \frac{s^3}{s^3 + 2\Omega_c s^2 + 2\Omega_c^2 s + 1}\Big|_{\Omega_c=1256} = \frac{s^3}{s^3 + 2.512\times10^3 s^2 + 3.155\times10^6 s + 1}$$

6.5.3 低通带通变换

低通滤波器和带通滤波器的幅度频谱如图 6.15 所示。图中 η_{pL} 和 η_{pH} 分别表示带通滤波器通频带归一化下限频率和上限频率，对应实际频率的 Ω_{pL} 和 Ω_{pH}。令 $B = \Omega_{pH} - \Omega_{pL}$，称为通带带宽；$\eta_{sL}$ 和 η_{sH} 分别表示下阻带上限归一化频率和上阻带下限归一化频率，对应的实际频率为 Ω_{sL} 和 Ω_{sH}；$\eta_0 = \sqrt{\eta_{pL}\eta_{pH}}$ 表示通带归一化中心频率，对应实际频率 $\Omega_0 = \sqrt{\Omega_{pL}\Omega_{pH}}$。

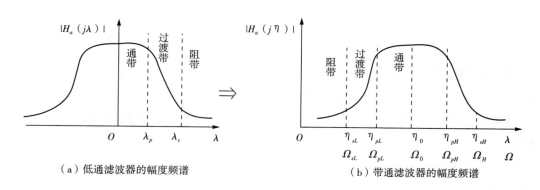

（a）低通滤波器的幅度频谱　　　　　　（b）带通滤波器的幅度频谱

图 6.15　低通滤波器和带通滤波器的幅度频谱

归一化频率计算为

$$\eta_{sL} = \frac{\Omega_{sL}}{B},\ \eta_{sH} = \frac{\Omega_{sH}}{B},\ \eta_{pL} = \frac{\Omega_{pL}}{B},\ \eta_{pH} = \frac{\Omega_{pH}}{B},\ \eta_0^2 = \eta_{pL}\eta_{pH} \tag{6.5.6}$$

将带通滤波器和低通滤波器的幅度频谱对应起来，得到带通 λ 和低通 η 的对应关系，

见表 6.7 所列。

表 6.7　带通 λ 和低通 η 的对应关系

λ	$-\infty$	$-\lambda_s$	$-\lambda_p$	0	λ_p	λ_s	∞
η	0	η_{sL}	η_{pL}	η_0	η_{pH}	η_{sH}	∞
Ω	0	Ω_{sL}	Ω_{pL}	Ω_0	Ω_{pH}	Ω_{sH}	∞

结合表 6.7,推导得到 λ 和 η 以及 p 和 q 的对应关系为

$$\lambda = \frac{\eta^2 - \eta_0^2}{\eta}, p = \frac{q + \eta_0^2}{q} \tag{6.5.7}$$

为去归一化处理,令 $q = s/B$,代入式(6.5.5),得

$$p = \frac{s^2 + \Omega_{pL}\Omega_{pH}}{s(\Omega_{pH} - \Omega_{pL})} \tag{6.5.8}$$

因此

$$H_a(s) = H_a(p)\big|_{p=\frac{s^2+\Omega_{pL}\Omega_{pH}}{s(\Omega_{pH}-\Omega_{pL})}} \tag{6.5.9}$$

式(6.5.7)就是由归一化低通直接转换成带通的计算公式。

模拟带通滤波器的设计步骤如下。

步骤 1:确定模拟带通滤波器的技术指标:通带上限频率 Ω_{pH} 和通带下限频率 Ω_{pL},下阻带上限频率 Ω_{sL} 和上阻带下限频率 Ω_{sH},通带中心频率 $\Omega_0 = \sqrt{\Omega_{pL}\Omega_{pH}}$,通带宽度 $B = \Omega_{pH} - \Omega_{pL}$ 与以上边界频率对应的归一化边界频率如式(6.4.4)所示。

步骤 2:确定归一化低通滤波器技术指标。

$$\lambda_p = \frac{\eta_{pH}^2 - \eta_0^2}{\eta_{pH}} = \eta_{pH} - \eta_{pL} = 1, \lambda_s = \frac{\eta_{sH}^2 - \eta_0^2}{\eta_{sH}}, -\lambda_s = \frac{\eta_{sL}^2 - \eta_0^2}{\eta_{sL}}$$

λ_s 与 $-\lambda_s$ 的绝对值可能不相等。一般取绝对值小的 λ_s,以保证在较大的 λ_s 处更能满足要求。通带最大衰减仍为 δ_p,阻带最小衰减亦为 δ_s。

步骤 3:设计归一化低通滤波器 $H_a(p)$。

步骤 4:由式(6.5.7)直接将 $H_a(p)$ 转换成带通滤波器 $H_a(s)$。

【例 6.8】　设计模拟带通滤波器。已知通带带宽 $B = 2\pi \times 200\text{rad/s}$,中心频率为 $2\pi \times 1000\text{rad/s}$,通带内最大衰减为 3dB,阻带为 $2\pi \times 800\text{rad/s}$、$2\pi \times 1200\text{rad/s}$,阻带最小衰减为 15dB。

【解】　(1)确定模拟带通滤波器的技术指标。

$$\Omega_0 = 2\pi \times 1000\text{rad/s}, \Omega_{sL} = 2\pi \times 800\text{rad/s}, \Omega_{sH} = 2\pi \times 1200\text{rad/s},$$

$$R_p = 3\text{dB}, R_s = 15\text{dB}, B = 2\pi \times 200\text{rad/s}, \eta_{sH} = \frac{\Omega_{sH}}{B} = \frac{1200}{200} = 6,$$

$$\eta_{sL} = \frac{\Omega_{sL}}{B} = \frac{800}{200} = 4 , \eta_0 = \frac{\Omega_0}{B} = \frac{1000}{200} = 5$$

（2）模拟归一化低通滤波器技术指标。

$$\lambda_s = \frac{\eta_{sH}^2 - \eta_0^2}{\eta_{sH}} = \frac{6^2 - 5^2}{6} = 1.833 , -\lambda_s = \frac{\eta_{sL}^2 - \eta_0^2}{\eta_{sL}} = -\frac{4^2 - 5^2}{4} = 2.25$$

取

$$\lambda_r = 1.833 , R_p = 3\text{dB} , R_s = 15\text{dB}$$

（3）设计模拟归一化低通滤波器 $H_a(p)$。采用巴特沃斯型，有

$$\lambda_{sp} = \frac{\lambda_s}{\lambda_p} = 1.833 , k_{sp} = \sqrt{\frac{10^{0.1R_s} - 1}{10^{0.1R_p} - 1}} = 0.18$$

$$N = \frac{\log k_{sp}}{\log \lambda_{sp}} = \frac{\log 0.18}{\log 1.833} = 2.83$$

取 $N = 3$，查表得

$$H_a(p) = \frac{1}{p^3 + 2p^2 + 2p + 1}$$

（4）将 $p = \frac{s^2 + \Omega_0^2}{sB}$ 代入上式，得模拟带通滤波器为

$$H_a(s) = \frac{s^3 B^3}{s^6 + 2Bs^5 + (2B^2 + 3\Omega_0^2) + (B^3 + 4B\Omega_0^2) + (2B^2 + 3\Omega_0^4)s^2 + 2B\Omega_0^4 s + \Omega_0^6}$$

6.5.4 低通带阻变换

低通滤波器和带阻滤波器的幅度频谱如图 6.16 所示。

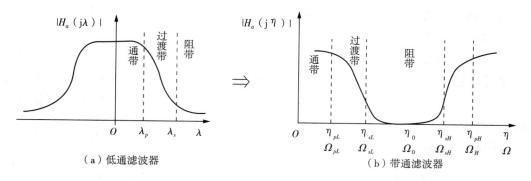

（a）低通滤波器 　　　　　　　（b）带通滤波器

图 6.16　低通滤波器和带阻滤波器的幅度频谱

图 6.16 中，η_{pL} 和 η_{pH} 分别表示带通滤波器通频带归一化通带下限截止频率和归一

化通带上限截止频率,对应的实际频率为 Ω_{pL} 和 Ω_{pH},令 $B=\Omega_{pH}-\Omega_{pL}$ 为阻带带宽;η_{sL} 和 η_{sH} 分别表示归一化阻带下限截止频率和归一化上限截止频率,对应的实际频率为 Ω_{sL} 和 Ω_{sH};η_0 表示阻带归一化中心频率,对应的实际频率 $\Omega_0=\sqrt{\Omega_{pL}\Omega_{pH}}$。

相应的归一化频率为

$$\eta_{sL}=\frac{\Omega_{sL}}{B},\ \eta_{sH}=\frac{\Omega_{sH}}{B},\ \eta_{pL}=\frac{\Omega_{pL}}{B},\ \eta_{pH}=\frac{\Omega_{pH}}{B},\ \eta_0^2=\eta_{pL}\eta_{pH} \tag{6.5.10}$$

将带阻滤波器和低通滤波器的幅度频谱对应起来,便可得到低通 λ 和带阻 η 的对应关系,如表 6.8 所示。

表 6.8 低通 λ 和带阻 η 的对应关系

λ	$-\infty$	$-\lambda_s$	$-\lambda_p$	0	λ_p	λ_s	∞
η	η_0	η_{sH}	η_{pH}	∞	η_{pL}	η_{sL}	η_0
Ω	Ω_0	Ω_{sH}	Ω_{pH}	∞	Ω_{pL}	Ω_{sL}	Ω_0

结合表 6.8 推导,得 λ 和 η 的对应关系为

$$\lambda=\frac{\eta}{\eta^2-\eta_0^2} \tag{6.5.11}$$

式(6.5.11)称为低通滤波器到带阻滤波器的频率变换公式。将式(6.5.11)代入 $H_a(p)$ 函数的复频率变量 p 中,即令 $p=\mathrm{j}\lambda$,并执行去归一化处理,得

$$p=\frac{sB}{s^2+\Omega_0^2}=\frac{s(\Omega_{pH}-\Omega_{pL})}{s^2+\Omega_{pL}\Omega_{pH}} \tag{6.5.12}$$

利用式(6.5.12)就可直接由归一化低通滤波器转换成带阻滤波器,具体变换公式为

$$H_a(s)=H_a(p)\Big|_{p=\frac{s(\Omega_{pH}-\Omega_{pL})}{s^2+\Omega_{pL}\Omega_{pH}}} \tag{6.5.13}$$

模拟带阻滤波器设计的步骤如下。

步骤 1:确定模拟带阻滤波器的技术指标。上通带截止频率 Ω_{pH} 和下通带截止频率 Ω_{pL},阻带下限频率和阻带上限频率 Ω_{sL} 和 Ω_{sH},阻带中心频率 $\Omega_0=\sqrt{\Omega_{pL}\Omega_{pH}}$,阻带宽度 $B=\Omega_{pH}-\Omega_{pL}$。与以上边界频率对应的归一化边界频率如式(6.5.8)所示。

步骤 2:确定归一化低通滤波器的技术指标。

$$\lambda_p=1,\ \lambda_s=\frac{\eta_{sL}}{\eta_{sL}^2-\eta_0^2},\ -\lambda_s=\frac{\eta_{sH}}{\eta_{sH}^2-\eta_0^2}$$

λ_s 与 $-\lambda_s$ 的绝对值可能不相等,一般取绝对值小的 λ_s,通带最大衰减仍为 δ_p,阻带最小衰减亦为 δ_s。

步骤 3:设计归一化低通滤波器 $H_a(p)$。

步骤 4：由式(6.5.11)直接将 $H_a(p)$ 转换成带阻滤波器 $H_a(s)$。

【例 6.9】 设计模拟带阻滤波器，其技术指标：$\Omega_{pL} = 2\pi \times 900\text{rad/s}, \Omega_{sL} = 2\pi \times 980\text{rad/s}, \Omega_{sH} = 2\pi \times 1020\text{rad/s}, \Omega_{pH} = 2\pi \times 1100\text{rad/s}, R_p = 3\text{dB}, R_s = 25\text{dB}$。试设计巴特沃斯带阻滤波器。

【解】 (1) 确定模拟带阻滤波器的技术指标。

由 $\Omega_{pL} = 2\pi \times 900\text{rad/s}, \Omega_{sL} = 2\pi \times 980\text{rad/s}, \Omega_{sH} = 2\pi \times 1020\text{rad/s}, \Omega_{pH} = 2\pi \times 1100\text{rad/s}, R_p = 3\text{dB}, R_s = 25\text{dB}$，得

$$\Omega_0^2 = \Omega_{pH}\Omega_{pL} = 4\pi \times 990000$$

$$B = \Omega_{pH} - \Omega_{pL} = 2\pi \times 200$$

$$\eta_{pH} = \frac{\Omega_{pH}}{B} = \frac{1100}{200} = 5.5, \eta_{pL} = \frac{\Omega_{pL}}{B} = 4.5, \eta_{sH} = \frac{\Omega_{sH}}{B} = 5.1$$

$$\eta_{sL} = \frac{\Omega_{sL}}{B} = 4.9, \eta_0^2 = \eta_{pH}\eta_{pL} = 25$$

(2) 确定模拟归一化低通滤波器的技术指标

$$\lambda_p = 1, \lambda_s = \frac{\eta_{sH}}{\eta_{sH}^2 - \eta_0^2} = 4.95, -\lambda_s = \frac{\eta_{sL}}{\eta_{sL}^2 - \eta_0^2} = 4.95$$

取

$$\lambda_r = 4.95, R_p = 3\text{dB}, R_s = 25\text{dB}。$$

(3) 设计模拟归一化低通滤波器 $H_a(p)$。

采用巴特沃斯型，有

$$\lambda_{sp} = \frac{\lambda_s}{\lambda_p} = 4.95, k_{sp} = \sqrt{\frac{10^{0.1R_s} - 1}{10^{0.1R_p} - 1}} = 0.0562$$

$$N = \frac{\log k_{sp}}{\log \lambda_{sp}} = \frac{\log 0.0562}{\log 4.95} = 1.8$$

取 $N=2$，查表得：

$$H_a(p) = \frac{1}{p^2 + \sqrt{2}\,p + 1}$$

(4) 将 $p = \dfrac{sB}{s^2 + \Omega_0^2} = \dfrac{s(\Omega_{pH} - \Omega_{pL})}{s^2 + \Omega_{pH}\Omega_{pL}}$ 代入上式，得模拟带阻滤波器 $H_a(s)$ 为

$$H_a(s) = H_a(p)\,\Big|_{p = \frac{sB}{s^2 + \Omega_0^2}} = \frac{s^4 + 2\Omega_0^2 s^2 + \Omega_0^4}{s^4 + \sqrt{2}Bs^3 + (B^3 + 2\Omega_0^2)s^2 + 2B\Omega_0^2 s + \Omega_0^4}$$

6.6　模拟／数字滤波器变换

将实际模拟滤波器转换为相应的数字滤波器,实质上是用一种从 s 平面到 z 平面的映射函数实现 $H_a(s)$ 到 $H(z)$ 的转换,对这种映射函数的要求如下:

(1)需要将因果稳定的模拟滤波器转换成因果稳定的数字滤波器。对于模拟滤波器而言,因果稳定的系统函数 $H_a(s)$ 的极点要全部位于 s 平面的左半平面;因果稳定的数字滤波器的系统函数 $H(z)$ 的极点要全部位于 z 平面的单位圆内。因此,转换关系应是将 s 平面的 $\sigma < 0$ 的左半平面映射到 z 平面的单位圆内($|z| < 1$)。

(2)数字滤波器的频率响应能模仿模拟滤波器的频率响应。s 平面的虚轴 $j\Omega$ 映射到 z 平面的单位圆 $e^{j\omega}$ 上,就是说频率轴要对应,相应的频率之间呈线性关系。

(3)变换前的模拟滤波器与变换后的数字滤波器,在频域和时域中的主要特征应尽量相同或相近。冲激响应不变法和双线性变换法都满足此要求。模拟／数字滤波器变换可在时域进行也可在频域实现。

(4)时域转换的关键是要使数字滤波器与模拟滤波器时域响应的采样值相等,以保持其瞬态特性不变,常用的是冲激响应不变法。

(5)频域变换法必须使数字滤波器在($-\pi \leqslant \omega \leqslant \pi$)范围内的幅频特性与模拟滤波器在($-\pi/T_s \leqslant \Omega \leqslant \pi/T_s$)范围内的幅频特性一致,即保证 s 平面与 z 平面上幅频特性的单值保持一一对应关系,常用的是双线性变换法。

6.6.1　冲激响应不变法

1. 变换原理

(1)冲激响应不变法。它是将模拟滤波器的单位冲激响应 $h_a(t)$ 加以等间隔抽样,使 $h(n)$ 正好等于 $h_a(t)$ 的抽样值,即满足

$$h(n) = h_a(nT_s) \tag{6.6.1}$$

式中,T_s 是抽样周期。

(2)冲激响应不变法的特点。

① 在要求时域冲激响应能模仿模拟滤波器的场合,一般采用冲激响应不变法。

② 冲激响应不变法的一个重要特点为频率坐标的变换是线性的,即 $\omega = \Omega T_s$。ω 与 Ω 是线性关系。因此,如果模拟滤波器的频率响应带限于折叠频率以内,那么通过变换后滤波器的频率响应可不失真地反映原响应与频率的关系,即

$$H(e^{j\omega}) = H(e^{j\Omega T_s}) = H_a(j\Omega), \quad |\Omega| < \frac{\pi}{T_s} \tag{6.6.2}$$

例如,线性相位的贝塞尔低通滤波器通过冲激响应不变法得到的滤波器仍是线性相位的低通数字滤波器。

③ $H_a(s)$ 是 $h_a(t)$ 的拉普拉斯变换，$H(z)$ 为 $h(n)$ 的 Z 变换，如果 $H_a(s)$ 是稳定的（即其极点在 s 左半平面），那么映射 $H(z)$ 也是稳定的。拉普拉斯算子 s 和 Z 变换算子之间的关系为

$$\begin{cases} z = e^{sT_s} \\ s = \dfrac{1}{T_s}\ln z \end{cases} \tag{6.6.3}$$

由于 $s = \sigma + j\Omega, z = re^{j\omega}$，则 $z = e^{\sigma T_s} \cdot e^{j\Omega T_s}$，所以

$$\begin{cases} r = e^{\sigma T_s} \\ \omega = \Omega T_s \end{cases} \tag{6.6.4}$$

Z 的模 r 仅对应于 s 的实部 σ，z 的幅角 ω 仅对应于 s 的虚部 Ω。利用序列 $h(n)$ 的 Z 变换与模拟信号的拉普拉斯变换的关系，得

$$H(z)\,|_{z=e^{st}} = \frac{1}{T_s}\sum_{k=-\infty}^{\infty} H_a\left(s - j\,\frac{2\pi}{T_s}k\right) \tag{6.6.5}$$

冲激响应不变法将模拟滤波器的 s 平面变换成数字滤波器的 z 平面间的对应关系，也就是说，从 s 到 z 的变换 $z = e^{st}$ 正是从 s 平面到 z 平面的变换关系，如图 6.17 所示。

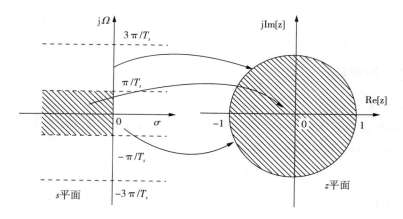

图 6.17　冲激响应不变法映射关系

图 6.17 表明，① 当 $\sigma = 0$ 时，$r = 1$，s 平面的虚轴映射到单位圆上，虚轴上每一条长度为 $2\pi/T_s$ 的线段都映射到单位圆上一周；② 当 $\sigma < 0$ 时，$r < 1$，s 平面的每一条宽度为 $2\pi/T_s$ 的横条左半部分都映射到 z 平面的单位圆内；③ 当 $\sigma > 0$ 时，$r > 1$，s 平面的每一条宽度为 $2\pi/T_s$ 的横条右半部分都映射到单位圆外。

由于 s 平面每一横条都有重叠地映射到 z 平面上，这正好反映了 $H(z)$ 和 $H_a(s)$ 的周期延拓序列之间有变换关系 $z = e^{st}$，故冲激响应不变法并不相当于从 s 平面到 z 平面的简单代数映射关系。

2. 混叠失真

由于$\omega = \Omega T_s$,所以当ω自0到$\pm\pi$变化时,Ω的值对应于0到$\pm\pi/T_s$。s平面的无数多个宽度为$2\pi/T_s$的横条都将重叠映射到z平面上,这种多对一的非单值映射关系说明了混叠产生的原因,因为通过这个变换,模拟域s平面的许多频谱模态都映射到z平面的同一点上。

冲激响应不变法的最大缺点就是可能存在频谱混叠问题,有频谱周期延拓效应。因此,它只能用于模拟滤波器带限的频响特性,如衰减特性很好的低通或带通。

由式(6.6.5)知,数字滤波器的频率响应和模拟滤波器的频率响应间的关系为

$$H(e^{j\omega}) = \frac{1}{T_s} \sum_{k=-\infty}^{\infty} H_a\left(j\frac{\omega - 2\pi k}{T_s}\right) \tag{6.6.6}$$

也就是说,数字滤波器的频率响应是模拟滤波器频率响应的周期延拓。因而只有当模拟滤波器的频率响应是限带的,且带限于折叠频率以内时,即

$$H_a(j\Omega) = 0, \quad |\Omega| \geqslant \frac{\pi}{T_s} = \frac{\Omega_s}{2} \tag{6.6.7}$$

才能使数字滤波器的频率响应在折叠频率以内重现模拟滤波器的频率响应而不产生混叠失真,即

$$H(e^{j\omega}) = \frac{1}{T_s} H_a\left(j\frac{\omega}{T_s}\right), \quad |\omega| < \pi \tag{6.6.8}$$

由于任何一个实际的模拟滤波器频率响应都不是严格限带的,变换后会产生周期延拓分量的频谱混叠(如图6.18所示),即产生频率响应的混叠失真,因而模拟滤波器的频率响应在折叠频率以上处衰减越大、越快,变换后频率响应混叠失真就越小。

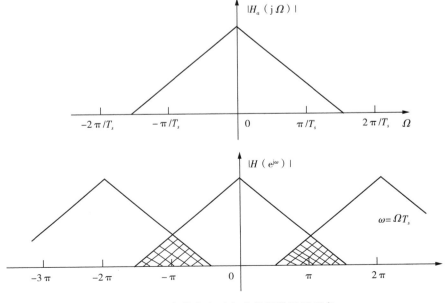

图6.18 冲激响应不变法的频谱混叠现象

对某一频率响应的系统由单位冲激响应进行抽样，抽样频率为 f_s，若使 f_s 增加或抽样时间间隔（$T_s = 1/f_s$）减小，则系统频率响应各周期延拓分量之间相距更远，因而可减小频率响应的混叠效应。

注意，在冲激响应不变法设计中，若滤波器的数字频率 ω 给定时且 ω_c 不允许变化，用这时减小 T_s 的方法就不能解决混叠问题。

例如，设计某一截止频率为 ω_c 的低通滤波器，则要求与之相对应的模拟滤波器的截止频率为

$$\Omega_c = \frac{\omega_c}{T_s}$$

而模拟折叠角频率 Ω 的带域是 $[-\pi/T_s, \pi/T_s]$，随着 T_s 减小，带域会增加。为了保持 ω_c 不变，T_s 减小时，Ω_c 也应增加，如果原来 $H_a(s)$ 的截止频率 $\Omega_c > \pi/T_s$，即在 $[-\pi/T_s, \pi/T_s]$ 外 $H_a(s)$ 的值不为零，那么不论如何减小 T_s，都不能解决混叠问题，这是因为要求 Ω_c 与 T_s 有同样倍数的变化（以使 ω_c 不变），故总有 $\Omega_c > \dfrac{\pi}{T_s}$。

3. 设计思路

冲激响应不变法是实现模拟滤波器数字化的一种直观而常用的方法，它特别适用于对滤波器的时域特性有一定要求的场合。冲激响应不变法这种时域等价的方法，以变换前后的模拟滤波器和数字滤波器的冲激响应等价为基础，获得与模拟滤波器等价的数字滤波器。

（1）由模拟系统函数 $H_a(s)$ 求拉普拉斯逆变换得到模拟冲激响应 $h_a(t)$。冲激响应不变法特别适合于用部分分式表达的模拟系统函数。

若模拟滤波器的系统函数 $H_a(s)$ 只有单阶极点，且假定分母的阶次 N 大于分子的阶次 M（一般都满足这一要求，因为只有这样才相当于一个稳定的模拟系统），则 $H_a(s)$ 的部分分式为

$$H_a(s) = \sum_{k=1}^{N} \frac{A_k}{s - s_k} \tag{6.6.9}$$

其相应的冲激响应 $h_a(t)$ 是 $H_a(s)$ 的拉普拉斯逆变换，即

$$h_a(t) = \mathscr{L}^{-1}[H_a(s)] = \sum_{k=1}^{N} A_k e^{s_k t} u(t) \tag{6.6.10}$$

式中，$u(t)$ 是连续时间的单位阶跃函数。

（2）对模拟冲激响应 $h_a(t)$ 做抽样得到 $h_a(nT_s)$。在冲激响应不变法中，要求数字滤波器的单位抽样响应等于 $h_a(t)$ 的抽样，即

$$h_a(t)\big|_{t=nT_s} = h_a(nT_s)$$

$$= \sum_{k=1}^{N} A_k e^{s_k(nT_s)} u(nT_s)$$

$$= \sum_{k=1}^{N} A_k \ (e^{s_k T_s})^n u(n) = h(n) \tag{6.6.11}$$

对 $h(n)$ 做 Z 变换,得数字滤波器的系统函数为

$$H(z) = \sum_{n=-\infty}^{\infty} h(n) z^{-n} = \sum_{n=0}^{\infty} \sum_{k=1}^{N} A_k \ (e^{s_k T_s} z^{-1})^n$$

$$= \sum_{k=1}^{N} A_k \sum_{n=0}^{\infty} \ (e^{s_k T_s} z^{-1})^n = \sum_{k=1}^{N} \frac{A_k}{1 - e^{s_k T_s} z^{-1}} \tag{6.6.12}$$

比较式(6.6.9)的 $H_a(s)$ 和式(6.6.12)的 $H(z)$ 知:

① s 平面的单极点 $s = s_k$ 变换到 z 平面上 $z = e^{s_k T_s}$ 处的单极点。

② $H_a(s)$ 与 $H(z)$ 的部分分式的系数是相同的,都是 A_k。

③ 如果模拟滤波器稳定,即所有极点 s_k 位于 s 平面的左半平面,也即极点的实部 $\mathrm{Re}(s_k) < 0$,则变换后的数字滤波器的全部极点在单位圆内,即模小于 1,$|e^{s_k T_s}| = e^{\mathrm{Re}(s_k) T_s} < 1$。因此,数字滤波器稳定。

④ 虽然冲激响应不变法能保证 s 平面极点与 z 平面极点之间的对应关系,但是并不等于保证整个 s 平面与 z 平面有这种对应关系;特别是数字滤波器的零点位置与模拟滤波器零点位置就没有这种代数对应关系,而是随 $H_a(s)$ 的极点 s_k 以及系数 A_k 两者而变化。

式(6.6.8)表明,数字滤波器的频率响应还与抽样间隔 T_s 成反比,如果抽样频率很高,即 T_s 很小,那么滤波器增益会太高,因而希望数字滤波器的频率响应不随抽样频率而变化,故需要进行修正。令

$$h(n) = T_s h_a(n T_s) \tag{6.6.13}$$

则有

$$H(z) = \sum_{k=1}^{N} \frac{T_s A_k}{1 - e^{s_k T_s} z^{-1}} \tag{6.6.14}$$

由于 $h_a(t)$ 是实函数,因而 $H_a(s)$ 的极点必成共轭对存在,即若 $s = s_k$ 为极点,其留数为 A_k,则必有 $s = s_k^*$ 亦为极点,且其留数为 A_k^*。因而这样一对共轭极点,使 $H_a(s)$ 变成 $H(z)$ 的关系为

$$\frac{A_k}{s - s_k} \rightarrow \frac{A_k}{1 - e^{s_k T} z^{-1}}, \frac{A_k^*}{s - s_k^*} \rightarrow \frac{A_k^*}{1 - e^{s_k^* T} z^{-1}}$$

【例 6.10】　设模拟滤波器的系统函数为

$$H(s) = \frac{2}{s^2 + 4s + 3} = \frac{1}{s + 1} - \frac{1}{s + 3}$$

试利用冲激响应不变法,设计 IIR 数字滤波器。

【解】　直接利用式(6.6.14),得数字滤波器的系统函数为

$$H(z) = \frac{T_s}{1 - z^{-1} e^{-T_s}} - \frac{T_s}{1 - z^{-1} e^{-3T_s}}$$

$$= \frac{T_s z^{-1} (e^{-T_s} - e^{-3T_s})}{1 - z^{-1} (e^{-T_s} - e^{-3T_s}) + z^{-2} e^{-4T_s}}$$

设 $T_s = 1$，得

$$H(z) = \frac{0.3181 z^{-1}}{1 - 0.4177 z^{-1} + 0.01831 z^{-2}}$$

模拟滤波器的频率响应 $H(j\Omega)$ 及数字滤波器的频率响应 $H(e^{j\omega})$ 分别为

$$H(j\Omega) = \frac{2}{(3 - \Omega^2) + j4\Omega}$$

$$H(e^{j\omega}) = \frac{0.3181 e^{-j\omega}}{1 - 0.4177 e^{-j\omega} + 0.01831 e^{-j2\omega}}$$

图 6.19 表明，由于 $|H_a(j\Omega)|$ 不是充分限带的，所以 $|H(e^{j\omega})|$ 产生了很大的频谱混叠失真。

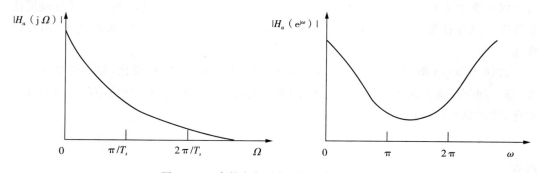

图 6.19　冲激响应不变法的频率响应幅度

4. 设计步骤

步骤 1：指标转换。将给定的数字滤波器技术指标 ω_p、ω_s、R_p、R_s 转换为模拟滤波器的技术指标 Ω_p、Ω_s、R_p、R_s。

$$\Omega_p = \frac{\omega_p}{T_s}, \Omega_s = \frac{\omega_s}{T_s} \tag{6.6.15}$$

步骤 2：根据模拟滤波器的技术指标 Ω_p、Ω_s、R_p、R_s，设计模拟低通滤波器 $H_a(s)$。

步骤 3：根据式（6.6.9）求出极点。

步骤 4：根据式（6.6.14），代入极点 s_k，求出数字滤波器 $H(z)$。

【例 6.11】　用冲激响应不变法设计 IIR 数字低通滤波器，要求满足技术指标：$\omega_p = 0.3\pi$，$\omega_s = 0.6\pi$，$R_p \leqslant 2\text{dB}$，$R_s \geqslant 15\text{dB}$。

【解】　（1）将数字低通滤波器指标转换成模拟低通滤波器指标，取 $T_s = 1$，则

$$\Omega_p = \frac{\omega_p}{T_s} = 0.3\pi, \Omega_s = \frac{\omega_s}{T_s} = 0.6\pi, R_p \leqslant 2\text{dB}, R_s \geqslant 15\text{dB}$$

(2) 设计模拟低通滤波器（BW 型）。

确定 N 和 Ω_c，即

$$N \geqslant \frac{\log\left(\dfrac{10^{0.1R_s} - 1}{10^{0.1R_p} - 1}\right)}{2\log(\Omega_s/\Omega_p)} = 3, \Omega_c = \frac{\Omega_s}{(10^{0.1R_s} - 1)^{1/(2N)}} = 1.0657$$

得

$$H_a(s) = \frac{1}{\left(\dfrac{s}{\omega_c}\right)^3 + 2\left(\dfrac{s}{\omega_c}\right)^2 + 2\dfrac{s}{\omega_c} + 1} = \frac{1.2103}{s^3 + 2.1314s^2 + 2.2714s + 1.2103}$$

(3) 将模拟低通滤波器转换成数字低通滤波器。

$$H_a(s) = \frac{1.0657}{s - s_1} + \frac{-0.5328 - \text{j}0.3076}{s - s_2} + \frac{-0.5328 + \text{j}0.3076}{s - s_3}$$

极点为 $s_1 = -1.0657 + \text{j}0.0000, s_2 = -0.5328 + \text{j}0.922, s_3 = -0.5328 - \text{j}0.9229$。

$$H(z) = \frac{0.2776z^{-1} + 0.1379^{-2}}{1 - 1.0529z^{-1} + 0.5885z^{-2} - 0.1187z^{-3}}$$

5. 优缺点

冲激响应不变法使数字滤波器的冲激响应完全模仿模拟滤波器的冲激响应，也就是时域逼近良好，而且模拟频率 Ω 和数字频率 ω 之间呈线性关系，$\omega = \Omega T_s$。因而，一个线性相位的模拟滤波器（例如贝塞尔滤波器）可以映射成一个线性相位的数字滤波器。然而，由于存在频率响应混叠效应，所以冲激响应不变法只适用于模拟限带滤波器，而不适用于高通滤波器和带阻滤波器，否则应用于高通滤波器和带阻滤波器需要加保护滤波器，滤掉高于折叠频率以上的频率。对于带通滤波器和低通滤波器，需充分限带，若阻带衰减越大，则混叠效应越小。

6.6.2　双线性变换法

冲激响应不变法在时域上由数字滤波器模仿模拟滤波器，这种模仿是从 s 平面到 z 平面的多值映射，会产生频率响应混叠失真。为了克服这一缺点，可采用双线性变换法。

1. 变换原理

双线性变换法是使数字滤波器的频率响应与模拟滤波器的频率响应相似的一种变换方法。为了克服冲激响应不变法的多值映射缺点，首先把整个 s 平面压缩变换到 s_1 平面的一条横带里（宽度为 $2\pi/T_s$，即从 $-\pi/T_s$ 到 π/T_s），然后再通过标准变换关系 $z = \text{e}^{s_1 T_s}$，将此横带变换到整个 z 平面上去，这样就使 s 平面与 z 平面是一一对应的关系，消除

了多值变换,也就消除了频谱混叠现象。双线性变换法的映射关系如图6.20所示。

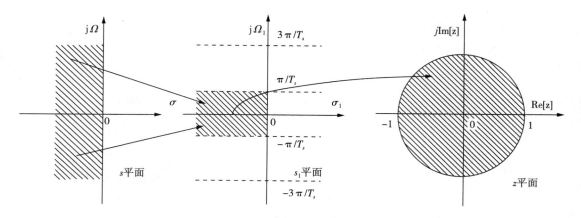

图6.20 双线性变换法的映射关系

将 s 平面整个 $j\Omega$ 轴压缩变换到 s_1 平面 $j\Omega_1$ 轴上的 $-\pi/T_s$ 到 π/T_s 段,可以采用的变换关系为

$$\Omega = \tan\left(\frac{\Omega_1 T_s}{2}\right) \tag{6.6.16}$$

这样,$\Omega = \pm\infty$ 变到 $\Omega_1 = \pm\dfrac{\pi}{T_s}$,$\Omega = 0$ 变到 $\Omega_1 = 0$,将式(6.6.16)写为

$$j\Omega = \frac{e^{j\frac{\Omega_1 T_s}{2}} - e^{-j\frac{\Omega_1 T_s}{2}}}{e^{j\frac{\Omega_1 T_s}{2}} + e^{-j\frac{\Omega_1 T_s}{2}}}$$

解析延拓到整个 s 平面和 s_1 平面,令 $j\Omega = s$,$j\Omega_1 = s_1$,得

$$s = \frac{e^{\frac{s_1 T_s}{2}} - e^{-\frac{s_1 T_s}{2}}}{e^{\frac{s_1 T_s}{2}} + e^{-\frac{s_1 T_s}{2}}} = \tanh\left(\frac{s_1 T_s}{2}\right) = \frac{1 - e^{-s_1 T_s}}{1 + e^{-s_1 T_s}} \tag{6.6.17}$$

利用标准变换关系,映射到 z 平面

$$z = e^{s_1 T_s} \tag{6.6.18}$$

得到 s 平面和 z 平面的单值映射关系为

$$s = \frac{1 - z^{-1}}{1 + z^{-1}} \tag{6.6.19}$$

$$z = \frac{1 + s}{1 - s} \tag{6.6.20}$$

一般来说,为了使模拟滤波器的某一频率与数字滤波器的任一频率有对应的关系,可以引入待定常数 c,使式(6.6.16)和式(6.6.17)变为

$$\Omega = c\tan\left(\frac{\Omega_1 T_s}{2}\right) \tag{6.6.21}$$

$$s = \mathrm{c} \cdot \tanh\left(\frac{s_1 T_s}{2}\right) = c\,\frac{1 - \mathrm{e}^{-s_1 T_s}}{1 + \mathrm{e}^{-s_1 T_s}} \tag{6.6.22}$$

将 $z = \mathrm{e}^{s_1 T_s}$ 代入式(6.6.17)，得

$$s = c\,\frac{1 - z^{-1}}{1 + z^{-1}} \tag{6.6.23}$$

$$z = \frac{c + s}{c - s} \tag{6.6.24}$$

式(6.6.23)和式(6.6.24)是 s 平面与 z 平面之间的单值映射关系，这种变换就称为双线性变换。

2. 变换常数

式(6.6.23)和式(6.6.24)中的常数 c 用不同的方法选择，可使模拟滤波器与数字滤波器的频率特性在不同频率处有对应的关系，也就是可以调节频带间的对应关系。选择常数 c 的方法有两种。

(1) 采用使模拟滤波器与数字滤波器在低频处有较确切的对应关系，即在低频处有 $\Omega \approx \Omega_1$。当 Ω_1 较小时，有

$$\tan\left(\frac{\Omega_1 T_s}{2}\right) \approx \frac{\Omega_1 T_s}{2}$$

由式(6.6.21)及 $\Omega \approx \Omega_1$，得

$$\Omega \approx \Omega_1 = c\,\frac{\Omega_1 T_s}{2}$$

因而

$$c = \frac{2}{T_s} \tag{6.6.25}$$

此时，模拟原型滤波器的低频特性近似等于数字滤波器的低频特性。

(2) 采用数字滤波器的某一特定频率(例如截止频率 $\omega_c = \Omega_{1c} T_s$)与模拟原型滤波器的一个特定频率 Ω_c 严格对应，即

$$\Omega_c = c\tan\left(\frac{\Omega_{1c} T_s}{2}\right) = c\tan\left(\frac{\omega_c}{2}\right)$$

有

$$c = \Omega_c \coth\left(\frac{\omega_c}{2}\right) \tag{6.6.26}$$

这一方法的主要优点是在特定的模拟频率和特定的数字频率处,频率响应是严格相等的,因而可以较准确地控制截止频率的位置。

3. 逼近情况

(1) 把 $z = e^{j\omega}$ 代入式(6.6.23),得

$$s = c\,\frac{1 - e^{-j\omega}}{1 + e^{-j\omega}} = jc\tan\left(\frac{\omega}{2}\right) = j\Omega$$

即 s 平面的虚轴确实与 z 平面的单位圆相对应。

(2) 将 $s = \sigma + j\Omega$ 代入式(6.6.24),得

$$z = \frac{c + s}{c - s} = \frac{(c + \sigma) + j\Omega}{(c - \sigma) - j\Omega}$$

因此

$$|z| = \frac{\sqrt{(c + \sigma)^2 + \Omega^2}}{\sqrt{(c - \sigma)^2 + \Omega^2}}$$

可见,当 $\sigma < 0$ 时,$|z| < 1$;当 $\sigma > 0$ 时,$|z| > 1$;当 $\sigma = 0$ 时,$|z| = 1$。也就是说,s 平面的左半平面映射到 z 平面的单位圆内,s 平面的右半平面映射到 z 平面的单位圆外,s 平面的虚轴映射到 z 平面的单位圆上。因此,稳定的模拟滤波器经双线性变换后所得的数字滤波器也一定是稳定的。

4. 双线性变换的特点

(1) 双线性变换是一种非线性变换。由于 $s = j\Omega$,$s_1 = j\Omega_1$,$z = e^{j\omega} = e^{j\Omega_1 T_s}$,得

$$\Omega = \frac{2}{T_s}\tan\left(\frac{\omega}{2}\right),\ \omega = 2\arctan\left(\frac{T_s\Omega}{2}\right) \tag{6.6.27}$$

可见,双线性变换实际上是一种非线性变换,s 平面的 Ω 与 z 平面的 ω 是非线性的正切关系,正是这种非线性的正切关系消除了频谱混叠。如图 6.21 所示,在零频率附近,Ω 与 ω 接近于线性关系;当 Ω 进一步增加时,ω 增长变得缓慢;当 Ω 趋向于 $\pm\infty$ 时,$\omega = \pm\pi$(ω 终止于折叠频率处),所以双线性变换不会出现因为高频部分超过折叠频率而混淆到低频部分的现象。

(2) 双线性变换的优缺点。

双线性变换的优点:避免了频率响应的混叠现象。

双线性变换的缺点:① 除了零频率附近,Ω 与 ω 之间是严重的非线性关系。② 将线性相位模拟滤波器变成了非线性相位数字滤波器。③ 双线性变换后,频率响应产生了畸变,但是通带、阻带仍为常数特性,不受影响,只是临界频率点产生了畸变。

(3) 预畸变。双线性变换法虽然克服了冲激响应不变法的频谱混叠问题,但是以频

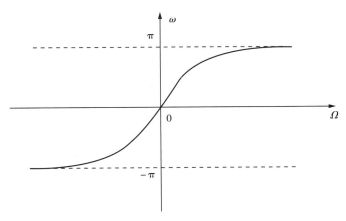

图 6.21　双线性变换法的频率关系

率失真为代价。这种非线性引起的幅频特性畸变,可通过预畸变方法校正。

对于双线性变换法,预畸变公式为

$$\Omega = \frac{2}{T_s} \tan\left(\frac{\omega}{2}\right) \tag{6.6.28}$$

$$\omega = 2\arctan\left(\frac{\Omega T_s}{2}\right) \tag{6.6.29}$$

式(6.6.28)的频率变换关系接近于线性关系外,当 Ω 增加时,变换关系变成非线性关系,即频率 Ω 与 ω 之间存在着严重的非线性关系,如图 6.22 所示。这种频率之间的非线性变换关系产生的问题有:① 一个线性相位的模拟滤波器经双线性变换后就得到非线性相位的数字滤波器,不再是原有的线性相位;② 这种非线性关系要求模拟滤波器的幅频响应必须是分段常数型的,即某一频率段的幅频响应近似等于某一常数(这正是一般典型低通、高通、带通、带阻滤波器的响应特性),否则变换所产生的数字滤波器幅频响应相对于原模拟滤波器的幅频响应会有畸变。例如,一个模拟微分器将不能变换成数字微分器,如图 6.22 所示。

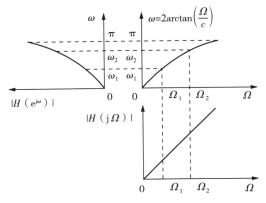

图 6.22　理想微分器经双线性变换后幅频响应发生畸变

对分段常数的滤波器做双线性变换后幅频特性虽然保持不变,但是各个分段边缘的临界频率点产生了畸变,这种频率的畸变可以通过频率的预畸变来校正,也就是将临界频率事先加以畸变,然后经变换后正好映射到所需的频率。例如,对数字带通滤波器的 4 个截止频率(即临界频率)$\omega_1,\omega_2,\omega_3,\omega_4$ 做线性变换,得模拟滤波器的截止频率为

$$\Omega_1 = \frac{\omega_1}{T_s}, \Omega_2 = \frac{\omega_2}{T_s}, \Omega_3 = \frac{\omega_3}{T_s}, \Omega_4 = \frac{\omega_4}{T_s}$$

模拟频率 $\Omega_1,\Omega_2,\Omega_3,\Omega_4$ 按非线性关系 $\omega = 2\arctan\left(\dfrac{\Omega}{c}\right)$ 做双线性变换后得的数字滤波器的截止频率为 $\omega_1',\omega_2',\omega_3',\omega_4'$。$\omega_1',\omega_2',\omega_3',\omega_4'$ 与原来的 $\omega_1,\omega_2,\omega_3,\omega_4$ 显然不相等。因此,需要将频率加以预畸变,即利用

$$\Omega = c\tan\left(\frac{\omega}{2}\right)$$

的关系,将数字频率 $\omega_i(i=1,2,3,4)$ 变换成一组模拟频率 $\Omega_i(i=1,2,3,4)$,利用这组模拟频率设计的模拟带通滤波器,就是所要求的模拟原型。对该模拟滤波器作双线性变换就得到所需的数字滤波器,其截止频率正是原先所要求的一组 $\omega_i(i=1,2,3,4)$,这一预畸变过程如图 6.23 所示。

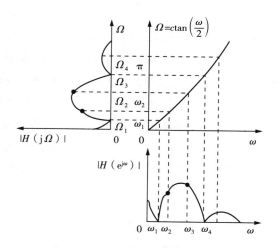

图 6.23　双线性变换的频率非线性预畸变

5. 模拟滤波器数字化的方法

在双线性变换法中,s 到 z 之间的变换是简单的代数关系,如式(6.6.23)和式(6.6.24)所示,故可以由模拟滤波器的系统函数通过式(6.6.23)的关系,用代数置换得到数字滤波器的系统函数,即

$$H(z) = H_a(s)\big|_{s=c\frac{1-z^{-1}}{1+z^{-1}}} = H_a\left(c\,\frac{1-z^{-1}}{1+z^{-1}}\right) \tag{6.6.30}$$

也可以先将模拟滤波器系统函数分解成并联子系统函数(子系统函数相加)或级联子系统函数(子系统函数相乘),以使每个子系统函数都分解成低阶的(这种分解可以利用已有的大量图表,因而比较方便),然后再对每个子系统函数分别采用双线性变换。

如果一个模拟滤波器系统函数分解为级联子系统,即

$$H_a(s) = H_{a1}(s)H_{a2}(s)\cdots H_{aM}(s)$$

经双线性变换后,离散系统函数为

$$H(z) = H_1(z)H_2(z)\cdots H_M(z) \tag{6.6.31}$$

式中

$$H_i(z) = H_{a_i}(s)\big|_{s=c\frac{1-z^{-1}}{1+z^{-1}}} \tag{6.6.32}$$

式中,$i = 1, 2, \cdots, M$。

如果一个模拟系统函数分解为并联子系统为

$$H_a(s) = H_{a_1}(s) + H_{a_2}(s) + \cdots + H_{a_N}(s)$$

经双线性变换后,离散系统函数为

$$H(z) = H_1(z) + H_2(z) + \cdots + H_N(z) \tag{6.6.33}$$

式中

$$H_i(z) = H_{a_i}(s)\big|_{s=c\frac{1-z^{-1}}{1+z^{-1}}}$$

式中,$i = 1, 2, \cdots, N$。

注意,冲激响应不变法是不能将模拟滤波器的系统函数先分解成级联子系统的,这是因为 s 与 z 之间是超越函数的变换关系 $z = e^{sT}$。

6. 表格法完成双线性变换设计

式(6.6.30)的变换虽然在概念上很清楚,但是实际应用时比较麻烦。因此,可预求出双线性变换法中离散系统函数的系数与模拟系统函数的系数之间的关系式,并列成表格,再利用表格进行模拟滤波器设计。

设模拟系统函数为

$$H_a(s) = \frac{\sum\limits_{i=0}^{N} b_i s^i}{\sum\limits_{i=0}^{N} a_i s^i} = \frac{b_0 + b_i s + b_2 s^2 + \cdots + b_N s^N}{a_0 + a_1 s + a_2 s^2 + \cdots + a_N s^N} \tag{6.6.34}$$

式中,分子与分母多项式的阶次都为 N。若分子多项式的阶次小于分母的阶次,则令分子多项式的几个最高阶次的系数 b_i 为零即可。

又设 $H_a(s)$ 经双线性变换后得到 $H(z)$ 的表达式为

$$H(z) = \frac{\sum_{i=0}^{N} b_i z^{-i}}{1 + \sum_{i=1}^{N} a_i z^{-i}} = \frac{b_0 + b_1 z^{-1} + b_2 z^{-2} + \cdots + b_N z^{-N}}{1 + a_1 z^{-1} + a_2 z^{-2} + \cdots + a_N z^{-N}} \tag{6.6.35}$$

由变换常数 c 表示的一阶到三阶的 $H(z)$ 系数用 $H_a(s)$ 系数见表 6.9 所列。对于更高阶次的滤波器,可利用低阶滤波器的级联或并联来实现。

表 6.9　由变换常数 c 表示的一阶到三阶的 $H(z)$ 系数用 $H_a(s)$ 系数

一阶 $N=1$		二阶 $N=2$	
b_0	$(b_0 + b_1 c)/R$	R	$(a_0 + a_1 c + a_2 c^2)$
b_1	$(b_0 - b_1 c)/R$	三阶 $N=3$	
b_1	$(a_0 - a_1 c)/R$	b_0	$(b_0 + b_1 c + b_2 c^2 + b_3 c^3)/R$
R	$(a_0 + a_1 c)$	b_1	$(3b_0 + b_1 c - b_2 c^2 - 3b_3 c^3)/R$
二阶 $N=2$		b_2	$(3b_0 - b_1 c - b_2 c^2 + 3b_3 c^3)/R$
b_0	$(b_0 + b_1 c + b_2 c^2)/R$	b_3	$(b_0 - b_1 c + b_2 c^2 - b_3 c^3)/R$
b_1	$(2b_0 - 2b_2 c^2)/R$	a_1	$(3a_0 + a_1 c - a_2 c^2 + 3a_3 c^3)/R$
b_2	$(b_0 - b_1 c + b_2 c^2)/R$	a_2	$(3a_0 - a_1 c - a_2 c^2 + 3a_3 c^3)/R$
a_1	$(2a_0 - 2a_2 c^2)/R$	a_3	$(a_0 - a_1 c + a_2 c^2 - a_3 c^3)/R$
a_2	$(a_0 - a_1 c + a_2 c^2)/R$	R	$(a_0 + a_1 c + a_2 c^2 + a_3 c^3)$

6.7　零极点累试法设计 IIR 数字滤波器

前面介绍的 IIR 数字滤波器设计方法实际上是一类间接设计方法,是先设计模拟滤波器,再设计数字滤波器。由这种方法设计的数字滤波器幅度频谱受模拟滤波器特性的影响。

现介绍一种数字域直接设计法,即零极点累试法。

前面已经分析了系统函数的零、极点分布对系统幅度频谱的影响,结果表明,系统极点的位置主要影响系统幅度频谱的峰值位置以及尖锐程度;零点位置主要影响系统幅度频谱的谷值位置以及凹下程度,并且通过零、极点位置可以定性确定系统的幅度频谱。基于这一结论提供了一种直接设计 IIR 数字滤波器的方法,即先根据滤波器的幅度频谱确定零、极点位置,再根据确定的零、极点位置写出其系统函数,画出其幅度频谱曲线,并与希望得到的 IIR 数字滤波器进行比较,如果不满足要求,可以通过移动零极点位置或增减零极点数量进行修正,这种修正是多次的,因此,此法称为零极点累试法。

注意,在零极点累试法中,零极点的位置是不能随意确定的。

（1）极点必须位于 z 平面单位圆内，以保证数字滤波器因果稳定。

（2）复数零极点必须共轭成对，以保证系统函数有理式的系数是实数。

【例 6.12】　利用零极点累试法设计一个数字滤波器，通带中心频率为 $\omega_0 = \pi/2\,\mathrm{rad}$，当 $\omega = 0,\pi$ 时，幅度衰减为 0。

【解】　根据题意确定零、极点位置。

设极点 $z_{1,2} = r\mathrm{e}^{\pm\mathrm{j}\frac{\pi}{2}}$，零点 $z_{3,4} = \pm 1$，零、极点分布，如图 6.24（a）所示。

数字带通滤波器的系统函数为

$$H(z) = A\,\frac{(z-1)(z+1)}{(z - r\mathrm{e}^{\mathrm{j}\pi/2})(z - r\mathrm{e}^{-\mathrm{j}\pi/2})} = A\,\frac{(z-1)(z+1)}{(z - \mathrm{j}r)(z + \mathrm{j}r)}$$

$$= A\,\frac{1 - z^2}{1 + (rz^{-1})^2}$$

式中，系数 A 表示对某一确定频率的放大倍数，如果要求在 $\omega = \pi/2$ 处，幅度为 1，即

$$\left.\mid H(\mathrm{e}^{\mathrm{j}\omega})\mid\right|_{\omega = \frac{\pi}{2}} = 1$$

则

$$A = (1 - r^2)/2$$

设 $r = 0.7$ 和 $r = 0.9$，画出的数字带通滤波器幅度频谱曲线，如图 6.24（b）所示。该图表明，极点越靠近单位圆（r 越接近 1），带通特性越尖锐。

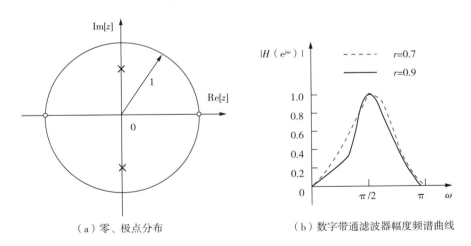

（a）零、极点分布　　　　　　　　（b）数字带通滤波器幅度频谱曲线

图 6.24　累试法设计数字带通滤波器

6.8　LabVIEW 2020 实例解析

【实例 6.1】　设计 IIR 滤波器，可以任意设置滤波器的类型和结构，调整滤波器上下限截止频率。

【解】 步骤1：新建VI。打开LabVIEW 2020，如图1.37所示选择"File" → "New VI"或者使用快捷键"Ctrl＋N"创建一个新VI程序。

步骤2：前面板布局。打开新建VI的前面板（Front Panel），在"View" → "Controls Palette"中打开控件选板，在控件选板 → "Modern" → "Graph"中选择"波形图"（Waveform Graph）控件并分别命名为"频谱图"和"相位响应"。在控件选板 → "Modern" → "Numeric"中选择"滑动杆"并分别命名为"低频截止频率（赫兹）"和"高频截止频率（赫兹）"，在控件选板 → "Modern" → "String & path"中找到组合框控件。前面板布局如图6.25所示。

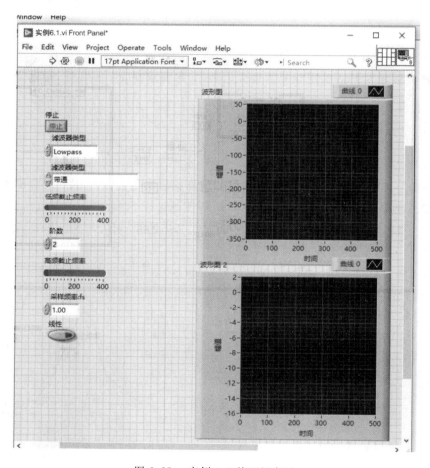

图6.25　实例6.1前面板布局

步骤3：程序框图设计。参考程序框图，如图6.26所示，打开新建VI的程序框图（Block Diagram）窗口进行程序框图创建，将所需控件和函数拖放到合适的位置进行连线编程，完成后将该VI保存为"实例6.1.vi"。

步骤4：运行和调试。调节高频低频截止频率（赫兹）以及组合框控件，运行该VI，该程序的运行结果，如图6.27所示。

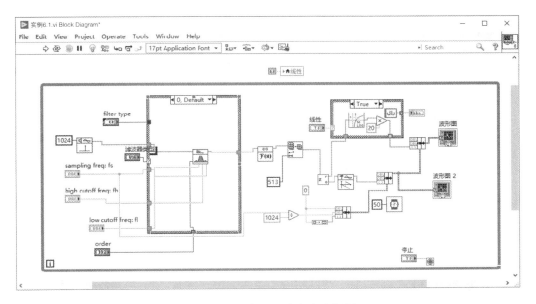

图 6.26　实例 6.1 参考程序框图

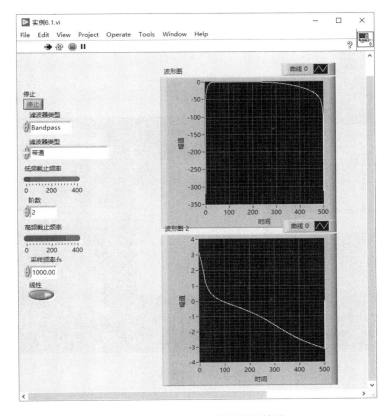

图 6.27　实例 6.1 程序运行结果

【实例 6.2】 使用巴特沃斯低通滤波器对采集的方波信号滤波。

【解】 步骤 1：新建 VI。打开 LabVIEW 2020，启动窗口如图 6.28 所示。

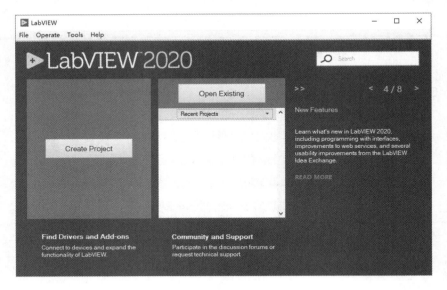

图 6.28　LabVIEW 2020 启动窗口

如图 6.29 所示，选择"File"→"New VI"或者使用快捷键"Ctrl＋N"创建一个新 VI 程序。

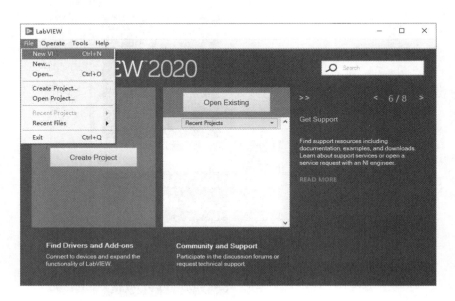

图 6.29　新建 VI

步骤 2：前面板布局。打开新建 VI 的前面板（Front Panel），如图 6.30 所示在 "View"→"Controls Palette"中打开控件选板，控件选板如图 6.31 所示。

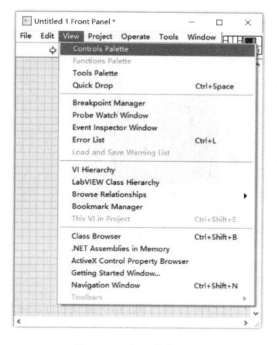

图 6.30　打开控件选板

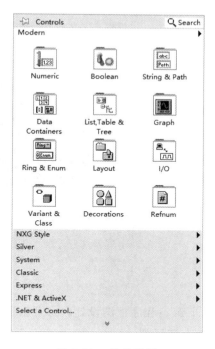

图 6.31　控件选板

如图 6.32 所示,在控件选板 → "Modern" → "Graph" 中选择"波形图"(Waveform Graph)控件并分别命名为"方波波形图""滤波后波形图"。

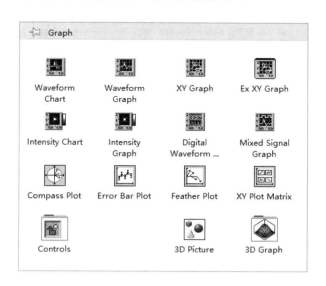

图 6.32　Graph 子控件选板

在控件选板 → "Modern" → "Numeric" 中选择"数值输入控件"(Numeric Control)并分别命名为"采样数"和"采样率"。前面板的布局如图 6.33 所示。

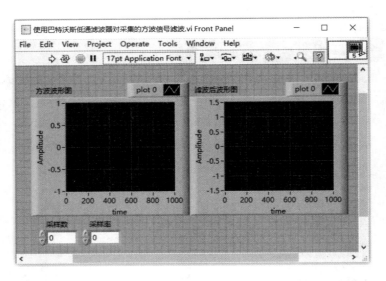

图 6.33　实例 6.2 前面板布局

步骤 3：程序框图设计。打开新建 VI 的程序框图（block diagram）窗口进行程序框图创建，方波序列（square wave）有三个输入端：采样数、幅值、采样率，本例中分别设置为1000、1、100000，巴特沃斯滤波器有五个输入端：滤波器类型、输入信号、采样率、低截止频率、阶数，本例中分别设置为 Lowpass、方波序列产生信号、100000、采样率除 90、6。如图 6.34 所示，在"View"→"Function Palette"中打开函数选板。

图 6.34　打开函数选板

函数选板如 6.35 所示,在函数选板 → "Signal Processing",找到如图 6.36 所示的"波形生成(Signal Generation)"子函数选板和图 6.37 所示的"滤波器(Filter)"子函数选板。

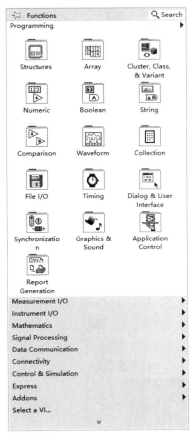

图 6.35　函数选板

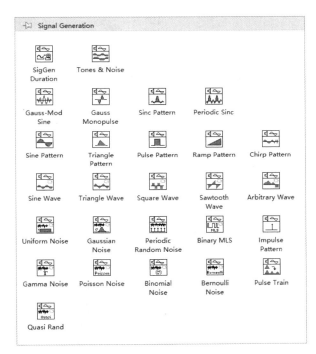

图 6.36　信号生成函数

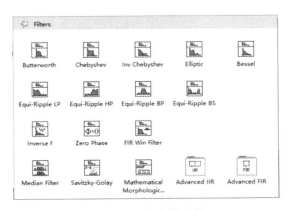

图 6.37　滤波器函数

将各控件和函数拖放到合适的位置进行连线编程，完成后将该 VI 保存为"使用巴特沃斯低通滤波器对采集的方波信号滤波 . vi"，程序框图如图 6.38 所示。

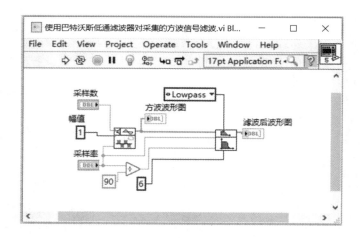

图 6.38　实例 6.2 程序框图

步骤 4：运行和调试。选择采样数为 1000，采样率为 100000，运行该 VI，该程序的运行结果如图 6.39 所示。

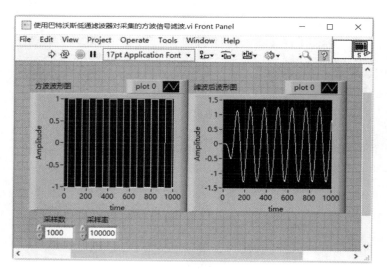

图 6.39　实例 6.2 程序运行结果

【实例 6.3】　使用切比雪夫滤波器对混有均匀白噪声的正弦波信号进行滤波并对其进行频谱分析显示。

【解】　步骤 1：新建 VI。打开 LabVIEW 2020，启动窗口，如图 6.40 所示。

如图 6.41 所示，选择"File"→"New VI"或者使用快捷键"Ctrl＋N"创建一个新 VI 程序。

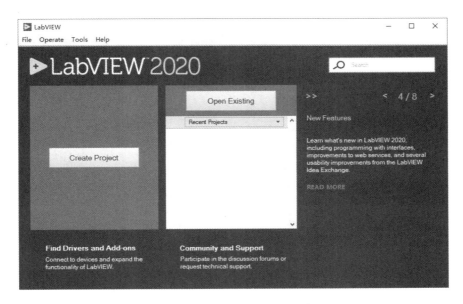

图 6.40　LabVIEW 2020 启动窗口

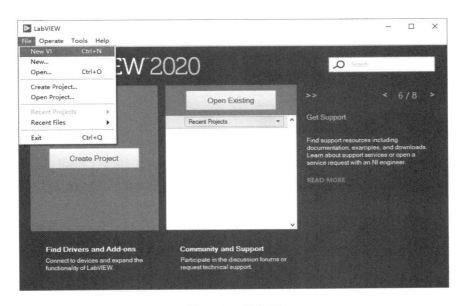

图 6.41　新建 VI

步骤 2：前面板布局。打开新建 VI 的前面板（Front Panel），如图 6.42 所示在“View”→“Controls Palette”中打开控件选板，控件选板如图 6.43 所示。

如图 6.44 所示，在控件选板→“Modern”→“Graph”中选择“波形图”（Waveform Graph）控件并分别命名为“正弦波＋高斯白噪声”“滤波前波形频谱”“滤波后波形图”“滤波后的波形频谱”。

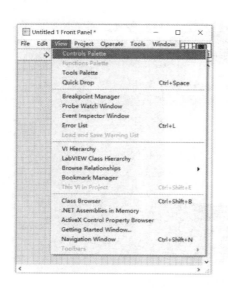

图 6.42　打开控件选板

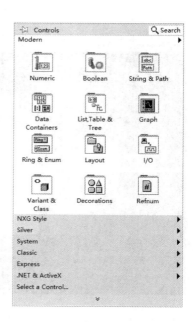

图 6.43　控件选板

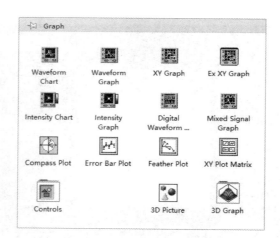

图 6.44　Graph 子控件选板

在控件选板 → "Modern" → "Numeric" 中选择"数值输入控件"（Numeric Control），并分别命名为"频率""幅值"和"噪声幅值"。在控件选板 → "Modern" → "Boolean" 中选择"停止控件"（Stop Button）并命名为停止。最后在控件选板 → "Modern" → "Data Containers" 中选择"簇"（Cluster）并命名为滤波器信息，将滤波器的参数作为元素放在簇中。前面板的布局，如图 6.45 所示。

步骤 3：程序框图设计。打开新建 VI 的程序框图（Block Diagram）窗口进行程序框图创建，本程序在 While 循环中运行。如图 6.46 所示，在"View"→"Function Palette"中打开函数选板。

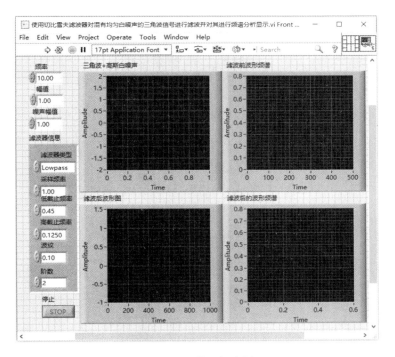

图 6.45　前面板布局

图 6.46　打开函数选板

图 6.47　函数选板

　　函数选板如图 6.47 所示,在函数选板 → "Structures",找到如图 6.48 所示的"While 循环(While Loop)",并在函数选板 → "Timing" 中找到和图 6.49 所示的"等待(Wait)" 函数。

图 6.48　结构选板

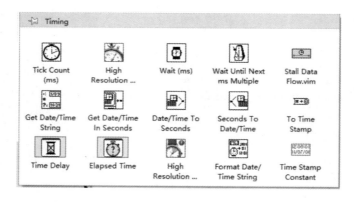

图 6.49　时间选板

　　再打开函数选板→"Signal Processing"→"Waveform Generation",找到如图 6.50 所示的"正弦波形产生(Sine wfm)"函数和"白噪声波形产生(Uniformn wfm)"函数,然后通过函数选板→"Signal Processing"→"Waveform Measurements",找到如图 6.51 所示的"FFT 频谱(FFT Spectrum. vi)"函数。"切比雪夫滤波器(Chebyshev)"函数在函数选板→"Signal Processing"→"Filter"选板中可以找到。

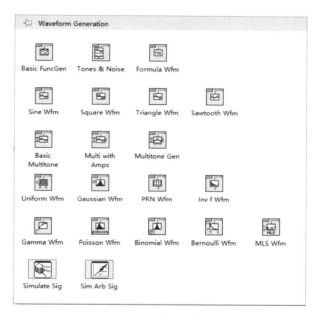

图 6.50　波形产生器选板

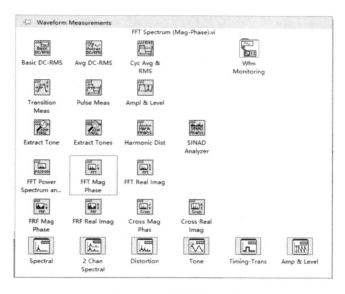

图 6.51　波形测量选板

将各控件和函数拖放到合适的位置进行连线编程,完成后将该 VI 保存为"使用切比雪夫滤波器对混有均匀白噪声的正弦波信号进行滤波并对其进行频谱分析显示 . vi",程序框图如图 6.52 所示。

步骤 4:运行和调试。选择正弦频率为 3,幅值为 1,噪声幅值为 1。滤波器类型为 Lowpass、采样频率为 1000、低截止频率为 10、高截止频率为 20、波纹为 6.1、滤波器阶数为 1。运行该 VI,该程序的运行结果如图 6.53 所示。

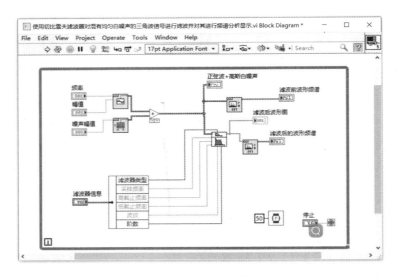

图 6.52　实例 6.3 程序框图

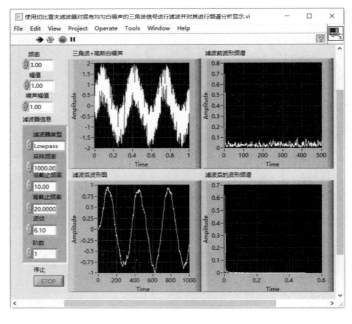

图 6.53　实例 6.3 程序运行结果

习　题

6.1　冲激响应不变法的基本思路是什么？试分析冲激响应不变法设计数字滤波器的基本思想、方法及其局限性。

6.2 已知模拟滤波器的系统函数 $H_a(s)$ 为

$(1) H_a(s) = \dfrac{s+a}{(s+a)^2 + b^2}$

$(2) H_a(s) = \dfrac{b}{(s+a)^2 + b^2}$

设 $H_a(s)$ 为因果稳定系统,a 和 b 为常数,采样周期 $T_s = 1\text{s}$。试采用冲激响应不变法分别将它们转换成数字滤波器,并写出数字滤波器的系统函数 $H(z)$。

6.3 已知模拟滤波器的系统函数 $H_a(s)$ 为

$$H_a(s) = \frac{1}{s^2 + s + 1}$$

设采样周期 $T_s = 2\text{s}$。试采用冲激响应不变法和双线性变换法,分别将它转换成数字滤波器,并写出数字滤波器的系统函数 $H(z)$。

6.4 已知通带截止频率 $f_p = 6\text{kHz}$,通带最大衰减 $\delta_p = 3\text{dB}$;阻带截止频率 $f_s = 12\text{kHz}$,阻带最小衰减 $\delta_s = 25\text{dB}$,按照以上技术指标设计巴特沃斯低通滤波器。

6.5 假设某模拟滤波器 $H_a(s)$ 是一个低通滤波器, 又知 $H(z) = H_a\left(\dfrac{z+1}{z-1}\right)\left(用了变换 s = \dfrac{z+1}{z-1}\right)$,试判定数字滤波器的通带中心位于的地方:

(1) 低通,$\omega = 0$;(2) 高通,$\omega = \pi$;(3) 带通,在 $(0, \pi)$ 内的某一频率上。

6.6 设计数字低通滤波器,要求在频率低于 $0.2\pi\text{rad}$ 的通带内幅度特性小于 1dB。在频率 $0.3\pi \sim \pi$ 的阻带内,衰减大于 10dB。分别用冲激响应不变法和双线性变换法设计。指定模拟滤波器采用巴特沃斯低通滤波器,采样周期 $T_s = 1\text{ms}$。

6.7 设计低通滤波器,要求幅度频谱单调下降,在 20rad/s 处最大衰减为 $\delta_p = 2\text{dB}$,在 30rad/s 处最小衰减为 $\delta_s = 10\text{dB}$。

6.8 设计一个巴特沃斯高通滤波器,要求通带截止频率 $f_p = 20\text{kHz}$,通带最大衰减 $\delta_p = 3\text{dB}$;阻带截止频率 $f_s = 10\text{kHz}$,阻带最小衰减为 $\delta_s = 15\text{dB}$。

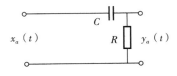

6.9 RC 组成的模拟滤波器如题图 6.54 所示,写出它的系统函数 $H_a(s)$,并选择一种合适的转换方法,将 $H_a(s)$ 转换成数字滤波器 $H(z)$,最后画出网络结构图。

图 6.54 习题 6.9 图

6.10 设计一个数字带通滤波器,通带范围为 $0.25\pi \sim 0.45\pi\text{rad}$,通带最大衰减 $\delta_p = 3\text{dB}$,$0.15\pi\text{rad}$ 以下和 $0.55\pi\text{rad}$ 以上为阻带,阻带最小衰减为 $\delta_s = 15\text{dB}$。采用巴特沃斯模拟低通滤波器,采样周期 $T_s = 1\text{s}$。

6.11 采用零极点累试法设计 IIR 数字带阻滤波器,阻带中心频率为 $\omega_0 = \pi/2\text{rad}$。当 $\omega = \pi$ 和 $\omega = 0$ 时,幅度为 1。

第 7 章　FIR 数字滤波器

　　第 6 章主要分析了利用模拟滤波器设计 IIR 数字滤波器的方法。这种方法可以利用已有图表先进行模拟滤波器设计，再进行 IIR 数字滤波器设计，易于使用，但设计的 IIR 数字滤波器相位是非线性的。若需得到线性相位滤波器，则要采用全通网络进行相位校正。而有限长单位冲激响应（finite impulse response，FIR）数字滤波器可以具有严格的线性相位，同时又可以具有任意的幅度特性。由于 FIR 数字滤波器的单位抽样响应是有限长的，因而 FIR 数字滤波器一定是稳定的。经过一定的延时，任何非因果有限长序列都能变成因果有限长序列，因而总能用因果系统来实现。FIR 数字滤波器由于其单位冲激响应是有限长的，因而可以用快速傅里叶变换算法对信号进行过滤。但是，如果要取得很好的衰减特性，则 FIR 数字滤波器 $H(z)$ 的阶次应比 IIR 滤波器的阶次高。

　　本章主要研究具有线性相位的 FIR 数字滤波器。对于非线性相位的 FIR 数字滤波器，一般可以用 IIR 滤波器来代替，因为在相同幅度特性情况下，IIR 滤波器所需的阶数比 FIR 数字滤波器的阶数要少得多。

7.1　FIR 数字滤波器简述

7.1.1　FIR 数字滤波器的定义

　　FIR 数字滤波器的单位冲激响应 $h(n)$ 是有限长的（$0 \leqslant n \leqslant N-1$），其 Z 变换为

$$H(z) = \sum_{n=0}^{N-1} h(n) z^{-n} \tag{7.1.1}$$

　　FIR 数字滤波器的系统函数 $H(z)$ 是 z^{-1} 的（$N-1$）次多项式，而不是有理分式多项式。在 s 平面上 FIR 数字滤波器无对应的模拟系统函数 $H_a(s)$，因此，不能利用模拟滤波器的成熟设计方法来设计 FIR 数字滤波器。

　　把 $z = e^{j\omega}$ 代入式（7.1.1），得

$$H(e^{j\omega}) = \sum_{n=0}^{N-1} h(n) e^{-jn\omega} \tag{7.1.2}$$

　　当 $h(n)$ 是实数序列时，FIR 数字滤波器的频率响应为

$$H(e^{j\omega}) = |H(e^{j\phi})| e^{j\varphi(\omega)} = H(\omega) e^{j\phi(\omega)} \tag{7.1.3}$$

式中，$H(\omega) = |H(e^{j\omega})|$ 是幅度函数，为可正可负的实数，$\varphi(\omega)$ 是相频响应函数。

7.1.2　FIR 数字滤波器系统函数的特点

FIR 数字滤波器的特点如下：

（1）系统函数 $H(z)$ 在 z 平面上有 $(N-1)$ 个零点。同时，在 $z=0$ 处是 $N-1$ 阶极点，FIR 数字滤波器的极点都在原点上。

显然，FIR 数字滤波器的单位冲激响应 $h(n)$ 是有限长的，$h(n)$ 在有限范围内非零，为因果稳定的有限长序列，$H(z)$ 在有限 z 平面上是稳定的，因此系统总是稳定的。

理想滤波器的理想频率响应 $H_d(e^{j\omega})$ 是 ω 的周期函数，周期为 2π，其傅里叶级数的展开式为

$$H_d(e^{j\omega}) = \sum_{n=-\infty}^{\infty} h_d(n) e^{-j\omega n} \tag{7.1.4}$$

式中，$h_d(n)$ 是与理想频率响应对应的理想单位抽样响应序列，因为 $h_d(n)$ 一般都是无限长、物理上无法实现的，因此不能用于设计 FIR 数字滤波器，实际中一般用因果稳定的有限长序列 $h(n)$ 近似代替 $h_d(n)$。

FIR 数字滤波器的设计目标就在于寻找一个传递函数 $H(e^{j\omega}) = \sum_{n=0}^{N-1} h(n) e^{-jn\omega}$ 去逼近 $H_d(e^{j\omega})$ 方法，主要有时域逼近（窗函数设计法）、频域逼近（频率抽样设计法）和等波纹逼近（最优化设计）。

（2）容易设计成线性相位。在语音、图像信号处理和自适应信号处理等领域，都要求信号传输过程中不能有明显的相位失真，要保持相位的线性性。线性与稳定是 FIR 数字滤波器的两个突出优点。

（3）虽然 FIR 运算量比 IIR 大，但是能利用 FFT 实现，可以大大提高运算效率。

7.2　FIR 数字滤波器线性相位特性

7.2.1　线性相位

所谓线性相位，是指线性相频响应函数 $\phi(\omega)$ 是 ω 的线性函数，如果系统的相频响应是非线性的，那么系统的输出将不再是输入信号作线性移位后的组合，从而发生输出失真。

数字滤波器的相位特性与离散信号的时延 τ 有密切关系。设一个离散时间系统的幅度特性为 1，而其相位是下列两类准确的线性相位之一，即

$$\phi(\omega) = -\tau\omega \tag{7.2.1}$$

$$\phi(\omega) = \beta - \tau\omega \tag{7.2.2}$$

式中，τ 是时延，为常数，表明系统的相位与频率是线性关系，信号通过该系统后输出只有时间上的延迟，而不会产生信号失真，达到无失真输出的目的。

系统的时延有两种：

（1）系统的相位时延

$$\tau_p = -\phi(\omega)/\omega \tag{7.2.3}$$

（2）系统的群时延

$$\tau_q = -\mathrm{d}\phi(\omega)/\mathrm{d}\omega \tag{7.2.4}$$

线性相位特性有两种定义：一种是严格的线性相位特性，要求系统的相位时延和群时延相等且为一个常数，即 $\tau_p = \tau_q = \tau = $ 常数；另一种是工程线性相位特性，要求系统的群时延为一个常数。线性相位的 FIR 数字滤波器是指其相位函数 $\phi(\omega)$ 满足线性方程式（7.2.2），即方程中的 τ 和 β 均为常数，β 表示附加相移。两种定义要求中 $\phi(\omega)$ 曲线必须是一条直线，工程上常采用式（7.2.2）和式（7.2.4）的定义。线性相位的 FIR 系统都具有恒群时延特性，由于 τ 为常数，所以只有 $\beta = 0$ 的 FIR 系统才具有恒相时延特性。

将式（7.2.2）和式（7.2.3）分别代入式（7.1.2），得

$$H(\mathrm{e}^{\mathrm{j}\omega}) = \sum_{n=0}^{N-1} h(n)\mathrm{e}^{-\mathrm{j}\omega n} = \pm|H(\mathrm{e}^{\mathrm{j}\omega})|\,\mathrm{e}^{\mathrm{j}\phi(\omega)} = \pm|H(\mathrm{e}^{\mathrm{j}\omega})|\,\mathrm{e}^{-\mathrm{j}\omega\tau} \tag{7.2.5}$$

$$H(\mathrm{e}^{\mathrm{j}\omega}) = \sum_{n=0}^{N-1} h(n)\mathrm{e}^{-\mathrm{j}\omega n} = \pm|H(\mathrm{e}^{\mathrm{j}\omega})|\,\mathrm{e}^{\mathrm{j}\phi(\omega)} = \pm|H(\mathrm{e}^{\mathrm{j}\omega})|\,\mathrm{e}^{-\mathrm{j}(\tau\omega-\beta)} \tag{7.2.6}$$

令式（7.2.5）等号两端的实、虚部分别相等，得到满足式（7.2.1）这一类线性相位的 $h(n)$，再将两式相除，得

$$\tan(\omega\tau) = \frac{\sin(\omega\tau)}{\cos(\omega\tau)} = \frac{\displaystyle\sum_{n=0}^{N-1} h(n)\sin(\omega n)}{\displaystyle\sum_{n=0}^{N-1} h(n)\cos(\omega n)}$$

因而

$$\sum_{n=0}^{N-1} h(n)\sin(\omega\tau)\cos(\omega n) - \sum_{n=0}^{N-1} h(n)\cos(\omega\tau)\sin(\omega n) = 0$$

即

$$\sum_{n=0}^{N-1} h(n)\sin[(\tau-n)\omega] = 0 \tag{7.2.7}$$

要使式（7.2.7）成立，必须满足的条件为

$$\tau = \frac{N-1}{2} \tag{7.2.8}$$

$$h(n) = h(N-1-n), \quad 0 \leqslant n \leqslant N-1 \tag{7.2.9}$$

式(7.2.9)是 FIR 数字滤波器具有式(7.2.1)的线性相位的必要且充分条件,它要求单位冲激响应的 $h(n)$ 序列以 $n=(N-1)/2$ 为偶对称中心,时间延时 τ 等于 $h(n)$ 长度 $(N-1)$ 的一半。N 为奇数时,延时为整数;N 为偶数时,延时为整数加半个抽样周期。不管 N 为奇偶,$h(n)$ 都应满足对 $n=(N-1)/2$ 呈偶对称。

对式(7.2.2)所示的一类线性相位,将式(7.2.6)做同样推导,必须要求

$$\sum_{n=0}^{N-1} h(n)\sin\left[(\tau-n)\omega-\beta\right]=0 \tag{7.2.10}$$

要使式(7.2.10)成立,必须满足的条件为

$$\tau=\frac{N-1}{2} \tag{7.2.11}$$

$$\beta=\pm\frac{\pi}{2} \tag{7.2.12}$$

$$h(n)=-h(N-1-n),0\leqslant n\leqslant N-1 \tag{7.2.13}$$

式(7.2.13)是 FIR 数字滤波器满足式(7.2.2)所示线性相位的必要且充分条件,要求单位冲激响应序列 $h(n)$ 以 $n=(N-1)/2$ 为奇对称中心,此时延时 τ 等于 $(N-1)/2$ 个抽样周期,在 $h(n)$ 为奇对称情况下,满足

$$h\left(\frac{N-1}{2}\right)=-h\left(\frac{N-1}{2}\right) \tag{7.2.14}$$

因而

$$h\left(\frac{N-1}{2}\right)=0 \tag{7.2.15}$$

这种线性相位情况和前一种的不同之处是除了产生线性相位外,同时产生了 $\pm\pi/2$ 的固定相移。

由于 $h(n)$ 有奇对称和偶对称 2 种,而 $h(n)$ 的点数 N 又有奇数、偶数两种情况,因而 $h(n)$ 有 4 种类型,如图 7.1 和图 7.2 所示。

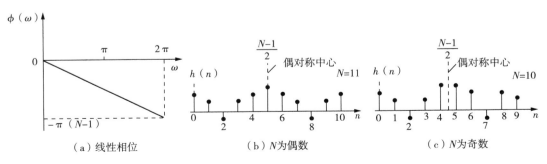

图 7.1　$h(n)$ 偶对称

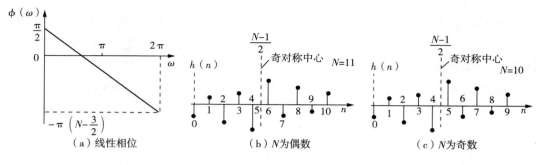

图 7.2 $h(n)$ 奇对称

如果单位冲激响应 $h(n)$ 为实数，且具有偶对称或奇对称性，则 FIR 数字滤波器具有严格的线性相位特性。

根据线性相位特性，FIR 数字滤波器可分为偶对称性滤波器和奇对称性滤波器两大类，具有偶对称性的称为第一类线性相位条件，具有奇对称性的称为第二类线性相位条件。两类 FIR 数字滤波器，根据 N 的奇偶性又可以细分为 4 种，每种都有自己不同的特点。4 种 FIR 数字滤波器的应用特点见表 7.1 所列。

表 7.1 4 种 FIR 数字滤波器的应用特点

种类		$h(n)$	N	应用
Ⅰ 类 $h(n)=h(N-1-n)$	1	偶对称	奇数	低通、高通、带通、带阻
	2	偶对称	偶数	低通、带通
Ⅱ 类 $h(n)=-h(N-1-n)$	3	奇对称	奇数	带通
	4	奇对称	偶数	高通、带通

7.2.2 第一类线性相位条件

1. 第一类线性相位特性

第一类线性相位条件的特点：$h(n)$ 偶对称，以 $\tau=\dfrac{N-1}{2}$ 偶对称。

$$h(n)=h(N-1-n),0\leqslant n\leqslant N-1 \tag{7.2.16a}$$

$$\tau=\frac{N-1}{2} \tag{7.2.16b}$$

系统函数为

$$H(z)=\sum_{n=0}^{N-1}h(n)z^{-n}$$

$$=\sum_{n=0}^{N-1}h(N-1-n)z^{-n}$$

$$\underline{\underline{m=N-1-n}} \sum_{m=0}^{N-1} h(m) z^{-(N-1-m)}$$

$$= z^{-(N-1)} \sum_{m=0}^{N-1} h(m) z^{m} \qquad (7.2.17)$$

即

$$H(z) = z^{-(N-1)} H(z^{-1}) \qquad (7.2.18)$$

进一步,得

$$H(z) = \frac{1}{2} \big[H(z) + H(z) \big]$$

$$= \frac{1}{2} \big[H(z) + z^{-(N-1)} H(z^{-1}) \big]$$

$$= \frac{1}{2} \sum_{n=0}^{N-1} h(n) \big[z^{-n} + z^{-(N-1)} z^{n} \big]$$

$$= z^{-\left(\frac{N-1}{2}\right)} \sum_{n=0}^{N-1} h(n) \left[\frac{z^{\left(\frac{N-1}{2}-n\right)} + z^{-\left(\frac{N-1}{2}-n\right)}}{2} \right]$$

$$= z^{-\tau} \sum_{n=0}^{N-1} h(n) \left[\frac{z^{(\tau-n)} + z^{-(\tau-n)}}{2} \right] \qquad (7.2.19)$$

频率响应为

$$H(e^{j\omega}) = H(z) \big|_{z=e^{j\omega}}$$

$$= e^{-j\omega\tau} \sum_{n=0}^{N-1} h(n) \cos \big[(\tau-n)\omega \big]$$

$$= H(\omega) e^{j\varphi(\omega)} \qquad (7.2.20)$$

幅度函数为

$$H(\omega) = \sum_{n=0}^{N-1} h(n) \cos(\tau-n)\omega \qquad (7.2.21)$$

相位函数为

$$\phi(\omega) = -\tau\omega = -\left(\frac{N-1}{2}\right)\omega \qquad (7.2.22)$$

线位相位,如图 7.1(a) 所示。该图表明,$h(n)$ 对 $n=(N-1)/2$ 实偶对称时,FIR 数字滤波器是具有准确的恒定的线性相位的滤波器;也说明该滤波器相位曲线是一条通过原点、以 $-\dfrac{N-1}{2} = -\tau$ 为斜率的线性相位,有 $(N-1)/2$ 个抽样的时延,它等于单位冲激响应 $h(n)$ 的长度的一半。

2. 第一类线性相位滤波器

（1）第一种 FIR 数字滤波器的特点：$h(n)$ 偶对称，N 为奇数，如图 7.1(c) 所示。

由式(7.2.20)所示 $h(n)$ 的偶对称性知，不仅 $h(n)$ 对于 $\tau = \dfrac{N-1}{2}$ 呈偶对称性，而且 $\cos[(\tau-n)\omega]$ 也对于 $\tau = \dfrac{N-1}{2}$ 呈偶对称性，即满足条件

① $$h(n) = h(N-1-n), \quad 0 \leqslant n \leqslant N-1 \tag{7.2.23}$$

② $$\cos[(n-\tau)\omega] = \cos[(\tau-n)\omega] = \cos\left[\frac{N-1}{2} - (N-1-n)\omega\right] \tag{7.2.24}$$

于是，$H(\omega)$ 中第 n 项与第 $(N-1-n)$ 项相等，两项可以合并成一项，得

$$H(\omega) = h\left(\frac{N-1}{2}\right) + \sum_{n=0}^{(N-3)/2} 2h(n)\cos\left[\omega\left(n - \frac{N-1}{2}\right)\right]$$

$$\xrightarrow{n=\frac{N-1}{2}-m} h\left(\frac{N-1}{2}\right) + \sum_{m=1}^{(N-1)/2} 2h\left(\frac{N-1}{2} - m\right)\cos(\omega m)$$

$$= \sum_{n=0}^{(N-1)/2} a(n)\cos(\omega n) \tag{7.2.25}$$

式中，$a(0) = h\left(\dfrac{N-1}{2}\right)$，$a(n) = 2h\left(\dfrac{N-1}{2} - n\right)$，$n = 1, 2, \cdots, \dfrac{N-1}{2}$。

第一种 FIR 数字滤波器的频域特点如下：

① 幅度函数对频率轴零点偶对称，即 $H(\omega) = H(-\omega)$；对 0、π、2π 点偶对称，即 $H(\omega) = H(2\pi - \omega)$，如图 7.3 所示。

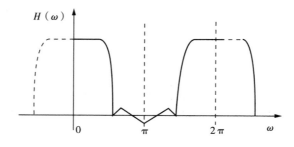

图 7.3　$H(\omega)$ 对 0、π、2π 点偶对称

② 恒相时延，相位曲线是过原点的曲线，即

$$\phi(\omega) = -\frac{N-1}{2}\omega = -\tau\omega$$

③ $\tau = \dfrac{N-1}{2}$ 为 $h(n)$ 的偶对称中心，可通过 $h(n)$ 灵活设计幅度函数的零点位置。

（2）第二种 FIR 数字滤波器的特点：$h(n)$ 偶对称，N 为偶数。

由于 N 为偶数，式（7.2.20）中无单独项，所以

$$H(\omega) = \sum_{n=0}^{N/2-1} 2h(n)\cos\left[\omega\left(n-\frac{N-1}{2}\right)\right] = \sum_{n=1}^{N/2} b(n)\cos\left[\omega\left(n-\frac{1}{2}\right)\right] \quad (7.2.26)$$

式中，$b(n) = 2h\left(\dfrac{N}{2}-n\right), n = 1, 2, \cdots, \dfrac{N}{2}$。

① 由于 $\cos\left[\omega\left(n-\dfrac{1}{2}\right)\right]$ 对 $\omega=\pi$ 奇对称，所以 $H(\omega)$ 对 $\omega=\pi$ 也为奇对称，且由于 $\omega=\pi$ 时，$\cos\left[\omega(n-1/2)\right]=0$，$H(\pi)=0$，$H(z)$ 在 $z=-1$ 处必有一零点，因此这种情况不能用于设计 $\omega=\pi$ 时 $H(\omega)\neq 0$ 的滤波器，如高通滤波器、带阻滤波器。

② $\omega=0$，$\omega=2\pi$ 时，由于 $\cos\left[\omega\left(n-\dfrac{1}{2}\right)\right]=1$ 或 -1，余弦项对 $\omega=0$、$\omega=2\pi$ 偶对称，所以 $H(\omega)$ 也对 $\omega=0$、$\omega=2\pi$ 为偶对称，如图 7.4 所示。

3. 第一类线性相位 FIR 数字滤波器功能

第一类 FIR 系统是 $\cos(\omega n)$ 的线性组合，在 $\omega=0$ 时，$H(e^{j\omega})$ 易取最大值；在 $\omega=0$ 的邻域，$H(\omega)$ 有低通特性，为偶函数；通过频率移位，又有高通、带通、带阻特性。经典低通、高通、带通和带阻滤波器的 $h(n)$ 都是偶对称的。

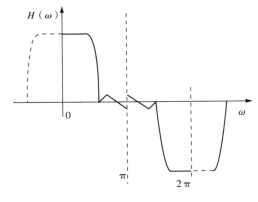

图 7.4　$H(\omega)$ 对 π 奇对称，对 0、2π 偶对称

（1）当 N 为奇数时，时延 $\tau=\dfrac{N-1}{2}$ 是整数，是采样间隔的整数倍，采样点时延后仍是采样点，一般情况下，此种 FIR 数字滤波器特别适合设计各种滤波器。

（2）当 N 为偶数时，π 点是幅度的零点，时延 $\tau=\dfrac{N-1}{2}$ 不是整数，采样点时延后就不在原采样点位置，这在某些应用场合会带来一些意外的问题。此种可设计低通滤波器、带通滤波器，能做高通滤波器、带阻滤波器。

7.2.3　第二类线性相位条件

1. 第二类线性相位特性

第二类线性相位条件的特点：$h(n)$ 奇对称，以 $\tau=\dfrac{N-1}{2}$ 奇对称。

$$h(n) = -h(N-1-n), 0 \leqslant n \leqslant N-1 \quad (7.2.27a)$$

$$\phi(\omega) = \beta - \tau\omega \qquad (7.2.27\mathrm{b})$$

$$\beta = \pm\frac{\pi}{2} \qquad (7.2.27\mathrm{c})$$

$$\tau = \frac{N-1}{2} \qquad (7.2.27\mathrm{d})$$

按式(7.2.17)，得

$$H(z) = -z^{-(N-1)}H(z^{-1}) \qquad (7.2.28)$$

进一步，得

$$
\begin{aligned}
H(z) &= \frac{1}{2}\left[H(z) - z^{-(N-1)}H(z^{-1})\right] \\
&= \frac{1}{2}\sum_{n=0}^{N-1}h(n)\left[z^{-n} - z^{-(N-1)}z^{n}\right] \\
&= z^{-\left(\frac{N-1}{2}\right)}\sum_{n=0}^{N-1}h(n)\left[\frac{z^{\left(\frac{N-1}{2}-n\right)} - z^{-\left(\frac{N-1}{2}-n\right)}}{2}\right] \\
&= z^{-\tau}\sum_{n=0}^{N-1}h(n)\left[\frac{z^{(\tau-n)} - z^{-(\tau-n)}}{2}\right] \qquad (7.2.29)
\end{aligned}
$$

频率响应为

$$
\begin{aligned}
H(\mathrm{e}^{\mathrm{j}\omega}) &= H(z)\,\big|_{z=\mathrm{e}^{\mathrm{j}\omega}} \\
&= \mathrm{j}\mathrm{e}^{-\mathrm{j}\left(\frac{N-1}{2}\right)\omega}\sum_{n=0}^{N-1}h(n)\sin\left[\left(\frac{N-1}{2}-n\right)\omega\right] \\
&= \mathrm{e}^{-\mathrm{j}\left(\frac{N-1}{2}\right)\omega+\mathrm{j}\frac{\pi}{2}}\sum_{n=0}^{N-1}h(n)\sin\left[\left(\frac{N-1}{2}-n\right)\omega\right] \qquad (7.2.30)
\end{aligned}
$$

幅度函数为

$$H(\omega) = \sum_{n=0}^{N-1}h(n)\sin\left[\left(\frac{N-1}{2}-n\right)\omega\right] \qquad (7.2.31)$$

相位函数为

$$\phi(\omega) = -\left(\frac{N-1}{2}\right)\omega + \frac{\pi}{2} \qquad (7.2.32)$$

式(7.2.31)表明，幅度函数是一个标量函数，可以为正、负或0，而且是 ω 的奇对称函数、周期函数。式(7.2.32)表明，相位函数是线性函数，如图7.2(a)所示。此类FIR数字滤波器不仅有 $\tau = \dfrac{N-1}{2}$ 个采样周期的恒群时延，而且所有通过的信号还有 $\beta = \dfrac{\pi}{2}$ 附加相移，称为90°移相器。相位曲线是截距为 $\dfrac{\pi}{2}$、斜率为 $-\dfrac{N-1}{2} = -\tau$ 的直线。因而 $h(n)$ 对

$(N-1)/2$ 奇对称时,FIR 数字滤波器将是一个具有准确的线性相位的理想正交变换网络。

2. 第二类 FIR 数字滤波器特性

(1) 第三种线性相位 FIR 数字滤波器:$h(n)$ 为奇对称,N 为奇数,如图 7.2(c) 所示。

由于 $h(n)=-h(N-1-n)(0 \leqslant n \leqslant N-1)$,而 $\tau=\dfrac{N-1}{2}$ 为 $h(n)$ 的奇对称中心。所以,当 $n=(N-1)/2$ 时,有

$$h\left(\frac{N-1}{2}\right)=-h\left(N-1-\frac{N-1}{2}\right)=-h\left(\frac{N-1}{2}\right)$$

即

$$h\left(\frac{N-1}{2}\right)=0$$

也就是说,$h(n)$ 奇对称时,中心项一定为 0。

根据式(7.2.31),正弦项也对 $n=(N-1)/2$ 奇对称,则

$$\sin[\tau-(N-1-n)\omega]=-\sin[\tau+(N-1-n)\omega]=-\sin[(\tau-n)\omega] \qquad (7.2.33)$$

因此,$H(\omega)$ 中第 N 项与第 $(N-1-n)$ 项的数值相等,两两合并后,还有 $(N-1)/2$ 项,即

$$H(\omega)=\sum_{m=1}^{(N-1)/2} 2h\left(\frac{N-1}{2}-m\right)\sin(\omega m)$$

$$\xLeftarrow{n=\frac{N-1}{2}-m} \sum_{n=0}^{(N-1)/2} c(n)\sin(\omega n) \qquad (7.2.34)$$

式中,$c(n)=2h\left(\dfrac{N-1}{2}-n\right)$,$n=1,2,\cdots,\dfrac{N-1}{2}$。

由于 $\omega=0$、π 和 2π 时,$\sin(\omega n)=0$,正弦项对这些点奇对称,所以 $H(\omega)$ 也在 $\omega=0$、π 和 2π 处为 0,即 $H(z)$ 在 $z=1$ 和 $z=-1$ 处有零点,并且也对这些点为奇对称,如图 7.5 所示。

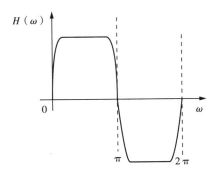

图 7.5　$H(\omega)$ 在 0、π、2π 处为 0,奇对称

（2）第四种 FIR 数字滤波器：$h(n)$ 为奇对称，N 为偶数，如图 7.2(c) 所示。

由于 N 为偶数，式(7.2.29)中无单独项，全部可以两两合并，合并后只有 $N/2$ 项，则

$$H(\omega) = \sum_{n=0}^{\frac{N}{2}-1} 2h(n)\sin\left[\omega\left(\frac{N-1}{2}-n\right)\right]$$

$$\xlongequal{n=\frac{N}{2}-m} \sum_{m=1}^{N/2} 2h\left(\frac{N}{2}-m\right)\sin\left[\omega\left(m-\frac{1}{2}\right)\right]$$

$$= \sum_{m=1}^{N/2} d(m)\sin\left[\omega\left(m-\frac{1}{2}\right)\right]$$

$$= \sum_{n=1}^{N/2} d(n)\sin\left[\omega\left(n-\frac{1}{2}\right)\right] \qquad (7.2.35)$$

式中，$d(n)=2h\left(\dfrac{N}{2}-n\right)$，$n=1,2,\cdots,\dfrac{N}{2}$。

① 由于 $\omega=0$ 和 $\omega=2\pi$ 时，正弦项为 0，且对这些点奇对称，所以 $H(\omega)$ 也在 $\omega=0$ 和 $\omega=2\pi$ 处为 0，即 $H(z)$ 在 $z=1$ 处必然有零点，并且也对这些点为奇对称，$H(\omega)=-H(\omega)$、$H(\omega)=-H(2\pi-\omega)$。

② 当 $\omega=\pi$ 时，该正弦项为 1 或 −1，且对 $\omega=\pi$ 点偶对称，所以 $H(\omega)$ 也在 $\omega=\pi$ 处为偶对称，$H(\omega)=-H(\omega)$，如图 7.6 所示。

3. 第二类线性相位 FIR 数字滤波器功能

第二类 FIR 系统是 $\sin(\omega n)$ 的线性组合，在 $\omega=0$ 时，$H(\mathrm{e}^{j\omega})$ 的值为零，为奇函数。这一类滤波器都是作为特殊形式的滤波器，如 Hilbert 变换器、差分器等。

$h(n)$ 为实函数且奇对称时，FIR 数字滤波器仅是恒群时延。相位曲线是一条截距为 $\pi/2$，斜率为 $-(N-1)/2$ 的直线。信号通过该滤波器产生的时延

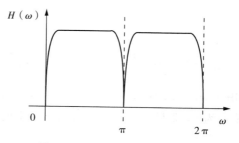

图 7.6 $H(\omega)$ 在 $0,2\pi$ 处为 0，
奇对称，π 处偶对称

是 $(N-1)/2$ 个采样周期，但就对其他所有频率分量均有一个附加 90° 相移的变换即正交变换，这在电子技术中有很重要的应用，如单边带调制及正交调制均需要这种特性，因此这种滤波器特别适合做希尔伯特滤波器以及微分器。

当 N 为奇数时，只能设计带通滤波器，不能设计其他滤波器。

当 N 为偶数时，可设计高通滤波器、带通滤波器，不能设计低通滤波器和带阻滤波器。

4 种线性相位 FIR 数字滤波器特性总结见表 7.2 所列。

表 7.2　4 种线性相位 FIR 数字滤波器特性

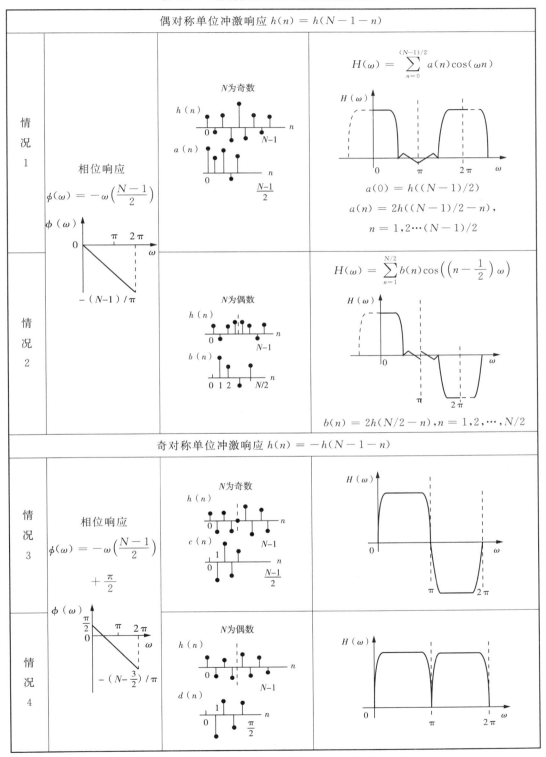

由式(7.2.22)和式(7.2.32)，得任一种线性相位 FIR 数字滤波器的群时延为

$$\tau(e^{j\omega}) = -\frac{d\varphi}{d\omega} = \frac{N-1}{2} \qquad (7.2.36)$$

式(7.2.36)表明，当 N 为奇数时，滤波器的群时延为整数个抽样间隔；当 N 为偶数时，滤波器的群时延为整数个抽样间隔加上 1/2 个抽样间隔。

7.3   零点特性

FIR 数字滤波器在原点有 $N-1$ 阶极点，而 $h(n)$ 是因果稳定的有限长序列，因此 $H(z)$ 在有限 z 平面上是稳定的。对于线性相位 FIR 数字滤波器，由于 $h(n)$ 所具有的对称条件，零点也具有某种对称性。

7.3.1   零点的对称性

由于线性相位 FIR 数字滤波器的单位冲激响应具有对称性，即 $h(n) = \pm h(N-1-n)$，根据 Z 变换的性质，有 $H(z) = \pm z^{-(N-1)} H(z^{-1})$，下面讨论零点特性。

(1) 若 $z = z_i$ 是 $H(z)$ 的零点，则 $z = z_i^{-1}$ 也是零点。

【证明】   由于 $H(z_i) = 0$，$H(z) = \pm z^{-(N-1)} H(z^{-1})$，因此有

$$H(z_i^{-1}) = \pm (z_i^{-1})^{-(N-1)} H((z_i^{-1})^{-1}) = \pm z_i^{N+1} H(z_i) = 0$$

(2) 若 $z = z_i$ 是 $H(z)$ 的零点，则 $z = z_i^*$ 及 $z = \dfrac{1}{z_i^*}$ 也是零点。

【证明】   由于 $H(z^*) = \displaystyle\sum_{n=0}^{N-1} h(n) (z^*)^{-n} = \Big(\sum_{n=0}^{N-1} h(n) z^{-n}\Big)^* = (H(z))$，因此有

$$H(z_i) = (H(z_i))^* = 0$$

同理可证

$$H\Big(\frac{1}{z_i}\Big) = \Big(H\Big(\frac{1}{z_i}\Big)\Big)^* = 0$$

7.3.2   零点特性分析

线性相位 FIR 数字滤波器的零点必须是互为倒数的共轭对，z_i 的位置有 4 种可能情况，如图 7.7 所示。

(1) 当系统函数基本单元 $H_1(z) = 1 + az^{-1} + bz^{-2} + az^{-3} + z^{-4}$ 时，零点为 4 个互为倒数的两组共轭对，它们既不在单位圆上，也不在实轴上，如图 7.7 中的 z_1、z_1^*、$1/z_1$、$1/z_1^*$ 称为零点星座图。

（2）当系统函数基本单元 $H_2(z)=1+az^{-1}+z^{-2}(0<a<2)$ 时，零点在单位圆上，但不在实轴上，因零点倒数就是自己的共轭，所以有一对共轭零点，如图 7.7 中的 z_2 及 z_2^*。

（3）当系统函数基本单元 $H_3(z)=1+az^{-1}+z^{-2}(a>2)$ 时，零点不在单位圆上，但在实轴上，该零点是实数，与自身共轭相同，所以有一对互为倒数的零点，如图 7.7 中的 z_3、$1/z_3$。

（4）当系统函数基本单元 $H_4(z)=1\pm z^{-1}$ 时，零点既在单位圆上，又在实轴上，共轭和倒数都合为一点，所以只有一个零点，只有两种可能，如图 7.7 中的 $z_4=-1$ 或 $z_5=+1$。

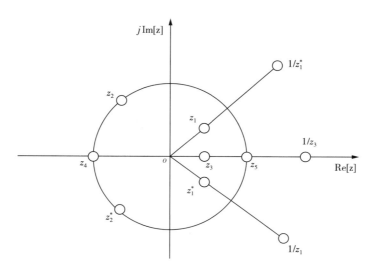

图 7.7　零点位置有 4 种情况

【例 7.1】　$h(n)$ 分别为 $\{1,2,6,4,0,4,6,2,1\}$、$\{1,2,6,4,5,5,4,6,2,1\}$、$\{1,2,6,4,0,-4,-6,-2,-1\}$、$\{1,2,6,4,5,-5,-4,-6,-2,-1\}$ 时，分析 4 种不同类型的线性相位系统零点特性。

【解】　4 种不同类型的线性相位系统的零点分布，如图 7.8 所示。

图 7.8(a) 表明，$N=9$ 时系统在原点处存在一个 8 阶的极点，在 $\omega=0$ 和 $\omega=\pi$ 处均不为零。有 4 个零点成一组的星座和两组位于单位圆上的零点对。图 7.8(b) 表明，$N=10$ 时在 $\omega=\pi$ 处为零点，另外还有 4 个零点成一组的星座，两组单位圆上的零点对和一个位于 $z=-1$ 处的单个零点。图 7.8(c) 表明，$N=9$ 时在 $\omega=0$ 和 $\omega=\pi$ 处均为零点，且有 4 个零点成一组的星座、一组零点和两个位于 $z=-1$，$z=+1$ 处的单个零点。图 7.8(d) 表明，$N=10$ 时在 $\omega=0$ 处为零点，且有 4 个零点成两组的星座和一个位于 $z=+1$ 处的单个零点。

总之，FIR 数字滤波器的设计问题就是根据 FIR 数字滤波器理想状态下的频率响应，然后确定线性相位特性的幅度函数 $h(\omega)$ 与脉冲相应 $h(n)$，在实际使用时应根据需要选择合适的类型，并在设计时遵循其约束条件。

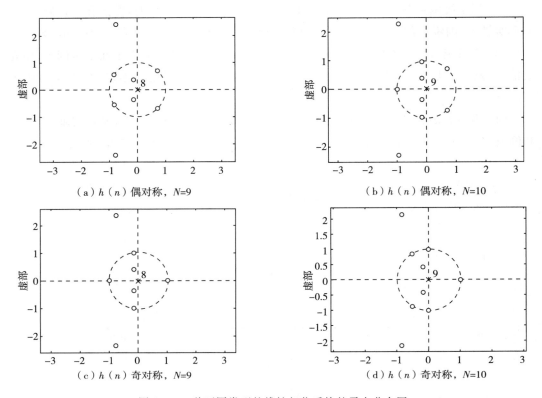

（a）$h(n)$ 偶对称，$N=9$　　　　　　　（b）$h(n)$ 偶对称，$N=10$

（c）$h(n)$ 奇对称，$N=9$　　　　　　　（d）$h(n)$ 奇对称，$N=10$

图 7.8　4 种不同类型的线性相位系统的零点分布图

7.4　窗函数设计方法设计 FIR 数字滤波器

7.4.1　窗函数设计法要解决的问题

数字信号处理的主要数学工具是傅里叶变换，而傅里叶变换是研究整个时域和频域的关系。当由计算机进行信号处理时，不可能对无限长的信号进行测量和运算，而是取其有限长的时间段进行分析。

1．需要解决的问题分析

对于 FIR 数字滤波器，系统函数为

$$H(z) = \sum_{n=-\infty}^{\infty} h(n) z^{-n} \qquad (7.4.1)$$

式（7.4.1）表明，冲激响应 $h(n)$ 就是系统函数的系数。窗函数设计法的基本思路为

$$H_d(\mathrm{e}^{\mathrm{j}\omega}) \xrightarrow{\text{IFFT}} h_d(n) \xrightarrow{w(n)} h(n) \xrightarrow{\text{FFT}} H(\mathrm{e}^{\mathrm{j}\omega})$$

窗函数设计法基本思路具体为：首先获得理想滤波器的时域特性 $h_d(n)$，它通过对理

想滤波器的频率响应 $H_d(e^{j\omega})$ 做傅里叶逆变换得到；其次，在时域内，用窗函数 $w(n)$ 对理想滤波器的时域特性 $h_d(n)$ 进行截断，得到截断的周期延拓的虚拟长冲激响应 $h(n)$；最后，对 $h(n)$ 做傅里叶变换得到频率响应 $H(e^{j\omega})$。在这一过程中，有两次逼近：一次是由 $h(n)$ 逼近理想滤波器 $h_d(n)$，另一次是由傅里叶变换得到的频率响应 $H(e^{j\omega})$ 逼近 $H_d(e^{j\omega})$。

这种截取可以形象地理解为 $h(n)$ 是通过一个"窗口"所看到的一段 $h_d(n)$，因此也可以表达为 $h_d(n)$ 和一个截断函数 $w(n)$ 的乘积，即

$$h(n) = h_d(n)w(n) \tag{7.4.2}$$

截断函数 $w(n)$ 称为窗函数，简称为窗。

因此，设计 FIR 数字滤波器就要解决实际使用的滤波器 $h(n)$ 逼近理想滤波器 $h_d(n)$ 的问题，即寻求一个系统函数 $H(z)$，用其频率响应 $H(e^{j\omega}) = \sum\limits_{n=0}^{N-1} h(n)z^{-j\omega n}$ 逼近理想滤波器的频率响应 $H_d(e^{j\omega})$。

（1）直接从理想滤波器的频率特性入手，先选取一个理想滤波器，给定理想频率响应函数。线性相位理想低通滤波器的频率响应为

$$H_d(e^{j\omega}) = \begin{cases} e^{-j\omega\tau_q}, & -\omega_c \leqslant \omega \leqslant \omega_c \\ 0, & -\pi \leqslant \omega \leqslant -\omega_c, \omega_c \leqslant \omega \leqslant \pi \end{cases} \tag{7.4.3}$$

式中，τ_q 为群时延。

（2）对 $H_d(e^{j\omega})$ 做傅里叶逆变换求 $h_d(n) = \text{IFFT}[H_d(e^{j\omega})]$，得

$$h_d(n) = \frac{1}{2\pi} \int_{-\pi}^{\pi} H_d(e^{j\omega}) e^{j\omega n} \, d\omega$$

$$= \frac{1}{2\pi} \int_{-\omega_c}^{\omega_c} e^{j\omega\tau} e^{j\omega n} \, d\omega$$

$$= \frac{\omega_c}{\pi} \frac{\sin[\omega_c(n-\tau)]}{\omega_c(n-\tau)} \tag{7.4.4}$$

是关于中心点 τ 偶对称的无限长非因果序列。

窗函数 $w(n)$ 的频率特性为

$$W(e^{j\omega}) = \sum_{n=0}^{N-1} w(n) e^{-j\omega n} \tag{7.4.5}$$

对矩形窗函数 $R_N(n)$（如图 7.9(b) 所示），有

$$W_R(e^{j\omega}) = \sum_{n=0}^{N-1} e^{-j\omega n} = e^{-j\omega\left(\frac{N-1}{2}\right)} \frac{\sin\left(\frac{\omega N}{2}\right)}{\sin\left(\frac{\omega}{2}\right)} \tag{7.4.6}$$

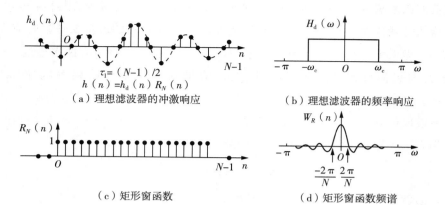

（a）理想滤波器的冲激响应　　　　　（b）理想滤波器的频率响应

（c）矩形窗函数　　　　　　　　　（d）矩形窗函数频谱

图 7.9　滤波器及频响曲线

也可表示为幅度函数与相位函数

$$W_R(\mathrm{e}^{\mathrm{j}\omega}) = W_R(\omega)\mathrm{e}^{-\mathrm{j}\left(\frac{N-1}{2}\right)\omega} \tag{7.4.7}$$

式中

$$W_R(\omega) = \frac{\sin\left(\dfrac{\omega N}{2}\right)}{\sin\left(\dfrac{\omega}{2}\right)} \tag{7.4.8}$$

如果将理想频率响应写为

$$H_d(\mathrm{e}^{\mathrm{j}\omega}) = H_d(\omega)\mathrm{e}^{-\mathrm{j}\left(\frac{N-1}{2}\right)\omega} \tag{7.4.9}$$

那么其幅度函数为

$$H_d(\omega) = \begin{cases} 1, & |\omega| \leqslant \omega_c \\ 0, & \omega_c < |\omega| \leqslant \pi \end{cases} \tag{7.4.10}$$

这时，FIR 数字滤波器的频率响应为

$$H(\mathrm{e}^{\mathrm{j}\omega}) = \frac{1}{2\pi}\int_{-\pi}^{\pi} H_d(\theta)\mathrm{e}^{-\mathrm{j}\left(\frac{N-1}{2}\right)\theta}W_R(\omega-\theta)\mathrm{e}^{-\mathrm{j}\left(\frac{N-1}{2}\right)(\omega-\theta)}\mathrm{d}\theta$$

$$= \mathrm{e}^{-\mathrm{j}\left(\frac{N-1}{2}\right)\theta} \cdot \frac{1}{2\pi}\int_{-\pi}^{\pi} H_d(\theta)W_R(\omega-\theta)\mathrm{d}\theta \tag{7.4.11}$$

显然，这个频率响应是线性相位的。令

$$H(\mathrm{e}^{\mathrm{j}\omega}) = H(\omega)\mathrm{e}^{-\mathrm{j}\left(\frac{N-1}{2}\right)\omega} \tag{7.4.12}$$

则实际的 FIR 数字滤波器的幅度函数为

$$H(\omega) = \frac{1}{2\pi}\int_{-\pi}^{\pi} H_d(\theta)W_R(\omega-\theta)\mathrm{d}\theta \tag{7.4.13}$$

式(7.4.13)表明,窗函数频率响应的幅度函数 $W_R(\omega)$ 对实际 FIR 数字滤波器频率响应的幅度函数 $H(\omega)$ 有影响。理想矩形滤波器的冲激响应 $h_d(n)$、幅频特性 $H_d(\omega)$ 以及矩形窗函数序列 $R_N(n)$ 及其幅频特性 $W_R(\omega)$,如图 7.9 所示。

式(7.4.13) 的卷积过程,如图 7.10 所示。现通过分析图 7.10 中的几个特殊频率点特性,以得到 $H(\omega)$ 的一般情况。

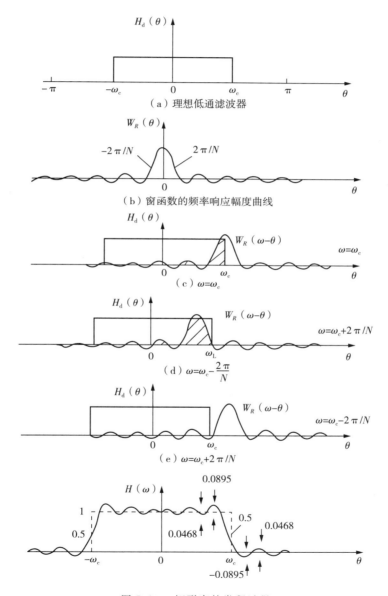

图 7.10　矩形窗的卷积过程

现求 $h(n)$ 的傅里叶变换,以找出待求 FIR 数字滤波器的频率特性。

$H(e^{j\omega})$ 逼近 $H_d(e^{j\omega})$ 的程度,完全取决于窗函数的频率特性 $W(e^{j\omega})$。

（1）$\omega = 0$ 处的频率响应值 $H(0)$ 是图 7.10(a) 与图 7.10(b) 中两个函数乘积的积分，即 $W_R(\theta)$ 在 $\theta = -\omega_c$ 到 $\theta = \omega_c$ 一段内的积分面积。

由于一般情况下，$\omega_c \gg 2\pi/N$，所以 $H(0)$ 可以近似视为 θ 在 $-\pi \sim \pi$ 范围的 $W_R(\theta)$ 的全部积分面积，即

$$H(0) = \frac{1}{2\pi} \int_{-\pi}^{\pi} W_R(\mathrm{e}^{-\mathrm{j}\theta}) \mathrm{d}\theta \tag{7.4.14}$$

（2）当 $\omega = \omega_c$ 时，有

$$H(\mathrm{e}^{\mathrm{j}\omega_c}) = \frac{1}{2\pi} \int_{-\pi}^{\pi} W_R(\mathrm{e}^{\mathrm{j}(\omega_c - \theta)}) \mathrm{d}\theta \approx \frac{H(0)}{2} \tag{7.4.15}$$

式(7.4.15)表明，$H_d(\theta)$ 正好与 $W_R(\omega - \theta)$ 的一半重叠，如图 7.10(c) 所示，因此 $H(\omega_c)/H(0) = 0.5$。

（3）当 $\omega = \omega_c - \dfrac{2\pi}{N}$ 时，$W_R(\omega - \theta)$ 的全部主瓣在 $H_d(\theta)$ 的通带 $|\omega| \leqslant \omega_c$ 之内，如图 7.10(d) 所示。因此

$$H(\omega_c - 2\pi/N) = H(\mathrm{e}^{\mathrm{j}(\omega_c - \frac{2\pi}{N})}) = \frac{1}{2\pi} \int_{-\pi}^{\pi} W_R[\mathrm{e}^{\mathrm{j}(\omega_c - \theta - 2\pi/N)}] \mathrm{d}\theta = 1.089 H(0) \tag{7.4.16}$$

为最大值，频率响应出现正肩峰。

（4）当 $\omega = \omega_c + 2\pi/N$ 时，$W_R(\omega - \theta)$ 的全部主瓣都在 $H_d(\theta)$ 的通带之外，如图 7.10(e) 所示，而通带内旁瓣负的面积大于正的面积，因而卷积结果达到最负值，出现负的肩峰。即

$$H(\omega_c + 2\pi/N) = H(\mathrm{e}^{\mathrm{j}(\omega_c + \frac{2\pi}{N})}) = \frac{1}{2\pi} \int_{-\pi}^{\pi} W_R[\mathrm{e}^{\mathrm{j}(\omega_c - \theta + 2\pi/N)}] \mathrm{d}\theta = -0.089 H(0)$$

$$\tag{7.4.17}$$

（5）当 $\omega > \omega_c + 2\pi/N$ 时，随着 ω 的增加，$W_R(\omega - \theta)$ 左边旁瓣的起伏部分将扫过通带，卷积值也将随 $W_R(\omega - \theta)$ 的旁瓣在通带内面积的变化而变化，故 $H(\omega)$ 将围绕着零值而波动。当 ω 由 $\omega_c - 2\pi/N$ 向通带内减小时，$W_R(\omega - \theta)$ 的右旁瓣将进入 $H_d(\theta)$ 的通带，右旁瓣的起伏造成 $H(\omega)$ 值将围绕 $H(0)$ 值而摆动。卷积得到的 $H(\omega)$，如图 7.10(f) 所示。

综上，加窗处理对理想矩形频率响应的影响可总结如下：

（1）过渡带。使理想频率特性不连续点处边沿展宽，形成一个过渡带，即指两个肩峰之间的宽度，过渡带宽度等于窗的频率响应 $W_R(\omega)$ 的主瓣宽度 $\Delta\omega = 4\pi/N$。这里的过渡带与滤波器真正的过渡带有一些区别，滤波器的过渡带比 $4\pi/N$ 要小。

（2）肩峰及波动。在截止频率 ω_c 的两边即 $\omega_c \pm 2\pi/N$ 处，$H(\omega)$ 出现最大肩峰值，肩峰的两侧形成起伏振荡，其振荡幅度取决于旁瓣的相对幅度，而振荡的多少，则取决于旁瓣的多少。

（3）吉布斯效应。若增加截取长度 N，则在主瓣附近的窗的频率响应为

$$W_R(\omega) = \frac{\sin\left(\dfrac{N\omega}{2}\right)}{\sin\left(\dfrac{\omega}{2}\right)} \approx \frac{\sin\left(\dfrac{N\omega}{2}\right)}{\dfrac{\omega}{2}} = N\frac{\sin x}{x} \tag{7.4.18}$$

式中，$x = N\omega/2$。式（7.4.18）表明，改变 N 的值，只能改变窗谱的主瓣宽度、ω 坐标的比例以及 $W_R(\omega)$ 绝对值的大小，而不能改变主瓣与旁瓣的相对比例，这个相对比例是由 $\sin x/x$ 决定的，或者说只由窗函数的形状决定。因此，当截取长度 N 增加时，只会减小过渡带宽 $4\pi/N$ 而不会改变肩峰的相对值。例如，在矩形窗情况下，最大相对肩峰值为 8.95%，N 增加时，$2\pi/N$ 减小，起伏振荡变密，而最大肩峰值总是 8.95%，这种现象称为吉布斯效应。窗谱肩峰值的大小决定了 $H(\omega)$ 通带的平稳度和阻带衰减的大小，所以对滤波器性能影响很大。

① 旁瓣峰值衰耗。旁瓣峰值衰耗适用于窗函数，是窗谱主副瓣幅度之比，即

$$旁瓣峰值衰耗 = 20\log\left(\frac{第一旁瓣峰值}{主瓣峰值}\right) \tag{7.4.19}$$

② 阻带最小衰耗。阻带最小衰耗适用于滤波器。工程上习惯于用相对衰耗来描述滤波器。相对衰耗定义为：当滤波器是用窗口法得到时，阻带最小衰耗取决于窗谱主副瓣面积之比，即

$$阻带最小损耗 = 20\log\left(\frac{副瓣面积}{主瓣面积}\right) \tag{7.4.20}$$

对于矩形窗，有

$$阻带最小损耗 = 20\log\left(\frac{副瓣面积}{主瓣面积}\right) = 20\log\left|\frac{H(\omega)}{H(0)}\right| \tag{7.4.21}$$

$$= 20\log 0.0895 \approx 21\text{dB}$$

这在工作中往往满足不了要求，改善阻带最小衰耗特性要从选择不同的窗函数入手。

2. 需要解决问题的解决方法

而式（7.1.2）要求 FIR 数字滤波器 $h(n)$ 是有限长的因果序列。因此，这就要解决两个问题：有限长和因果，解决这两个问题的思路如下：

（1）将无限长的 $h_d(n)$ 变成有限长的 $h_N(n)$。

（2）将 $h_N(n)$ 变成因果序列 $h(n)$。

1）将无限长的 $h_d(n)$ 变成有限长的 $h_N(n)$

从信号 $h_d(n)$ 中截取一个时间段（N 个有限项）作为 $h_N(n)$，即

$$h_N(n) = h_d(n)w_N(n) = h_d(n)R_N(n) \tag{7.4.22}$$

式中,窗函数为矩形窗为

$$w_N(n) = R_N(n) = \begin{cases} 1, & |n| \leqslant \dfrac{N-1}{2} \\ 0, & \text{其他} \end{cases} \tag{7.4.23}$$

截断后的系统函数为

$$H_N(z) = \sum_{N=-(N-1)/2}^{(N-1)/2} h_N(n)z^{-n} \tag{7.4.24}$$

式中,$h_N(n)$ 为非因果系列,$H_N(z)$ 为非因果系统。

2) 将 $h_N(n)$ 变成因果序列

将 $h_N(n)$ 变为因果序列的办法是移位 $\dfrac{N-1}{2}$ 变成因果序列 $h(n)$。

(1) $H(z) = z^{-\frac{N-1}{2}} H_N(z) = z^{-\frac{N-1}{2}} \sum_{n=-(N-1)/2}^{(N-1)/2} h_N(n)z^{-n} = \sum_{n=-(N-1)/2}^{(N-1)/2} h_N(n)z^{-(n+\frac{N-1}{2})}$

(2) 令 $m = n + \dfrac{N-1}{2}$,得

$$H(z) = \sum_{m=0}^{N-1} h_N\left(m - \frac{N-1}{2}\right)z^{-m} = \sum_{n=0}^{N-1} h_N(n)z^{-n} \tag{7.4.25}$$

$$h(n) = h_N\left(n - \frac{N-1}{2}\right), 0 \leqslant n \leqslant N-1 \tag{7.4.26}$$

可见,$H(z)$ 是一个因果系统,$h(n)$ 是一个长度为 N 的有限长序列。

注意,引入的 $z^{-\frac{N-1}{2}}$ 并没有改变 $H_N(z)$ 的幅度特性:

$$H(z) = z^{-\frac{N-1}{2}} H_N(z)$$

$$H(e^{j\omega}) = e^{-j\omega\frac{N-1}{2}} H_N(e^{j\omega}) \tag{7.4.27}$$

$$|H(e^{j\omega})| = |H_N(e^{j\omega})|$$

显然,$H(e^{j\omega})$ 比 $H_N(e^{j\omega})$ 增加了 $\tau_q = \dfrac{N-1}{2}$ 的群延迟。

窗函数设计法是根据理想特性 $H_d(e^{j\omega})$ 由式(7.4.4)求出 $h_d(n)$,由式(7.4.22)加窗截断求出 $h_N(n)$,然后根据式(7.4.26)将 $h_N(n)$ 移位 $\tau_q = \dfrac{N-1}{2}$ 变成因果序列 $h(n) = h_N\left(n - \dfrac{N-1}{2}\right)$,上述步骤可归纳为一步完成的公式,即

$$h(n) = h_N\left(n - \frac{N-1}{2}\right) = \frac{1}{2\pi}\int_{-\pi}^{\pi} H_d(e^{j\omega})e^{j\omega(n-\frac{N-1}{2})}\,d\omega, 0 \leqslant n \leqslant N-1 \tag{7.4.28}$$

7.4.2　窗函数设计法的基本步骤

窗函数设计法的步骤可以简化如下：

步骤 1：给定理想滤波器的频率响应 $H_d(\mathrm{e}^{\mathrm{j}\omega})$。根据给定的滤波器技术指标，选择滤波器长度 N 和窗函数 $w(n)$，使其具有最窄宽度的主瓣和最小的旁瓣。

步骤 2：根据指标选择窗函数和 N 值。N 值的计算公式为

$$N = \frac{\Delta\omega}{B} \tag{7.4.29}$$

式中，$B = |\omega_p - \omega_s|$ 为技术指标给定的过渡带宽，$\Delta\omega$ 为窗函数给定的过渡带宽。

步骤 3：根据式（7.4.28），得移位后的因果系列为

$$h_o(n) = \frac{1}{2\pi} \int_{-\pi}^{\pi} H_d(\mathrm{e}^{\mathrm{j}\omega}) \mathrm{e}^{\mathrm{j}\omega\left(n - \frac{N-1}{2}\right)} \mathrm{d}\omega \tag{7.4.30}$$

式中，$0 \leqslant n \leqslant N-1$。

步骤 4：加窗截断为有限长，用不同类型窗截取会有不同的过渡带和阻带最小衰减。确定窗函数类型的主要依据是过渡带的带宽和阻带的最小衰耗指标。因此，窗函数的要求如下：

（1）窗谱主瓣尽可能窄以获得较陡的过渡带。

（2）尽量减少窗谱最大旁瓣的相对幅度，能量尽量集中于主瓣，使肩峰和波纹减小，从而增大阻带的衰减。

相对而言，三角形窗、海明窗、汉宁窗效果比矩形窗好，因为它们在边缘处不是陡然下降的。

通过加窗截取，得到满足 FIR 数字滤波器的单位采样响应为

$$h(n) = h_o(n)w(n) \tag{7.4.31}$$

从而得到线性相位因果 FIR 数字滤波器。

步骤 5：检验。对 $h(n)$ 做傅里叶逆变换，将求出的 $H(\mathrm{e}^{\mathrm{j}\omega})$ 作为 $H_d(\mathrm{e}^{\mathrm{j}\omega})$ 的逼近，用给定的技术指标验证 $H(\mathrm{e}^{\mathrm{j}\omega})$ 是否在误差容限之内。

7.4.3　截断效应与功率泄漏

1. 截断效应

窗函数设计法设计 FIR 数字滤波器就是根据要求找到有限个（N 个）傅里叶级数系数，来代替并近似无限项傅傅里叶级数，这样会在频率不连续点附近产生误差，即截断效应。

2. 功率泄漏

截断效应是指由截断函数截取的有限长信号不能完全反映原信号的频率特性，也就是说，会增加新的频率成分，并使谱值大小发生变化，这种现象称为频率泄漏。从能量角

度来讲,频率泄漏现象相当于原信号各种频率成分处的能量渗透到其他频率成分上,所以又称为功率泄漏或能量泄漏。

周期延拓后的信号与真实信号并不完全相同,信号截断以后产生的能量泄漏是必然现象,会不可避免地引起混叠。因此,信号截断必然导致一些误差,这是信号分析中不容忽视的问题。

3. 泄漏与窗函数频谱的两侧旁瓣有关

如果窗函数频谱两侧旁瓣的高度趋于零,而使能量相对集中在主瓣,就可以较为接近于真实的频谱。因此,改变突然截断方式,泄露就会得到改善。选择适当的窗函数,对所取样本函数进行不同的加权处理,是一种有效的改变突然截断方式的方法。

注意,在使用窗函数法时,选取傅里叶级数的基数愈多,引起的误差就愈小,但同时项数增多也使成本、体积增加。

为了减少频谱能量泄漏,在时间域中可采用不同的截取函数来截断信号,这种方法的重点是选择一个合适的窗函数 $w(n)$ 和理想滤波器 $h_d(n)$ 并选择合适的 N。无限长信号的突然截断,不可避免地造成泄漏。但是,只要选择的 N 足够长、截取的方法合理(即选择适当的窗函数),总能尽量减小泄漏,以满足实际工程需要。

7.5 常用窗函数

矩形窗截断造成肩峰为 8.95%,则阻带最小衰减为 $20\log(8.95\%) \approx -21\text{dB}$,这在实际工程中是不够的。为了加大阻带衰减,只能改进窗函数的形状。从频域周期卷积公式(7.4.13)知,只有当窗谱逼近冲激响应函数时,$H(\omega)$ 才会逼近 $H_d(\omega)$。这相当于窗宽度为无穷长,等同于不加窗口截断,是没有实际意义的。

窗函数应满足两项要求:① 窗谱主瓣尽可能窄,以获得较陡的过渡带;② 尽量减少窗谱最大旁瓣的相对幅度,使能量尽量集中于主瓣,减小肩峰和波纹,增大阻带的衰减。然而,这两项要求是不能同时得到满足的,通常是增加主瓣宽度以换取对旁瓣的抑制。因此,选用不同形状的窗函数的目的是使 $H(\omega)$ 的通带幅度响应平坦和阻带波纹较小。所以,对于所选用的窗函数,若频谱旁瓣电平较小,则主瓣就会加宽;也就是说,窗函数在边沿处比矩形窗变化要平滑而缓慢,以减小由陡峭的边缘所引起的旁瓣分量,使阻带衰减增大。由于窗谱的主瓣宽度比矩形窗的主瓣宽度宽,因而滤波器幅度函数过渡带会加宽。下面讨论几种常用的窗函数。

1. 矩形窗

$$w(n) = R_N(n) \tag{7.5.1a}$$

$$W_R(e^{j\omega}) = W_R(\omega) e^{-j\left(\frac{N-1}{2}\right)\omega} \tag{7.5.1b}$$

$$W_R(\omega) = \frac{\sin\left(\dfrac{N\omega}{2}\right)}{\sin\left(\dfrac{\omega}{2}\right)} \tag{7.5.1c}$$

2. 巴特列特（Bartlett）窗（又称三角形窗）

$$w(n) = \begin{cases} \dfrac{2n}{N-1}, & 0 \leqslant n \leqslant \dfrac{N-1}{2} \\[3mm] 2 - \dfrac{2n}{N-1}, & \dfrac{N-1}{2} < n \leqslant N-1 \end{cases} \qquad (7.5.2\text{a})$$

窗谱为

$$W(\mathrm{e}^{\mathrm{j}\omega}) = \frac{2}{N-1} \left[\frac{\sin\left[\left(\dfrac{N-1}{4}\right)\omega\right]}{\sin\left(\dfrac{\omega}{2}\right)} \right]^2 \mathrm{e}^{-\mathrm{j}\left(\frac{N-1}{2}\right)\omega}$$

$$\approx \frac{2}{N} \left[\frac{\sin\left(\dfrac{N\omega}{4}\right)}{\sin\left(\dfrac{\omega}{2}\right)} \right]^2 \mathrm{e}^{-\mathrm{j}\left(\frac{N-1}{2}\right)\omega} \qquad (7.5.2\text{b})$$

式中，当且"≈"仅当 $N \gg 1$ 时成立。

此时主瓣宽度为 $8\pi/N$。式（7.5.2）表明，三角形窗的频谱密度函数永远是正值，不同 N 对应的三角形窗及其幅频响应与滤波器幅频响应，如图 7.11 所示。

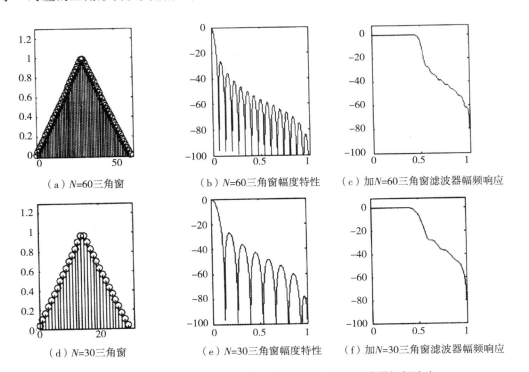

（a）$N=60$ 三角窗　　（b）$N=60$ 三角窗幅度特性　　（c）加 $N=60$ 三角窗滤波器幅频响应

（d）$N=30$ 三角窗　　（e）$N=30$ 三角窗幅度特性　　（f）加 $N=30$ 三角窗滤波器幅频响应

图 7.11　不同 N 对应的三角形窗及其幅频响应与滤波器幅频响应

3. 汉宁（Hanning）窗

$$w(n) = \frac{1}{2}\left[1 - \cos\left(\frac{2\pi n}{N-1}\right)\right]R_N(n) \qquad (7.5.3a)$$

利用傅里叶变换的调制特性，即傅里叶变换对为

$$e^{j\omega_0 n}x(n) \Leftrightarrow X(e^{j(\omega-\omega_0)})$$

再利用

$$\cos(\omega_0 n) = \frac{e^{j\omega_0 n} + e^{-j\omega_0 n}}{2}$$

考虑 $R_N(n)$ 的傅里叶变换为

$$W_R(e^{j\omega}) = W_R(\omega)e^{-j\left(\frac{N-1}{2}\right)\omega} \qquad (7.5.3b)$$

$$W(e^{j\omega}) = \text{DTFT}[w(n)]$$
$$= \left\{0.5W_R(\omega) + 0.25\left[W_R\left(\omega - \frac{2\pi}{N-1}\right) + W_R\left(\omega + \frac{2\pi}{N-1}\right)\right]\right\}e^{-j\left(\frac{N-1}{2}\right)\omega}$$
$$= W(\omega)e^{-j\left(\frac{N-1}{2}\right)\omega} \qquad (7.5.3c)$$

当 $N \gg 1$ 时，$N-1 \approx N$，所以窗谱的幅度函数为

$$W(\omega) \approx 0.5W_R(\omega) + 0.25\left[W_R\left(\omega - \frac{2\pi}{N-1}\right) + W_R\left(\omega + \frac{2\pi}{N-1}\right)\right] \quad (7.5.3d)$$

这三部分之和使旁瓣互相抵消，能量更集中在主瓣，汉宁窗谱如图 7.12 所示。其代价是主瓣宽度比矩形窗的主瓣宽度增加一倍，为 $8\pi/N$。

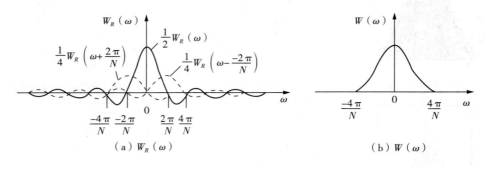

图 7.12　汉宁窗谱

汉宁窗可以看成是下面一类窗的特例（$\delta = 2$ 时）：

$$w(n) = \left[\cos^\delta\left(\frac{n\pi}{N-1}\right)\right]R_N(n) \qquad (7.5.3e)$$

$$w(n) = \left[\sin^\delta\left(\frac{n\pi}{N-1}\right)\right]R_N(n) \qquad (7.5.3f)$$

不同 N 对应的汉宁窗及其幅频响应与滤波器幅频响应，如图 7.13 所示。

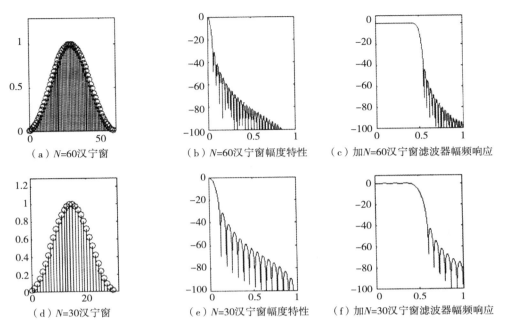

（a）$N=60$汉宁窗　　　　（b）$N=60$汉宁窗幅度特性　　　（c）加$N=60$汉宁窗滤波器幅频响应

（d）$N=30$汉宁窗　　　　（e）$N=30$汉宁窗幅度特性　　　（f）加$N=30$汉宁窗滤波器幅频响应

图 7.13　不同 N 对应的汉宁窗及其幅频响应与滤波器幅频响应

4. 海明（Hamming）窗

对升余弦进行改进，以获得更小的旁瓣。窗函数的形式为

$$w(n) = \left[0.54 - 0.46\cos\left(\frac{2n\pi}{N-1}\right)\right] R_N(n) \tag{7.5.4a}$$

其频率响应的幅度函数为

$$W(\omega) = 0.54 W_R(\omega) + 0.23\left[W_R\left(\omega - \frac{2\pi}{N-1}\right) + W_R\left(\omega + \frac{2\pi}{N-1}\right)\right]$$

$$\approx 0.54 W_R(\omega) + 0.23\left[W_R\left(\omega - \frac{2\pi}{N}\right) + W_R\left(\omega + \frac{2\pi}{N}\right)\right], (N \gg 1) \tag{7.5.4b}$$

海明窗可将 99.963% 的信号能量集中在窗谱的主瓣内，与汉宁窗相同，海明窗的主瓣宽度也为 $8\pi/N$，但旁瓣幅度更小，旁瓣峰值小于主瓣峰值的 1%。

同样，海明窗是下面一类窗的特例（$\delta = 0.54$ 时），即

$$w(n) = \left[\delta - (1-\delta)\cos\left(\frac{2n\pi}{N-1}\right)\right] R_N(n) \tag{7.5.4c}$$

不同 N 对应的海明窗及其幅频响应与滤波器幅频响应，如图 7.14 所示。

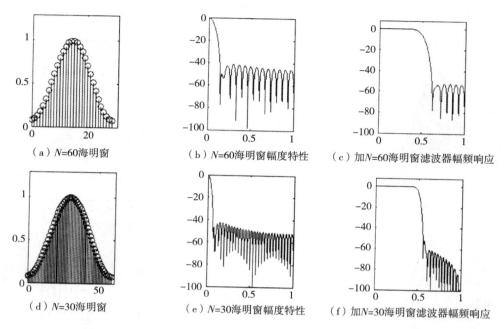

（a）N=60海明窗　　　（b）N=60海明窗幅度特性　　　（c）加N=60海明窗滤波器幅频响应

（d）N=30海明窗　　　（e）N=30海明窗幅度特性　　　（f）加N=30海明窗滤波器幅频响应

图 7.14　　不同 N 对应的海明窗及其幅频响应与滤波器幅频响应

5. 布拉克曼（Blackman）窗

为了更进一步抑制旁瓣，可再加上余弦的二次谐波分量。布拉克曼窗函数为

$$w(n) = \left[0.42 - 0.5\cos\left(\frac{2n\pi}{N-1}\right) + 0.08\cos\left(\frac{4n\pi}{N-1}\right) \right] R_N(n) \tag{7.5.5a}$$

幅度响应为

$$W(\omega) = 0.42 W_R(\omega) + 0.25 \left[W_R\left(\omega - \frac{2\pi}{N-1}\right) + W_R\left(\omega + \frac{2\pi}{N-1}\right) \right]$$

$$+ 0.04 \left[W_R\left(\omega - \frac{4\pi}{N-1}\right) + W_R\left(\omega + \frac{4\pi}{N-1}\right) \right] \tag{7.5.5b}$$

此时，主瓣宽度为矩形窗谱主瓣宽度的 3 倍，即为 $12\pi/N$。

布拉克曼窗是下面一类窗的特例

$$w(n) = \left[\sum_{m=0}^{M} (-1)^m \delta_m 0.5\cos\left(\frac{2n\pi}{N-1}m\right) \right] R_N(n) \tag{7.5.5c}$$

当 $M=2$，$\delta_0=0.42$，$\delta_1=0.50$，$\delta_2=0.08$ 时，式（7.5.5c）即为布拉克曼窗。不同 N 对应的布拉克曼窗及其幅频响应与滤波器幅频响应，如图 7.15 所示。

设计有限长单位冲激响应滤波器常用的几种窗函数特性对比，如图 7.16 所示。由图可见，随着窗形状的变化，旁瓣衰减加大，但主瓣宽度也相应展宽。

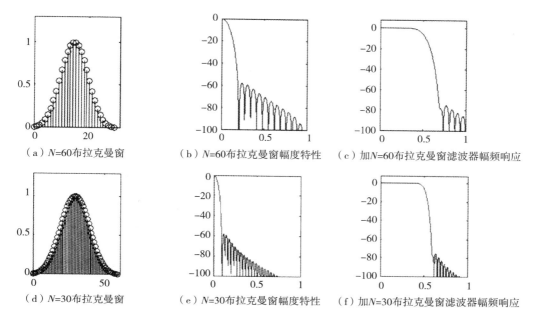

（a）$N=60$布拉克曼窗　　（b）$N=60$布拉克曼窗幅度特性　　（c）加$N=60$布拉克曼窗滤波器幅频响应

（d）$N=30$布拉克曼窗　　（e）$N=30$布拉克曼窗幅度特性　　（f）加$N=30$布拉克曼窗滤波器幅频响应

图 7.15　不同 N 对应的布拉克曼窗及其幅频响应与滤波器幅频响应

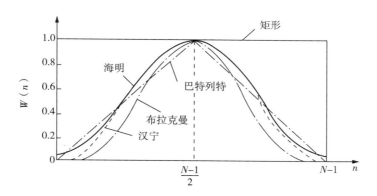

图 7.16　设计有限长单位冲激响应滤波器常用的几种窗函数特性对比

6. 凯泽（Kaiser）窗

这是一种适应性较强的窗，其窗函数为

$$w(n)=\frac{I_0\left[\beta\sqrt{1-\left(1-\dfrac{2n}{N-1}\right)^2}\right]}{I_0(\beta)},0\leqslant n\leqslant N-1 \qquad (7.5.6a)$$

式中，I_0 是第一类变形零阶贝塞尔函数；β 是一个可自由选择的参数，可以同时调整主瓣宽度与旁瓣电平，β 越大，则 $w(n)$ 窗越窄，而频谱的旁瓣越小，但主瓣宽度也相应增加。因此，β 值改变，就可对主瓣宽度与旁瓣衰减进行选择。凯泽（Kaiser）窗曲线，如图 7.17所示。 一般选择 $4<\beta<9$，相当于旁瓣幅度与主瓣幅度的比值由 3.1% 变到

0.046％（－30dB 到 －67dB）。凯泽窗参数对滤波器性能的影响见表 7.3 所列。

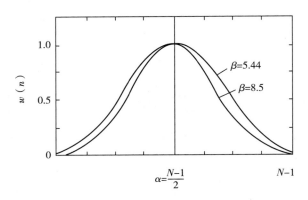

图 7.17　凯泽窗函数

当 $\beta = 0$ 时，相当于矩形窗，这是因为 $I_0(0) = 1$，故 $h(n) = 1, 0 \leqslant n \leqslant N-1$。

当 $\beta = 5.44$ 时，相当于海明窗，但凯泽窗旁瓣频谱收敛得更快。海明窗除 0.036％ 能量之外，都在主瓣之内，而凯泽窗除 0.012％ 能量之外都在主瓣之内，因而能量更加集中在主瓣中。

当 $\beta = 8.5$ 时，相当于布拉克曼窗。

图 7.17 表明，凯泽窗函数是以 $n = (N-1)/2$ 为对称中心呈偶对称的，即

$$w(n) = w(N-1-n) \tag{7.5.6b}$$

表 7.3　凯泽窗参数对滤波器性能的影响

β	过渡带	通带波纹 /dB	阻带最小衰减 /dB
2.120	$3.00\pi/N$	± 0.27	-30
3.384	$4.46\pi/N$	± 0.08668	-40
4.538	$5.86\pi/N$	± 0.02740	-50
5.658	$7.24\pi/N$	± 0.00868	-60
6.764	$8.64\pi/N$	± 0.00275	-70
7.865	$10.0\pi/N$	± 0.000868	-80
8.960	$11.4\pi/N$	± 0.000275	-90
10.056	$12.8\pi/N$	± 0.000087	-100

而

$$w\left(\frac{N-1}{2}\right) = \frac{I_0(\beta)}{I_0(\beta)} = 1$$

从 $n = (N-1)/2$ 这一中点向两边变化时，$w(n)$ 逐渐减小，最边上两点的窗函数值

相同,即

$$w(0) = w(N-1) = \frac{1}{I_0(\beta)}$$

参数 β 越大,$w(n)$ 变化越快,如图 7.17 所示。

在凯泽窗设计中,给定过渡带宽 $\Delta\omega$(单位:rad),阻带衰减 $R_r = -20\log\delta_r$(单位:dB),就可求得凯泽窗 FIR 数字滤波器的阶数 N 和形状参数 β,经验公式为

$$N = \frac{R_r - 7.95}{2.286\Delta\omega} \tag{7.5.6c}$$

$$\beta = \begin{cases} 0.1102(R_r - 8.7), R_r \geqslant 50\text{dB} \\ 0.5842(R_r - 21)^{0.4} + 0.07886(R_r - 21), 21\text{dB} < R_r < 50\text{dB} \quad (7.5.6\text{d}) \\ 0, R_r \leqslant 21\text{dB} \end{cases}$$

由于 $\Delta\omega = 2\pi\Delta f/f$,由式(7.5.6c)知,凯泽窗 FIR 数字滤波器的阶数 N 和抽样频率 f_s 成正比,与过渡带宽 Δf 成反比。其他窗型 FIR 数字滤波器的 N 也满足这一关系,只是比例系数不同而已。6 种窗函数基本参数见表 7.4 所列。

表 7.4　6 种窗函数基本参数

窗函数	窗谱性能指标		加窗后滤波器性能指标	
	旁瓣峰值 /dB	主瓣峰值 /dB	过渡带宽 $\Delta\omega/2\pi/N$	阻带最小衰减 /dB
矩形窗	-13	2	0.9	-21
巴特列特	-25	4	2.1	-25
汉宁窗	-31	4	3.1	-44
海明窗	-41	4	3.3	-53
布拉克曼窗	-57	6	5.5	-74
凯泽窗($\beta = 7.865$)	-57		5	-80

表 7.4 表明,阻带最小衰减只由窗形状决定,不受 N 的影响;而过渡带的宽度既与窗形状有关,也随窗宽 N 的增加而减小。

7.6　四种 FIR 数字滤波器设计

7.6.1　线性相位 FIR 低通滤波器设计

【例 6.1】　设计一个线性相位 FIR 低通滤波器,给定抽样频率为 $\Omega_s = 2\pi \times 1.5 \times 10^4\,\text{rad/s}$,通带截止频率为 $\Omega_p = 2\pi \times 1.5 \times 10^3\,\text{rad/s}$,阻带起始频率为 $\Omega_{st} = 2\pi \times 3 \times 10^3\,\text{rad/s}$,阻带衰减不小于 -50dB。幅度特性,如图 7.18 所示。

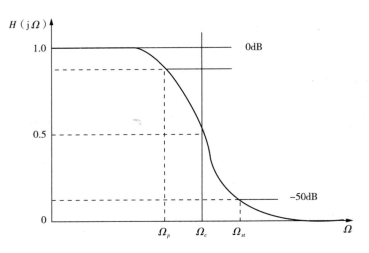

图 7.18　模拟低通滤波器特性

【解】　（1）求各对应的数字频率。

通带截止频率为

$$\omega_p = \frac{\Omega_p}{f_s} = 2\pi\frac{\Omega_p}{\Omega_s} = 0.2\pi$$

阻带起始频率为

$$\omega_{st} = \frac{\Omega_{st}}{f_s} = 2\pi\frac{\Omega_{st}}{\Omega_s} = 0.4\pi$$

阻带衰减相当于

$$R_r = 50\mathrm{dB}$$

（2）求 $h_d(n)$。设 $H_d(\mathrm{e}^{\mathrm{j}\omega})$ 为理想线性相位滤波器

$$H_d(\mathrm{e}^{\mathrm{j}\omega}) = \begin{cases} \mathrm{e}^{-\mathrm{j}\omega\tau}, & |\omega| \leqslant \omega_c \\ 0, & \text{其他} \end{cases} \tag{7.6.1}$$

由所需低通滤波器的过渡带求理想低通滤波器的截止频率 Ω_c（由于 Ω_c 为两个肩峰值处的频率的中点，而由 Ω_p 到 Ω_{st} 之间的过渡带宽并非两个肩峰值间的频率差，因而以下求出的 Ω_c 有一定的近似性）。

$$\Omega_c = \frac{1}{2}(\Omega_p + \Omega_{st}) = 2\pi \times 2.25 \times 10^3\,\mathrm{rad/s}$$

其对应的数字频率为

$$\omega_c = \frac{\Omega_c}{f_s} = 2\pi\frac{\Omega_c}{\Omega_s} = 0.3\pi$$

由此可得

$$h_d(n) = \frac{1}{2\pi} \int_{-\pi}^{\pi} \mathrm{e}^{-\mathrm{j}\omega\tau} \mathrm{e}^{\mathrm{j}\omega n} \mathrm{d}\omega = \frac{1}{2\pi} \int_{-\omega_c}^{\omega_c} \mathrm{e}^{\mathrm{j}\omega(n-\tau)} \mathrm{d}\omega$$

$$= \begin{cases} \dfrac{1}{\pi(n-\tau)} \sin[\omega_c(n-\tau)], & n \neq \tau \\[3mm] \dfrac{\omega_c}{\pi}, n = \tau \end{cases} \tag{7.6.2}$$

式中，τ 为线性相位所必需的移位，且 $\tau = (N-1)/2$。

（3）求窗函数。由阻带衰减 R_r 确定窗形状，由过渡带宽确定 N。由于 $R_r = 50\mathrm{dB}$，查表 7.4 可选海明窗，其阻带最小衰减为 $-53\mathrm{dB}$，满足要求。所要求的过渡带宽

$$\Delta\omega = 2\pi \frac{\Omega_{st} - \Omega_p}{\Omega_s} = 2\pi \frac{2\pi \times 1.5 \times 10^3}{2\pi \times 1.5 \times 10^4} = 0.2\pi$$

由于海明窗过渡带宽满足 $\Delta\omega = \dfrac{6.6\pi}{N}$，

所以

$$N = \frac{6.6\pi}{\Delta\omega} = \frac{6.6\pi}{0.2\pi} = 33$$

$$\tau = \frac{N-1}{2} = 16$$

（4）求 $h(n)$。由海明窗 $w(n)$ 确定 FIR 数字滤波器 $h(n)$。而海明窗为

$$w(n) = \left[0.54 - 0.46\cos\left(\frac{2n\pi}{N-1}\right)\right] R_N(n) \tag{7.6.3}$$

$$h_c(n) = \frac{\sin\left[\omega_c\left(n - \dfrac{N-1}{2}\right)\right]}{\pi\left(n - \dfrac{N-1}{2}\right)} \tag{7.6.4}$$

所以

$$h(n) = h_c(n)w(n) = \frac{\sin[0.3\pi(n-16)]}{\pi(n-16)} \cdot \left[0.54 - 0.46\cos\left(\frac{n\pi}{16}\right)\right] R_N(n) \tag{7.6.5}$$

（5）由 $h(n)$ 求 $H(\mathrm{e}^{\mathrm{j}\omega})$，检验各项指标是否满足要求。若不满足要求，则要改变 N，或改变窗形状（或两者都改变），然后重新计算。

$H(\mathrm{e}^{\mathrm{j}\omega})$ 的图形，如图 7.19 所示，满足设计要求。

当然，窗函数法也可设计其他类型的滤波器。例如，高通滤波器、带通滤波器、带阻滤波器。利用奇对称单位冲激响应的特点，还可以设计90°移相位以及幅度响应与 ω 呈线性关系的线性差分器。

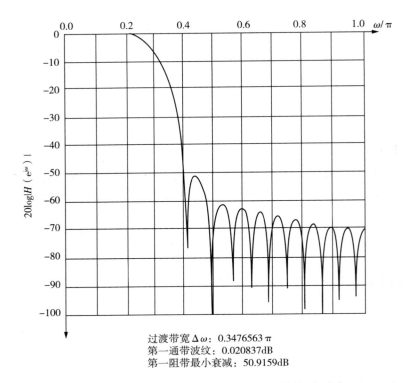

过渡带宽 $\Delta\omega$：0.3476563 π
第一通带波纹：0.020837dB
第一阻带最小衰减：50.9159dB

图 7.19　设计出的线性相位 FIR 低通滤波器幅频特性（海明窗，$N=33$）

7.6.2　线性相位 FIR 高通滤波器设计

按指标要求，理想线性相位高通滤波器的频率响应为

$$H_d(e^{j\omega})=\begin{cases}e^{-j\omega\tau}, & \omega_c\leqslant|\omega|\leqslant\pi\\[2mm]0, 其他\end{cases} \tag{7.6.6}$$

式中，$\tau=(N-1)/2$，其单位冲激响应为

$$h_d(n)=\frac{1}{2\pi}\int_{-\pi}^{\pi}H_d(e^{j\omega})e^{j\omega n}\,d\omega$$

$$=\frac{1}{2\pi}\left[\int_{-\pi}^{-\omega_c}e^{j\omega(n-\tau)}\,d\omega+\int_{\omega_c}^{\pi}e^{j\omega(n-\tau)}\,d\omega\right]$$

$$=\begin{cases}\dfrac{1}{\pi(n-\tau)}\{\sin[(n-\tau)\pi]-\sin[(n-\tau)\omega_c]\}, & n\neq\tau\\[3mm]\dfrac{1}{\pi}(\pi-\omega_c)=1-\dfrac{\omega_c}{\pi}, & n=\tau\end{cases} \tag{7.6.7}$$

选定窗 $w(n)$,则线性相位 FIR 高通滤波器的单位冲激响应为

$$h(n) = h_d(n)w(n)$$

滤波器的阻带衰减和选用的窗函数有关,而滤波器的过渡带宽既与窗函数的形状有关,又与时域窗的点数 N 有关。表 7.2 表明,只能采用偶对称单位冲激响应。另外,对于高通滤波器来说,N 只能取奇数($N=2m+1,m=0,1,\cdots$)。因为 N 为偶数时,在 $\omega=\pi$ 处,$H(\omega)\mid_{\omega=\pi} = H(\pi) = 0$,不能作为高通滤波器。求出 $h(n)$ 后,可求 $H(\mathrm{e}^{\mathrm{j}\omega}) = \mathrm{DTFT}[h(n)]$,以此检验是否满足指标要求,若不满足要求,则要重新设计。

7.6.3　线性相位 FIR 带通滤波器设计

(1)理想线性相位带通滤波器的频率响应,即

$$H_d(\mathrm{e}^{\mathrm{j}\omega}) = \begin{cases} \mathrm{e}^{-\mathrm{j}\omega\tau}, & 0 < \omega_1 \leqslant |\omega| \leqslant \omega_2 < \pi \\ 0, & 其他 \end{cases} \tag{7.6.8}$$

式中,$\tau = \dfrac{N-1}{2}$。

(2)求滤波器的单位冲激响应,即

$$\begin{aligned} h_d(n) &= \frac{1}{2\pi} \int_{-\pi}^{\pi} H_d(\mathrm{e}^{\mathrm{j}\omega}) \mathrm{e}^{\mathrm{j}\omega n} \mathrm{d}\omega \\ &= \frac{1}{2\pi} \left[\int_{-\omega_2}^{-\omega_1} \mathrm{e}^{\mathrm{j}\omega(n-\tau)} \mathrm{d}\omega + \int_{\omega_1}^{\omega_2} \mathrm{e}^{\mathrm{j}\omega(n-\tau)} \mathrm{d}\omega \right] \\ &= \begin{cases} \dfrac{1}{\pi(n-\tau)} \{\sin[(n-\tau)\omega_2] - \sin[(n-\tau)\omega_1]\}, & n \neq \tau \\ \dfrac{1}{\pi}(\omega_2 - \omega_1) & n = \tau \end{cases} \end{aligned} \tag{7.6.9}$$

这里,当 $\omega_1=0,\omega_2=\omega_c$ 时,为理想线性相位低通滤波器,其结果与式(7.6.2)一致;当 $\omega_2=\pi,\omega_1=\omega_c$ 时,为理想线性相位高通滤波器,其结果与式(7.6.3)一致。

(3)根据对通带、阻带衰减的要求以及对过渡带宽的要求,可选定窗函数 $w(n)$ 及窗的点数 N。由此可得,线性相位带通滤波器的单位冲激响应为

$$h(n) = h_d(n)w(n)$$

(4)由 $h(n)$ 求的实际 $H(\mathrm{e}^{\mathrm{j}\omega})$,即

$$H(\mathrm{e}^{\mathrm{j}\omega}) = \sum_{n=0}^{N-1} h(n) \mathrm{e}^{-\mathrm{j}\omega n}$$

(5)检验是否满足要求。若不满足,则重新选用窗函数和(或)N,再进行计算。

7.6.4 线性相位 FIR 带阻滤波器设计

线性相位 FIR 数字带通滤波器的设计与线性相位 FIR 带通滤波器的设计步骤完全相同，只是理想频率特性有所不同，即

$$H_d(e^{j\omega}) = \begin{cases} e^{-j\omega\tau}, & |\omega| \leqslant \omega_1, \omega_2 \leqslant |\omega| \leqslant \pi \\ 0, & \text{其他} \end{cases}$$

式中，$\tau = (N-1)/2$。同理

$$h_d(n) = \frac{1}{2\pi} \int_{-\pi}^{\pi} H_d(e^{j\omega}) e^{j\omega n} d\omega$$

$$= \frac{1}{2\pi} \left[\int_{-\pi}^{-\omega_2} e^{j\omega(n-\tau)} d\omega + \int_{-\omega_1}^{\omega_1} e^{j\omega(n-\tau)} d\omega + \int_{\omega_2}^{\pi} e^{j\omega(n-\tau)} d\omega \right]$$

$$= \begin{cases} \dfrac{1}{\pi(n-\tau)} \left\{ \sin[(n-\tau)\pi] + \sin[(n-\tau)\omega_1] - \sin[(n-\tau)\omega_2] \right\}, & n \neq \tau \\ \dfrac{1}{\pi}(\pi + \omega_1 + \omega_2), & n = \tau \end{cases}$$

$$(7.6.10)$$

从理想低通滤波器公式(7.6.2)、理想高通滤波器公式(7.6.4)、理想带通滤波器公式(7.6.6)以及带阻滤波器公式(7.6.8)，得出的结论如下：

(1) 一个高通滤波器相当于一个全通滤波器减去一个低通滤波器。

(2) 一个带通滤波器相当于一个截止频率为 ω_2 的低通滤波器减去另一个截止频率为 ω_1 的低通滤波器（$\omega_2 > \omega_1$）。

(3) 一个带阻滤波器相当于一个低通滤波器（截止频率为 ω_1）加上一个高通滤波器（截止频率为 ω_2，且 $\omega_2 > \omega_1$）。

线性相位 FIR 带阻滤波器只能采用偶对称单位冲激响应、N 等于奇数来设计。其理由与讨论高通滤波器是一样的。

7.7 LabVIEW 2020 实例解析

【实例 7.1】 设计 FIR 数字滤波器，要求可以任意设置滤波器的类型，调整滤波器的抽头以及窗函数和上下限截止频率。

【解】 步骤 1. 新建 VI：打开 LabVIEW 2020，如图 1.37 所示，选择 "File" → "New VI" 或者使用快捷键 "Ctrl + N" 创建一个新 VI 程序。

步骤 2. 前面板布局：打开新建 VI 的前面板（Front Panel），如图 1.38 所示，在 "View" → "Controls Palette" 中打开控件选板，在控件选板 → "Modern" → "Graph" 中选

择"波形图"(Waveform Graph)控件并分别命名为"幅度响应""相位响应";在控件选板 →"Modern"→"Numeric"中选择"滑动杆"并分别命名为"低截止频率:fl"和"高截止频率:fh";在控件选板 → "Modern" → "Numeric"中选择"数值输入控件"(Numeric Control)并分别命名为"采样频率:fs"和"抽头"。其前面板布局,如图 7.20 所示。

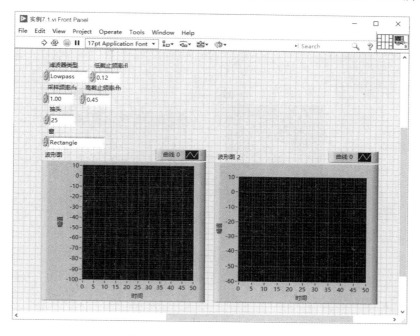

图 7.20　实例 7.1 前面板布局

步骤3.程序框图设计:参考程序框图如图 7.21 所示,打开新建 VI 的程序框图(Block Diagram)窗口进行程序框图创建,将所需控件和函数拖放到合适的位置进行连线编程,完成后将该 VI 保存为"实例 7.1.vi"。

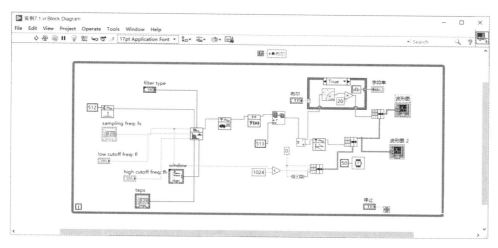

图 7.21　实例 7.1 程序框图

步骤 4. 运行和调试：可以任意设置滤波器类型，调整采样频率、窗函数抽头、低截止频率和高截止频率。该程序的运行结果，如图 7.22 所示。

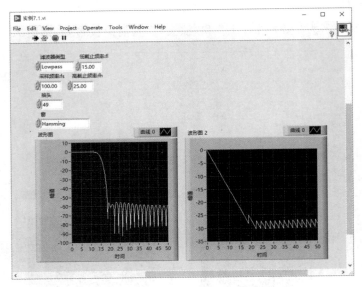

图 7.22　实例 7.1 程序运行结果

习　题

7.1　用矩形窗和三角形窗分别设计一个 FIR 线性相位低通数字滤波器。已知 $\omega_c = 0.5\pi$，$N = 21$。求 $h(n)$，并画出 $20\log|H(e^{j\omega})|$ 曲线。

7.2　用汉宁窗设计一个线性相位高通滤波器

$$H_d(e^{j\omega}) = \begin{cases} e^{-j(\omega-\pi)\tau}, & \pi - \omega_c \leqslant \omega \leqslant \pi \\ 0, & 0 \leqslant \omega \leqslant \pi - \omega_c \end{cases}$$

求 $h(n)$ 的表达式，确定 τ 与 N 的关系，并画出 $20\log|H(e^{j\omega})|$ 曲线（设 $\omega_c = 0.5\pi$，$N = 51$）。

7.3　用海明窗设计一个线性相位带通滤波器

$$H_d(e^{j\omega}) = \begin{cases} e^{-j\omega\tau}, & \omega_0 - \omega_c \leqslant \omega \leqslant \omega_0 + \omega_c \\ 0, & 0 \leqslant \omega < \omega_0 - \omega_c, \omega_0 + \omega \leqslant \omega \leqslant \pi \end{cases}$$

求 $h(n)$ 的表达式，并画出 $20\log|H(e^{j\omega})|$ 曲线（设 $\omega_c = 0.2\pi$，$\omega_0 = 0.6\pi$，$N = 51$）。

7.4　用布拉克曼窗设计一个理想线性相位 $90°$ 移相带通滤波器

$$H_d(e^{j\omega}) = \begin{cases} je^{-j\omega\tau}, & \omega_0 - \omega_c \leqslant \omega \leqslant \omega_0 + \omega_c \\ 0, & 0 \leqslant \omega < \omega_0 - \omega_c, \omega_0 + \omega \leqslant \omega \leqslant \pi \end{cases}$$

求 $h(n)$ 的表达式，并画出 $20\log|H(e^{j\omega})|$ 曲线（设 $\omega_c = 0.2\pi$，$\omega_0 = 0.6\pi$，$N = 51$）。

7.5　用凯泽窗设计一个线性相位理想低通滤波器,若输入参数为低通截止频率 ω_c、冲激响应长度为 N,以及凯泽窗系数 β,求 $h(n)$ 的表达式,并画出 $20\log|H(e^{j\omega})|$ 曲线。

7.6　如果一个线性相位带通滤波器的频率响应为

$$H_{BP}(e^{j\omega}) = H_{BP}(\omega)e^{j\phi(\omega)}$$

(1) 试证明一个线性相位带阻滤波器可以表示为

$$H_{BP}(e^{j\omega}) = \left[1 - H_{BP}(\omega)\right]e^{j\phi(\omega)}, 0 \leqslant \omega \leqslant \pi$$

(2) 试用带通滤波器的单位冲激响应 $h_{BP}(n)$ 来表达带阻滤波器的单位冲激响应 $h_{BP}(n)$。

7.7　请选择合适的窗函数及 N 来设计一个线性相位低通滤波器

$$H_d(e^{j\omega}) = \begin{cases} e^{-j\omega\tau}, & 0 \leqslant \omega \leqslant \omega_c \\ 0, & \omega_c \leqslant \omega \leqslant \pi \end{cases}$$

要求其最小阻带衰减为 -45dB,过渡带宽为 $8/51\pi$。

(1) 求 $h(n)$,并画出 $20\log|H(e^{j\omega})|$ 曲线(设 $\omega_c = 0.5\pi$)。

(2) 保留原有轨迹,画出用满足所给条件的其他几种窗函数设计出的 $20\log|H(e^{j\omega})|$ 曲线。

7.8　若一个离散时间系统的系统函数为

$$H(z) = (1 - 0.85e^{j0.2\pi}z^{-1}) \times (1 - 0.85e^{-j0.2\pi}z^{-1}) \times (1 - 1.5e^{j0.3\pi}z^{-1})$$

$$\times (1 - 1.5e^{-j0.3\pi}z^{-1}) \times (1 - 0.7z^{-1}) \times (1 - 1.2z^{-1})$$

移动其零点可得到新的系统,但要满足下述条件:

(1) 新系统和 $H(z)$ 具有相同的幅响应。

(2) 新系统的单位抽样响应仍为实数,且其长度和原系统的一样。

试问:

(1) 可得到几个不同的系统?

(2) 哪一个是最小相位的? 哪一个是最大相位的?

(3) 对所有系统求 $h(n)$,并计算能量累积 $E(m) = \sum_{n=0}^{m} h^2(n), m \leqslant 6$,试比较各系统的能量累积情况。

7.9　设计一个理想线性相位带通滤波器

$$H_d(e^{j\omega}) = \begin{cases} e^{-j\omega\tau}, & \omega_0 - \omega_c \leqslant \omega \leqslant \omega_0 + \omega_c \\ 0, & 0 \leqslant \omega < \omega_0 - \omega_c, \omega_0 + \omega \leqslant \omega \leqslant \pi \end{cases}$$

若需阻带衰减大于 ①$50dB$,②$60dB$,试用窗函数法设计这两个滤波器(取 $\omega_0 = 0.5\pi, \omega_c = 0.1\pi$)。

参 考 文 献

[1] 姚天任 . 数字信号处理[M]. 北京:清华大学出版社,2011.

[2] 周鹏,凌有铸,许刚,等 . 精通 LabVIEW 信号处理[M].2 版 . 北京:清华大学出版社,2019.

[3] PROAKIS J G. MANOLAKIS D G. 数字信号处理原理、算法与应用[M]. 余翔宇,刘䃅贝,马碧云,等译 . 5 版 . 北京:电子工业出版社,2023.

[4] 阎毅,黄联芬 . 数字信号处理[M]. 北京:北京大学出版社,2006.

[5] 王俊,王祖林,高飞,等 . 数字信号处理[M]. 北京:高等教育出版社,2006.

[6] 王震宇,张培珍 . 数字信号处理[M]. 北京:北京大学出版社,2010.

[7] 刘国良 . 数字信号处理(MATLAB 版)[M]. 西安:西安电子科技大学出版社,2017.

[8] 黄夫海 . 数字信号处理原理及其 LabVIEW 实现[M]. 北京:电子工业出版社,2015.

[9] 李辉 . 数字信号处理及 MATLAB 实现[M]. 北京:机械工业出版社,2011.

[10] 程佩青 . 数字信号处理教程[M].4 版 . 北京:清华大学出版社,2015.